DIE
OXYDATIVEN GÄRUNGEN

VON

Dr. K. BERNHAUER

PRIVATDOZENT AN DER DEUTSCHEN UNIVERSITÄT IN PRAG
LEITER DER BIOCHEMISCHEN ABTEILUNG
DES CHEMISCHEN LABORATORIUMS

SPRINGER-VERLAG BERLIN HEIDELBERG GMBH

ISBN 978-3-642-89535-7   ISBN 978-3-642-91391-4
DOI 10.1007/978-3-642-91391-4

Vorwort.

Insbesondere der Hefegärung, sowie Spaltungsvorgängen des Zuckers, die in ihrem Chemismus mit der Hefegärung verwandt sind, wurde mit Recht lange Zeit ein überwiegendes Interesse entgegengebracht — da ja im Prinzip ähnliche Vorgänge auch bei der normalen Atmung sowie einer großen Anzahl sonstiger Gärungen realisiert erscheinen. Es ist daher eine gewisse Gruppe von Gärungsvorgängen, die in ihrem Chemismus mit den soeben erwähnten Spaltungsreaktionen des Zuckermoleküls entweder nichts zu tun haben oder bei denen eine Beziehung zu den erwähnten Vorgängen schwer ersichtlich erscheint, bei der wissenschaftlichen Durchforschung eine Zeitlang relativ vernachlässigt worden; es handelt sich dabei um Vorgänge, die unter dem Namen der *oxydativen Gärungen* zusammengefaßt werden können, wenn auch die Bezeichnung „Gärung" für die hierhergehörigen Vorgänge nur unter Vorbehalt anzuwenden ist. Erst in den letzten 10—15 Jahren setzte eine intensive Beschäftigung mit diesen Gärungsvorgängen (insbesondere Säurebildungsprozessen) ein, so daß heute bereits nicht nur ein reichliches experimentelles Material hierüber vorliegt, sondern auch ein recht tiefer Einblick in die bei den oxydativen Gärungen stattfindenden Vorgänge möglich ist. Da die in Frage stehende Arbeitsrichtung noch relativ jung ist, sind allerdings die vorliegenden Untersuchungen und Literaturangaben vielfach noch recht verwirrend und widersprechend, so daß auch für Fachleute auf diesem Gebiete sich der Mangel an einer zusammenfassenden Darstellung recht fühlbar machte. In der vorliegenden Monographie soll daher das auf dem Gebiete der oxydativen Gärungen bisher vorliegende experimentelle Material gesichtet und in ein bestimmtes übersichtliches System eingeordnet werden, um so die weitere Arbeit auf diesem Gebiete sowohl dem Wissenschaftler als auch dem Techniker zu erleichtern.

Die Stoffeinteilung ergibt sich naturgemäß aus dem Charakter der zu behandelnden Gärungsvorgänge. In einem einleitenden Abschnitt wird die Biologie der oxydativen Gärungserreger (Essigbakterien, Aspergillaceen, Mucoraceen) im allgemeinen behandelt und deren Morphologie gestreift, wobei es nur auf eine, insbesondere für den Chemiker gedachte Übersicht ankommen soll und daher auf Einzelheiten — auch wegen Platzmangels — nicht näher eingegangen werden kann.

Die nächsten drei Abschnitte stellen den Hauptteil der vorliegenden Monographie vor, indem in denselben die bei den oxydativen Garungen stattfindenden Vorgänge behandelt werden. Als Gesichtspunkt für die diesbezügliche Stoffeinteilung galt der Chemismus der betreffenden Prozesse. Im Abschnitt II werden die primären Oxydationsvorgänge behandelt, die gewissermaßen einen Nebentypus des Zuckerabbaues vorstellen, während in den Abschnitten III und IV jene Vorgänge besprochen werden, bei denen der Abbau des Zuckermoleküls nach den bisher vorliegenden Befunden entweder mit Sicherheit oder mit großer Wahrscheinlichkeit über die C_3-Stufe verläuft. Dabei erwies es sich als notwendig, in Abschnitt III zunächst die Grundzüge des anoxydativen Zuckerabbaus zu entwickeln, da dieser die Grundlage für die im Anschluß daran zu besprechenden Vorgänge bildet. Im Abschnitt III wird sodann weiterhin auf den oxydativen Abbau der anoxybiontischen Endprodukte eingegangen, also auf Vorgänge, die insbesondere bis zur Bildung von Essigsäure führen. Abschnitt IV behandelt sodann jene sekundären Oxydationsprozesse, die in ihrem Chemismus vor allem einen weiteren Abbau der Essigsäure vorstellen, also die Bildung sowie den Abbau der Bernsteinsäure, Fumarsäure, Citronensäure und Oxalsäure.

In Abschnitt V wird zunächst ein Übersichtsschema des oxydativen Zuckerabbaues entwickelt sowie die Bedeutung der oxydativen Gärungen für die präparative Chemie und Technik an Hand von Beispielen auseinandergesetzt. Weiterhin gelangen hier die sonstigen oxydativen Wirkungen niederer Organismen zur Besprechung. Schließlich wird hier auch noch eine Übersicht über die Oxydation bestimmter chemischer Gruppen durch niedere Organismen angeschlossen.

In einem VI. Abschnitt wird schließlich die biologische sowie chemische Methodik geschildert, die die Grundlage für die Untersuchung oxydativer Gärungsvorgänge bildet.

Prag, im Januar 1932.　　　　　　　　　　　**K. Bernhauer.**

Inhaltsverzeichnis.

I. Biologie und Morphologie der oxydativen Gärungserreger.

Es soll hier nur ein kurzer Überblick über die biologischen und morphologischen Eigenschaften der Erreger oxydativer Gärungen gegeben werden, da es für den Chemiker erwünscht erscheinen mag, sich gewissermaßen über die Agenzien, die die ihn interessierenden Reaktionen veranlassen, rasch zu orientieren. In diesem Kapitel sind auch die sonstigen chemischen Wirkungen der in Frage kommenden Organismen kurz zusammengefaßt, da natürlicherweise die später eingehend zu behandelnden oxydativen Wirkungen nur einen Ausschnitt aus der Physiologie der zu besprechenden Organismen bildet. Es kann in diesem Abschnitt auf Vollständigkeit keinerlei Wert gelegt werden, da dies den Rahmen des Beabsichtigten weit überschreiten würde. Zur näheren Orientierung über die Biologie und Morphologie der oxydativen Gärungserreger kann auf die Handbücher von HENNEBERG[1] und LAFAR[2] sowie auf THOMS[3] Monographie verwiesen werden.

A. Die Essigbakterien.

1. Morphologische Charakterisierung.

a) Hautbildung. Die Essigbakterien stellen die Hauptgruppe der oxydierenden Bakterien vor, und sind als solche im allgemeinen dadurch charakterisiert, daß sie die Tendenz haben, sich vornehmlich an der Oberfläche von Flüssigkeiten zu entwickeln und dort zur Bildung einer mehr oder weniger festen Haut Anlaß geben. Eine Anzahl von Formen gelangt auch im Inneren der Flüssigkeit zur Entwicklung und bedingt dann eine Trübung derselben, oder wir finden vielfach auch Formen, die wohl Häute an der Oberfläche bilden, aber wegen der lockeren Beschaffenheit dieser auch ins Innere der Flüssigkeit gelangen. Weiterhin bildet eine Anzahl von Essigbakterien sehr fest zusammenhängende Decken, die dann entstehen, wenn die äußerste Schicht der Zellhaut zu Verquellung und Verschleimung neigt, wodurch Kettenbündel gebildet werden, ein Vorgang, der als Zooglöenbildung zu betrachten ist. Die Intensität dieser Schleimbildung ist verschieden, am üppigsten findet sie sich beim Bacterium xylinum und einigen nahestehenden Formen. Diese Gruppe wurde daher auch vom morphologischen Gesichtspunkt aus als Schleimessigbakterien bezeichnet. Dagegen finden wir insbesondere bei den Schnellessigbakterien fast gar keine Tendenz zur Verschleimung, während die sonstigen Essigbakterien bei ruhiger Entwicklung wohl an der Oberfläche eine Decke bilden, ohne daß diese jedoch von zäher oder lederartiger Beschaffenheit wäre; hierher gehören insbesondere die Wein- und Bieressigbakterien.

---

[1] HENNEBERG: Handb. der Gärungsbakteriologie. Berlin 1929.
[2] LAFAR: Handb. der technischen Mykologie, insbesondere **4** und **5**. Jena 1907 u. 1914.
[3] THOM: The Aspergilli. London 1926.

Tabelle 1. Übersicht der morphologischen und biologischen Eigenschaften der wichtigsten Essigbakterien.

| | 1 | 2 | 3 | 4 | 5 | 6 | Temperatur | | 9 | 10 | 11 |
	Haut-bildung		Ver-schlei-mung	Trü-bung der Flüssig-keit	Hyper-trophi-sche Zell-formen	Beweglich-keit (Schwärm-zellen)	7 Opt. °C	8 Max. °C	Haupt vorkommen	%	%
B. oxydans .	sehr zart	++	+	+++	+++	+	18—21	30—33	unter-gäriges Lagerbier	7	ca. 2
B. industrium	dick	—	++	+++	+	+	23	35	Presshefe	6—7	2,7
Thermobact. aceti . . .	sehr zart	++	—	+++	++	+	—	—	Lagerbier	9	6
B. aceti. . .	ziemlich dick	—	++	—	+	—	34	42	Bier	11	6,6
B. acetosum.	kahm-hefeartig	ge-ring	—	—	+	—	28	36	ober-gäriges Bier	11	6,6
B. Pasteuria-num . . .	meist gut	—	—	—	sehr häufig	—	34	42	ober-gäriges Bier	9,5	6,2
B. Kützingia-num . . .	ziemlich dünn	++	+	++	selten	—	34	42	ober-gäriges Bier	9,5	6,6
B. rancens .	trocken, faltig	+	—	sehr gering	+	—	—	—	ober-gäriges Bier	—	—
B. ascendens.	zart, gleich-mäßig	+++	—	+++	sehr häufig	—	31	44	Weinessig	12	9
B. vini aceti	sehr zart	+	—	++	—	—	28—33	36	Weinessig	—	—
B. xylinoides	verschied. Formen	—	++	—	—	—	28	35	Weinessig	—	—
B. orleanse .	kräftig	—	+	—	+	—	30	35—36	—	—	—
B. xylinum .	zäh, dick, lederartig	—	+++	—	—	—	26—33	34	—	6—7	4,5
B. acetigenum	dünn, fest zu-sammen-hängend	—	—	+	selten	+	33	—	—	7	3,5
B. Schützen-bachii . .	locker, gering	—	—	+	—	—	25—27	31—35	—	—	11,5
B. curvum .	locker. gering	—	—	+	—	—	30	ca. 38	—	—	—

Spalte 2 = Emporziehen der Haut an Glaswänden
Spalte 10 = größte Alkoholkonzentration, bei der noch Entwicklung und Wachstum stattfindet (in Volum-Prozenten)
Spalte 11 = größte gebildete Essigsäuremenge

b) Zellgestalt. Die *Kolonienbildung* auf festen Nährböden ist bei den Essigbakterien recht verschieden und vielfach abhängig von der Züchtungsweise und Entwicklungsdauer. Vermögen zur Gelatineverflüssigung finden wir nur beim Thermobacterium aceti[1].

Änderungen der Zellgestalt sind sehr häufig; nach Untersuchungen von HANSEN[2] an Bact. Pasteurianum, B. aceti und B. Kützingianum ist dabei die Temperatur von wesentlichem Einfluß, weiterhin auch das Alter und die Ernährungsweise der Zellen[3].

Hypertrophische Zellformen (Riesenzellen) finden wir im allgemeinen unter ungünstigen Wachstumsbedingungen, also z. B. nach HENNEBERG[4] in Gegenwart zu großer Salz- oder Alkoholmengen, bei zu hohen Temperaturen usw., nach HOYER[5] weiterhin auch in Gegenwart großer Mengen Äpfelsäure, Weinsäure, Salzsäure.

Bewegungsfähigkeit ist bei einer größeren Anzahl von Essigbakterien vorhanden, jedoch durch die Gegenwart freien Sauerstoffs bedingt, der dabei als Reizmittel wirkt. Für die Ausbildung des Schwärmzustandes sind nach HENNEBERG (1*, S. 1) noch verschiedene sonstige äußere Bedingungen notwendig, und zwar relativ niedrige Temperatur, eine bestimmte Zusammensetzung der Nährlösung, das Alter der Ausgangskultur usw.

c) Eine Systematik und Einteilung der Essigbakterien wurde bereits von verschiedenen Gesichtspunkten aus versucht. HENNEBERG[6] teilte dieselben 1909 in 4 Gruppen, nämlich die Maische- und Würzebakterien, Bieressigbakterien, Weinessigbakterien und Schnellessigbakterien; diese Einteilung hielt er auch später bei (1, S. 1). LAFAR[7] änderte diese Einteilung in der Weise ab, daß er die Schleimessigbakterien in einer eigenen Gruppe zusammenfaßte und die Maische- und Würzebakterien den Bieressigbakterien zuordnete. Er gab eine Einteilung in Bieressig- und Weinessigbakterien, Schnellessigbakterien und Schleimessigbakterien. Morphologische Gesichtspunkte reichen jedenfalls zur Einteilung nicht aus. Als chemisch-physiologischer Gesichtspunkt könnte das Verhalten der Bakterien gegenüber Zuckerarten mit Vorteil verwendet werden, worauf noch zurückzukommen sein wird.

2. Ernährungsphysiologie der Essigbakterien.

Die überwiegende Mehrzahl der Essigbakterien vermag vornehmlich auf „natürlichen" Substraten gut zu gedeihen und nur relativ wenige Arten sind befähigt, sich auch auf künstlich zusammengesetzten, mineralischen Nährböden zu entwickeln. So wächst nach HENNEBERG[6] B. acetosum auf einer Nährlösung, die 0,1% Ammonsulfat, Kaliumdihydrophosphat, Magnesiumsulfat, 0,2% Ammoniumdihydrophosphat, neben 1% Essigsäure, Stärkesirup und 2% Alkohol enthält. Ähnlich verhält sich B. ascendens. Auch B. curvum und B. Schützenbachii gedeihen auf analog zusammengesetzten Nährlösungen, nicht dagegen, wenn auch 1% Essigsäure zugesetzt wird.

Der Zusatz von *Mineralstoffen* ist praktisch insbesondere für die Verarbeitung von Alkohol in der Schnellessigfabrikation von Bedeutung, worauf bereits

---

[1] ZEIDLER: C. Bact. II **2**, 729 (1896).
[2] HANSEN: C. r. (Carlsberg) **3**, 182 (1894).
[3] S. auch ZEIDLER: 1. — SEIFERT: C. Bact. II **3**, 337 (1897).
[4] HENNEBERG: C. Bact. **4**, 14 (1898).
[5] HOYER: D. Essigind. **3**, 1 (1899).
[6] HENNEBERG: Gärungsbakt. Prakt. Berlin 1909.
[7] LAFAR: 2, S. 1, **5**, 194 (1914) usw.
* Diese Ziffern beziehen sich auf die Fußnotennummer auf der betreffenden Seite.

Pasteur[1] hingewiesen hatte. Nach Hoyer[2] ist zur Züchtung von Schnellessigbakterien eine Nährlösung geeignet, die neben 3% Alkohol 0,1% Na-Acetat und die gleichen Mengen Kalium-, Magnesium- und Ammoniumphosphat enthält. Nach Rothenbach[3] wirkt ein starker Gehalt an Sulfat und Chlorid wachstumshemmend (s. ferner Hanak[4] Brown[5], Beijerinck[6] Henneberg[7]).

Hinsichtlich der *Stickstoffnahrung* der Essigbakterien hatte bereits Pasteur[1] beobachtet, daß nur dann Ammonsalze verwertet werden können, wenn die Nährlösung Alkohol oder Essigsäure enthält. Nach Beijerinck[6] verhalten sich die einzelnen Bakterienarten verschieden, indem in Gegenwart von Essigsäure Bieressigbakterien nur Pepton verwerten können, B. xylinum Pepton und Amine, Schnellessigbakterien außerdem noch Ammonsalze. Bei gleichzeitiger Anwesenheit von Glucose vermochten Bieressigbakterien auch Ammonsalze oder Nitrate zu verwerten (s. auch Henneberg[8], Hoyer[2]. Amide und Peptone werden jedoch im allgemeinen weit besser ausgenützt als Ammonsalze.

Als *Kohlenstoffnahrung* ist vor allem Glucose sehr gut geeignet; von dieser Beobachtung wird auch in der Schnellessigfabrikation Gebrauch gemacht, indem den Maischen vielfach Stärkesirup zugesetzt wird. Auch andere Zuckerarten sowie Glycerin sind zumeist geeignet. Die Bedeutung von Alkohol und Essigsäure als C-Quellen wurde bereits erwähnt.

3. Chemische Wirkungen der Essigbakterien im allgemeinen.

Da die spätere eingehendere Besprechung der chemischen Wirkungen der Essigbakterien unter Berücksichtigung des Chemismus der jeweiligen Prozesse, und daher an verschiedenen Orten, erfolgt, soll hier eine übersichtliche Zusammenstellung der chemischen Wirkungen dieser Organismen selbst angegliedert werden. Die Essigbakterien sind in chemischer Hinsicht vornehmlich durch ihr Vermögen zur Oxydation von Alkohol zu Essigsäure charakterisiert, wobei sie jedoch nicht imstande sind, den Alkohol aus Zucker selbst zu produzieren, sondern in dieser Hinsicht auf andere Organismen angewiesen sind. Das Verhalten gegenüber Zuckerarten scheint auch als Einteilungsprinzip der Essigbakterien vom chemischen Standpunkt aus geeignet zu sein, indem eine Gruppe dieser Organismen kaum oder nur in beschränktem Ausmaße imstande ist, Zuckerarten in Säuren umzuwandeln, während die andere Gruppe Zuckerarten zu den entsprechenden Säuren ohne Kürzung der C-Kette, und weiterhin Zuckeralkohole zu Ketosen zu oxydieren vermag. Wir hätten demnach vom chemischen Gesichtspunkt zwei Gruppen von Essigbakterien zu unterscheiden, nämlich:

a) solche, die Zuckerarten gut in Säuren umzuwandeln vermögen,

b) solche, die aus Zuckerarten kaum Säuren bilden.

Als chemisches Einteilungsprinzip für die Essigbakterien haben Hermann und Neuschul[9] vorgeschlagen, das Verhalten derselben bei Oxydationsvorgängen zu verwenden; sie teilen die Essigbakterien in ketogene und aketogene ein, je nachdem, ob dieselben Ketogruppen zu erzeugen vermögen oder nicht. Zu den ketogenen zählen sie: B. gluconicum, B. xylinum, B. xylinoides, B. orle-

---

[1] Pasteur: Ann. Soc. de l'École norm. sup. Paris **1**, 113 (1864).
[2] Hoyer: D. Essigind. **3**, 1 (1899).
[3] Rothenbach: D. Essigind. **3**, 127, 146 (1899).
[4] Hanak: Gärungsessig. Leipzig 1904.
[5] Brown: J. Ch. Soc., Transact. **49**, 172 (1886).
[6] Beijerinck: C. Bact. II **4**, 209 (1898).
[7] Henneberg: D. Essigind. **10**, 89 (1906).
[8] Henneberg: C. Bact. II **4**, 14 (1898).
[9] Hermann u. Neuschul: Biochem. Z. **233**, 129 (1931).

Tabelle 2. Verhalten der Essigbakterien gegenüber verschiedenen Substraten[1].

Gruppe a.

	Maische- oder Würzeessigbakterien		Weinessigbakterien				Schnellessigbakterien	
	B. oxydans	B. industrium	B. vini acetati	B. xylinoides	B. orleanse	B. xylinum	B. Schützenbachii	B. curvum
Arabinose	+	+	+	+	+	+	+	+
Glucose	+	+	+	+	+	+	+	+
Fructose.	+	+	+	(+)	(+)	(+)	+	(+)
Galaktose	+	+	+	+	+	+	+	(+)
Rohrzucker . . .	+	+	+	+	(+)	+	(+)	0
Maltose	+	+	+	+	+	0	0	0
Milchzucker . . .	(+)	+	0	(+)	+	0	+	0
Raffinose	+	+	+	(+)	+	+	(+)	+
Dextrin	+	+	+	(+)	+	0	+	+
Methylalkohol . .	0	(+)	—	—	—	0	—	—
Äthylalkohol. . .	+	+	+	+	+	+	+	+
Propylalkohol . .	+	+	+	+	+	+	+	+
Glykol.	+	+	—	—	—	+	—	—
Glycerin	+	+	+	+	+	+	+	+
Erythrit	+	—	+	+	+	+	+	+
Mannit	+	+	+	(+)	+	(+)	0	(+)

Gruppe b.

	Bieressigbakterien					Weinessigbakterien B. ascendens	Schnellessigbakterien B. acetigenum
	Thermobact. aceti	B. aceti	B. acetosum	B. Pasteurian.	B. Kützingian.		
Glucose	+	+	+	+	+	—	+
Galaktose . . .	0	0	+	0	0	0	0
Äthylalkohol . .	+	+	+	+	+	+	+
Propylalkohol .	+	+	+	+	+	+	+
Glykol.	+	+	+	+	+	+	+

In der Tabelle bedeutet: + wird von dem betreffenden Bact. angegriffen, (+) wird schwach angegriffen, 0 wird nicht angegriffen, — nicht geprüft.

anse und ein Bact. aceti (HANSEN), zu den aketogenen: ein B. aceti (HENNE-BERG), B. Pasteurianum, B. acetosum, B. rancens, B. ascendens, B. vini acetati, B. Kützingianum.

Sowohl aus dieser Einteilung wie aus der oben gegebenen ist jedoch ersichtlich, daß stets gewisse Übergänge vorhanden sind, so daß demnach auch die Einteilungsversuche nach chemischen Gesichtspunkten noch durchaus nicht als befriedigend angesehen werden können.

B. Die Aspergillaceen.

1. Übersicht der morphologischen und biologischen Eigenschaften.

Auf die Systematik der Aspergillaceen soll hier nicht näher eingegangen werden. Für die Einteilung derselben ist vornehmlich die Art und Form der Conidienträger maßgebend. Für uns kommen hier drei Gruppen in Frage, nämlich die Gattungen Aspergillus, Penicillium und Citromyces.

---

[1] Im Anschluß an die in LAFARS Handbuch (2, S. 1) gegebenen Zusammenstellungen.

Tabelle 3. Übersicht der morphologischen und biologischen

Gattung	Spezies	Farbe der Conidien		Conidienträger		Sterigmen		Köpfchen	Blase
		bei jungen	bei alten	Form	Länge mm	Form	Länge μ	Durchmesser μ	μ
		Kulturen							
Aspergillus	A. glaucus . . .	hellgrün	graugrün bis graubraun	unverzweigt	1—2	gedrungen	7	—	60
	A. fumigatus . .	grün bis graugrün	schmutzigbraun		0,1—0,3	schlank	6—15	—	10—20
	A. orycae . . .	gelblichgrün bis gelb	bis braun		2	,,	12—20	100	bis 80
	A. flavus	gelblichgrün bis gelb	bis dunkelbraun		0,5—0,7	,,	6	90	30—40
	A. luchuensis . .	schwarzbraun	unverändert		1—2	kegelförmig	3	40—80	20—30
	A. Wentii . . .	hellbraun	rötlich		2—3	—	15	bis 200	75—90
	A. nidulans . .	grün	schmutziggrün	verzweigt	0,6—0,8	—	—	—	15—20
	A. niger	schwarzbraun	unverändert		—	schlank	I 26[1] II 8	100	80
Penicillium	P. glaucum . . .	hellgrün bis dunkelgrün	schmutziggrün bis schmutzigbraun		0,2—0,4	zylindrisch	8—13	—	0
	P. luteum . . .	olivgrün	schmutziggrün		—	zugespitzt	17	—	0
	P. italicum . . .	bläulichgrün	schmutziggrün		0,25	schlank	10	—	0
	P. olivaceum . .	gelbgrün	schmutziggrün		0,2	,,	14	—	0
	P. brevicaule . .	bläulichgelb	bis braun		—	—	16	—	0
	P. purpurogenum	dunkelgrün bis dunkelgraugrün			—	zugespitzt	7	—	0
Citromyces	C. Pfefferianus .	grün	graugrün bis bräunlich		0,07	schlank	9—14	—	4—8
	C. glaber	grün	graugrün bis bräunlich		—	,,	9—14	—	bis 15

Morphologische Charakteristik.

Die Aspergillus-Gruppe.

Conidienträger meist starr aufrechtstehend, kräftiger als die vegetativen Hyphen, 0,2—4 mm hoch, mit endständiger blasiger Anschwellung (daher gewöhnlich deutliche Sonderung in Stiel und Blase), gewöhnlich einzellig (un-

---

[1] Bisweilen 20—100 μ.

Eigenschaften der wichtigsten Aspergillaceen.

Conidiengröße (Durchmesser) μ	Mycelfarbe		Perithezien, Schlauchfrüchte	Sklerotien	Wachstumsoptimum	Bedeutung, Verwendung usw.[1]	Pathogene Eigenschaft
	jung	alt					
7—10	hellgelb	schmutzig-rotbraun	sehr häufig	+	20—27°	—	—
2—3	bräunlich		+	+	gegen 40°	—	Oto- und Pneumomykose
6—7	—	—	0	0	über 30°	Saké (Japan) „Takadiastase"	0
5—6	gelblich	bräunlich	0	+	gegen 37°	—	Otomykose
4—5	—	—	0	—	30—35°	„Awamori-Koji"	—
4,5	weiß (rötlich)	bis rotbraun	0	+	über 30°	Soja (Java)	0
3	—	—	+	+	40°	—	—
3—4	weiß (gelb)	—	0	+	30—35°	Gallussäure, Opium, Citronen- und Gluconsäure	Otomykose
2,5 kugelig	weiß	schmutzig-grau	sehr häufig	+	etwa 30°	—	—
ellips. 3 (zu 2)	citronengelb	—	häufig	+	—	Kojisäure	—
3—5 (zu 3) ellips.	weiß, oberhalb hell- bis graugrün		0	reichlich	25°	—	—
6—7 (zu 4) ellips.	weiß	grau	0	0	23—25°	—	—
variabel 6—10	bräunlich		0	0	20—23°	As-Nachweis	—
ellips. 2,8 (zu 1,7)	gelbrot		0	0	30°	Gluconsäure	—
kugelig 2,3—2,8	gelblich		0	0	gegen 30°	—	—
kugelig 2,3—2,8	gelblich		0	0	gegen 30°	—	—

septiert), meist unverzweigt. Die Blase trägt sehr zahlreiche Sterigmen verschiedener Gestalt und Länge, die die *Conidien* in langen Ketten tragen, vielfach an kleineren sekundären Sterigmen; Größe der Conidien 3—10 μ; Farbe der Conidien verschieden; von Wichtigkeit für die spezielle Unterscheidung, aber nur bei jungen Pilzdecken charakteristisch.

---

[1] Die oxydativen Wirkungen sind hier nur in einzelnen Fällen angedeutet.

8 Die Aspergilleceén.

Die Penicillium-Gruppe.

Conidienträger mikroskopisch klein, zart, hyphenähnlich, septiert, am Ende ohne blasige Anschwellung schlanke Sterigmen, in Wirteln oder Büscheln („Pinselschimmel"). *Conidien* in langen Ketten. Schlauchfrüchte bei einigen Spezies bekannt. Speziesunterscheidung beruht auf der Farbe der Decken, Verzweigung der Conidienträger, Größe und Form der Conidien, physiologischen Merkmalen.

Die Citromyces-Gruppe.

Conidienträger hyphenartig, meist unseptiert, gewöhnlich mit Blase, die aber manchmal kaum angedeutet ist, Sterigmen schlank, in Wirteln oder Büscheln aufwärts gerichtet; Conidien in langen Ketten angeordnet, sehr klein. Schlauchfrüchte unbekannt.

Ernährungsphysiologisches.

Das Nahrungsbedürfnis der Aspergillaceen ist zumeist äußerst gering. Selbst bei spurenhafter Gegenwart von C-Verbindungen vermögen sich die Pilze zu entwickeln, sobald Feuchtigkeit vorhanden ist. Auf natürlichen Substraten finden sich dieselben sehr bald ein; als gute Nährflüssigkeiten bewährten sich u. a. Maische und Würze; während manche Arten mit rein anorganischen Nährlösungen (mit Zucker als C-Quelle) ihr Auslangen finden, wachsen andere auf natürlichen Substraten besser; allgemeine Regeln sind hierbei nicht ersichtlich.

Übersicht der morphologischen und biologischen Eigenschaften s. Tabelle 3.

2. Chemische Wirkungen der Aspergillaceen im allgemeinen.

a) Hydrolytische Spaltungen.

1. Das Vermögen zur **Spaltung von Kohlehydraten** ist bei den Aspergillaceen sehr weit verbreitet und vor allem bei Aspergillus niger und Penicillium glaucum festgestellt. Einzelheiten sind aus der folgenden Tabelle 4 ersichtlich. Von größtem Interesse ist unter den hydrolytischen Wirkungen insbesondere die Stärkeverzuckerung durch A. orycae. Dieser Vorgang hat bekanntlich auch technische Bedeutung erlangt bei der Herstellung von *Taka-Diastase* (nach Takamine).

Tabelle 4.

	Rohrzucker	Maltose	Trehalose	Raffinose	Milchzucker	Gentianose	Stärke	Inulin	Cellulose	Pektin
A. niger	+	+	+	+	0	+	+	+	+ (?)	
A. orycae	+	+		+	0		+	0 (?)	+ (?)	+ (?)
A. Wentii	+						+	+	+ (?)	+ (?)
A. fumigatus . . .	+						+	+		
A. glaucus	+						+	+		
P. glaucum	+	+	+	+			+	+	+ (?)	
P. luteum	+	+					+	+		
P. rubrum	+	+					+	+		
P. italicum	0	+					+	+		
Allescheria Gayoni	0	+	+		+		+	0		

2. Spaltung von Glykosiden. Emulsin findet sich recht allgemein bei den Aspergillaceen; ebenfalls Salicin, Coniferin, Helicin, Arbutin, Glycyrrhizin werden durch diese Pilze zumeist gespalten.

3. Sonstige hydrolytische Wirkungen. *Tannin* (Digallussäure) wird von A. niger sehr intensiv gespalten, so daß diese durch das Vorhandensein der Tannase veranlaßte Enzymwirkung sogar für die fabriksmäßige Darstellung der Gallussäure ausgenützt werden konnte (Gallussäuregärung des Tannins).

4. Fettspaltung findet sich bei Aspergillaceen im allgemeinen nicht in besonders hohem Ausmaße. Lipase wurde bei Pen. glaucum, A. glaucus, flavus fumigatus, niger, nidulans, versicolor (reichlich) nachgewiesen. Allescheria spaltet sehr lebhaft Öl und Butterfett.

5. Eiweißspaltung. Gelatineverflüssigung durch proteolytische Enzyme findet sich bei den Aspergillaceen ganz allgemein verbreitet. Ebenso wird Fibrin und koaguliertes Eieralbumin rasch aufgelöst. Über Peptonspaltung und -abbau finden sich eine Reihe von Arbeiten (WEHMER[1], BUTKEWITSCH[2]). Der Eiweißabbau spielt technisch, insbesondere bei der Reifung von Käsearten (Camembert-, Roquefort-Käse), durch Penicilliumarten eine wichtige Rolle. Milchcasein wird jedoch auch von einer Anzahl anderer Aspergillusarten abgebaut. Ebenso ist Labenzym, das die Milch zum Gerinnen bringt, bei verschiedenen Pilzen aufgefunden worden, ebenso Enzyme, die Ammoniak aus Säureamiden, Harnstoff sowie Biuret abzuspalten vermögen.

b) Alkoholische Gärung.

Das Alkoholbildungsvermögen der Aspergillaceen ist fast durchweg sehr gering. Nach SANGUINETTI[3] soll Aspergillus orycae aus Rohrzucker, Stärke und Dextrin bis 4% Alkohol zu bilden imstande sein. Geringe Mengen Alkohol können nach verschiedenen Autoren auch durch A. glaucus (bei submerser Vegetation), Pen. glaucum, Pen. brevicaule gebildet werden. Nach ELFVING[4] soll Pen. glaucum bis 4,2% Alkohol bilden. Der weitere Abbau des Alkohols durch die Pilze ist allerdings meist sehr erheblich; so stellt auch der Alkohol für die Pilze vielfach eine recht gute C-Quelle vor, so daß in Gegenwart genügender Luftmengen der Alkohol nicht angehäuft, sondern rasch weiter oxydiert wird. Nach MAZÉ[5] soll der Alkohol ein normales Zwischenprodukt bei der Verarbeitung des Zuckers durch Aspergillaceen vorstellen, wie er insbesondere bei Versuchen mit Allescheria Gayoni zeigen konnte. Dieser Pilz ist nach LABORDÉ[6] unter den Aspergillaceen auch der einzige, der bei beschränktem Luftzutritt (Entwicklung eines submersen Mycels) eine regelrechte Gärung hervorzurufen imstande ist; neben Alkohol und Kohlendioxyd wird dabei auch Bernsteinsäure und Glycerin gebildet. Der Alkoholgehalt steigt dabei bis über 8% an. Bei Luftzutritt wird der Alkohol selbst aus 10proz. Lösung leicht weiter verbraucht.

c) Oxydative Gärungen.

Auf diese wird später noch eingehend zurückzukommen sein. Hier sei nur bemerkt, daß die Aspergillaceen in dieser Hinsicht zu den wichtigsten Organismen gehören und Vertreter derselben sowohl zur Durchführung einfacher Zuckeroxydationen (Gluconsäuregärung, Kojisäurebildung usw.) als auch zur Durchführung recht komplizierter Gärungsvorgänge (Citronen- und Oxalsäuregärung) befähigt sind, und weiterhin verschiedene sonstige Oxydationswirkungen zu entfalten vermögen. Nach allem scheinen diese verwickelteren Gärungsvorgänge im Anschluß an eine primäre alkoholische Zuckerspaltung zu erfolgen.

[1] WEHMER: Bot. Ztg **49**, 233 (1891) — A. **269**, 383 (1892).
[2] BUTKEWITSCH: Ber. Bot. Ges. **18**, 185 (1900).
[3] SANGUINETTI: Ann. Past. **11**, 264 (1897).
[4] ELFVING: Studien über die Einwirkung des Lichtes auf Pilze. Helsingfors 1890.
[5] MAZÉ: C. r. **134**, 191 (1902); **135**, 113 (1902).
[6] LABORDÉ: Ann. Past. **11**, 1 (1897).

C. Die Mucoraceen.

1. Übersicht der morphologischen und biologischen Eigenschaften.

Die Mucoraceen sind gekennzeichnet durch den Besitz eines Sporangiums, das durchweg eine Columella besitzt. Auf die systematische Stellung der Mucoraceen soll hier nicht eingegangen werden. Von den Unterfamilien der Mucoraceen ist für uns hier nur die der eigentlichen Mucoreen von Interesse, und unter diesen auch nur die Gattungen Mucor und Rhizopus.

Die Mucor-Gruppe.

Sporenträger einfach oder verzweigt, stets mit Endsporangium abschließend, Columella nicht aufsitzend, Sporangiumwand zerfließlich oder brüchig; Luftmycel fehlt, Apophyse fehlt; Sporen stets abgerundet (kugelig, ellipsoidisch bis zylindrisch), Form vielfach schwankend; Zygosporen in der Regel im Substrat entstehend; Chlamydosporen (Dauersporen) unter normalen Bedingungen entstehend. Kugelzellen (Oidien) durch Zerfall der Hyphen entstehend, in Kugelhefe (Mucorhefe) übergehend.

Die Rhizopus-Gruppe.

Lufthyphen vorhanden (Ausläufer, Stolonen), Columella der Apophyse aufsitzend, Sporangiumwand derb, Sporangiumträger einfach oder verzweigt, Bildung von Rhizoiden; Sporen unregelmäßig eckig, Form schwankend, mit gefaltetem Epispor. Chlamydosporen meist reichlich; Kugelzellen und Kugelhefe kaum vorhanden.

Ernährungsphysiologie der Mucoraceen.

Im allgemeinen erweisen sich natürliche Substrate für das Wachstum der Mucoraceen günstiger als künstliche Nährlösungen; in Betracht kommen Würze, Most, Fruchtsäfte usw., doch vermögen die Pilze auch auf Nährlösungen, die nur Ammon- oder Nitratstickstoff neben K-Phosphat und Mg-Sulfat in Gegenwart einer Kohlenstoffquelle (Zuckerart) von geeigneter Konzentration (meist unter 10—15%) enthalten, zu gedeihen. Das Temperaturoptimum ist meist nicht sehr hoch (bis 30°).

2. Chemische Wirkungen der Mucoraceen im allgemeinen.

a) Hydrolytische Spaltungen.

Die hydrolytische Spaltung von Zuckerarten durch Mucoraceen geht aus der folgenden Tabelle 5 hervor. Hinsichtlich sonstiger hydrolytischer Wirkungen der Mucoraceen sei nur darauf hingewiesen, daß das Eiweißspaltungsvermögen dieser Organismen, gemessen an der Gelatineverflüssigung, zumeist relativ gering ist. Fett wird nur von wenigen Arten gespalten, so von M. mucedo und M. racemosus.

Auf Rohrzucker vermag eine größere Anzahl von Mucoraceen gut zu gedeihen, ohne denselben jedoch invertieren zu können, so z. B. M. mucedo, M. spinosus, M. circinelloides, Rh. nigricans. Das gleiche gilt auch für Inulin, auf dem z. B. nach NICOLSKI[1] Rh. tonkinensis besonders gut wächst, ohne Inulase zu besitzen. Milchzucker wird gleichfalls von manchen Mucorarten als Kohlenstoffnahrung verwertet, doch vermag keine einzige Art denselben zu spalten.

---

[1] NICOLSKI: C. Bact. II **12**, 554 (1904).

Tabelle 5.

	Rohrzucker	Maltose	Trehalose	Raffinose	Melibiose	Stärke	Inulin
M. mucedo	0 (?)[1]	+				+	
M. racemosus	+[2]					+ (?)	0
M. plumbens (spinosus)	0	+				+	
M. alternans	0	+	+			+[3]	
M. Rouxii (Amylomyces α)	0[4]	+[5,6]	+[5,6]			+[7]	
Rhizopus nigricans	0 (?)[1]	0				+[8]	
Rh. tonkinensis (Amylomyces γ)	0[6]	+[5,6]	+[5,6]	0[6]	0[6]	+[9]	0
Rh. japonicus (Amylomyces β)	+[5,6]	+[5,6]	0[5,6]	+[5,6]	+[5,6]	+[9,10]	+[5,6]
Rh. tritici	0					+	
Rh. Tamari	+[11]			+	0	+	0

Die stärkeverzuckernde Wirkung mancher Mucorarten ist vielfach sehr intensiv und hat auch technische Bedeutung erlangt, wobei die Amylomycesarten zur Verwendung kommen.

b) Die alkoholische Gärung der Mucoraceen.

Mit Ausnahme von M. pusillus und M. corymbifer (MIEHE[12]) besitzen anscheinend alle Mucoraceen das Vermögen zur alkoholischen Gärung, und zwar auch bei Luftzutritt, doch in sehr verschiedenem Maße.

Starkes Gärvermögen besitzen: M. circinelloides, alternans, javanicus, errectus;

schwächeres Gärvermögen besitzen: M. Rouxii, racemosus, Rh. tonkinensis, japonicus;

deutliches Gärvermögen besitzen: M. plumbens, piriformis, hiemalis, tenuis, fragilis, Rh. chinensis, Tamari, tritici;

schwaches Gärvermögen besitzen: M. mucedo, Rh. nigricans.

Die gärende Flüssigkeit bleibt bei der Gärung stets völlig klar, indem sich die Pilzdecke an der Oberfläche entwickelt und im Inneren der Lösung sich nur Flocken bilden. Bei strengem Luftabschluß lagern sich Mycelflocken unter Bildung von Kugelzellen am Gefäßboden ab. In diesem Falle kommt es dann auch zu einer sichtbaren, intensiven, kontinuierlichen Gasentbindung analog wie bei der Hefegärung, während diese bei Ausbildung von Pilzdecken an der Oberfläche der Gärlösung fehlt. Die Entwicklung von Kugelhefe (Mucorhefe) bzw. Kugelzellen, hat demnach mit der alkoholischen Gärung der Mucorarten nichts zu tun (s. z. B. ZOPF[13], hinsichtlich späterer Arbeiten s. z. B. WEHMER[14]). Ebensowenig ist die alkoholische Gärung der Mucoraceen an Sauerstoffmangel

[1] SCHÄFFER: Dissert. Erlangen 1901.
[2] FITZ; B, **6**, 48 (1873). — EMMERLING: B. **30**, 454 (1897).
[3] GAYON u. DUBOURG: Ann. Past. **1**, 532 (1887).
[4] SANGUINETTI: Ann. Past. **11**, 267 (1897).
[5] SITNIKOFF u. ROMMEL: Z. f. Spiritusind. **23**, 391 (1900).
[6] LINDNER: Mikrosk. u. biol. Betriebskontr. i. d. Gärgewerb. 6. Aufl., S. 212. 1930.
[7] CALMETTE: Ann. Past. **6**, 605 (1892).
[8] HENNEBERG: Z. f. Spiritusind. **25**, 205 (1902).
[9] COLETTE u. BOIDIN: Bull. de l'Asp. d. Chim. de sucr. et de dest. **16**, 862.
[10] BEHREND: C. Bact. II **4**, 514 (1894).
[11] SAITO: C. Bact. II **17**, 20 (1907).
[12] MIEHE: Die Selbsterhitzung des Heus. S. 78, 85. Jena 1907.
[13] ZOPF: Die Pilze. S. 189. Breslau 1890.
[14] WEHMER: C. Bact. II **13**, 277 (1904) — B. **23**, 122 (1905).

gebunden oder durch diesen bedingt, wie WEHMER[1] in Versuchen mit dauernder
Lüftung bei M. racemosus und javanicus zeigen konnte. Dagegen bewirkt reichliche Luftzufuhr ein wesentlich stärkeres Pilzwachstum. Daß die Mucoraceen-
gärung im wesentlichen analog der Hefegärung verläuft und zu Alkohol
und CO_2 führt, konnte bereits FITZ[2] zeigen. Nach WEHMER[1] enthielten
mittels M. racemosus vergorene Flüssigkeiten bis 2,5% Alkohol, bei M. javanicus 6,6%, wobei Luftabschluß oder Luftzufuhr keinen wesentlichen Einfluß auf
die Ausbeutezahlen hatte. Nach neueren Versuchen von BUTKEWITSCH und
FEDOROFF[3] mit Rhizop. nigricans vermag derselbe jedoch bei Sauerstoffabschluß
größere Mengen an Alkohol anzuhäufen (3,5%) als in Gegenwart von Luft (2%).
Hinsichtlich der weiteren Zersetzung des Alkohols liegen die Verhältnisse wohl
so, daß solche Mucorarten, die in Sauerstoffgegenwart größere Alkoholmengen
anzuhäufen imstande sind, nicht in wesentlichem Maße zum weiteren Abbau
desselben befähigt sind, wogegen Mucorarten, die nur geringe Mengen von Alkohol
anhäufen, denselben leicht abzubauen vermögen; hierauf wird später noch eingehend zurückzukommen sein. WEHMER[4] wies auch darauf hin, daß die Anhäufung des Alkohols „weniger von dem Vorhandensein einer vielleicht stets
gegebenen, spaltenden Substanz, als vielmehr von dem Oxydationsvermögen"
der betreffenden Organismen abhinge, indem sich nur bei Mangel desselben der
Alkohol in größeren Mengen anhäuft. Als sonstige Gärungsprodukte wurden
neben Acetaldehyd und Glycerin auch Säuren aufgefunden, auf die noch zurückzukommen sein wird (nach GAYON bei M. circinelloides sowie nach FITZ[5] bei
M. racemosus; nach EMMERLING[6] bei M. racemosus).

Hinsichtlich der Vergärung verschiedener Di- und Polysaccharide durch
Mucoraceen kann auf die bereits erwähnten hydrolytischen Eigenschaften der
einzelnen Pilze verwiesen werden, indem nur diejenigen Di- und Polysaccharide
vergoren werden können, die spaltbar sind.

Die produzierten Mengen an Alkohol sind recht verschieden; vergleichende,
unter einheitlichen Versuchsbedingungen durchgeführte Versuche in größerem
Ausmaße wurden noch nicht durchgeführt, daher sind auch die Angaben der
einzelnen Autoren für gleiche Pilze recht verschieden, abhängig von dem Gärvermögen des betreffenden Pilzstammes sowie den jeweiligen Versuchsbedingungen.
Die höchsten Alkoholausbeuten wurden allem Anscheine nach bei M. errectus
(6,4%) und M. javanicus (bis 6,6%) erzielt, während die geringsten Mengen
anscheinend M. mucedo (bis 2,4%, meist weitaus weniger) sowie Rh. tonkinensis
(1,5%) zu bilden vermögen, doch läßt sich nichts Allgemeingültiges daraus
folgern, da sich die einzelnen Pilzstämme sehr verschieden verhalten können.

c) Säurebildungen durch Mucoraceen.

Das Säurebildungsvermögen der Mucoraceen ist allem Anschein nach relativ
schwach, größere Säuremengen scheinen nur in Gegenwart von Neutralisationsmitteln angehäuft zu werden, wie z. B. BUTKEWITSCH und FEDOROFF[3]
bei Rh. nigricans zeigen konnten. Die durch Mucoraceen gebildete Säure
wurde vielfach für Oxalsäure gehalten, da sich in den Pilzkulturen oftmals
schwer lösliche Ca-Salze abschieden; ob es sich bei den älteren diesbezüglichen
Angaben tatsächlich um Ca-Oxalat handelte, oder nicht vielleicht um Ca-Fumarat,

[1] WEHMER: C. Bact. **14**, 556 (1905); **15**, 8 (1905).
[2] FITZ: B. **6**, 48 (1873); **8**, 1540 (1875); **9**, 1352 (1876).
[3] BUTKEWITSCH u. FEDOROFF: Bio. Z. **219**, 103 (1930).
[4] WEHMER: In Lafars Handb. d. techn. Mykol. **4**, 512 (1907).
[5] FITZ: B. **9**, 1352 (1876).   [6] EMMERLING: B. **30**, 454 (1897).

bedürfte der Überprüfung. *Bernsteinsäure und Fumarsäure* werden insbesondere durch Rh. nigricans in großen Mengen gebildet. Mucor piriformis bildet nach WEHMER[1] Citronensäure und entwickelt einen deutlich esterartigen Geruch (obstähnlich).

II. Einfache Oxydationsvorgänge.

Im folgenden sind jene Oxydationsvorgänge zu besprechen, bei denen die Kohlenstoffkette der betreffenden Ausgangssubstanzen erhalten bleibt, also weder eine Umlagerung noch eine Verkürzung erleidet. Die zu besprechenden Oxydationen werden vornehmlich durch Bakterien verursacht, die in die Gruppe der Essigsäurebakterien gehören oder denselben nahestehen; doch wird auch z. B. insbesondere die Gluconsäuregärung durch andere Organismen hervorgerufen, und zwar insbesondere in weitem Ausmaße durch Schimmelpilze, vor allem Aspergillaceen.

Bei den zu besprechenden Oxydationen handelt es sich entweder um die Oxydation von Aldehydzuckern zu den betreffenden Carbonsäuren oder um die Oxydation sekundärer Carbinolgruppen zu Ketogruppen, und zwar Bildung von Ketosen aus Zuckeralkoholen oder Umwandlung von Zuckercarbonsäuren in Ketocarbonsäuren.

Anhangsweise ist hier noch ein Kapitel über die Bildung der Kojisäure angegliedert, und zwar vorläufig nur unter Vorbehalt, wie aus dem später Darzulegenden hervorgeht.

A. Die Bildung von Zuckermonocarbonsäuren.

1. Gluconsäurebildung durch Bakterien.

Als erster beobachtete BOUTROUX[2] die Umwandlung von Glucose in Gluconsäure; als Erreger nannte der Autor zunächst Mycoderma aceti, später einen Micrococcus oblongus, der von Früchten isoliert wurde, und jedenfalls den Essigsäurebakterien nahesteht. BROWN[3] berichtete dann über Gluconsäure bildung durch B. aceti sowie durch B. xylinum. Mit der Gluconsäurebildung durch den letztgenannten Organismus beschäftigten sich auch BERTRAND[4] sowie BEIJERINCK[5]. Ferner bildet B. Savastanoi, der Erreger des Ölbaumkrebses, nach ALSBERG[6] gleichfalls Ca-Gluconat aus Glucose. SEIFERT[7] berichtet über die Realisierung dieses Vorganges durch B. Kützingianum und Pasteurianum. Nach SÖHNGEN[8] bildet Acetobacter Pasteurianum aus Glucose sehr glatt mit 60 proz. Ausbeute reine Gluconsäure. HENNEBERG[9] berichtete über Gluconsäurebildung durch B. oxydans, B. aceti und B. acetigenum und gab[10] eine vergleichende Übersicht der Gluconsäurebildung durch verschiedene Bakterien, indem er feststellte, bis zu welcher maximalen Konzentration freie Gluconsäure in den Bakterienkulturen angehäuft wird, wie aus der folgenden Tabelle 6 hervorgeht.

---

[1] WEHMER: C. **1897 II**, 160; **1898 I**, 269.
[2] BOUTROUX: C. r. **91**, 236 (1880) — Justs Jber. **1**, 178 (1882).
[3] BROWN: Soc. **49**, 172, 432 (1885); **50**, 463 (1886); **51**, 638 (1887).
[4] BERTRAND: C. r. **127**, 729 (1898) — Bl. (3) **19**, 1003 (1898) — A. ch. (8) **3**, 275 (1904).
[5] BEIJERINCK: C. **1892**, 635; **1898**, 995.
[6] ALSBERG: J. biol. Ch. **9**, 1 (1911) — Proc. Soc. Exp. Biol. Med. **6**, 83 (1909).
[7] SEIFERT: Ch. Ztg **21**, Rep. 225 (1897).
[8] SÖHNGEN: Fol. Mikrobiol. **3**, H. 2 (1914) — Zbl. Bioch. **18**, 573.
[9] HENNEBERG: D. Essigind. **2**, 145 (1898).
[10] HENNEBERG: Handb. d. Gärungsbakt. **2**, 195 (1926).

Tabelle 6.

Bacterium	Konzentration der	
	verwendeten Glucose %	gebildeten Gluconsäure %
B. industrium	40	16,6
B. oxydans	25	8,0
B. acetosum	25	4,6
B. aceti	10	2,6
Thermobacter aceti	8	2,5
B. acetigenum	25	1,9
B. xylinum	12	1,5
B. Kützingianum	15	0,8
B. Pasteurianum	15	0,5

Ein neues Bacterium, das eine sehr starke Fähigkeit zur Gluconsäurebildung besitzt und daher B. gluconicum genannt wurde, konnte von HERMANN[1] aus dem japanischen oder indischen Teepilz „Kombucha" isoliert werden. Dasselbe ist beweglich und zeigt nicht das für Bact. xylinum u. a. charakteristische Oberflächenwachstum. Es häuft in 40proz. Glucoselösung die Gluconsäure bis zu einer Konzentration von 23% an, also in weitaus höheren Mengen als eines der bis dahin bekannt gewordenen Bakterien.

Mit der Einwirkung eines Bact. xylinums auf Glucose haben sich sodann auch BERNHAUER und SCHÖN[2] näher beschäftigt; Gluconsäure häufte sich dabei in 5proz. Glucoselösung bis zu einer Konzentration von 3—4% in der Kulturflüssigkeit an, nach HENNEBERG durch das von ihm untersuchte Bact. xylinum nur bis 1,5% (s. Tab. 5). Verschiedene Bakterienstämme haben demnach ein verschieden starkes Vermögen zur Säurebildung, und zugleich ist ersichtlich, daß die von HENNEBERG gegebene Tabelle keinen Anspruch auf allgemeine Gültigkeit hinsichtlich der angeführten Bakterienarten haben kann, sondern nur in gewissen Grenzen Bedeutung besitzt.

Vier neue Arten von Essigsäurebakterien isolierten vor kurzem TAKAHASHI und ASAI[3] aus „Hoshikagi". Diese Bakterien bildeten alle aus Glucose 80—100% Gluconsäure. Für das ausführlicher beschriebene Bacterium Hoshikagi var. rosea erwies sich ein Gehalt von 10% Gluconsäure in der Nährlösung als maximal für das Wachstum; der für die Essigsäurebildung maximale Alkoholgehalt betrug 3%. Die Gluconsäurebildung aus Glucose in Hefewasser betrug bis 98,6% d. Th.

Weiterhin findet Gluconsäurebildung anscheinend nach BROWN[4] auch durch einige Varietäten von Bact. subtilis statt. Die Beobachtung von STANĚK[5] über die Bildung von gluconsaurem Kalk an den Wänden von Zuckermagazinen ist wohl auch auf die Wirkung von Bakterien oder Pilzen zurückzuführen. Ferner beschrieb auch BUTKEWITSCH[6] einen nicht näher bezeichneten beweglichen Bacillus, der auf Zuckernährboden mit $CaCO_3$ reichlich Ca-Gluconat anhäufte.

In höheren Pflanzen wurde Gluconsäure bisher nur als Harzsäureester in der Zuckerrübe durch SMOLENSKI[7] festgestellt.

Bildung sonstiger Zuckermonocarbonsäuren durch Bakterien.

Unter den *Hexonsäuren* wurde bisher nur noch über die Bildung von *d-Galaktonsäure* aus d-Galaktose durch Einwirkung des Sorbosebacterium berichtet

[1] HERMANN: Bio. Z. **192**, 188 (1928); **205**, 297 (1929).
[2] BERNHAUER u. SCHÖN: H. **180**, 232 (1929).
[3] TAKAHASHI u. ASAI: C. Bact. II **82**, 390 (1930).   [4] BROWN: Bl. (3) **9**, 97 (1893).
[5] STANĚK: Z. f. Zuckerind. i. Böhmen **33**, 547 (1909).
[6] BUTKEWITSCH: Bio. Z. **159**, 409 (1925).   [7] SMOLENSKI: H. **71**, 266 (1911).

(BERTRAND [4, S. 13]). Dieselbe wurde durch das Ca-Salz sowie durch das Ca-Cd-Salz charakterisiert.

Von *Pentonsäuren* wurde die Bildung von *l-Arabonsäure* aus l-Arabinose und der *l-Xylonsäure* aus l-Xylose durch das Sorbosebacterium von BERTRAND (4, S. 13) beschrieben. Die erste wurde durch das Ca-Salz, die zweite durch das Br-Cd-Salz charakterisiert.

2. Gluconsäurebildung durch Schimmelpilze.

a) Organismen.

MOLLIARD[1] beobachtete als erster die Bildung von Gluconsäure aus Glucose durch Sterigmatocystis nigra (Aspergillus niger). FALCK und KAPUR[2] stellten sodann Gluconsäurebildung durch 4 Abarten von Aspergillus niger, ferner durch A. cinnamomeus und A. fuscus fest, die sich zugleich alle auch als Citronensäurebildner erwiesen. BERNHAUER[3] berichtete weiterhin über die Gluconsäurebildung durch zwei verschiedene Aspergillus niger-Stämme, von denen dem einen die Fähigkeit zur Citronensäurebildung fast völlig abging. BUTKEWITSCH[4] stellte Gluconsäurebildung durch A. niger und Citromyces glaber fest, nachdem er bereits in früheren Arbeiten auf das Auftreten einer ein leicht lösliches Ca-Salz bildenden Säure aufmerksam gemacht hatte. Später fand er auch Gluconsäurebildung bei Penicillium glaucum und einem weiteren Citromyces[5]. Ferner berichtete AMELUNG[6] über Gluconsäurebildung durch A. niger japonicus (gelbes Mycel mit schwarzen Sporen) und A. niger cinnamomeus (weißes Mycel mit rehbraunen Sporen). Die von ihm sowie auch von den anderen erwähnten Autoren erzielten Ausbeuten an Gluconsäure waren jedoch relativ gering (mit $CaCO_3$ 16,5 bzw. 28,2% des angewendeten Rohrzuckers). MAY, HERRICK, THOM und CHURCH[7] stellten Gluconsäurebildung bei einer Anzahl von Penizillien fest, so bei Pen. citricum, divaricatum usw.; als besonders kräftiger Gluconsäurebildner erwies sich ein Pen. purpurogenum var. rubriscleroticum sowie Pen. luteum purpurogenum. TAMIYA und HIDA[8] stellten bei fast allen untersuchten Aspergillusarten Gluconsäurebildung fest, und zwar in besonders großem Ausmaße bei Aspergillus Awamori, flavus und gymnosardae, nicht dagegen bei A. soya und ostianus. Über Gluconsäurebildung durch Dematium berichtet PERWOZWONSKY[9]. BERNHAUER[10] wies darauf hin, daß wohl so gut wie alle säurebildenden Aspergillaceen auch Gluconsäure zu bilden vermögen, wie auch einige Versuche mit Pen. italicum, glaucum, luteum, africanum, Citromyces glaber, C. Pfefferianus usw. zeigten. Bei der Untersuchung von 19 verschiedenen Aspergillus niger-Stämmen durch BERNHAUER, DUDA und SIEBENÄUGER[11] wurde stets Gluconsäurebildung beobachtet, allerdings in recht verschiedenem Ausmaße (die Ausbeute aus Rohrzucker, bezogen auf den Glucoseanteil desselben, betrug in Prozent d. Th. 39,6—96,4). Ferner fanden auch ANGELETTI und CERUTTI[12] Gluconsäurebildung bei Einwirkung von Pen. luteum und Pen. purpurogenum auf Glucose in Gegenwart von Pepton.

---

[1] MOLLIARD: C. r. **174**, 881 (1922); **178**, 41 (1924).
[2] FALCK u. KAPUR: B. **57**, 920 (1924).   [3] BERNHAUER: Bio. Z. **153**, 517 (1924).
[4] BUTKEWITSCH: Bio. Z. **154**, 177 (1924).   [5] BUTKEWITSCH: Bio. Z. **182**, 99 (1927).
[6] AMELUNG: H. **166**, 161 (1927).
[7] MAY, HERRICK, THOM u. CHURCH: J. Biol. Chem. **75**, 417 (1927).
[8] TAMIYA u. HIDA: Acta phytochim. **4**, 343 (1929). — C. **1930 I**, 2263.
[9] PERWOZWONSKY: C. Bact. II **81**, 372 (1930).
[10] BERNHAUER: Bio. Z. **197**, 285 (1928).
[11] BERNHAUER, DUDA u. SIEBENÄUGER: Bio. Z. **230**, 475 (1931).
[12] ANGELETTI u. CERUTTI: C. **1931 I**, 3694.

Weiterhin sei auch noch auf die Beobachtung von Grüss[1] über die Bildung von Gluconsäure durch die Nektarhefe Microanthomyces septentrionalis verwiesen, die daneben auch Oxalsäure zu bilden vermag.

Hinsichtlich der *Konstanterhaltung des Gärvermögens* der Gluconsäure erzeugenden Pilze teilten May, Herrick, Moyer und Hellbach[2] eine Anzahl wichtiger Erfahrungen mit, wie sie mit Pen. luteum purpurogenum gemacht wurden. So berichten sie auch, daß bei der Kultivierung des Pilzes während zweier Jahre eine gewisse Variabilität desselben sich zeigte.

b) Bedingungen der Gluconsäurebildung.

1. Zusammensetzung der Kulturflüssigkeit. *C-Quelle.* Nach Molliard (1, S. 15), Amelung (6, S. 15) sowie Bernhauer[3] wird Gluconsäure nur aus Glucose, Rohrzucker und Maltose erhalten, während die Bildung der betreffenden Monocarbonsäuren aus den anderen Zuckerarten bei Schimmelpilzen nur vereinzelt beobachtet wurde (s. unten). Der Fructoseanteil des Rohrzuckers scheint unter bestimmten Bedingungen nach Bernhauer[3] auch in Gluconsäure umgewandelt werden zu können, doch erscheint dies noch nicht mit genügender Sicherheit erwiesen; dagegen wird Fructose selbst auch nicht in Spuren in Gluconsäure umgewandelt (Bernhauer, Siebenäuger und Tschinkel[4]).

N-Quelle. Molliard (1, S. 15) beobachtete bereits, daß die Bildung der Gluconsäure aus Glucose durch A. niger bei N-Mangel stattfindet bzw. meint sogar, daß der Prozeß ausschließlich dem Mangel an Stickstoff zuzuschreiben ist, indem bei Beseitigung des Stickstoffmangels auch in salzarmen Nährlösungen lediglich Oxal- und Citronensäure entstanden, was mit stärkerem Mycelwachstum und rascherem Zuckerverbrauch Hand in Hand geht. Nach Falck und Kapur (2, S. 15) erwies sich gleichfalls ein niedriger N-Gehalt als günstig, und zwar am besten eine Konzentration von 0,16% Ammonnitrat bei 15% technischer Glucose. Nach Bernhauer[5] liegt das Optimum für die Entwicklung gut gluconsäurebildender Pilzdecken zwischen 0,01—0,03% Stickstoff in der Nährlösung. Die Art der Stickstoffquelle war dabei von relativ geringem Einfluß; jedoch erwiesen sich immerhin Ammonsulfat und Pepton als besonders geeignet, insbesondere deshalb, weil dann die Weiterverarbeitung des Ca-Gluconates zu Citronensäure durch die betreffenden Pilzdecken am geringsten war. In Abwesenheit von Neutralisationsmitteln war die Gluconsäurebildung in der Regel geringer, insbesondere in Gegenwart von Stickstoff. Doch kann andererseits auch in Gegenwart von $CaCO_3$ durch Zusatz entsprechender Stickstoffmengen die Gluconsäurebildung gehemmt oder ganz verhindert werden; dies gilt insbesondere für Ammonnitrat. In Zusammenhang damit steht auch, daß sehr üppig entwickelte Pilzdecken, auch in Gegenwart von $CaCO_3$, nur geringe Mengen Gluconsäure anhäufen. Einen neuen Gesichtspunkt für die Beurteilung des Wesens und der Bedingungen der Gluconsäurebildung konnte Schober[6] auffinden, indem es ihm zu zeigen gelang, daß Assimilation von Luftstickstoff durch Asp. niger nur in Gegenwart von Glucose stattfindet, wobei die für die Reduktion des Stickstoffs erforderliche Energie durch Oxydation der Glucose zu Gluconsäure gewonnen wird; dagegen fand in Gegenwart von Fructose keine N-Assimilation und fast kein Wachstum statt, was mit dem Unvermögen des Pilzes, Fructose in Gluconsäure überzuführen, in Zusammenhang gebracht wird.

---

[1] Grüss: Wschr. f. Brauerei **44**, 233 (1927).
[2] May, Herrick Moyer u. Hellbach; Ind. Chem. **21**, 1198 (1929).
[3] Bernhauer: Bio. Z. **197**, 309 (1928).
[4] Bernhauer, Siebenäuger u. Tschinkel: Bio. Z. **230**, 472 (1931).
[5] Bernhauer: Bio. Z. **197**, 287 (1928).   [6] Schober: Jb. wiss. Bot. **72**, 1 (1930).

Nährsalze. MOLLIARD (1, S. 15) stellte fest, daß durch Nährsalzmangel infolge der gehemmten Mycelentwicklung die Gluconsäurebildung gefördert wird. Er verwendete eine Nährsalzlösung von folgender Zusammensetzung[1]: 0,0356% Ammonnitrat, 0,008% Kaliumdihydrophosphat, 0,008% Magnesiumsulfat, 0,00046% Eisensulfat und 0,00046% Zinksulfat. HERRICK und MAY[2] halten für die Gluconsäurebildung durch Pilze aus der Gruppe des Penicillium luteum purpurogenum folgende Nährsalzlösung für besonders zweckmäßig: 0,1% Natriumnitrat, 0,025% Magnesiumsulfat, 0,01% Dinatriumhydrophosphat, 0,005% Kaliumchlorid. Nach eigenen Erfahrungen entspricht bei Aspergillus niger gut eine Nährlösung, die 0,1% Ammonsulfat, 0,1% Kaliumdihydrophosphat und 0,025% Magnesiumsulfat enthält.

2. Reaktion der Kulturflüssigkeit. Nach BUTKEWITSCH (4, S. 15) ist für die Anhäufung der Gluconsäure insbesondere der Grad der Acidität maßgebend, indem dieselbe insbesondere bei niedrigeren Säurekonzentrationen, also vornehmlich in Gegenwart von Calciumcarbonat, angehäuft wird, während bei höherer Acidität eher Citronensäure entsteht. Bei Anwendung fertiger Pilzdecken, die in Gegenwart relativ geringer Stickstoffmengen zur Entwicklung gelangt waren (0,1% Ammonsulfat), erzielte BERNHAUER[3] in Gegenwart von freiem oder potentiellem Alkali (CaO, CaCO$_3$, NaHCO$_3$ bzw. Na$_2$CO$_3$) hohe Ausbeuten an Gluconsäure in wenigen Tagen. In Abwesenheit von Neutralisationsmitteln verlief dabei die Gluconsäurebildung meist viel langsamer, doch konnten bei Verwendung eines ausgesprochenen Gluconsäurebildners analoge Ausbeuten erzielt werden. Weiterhin stellte BERNHAUER[4] fest, daß auch bei Verwendung relativ gut Citronensäure bildender Pilze durch Einhaltung bestimmter Bedingungen sehr hohe Ausbeuten an Gluconsäure erhalten werden können, und zwar bei Anwendung dünner, stickstoffarmer Mycelien in Gegenwart von Ca-Carbonat und Abwesenheit von Stickstoffsalzen. MAY, HERRICK, THOM und CHURCH (7, S. 15) erhielten in Abwesenheit von Neutralisationsmitteln mittels Pen. luteum purpurogenum gute Ausbeuten an Gluconsäure, und zwar 20 bis 60%, bezogen auf ursprünglichen Glucosegehalt. Ein Stamm dieser Pilzgruppe gab nach 12—14 Tagen in 20—25proz. Glucoselösung unter optimalen Bedingungen 80% an Gluconsäure.

MAY, HERRICK, MOYER und HELLBACH (2, S. 16) konnten zeigen, daß bei dem von ihnen verwendeten Pilz die Wasserstoffionenkonzentration keinen wesentlichen Einfluß auf die Gluconsäurebildung ausübt; aus je 200 g Glucose in 20proz. Lösung wurden nach 14 Tagen annähernd gleiche Mengen Gluconsäure erhalten ($\pm$120 g), gleichgültig, ob neben den Nährsalzen nur reine Glucoselösung ($p_H = 4{,}8$; End-$p_H = 2{,}08$) oder solche in Gegenwart von Calciumcarbonat ($p_H = 6{,}4$; End-$p_H = 3$) oder freier Gluconsäure ($p_H = 3$; End-$p_H = 2{,}06$) verwendet wurde.

SCHOBER (6, S. 16) fand, daß durch Asper. nig. Gluconsäure in reichlichen Mengen in freiem Zustande gebildet wird, wenn eine N-freie Nährlösung verwendet wird, wobei der Pilz den Luftstickstoff assimiliert; dabei fand auch Oxalsäurebildung, aber keine Citronensäurebildung statt. Wenn allerdings SCHOBER meint, daß die Entstehung der Gluconsäure von der Reaktion der Nährlösung nahezu unabhängig ist, so gilt dies nur unter Einschränkung, nämlich bei Verwendung sehr dünner, stickstoffarmer Pilzdecken bzw. bei Anwendung bestimmter Pilze, denen das Vermögen zur Citronensäurebildung im wesentlichen abgeht.

---

[1] MOLLIARD: C. r. **168**, 360 (1919).　　[2] HERRICK u. MAY: J. Biol. Chem. **77**, 185 (1928).
[3] BERNHAUER: Bio. Z. **172**, 313 (1926).
[4] BERNHAUER: Bio. Z. **172**, 324 (1926); **197**, 287 (1928).

3. Verlauf des Gärprozesses (Temperatur, Gärdauer usw.). FALCK und KAPUR (2, S. 15) arbeiteten in Gegenwart von Calciumcarbonat und kommen zur Ansicht, daß stets zunächst, also vor dem Entstehen anderer Säuren, Gluconsäure gebildet wird. Sie erhielten bei Anwendung von Agarnährboden dann die besten Ausbeuten an Ca-Gluconat (bis 50% der Glucose), wenn bei niedriger Temperatur (22°) jener Zeitpunkt beobachtet wurde, in dem das Ca-Carbonat verschwunden war, bevor die Abscheidung von Ca-Citratkrystallen einsetzte.

BERNHAUER (3, S. 17) stellte fest, daß ohne merkliche Abschwächung des Gluconsäurebildungsvermögens fertige Pilzdecken sich wiederholt (3 mal) verwenden ließen, wenn stets Alkali zugesetzt wurde. In Gegenwart von Alkali vermochte der Pilz auch 40proz. Rohrzuckerlösungen rasch auf Gluconsäure zu verarbeiten. Bei Oxydation 20proz. Lösungen von reiner Glucose in Gegenwart von Ca-Carbonat kam es vielfach zum Erstarren der ganzen Kulturflüssigkeit durch Auskrystallisieren des Ca-Gluconats. Als optimal erwies sich dabei eine Temperatur von 33—34°. Weiterhin fanden HERRICK und MAY (2, S. 17) bei der Ermittlung des zeitlichen Verlaufes der Säurebildung, daß das gleiche Mycel nach Erreichung einer maximalen Säuremenge frisch zugesetzte Glucoselösung (ohne Salze) in wesentlich kürzerer Zeit zu Gluconsäure oxydiert. Nach eigenen Erfahrungen schwankt die Gärdauer in Abhängigkeit von der Schichthöhe der Kulturflüssigkeit etwa zwischen 4 und 14 Tagen.

c) Enzymchemie der Gluconsäurebildung.

MAXIMOW[1] fand, daß bei Zusatz von Glucose zu Preßsaft oder einem Enzympräparat von Asp. niger gesteigerte Sauerstoffabsorption stattfindet. Diese Beobachtung konnte sodann von MÜLLER[2] bestätigt und durch den Befund erweitert werden, daß parallel der Sauerstoffabsorption ein Verbrauch von Glucose und Bildung von Säure stattfindet. Das hierbei beteiligte Enzym bezeichnete er als Glucoseoxydase. In späteren Arbeiten bringt MÜLLER[3] den Beweis dafür, daß durch das Enzympräparat Glucose unter Bildung von Gluconsäure angegriffen wird und beschreibt eingehender die Gewinnung und Charakterisierung des Enzympräparates.

1. Gewinnung und Reinigung der Glucoseoxydase. Der nach BUCHNER aus dem durch Hungern auf Wasser vom anhaftenden Substrat befreiten Pilzmycel hergestellte Preßsaft wird am besten durch Dialyse gegen strömendes Wasser von noch anhaftenden Kohlehydraten usw. befreit. Die dialysierte Flüssigkeit wird dann durch Eintropfen in ein Alkohol-Äthergemisch (2 : 1) gefällt.

2. Vorkommen der Glucoseoxydase. Dieselbe wurde vorläufig erst aus Aspergillus niger und Penicillium glaucum gewonnen, doch werden wir wohl ihre Existenz überall dort, wo Gluconsäure aus Glucose entsteht, anzunehmen haben.

3. Bildung des Enzyms. Als Substrat für die Entwicklung eines glucoseoxydasehaltigen Pilzmycels kommt nach MÜLLER nicht nur Glucose und Rohrzucker in Betracht, sondern auch Mannose sowie Fructose, nicht dagegen Weinsäure oder Glycerin (s. auch BERNHAUER[4]).

4. Wirkungsbedingungen. Als p_H-*Optimum* für die Wirkung der Glucoseoxydase ermittelte MÜLLER den Wert 5,5—6,5; ferner fand er, daß die in wäßriger Lösung rasch verschwindende Wirkung der Glucoseoxydase nicht durch

---

[1] MAXIMOW: C. **1904 II** 49.
[2] MÜLLER: Den. Kgl. Veterinaer of Landbhojskole Aarsskrift **1925**, 329.
[3] MÜLLER: Bio. Z. **199**, 136 (1928); **205**, 111 (1929); **213**, 211 (1929); **232**, 423 (1931).
[4] BERNHAUER: H. **177**, 86 (1928).

deren Zersetzlichkeit bedingt ist, sondern durch die steigende Säurebildung gehemmt wird. Daher empfiehlt sich der Zusatz von Ca-Carbonat bei Durchführung der Enzymversuche, wie dies bereits von BERNHAUER und WOLF[1], allerdings nur bei Präparaten aus zerriebenem Mycel, gehandhabt wurde. Als *Temperaturoptimum* fand MÜLLER etwa 30°.

5. Spezifität. Die Glucoseoxydase erwies sich als recht spezifisch, indem sie vor allem Glucose angreift, in geringerem Grade nur noch d-Mannose und d-Galaktose, nicht dagegen d-Fructose, Ca-Gluconat, Glycerin, Dioxyaceton, Acetaldehyd, d-Xylose, d-Arabinose, d-Glucuronsäure, d-Zuckersäure, Äthylalkohol, Lactose. Rohrzucker wird nur dann angegriffen, wenn die Saccharase im Enzympräparat unverändert bleibt, indem nach der Inversion die Glucose oxydiert wird. Dagegen wird Maltose zum Teil auch direkt angegriffen, und zwar durch ein termolabileres, also von Glucoseoxydase verschiedenes, als *Maltoseoxydase* bezeichnetes Enzym.

6. Hemmungs- und Aktivierungsversuche. In Blausäureatmosphäre wird die Glucoseoxydase nicht wesentlich beeinträchtigt, erst wenn die Konzentration größer als $^n/_{100}$ beträgt, findet Hemmung statt. Kohlenoxyd bewirkt keine Hemmung. Die Glucoseoxydase wird daher durch Schwermetalle nicht katalysiert und hat demnach mit WARBURGS Atmungsferment nichts zu tun. BERNHAUER (4, S. 18) berichtete über die Aktivierung der Gluconsäurebildung durch Mangansalze, doch wurden die Versuche mit keinen Enzympräparaten durchgeführt, so daß sich für die eventuelle Aktivierung der Glucoseoxydase selbst keine weiteren Schlüsse aus diesem Befund ziehen lassen.

7. Methylenblauversuche. Auf die Reduktion von Methylenblau bei Sauerstoffabschluß hat Glucoseoxydase keinen wesentlichen Einfluß, indem der Farbstoff in Gegenwart von Glucose nicht rascher reduziert wird als in Abwesenheit desselben, d. h. die Glucoseoxydase ist nicht als Dehydrase aufzufassen, da sie in Gegenwart anderer Wasserstoffakzeptoren nicht zu dehydrieren vermag, sondern zur Oxydation von Glucose zu Gluconsäure atmosphärischen Sauerstoffs bedarf.

In den Glucoseoxydasepräparaten ließ sich nur Äpfelsäuredehydrase nachweisen, indem nur Äpfelsäure die Reduktion von Methylenblau durch Glucoseoxydasepräparate beschleunigte. Dagegen war die Reduktion von Methylenblau durch derartige Präparate in Gegenwart von Gluconsäure, Citronensäure, Oxalsäure und Malonsäure bedeutend gehemmt, bei Glucose und Fructose in geringem Maße, während Ameisensäure und Bernsteinsäure in geringem Grade die Reduktion beschleunigten.

d) Bildung sonstiger Monocarbonsäuren durch Schimmelpilze.

ANGELETTI und CERUTTI[2] berichten über die Oxydation von d-Mannose durch Penicillium luteum purpurogenum, wobei sie nach 20 Tagen 9,35% an d-Mannonsäure erhielten.

B. Der Abbau der Zuckermonocarbonsäuren.

Die weitere Oxydation der Zuckermonocarbonsäuren bzw. vor allem der Gluconsäure durch Organismen findet entweder am 5. oder 6. C-Atom statt. Es entsteht so einerseits 5-Ketogluconsäure, und zwar durch Einwirkung von Bakterien, und andererseits 6-Oxogluconsäure, die erst in jüngster Zeit auf-

---

[1] BERNHAUER u. WOLF: H. **177**, 277 (1928).

[2] ANGELETTI u. CERUTTI: Ann. Chim. Appl. **20**, 424 (1930) — C. **1931 I**, 3694.

gefunden wurde; schließlich wurde auch vielfach Bildung von Zuckersäure beobachtet. Einen besonderen Abbauvorgang verdankt die d-Glucuronsäure ihrer Entstehung, die hier nur anhangsweise angegliedert sei, da sie nicht von Gluconsäure, sondern nur von Glucose selbst ableitbar erscheint. Dieselbe stellt bekanntlich einen im Pflanzen- und insbesondere Tierreich sehr weit verbreiteten Körper dar, der jedoch bei Gärungsvorgängen bisher erst ganz vereinzelt nachgewiesen werden konnte. Bei ihrer weiteren Oxydation könnte gleichfalls d-Zuckersäure entstehen. Wir hätten demnach folgendes Abbaubild vor uns:

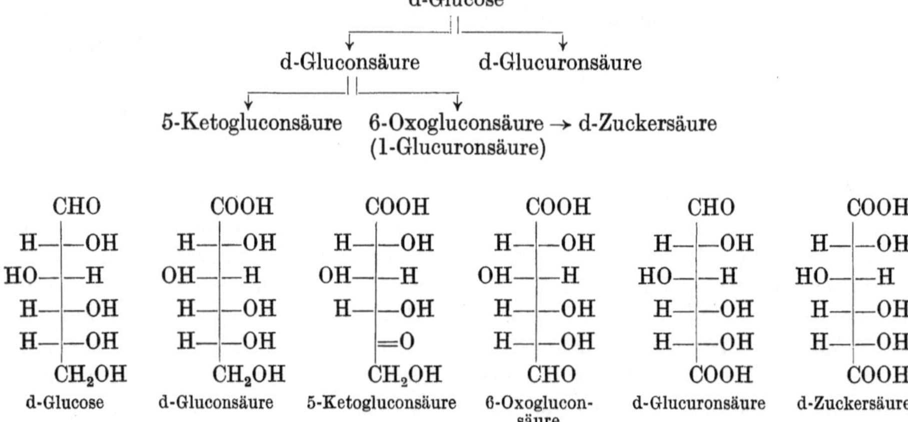

1. 5-Ketogluconsäure.

Boutroux[1] fand, daß das von ihm von Blüten und Früchten isolierte Bacterium (Micrococcus oblongus) Glucose in Gegenwart von $CaCO_3$ in Oxygluconsäure überzuführen vermag; die gleiche Umwandlung erleidet das Ca-Salz der Gluconsäure selbst, die demnach bei diesem Prozeß als Zwischenprodukt aufzufassen ist. Nach Bertrand[2] wird die gleiche Reaktion durch das Sorbosebacterium bewirkt. Der Verfasser verwendete als Nährlösung eine Hefeabkochung und stellte fest, daß das Optimum bei 18—25°, also unterhalb der günstigsten Wachstumstemperatur liegt. Die erhaltene Ketosäure bezeichnete er als 5-Ketogluconsäure, und Kiliani[3] konnte zeigen, daß die von ihm auf rein chemischem Wege gewonnene 5-Ketogluconsäure mit der bakteriell erzeugten identisch ist. Die Überführung von Ca-Gluconat in 5-ketogluconsaures Ca durch Acetobacter suboxydans stellten sodann Kluyver und De Leeuw[4] fest. Mit der Darstellung dieser Substanz beschäftigten sich weiterhin Bernhauer und Schön[5], indem sie die Erzeugung derselben mittels Bacterium xylinum eingehender quantitativ verfolgten. Sie stellten fest, daß die Bildung der Ketogluconsäure am besten in schwach alkalischer Lösung ($p_H = 7—8$) verläuft. Aus Ca-Gluconat entstanden über 50% an 5-ketogluconsaurem Calcium, aus Glucose in Gegenwart von Ca-Carbonat und etwas Buttersäure (zwecks Verhinderung von Pilzinfektionen) gegen 65%. Nach Hermann[6] wird freie Gluconsäure, Na- und Ca-Gluconat sowie Fructose (?) durch Bacterium gluconi-

[1] Boutroux: C. r. **102**, 924 (1866) — Ann. Past. **2**, 308 (1887) — C. r. **111**, 185 (1890); **127**, 1224 (1898).
[2] Bertrand: A. ch. (8) **3**, 181 (1904).   [3] Kiliani: B. **55**, 2817 (1922).
[4] Kluyver u. De Leeuw: Tijdschr. voor vergl. geneeskunde **1924**, Nr 10.
[5] Bernhauer u. Schön: H. **180**, 232 (1929).
[6] Hermann: Bio. Z. **214**, 357 (1929).

cum in etwa 3 Monaten bis zu 70% in 5-Ketogluconsäure verwandelt. Bacterium xylinum vermochte in Gegenwart von $CaCO_3$ aus Glucose in der gleichen Zeit fast ebensoviel Ketogluconsäure zu bilden wie Bacterium gluconicum, ebenso aus gluconsauren Salzen, nicht dagegen aus freier Gluconsäure, wie auch bereits frühere Autoren feststellen konnten.

Aus Fructose wurde durch Bacterium xylinum in keinem Falle Bildung von Ketogluconsäure beobachtet. Weiterhin stellten HERMANN und NEUSCHUL[1] Bildung von 5-Ketogluconsäure auch durch Bacterium xylinoides, orleanse, aceti und acetosum fest.

Die Bildung von Ketogluconsäure aus Fructose durch B. gluconicum erscheint recht zweifelhaft, solange dieselbe nicht in Substanz isoliert ist; es wäre ihre Bildung aus Fructose nur durch Umlagerung dieser in Glucose denkbar, sonst müßte wohl durch Oxydation eines endständigen C-Atoms entweder 2-Ketogluconsäure oder 5-Ketomannonsäure entstehen.

Hinsichtlich der Oxydation von sekundären Carbinolgruppen zu Ketogruppen durch die Essigbakterien bestehen bestimmte Gesetzmäßigkeiten, die noch zu besprechen sein werden. Gemäß diesen wäre z. B. auch aus Mannonsäure 5-Ketomannonsäure zu erwarten.

2. 6-Oxogluconsäure und d-Zuckersäure.

In jüngster Zeit berichteten TAKAHASHI und ASAI[2] über die Bildung von „l-Glucuronsäure" aus Glucose sowie Ca-Gluconat. Es handelt sich dabei wohl um die d-6-Oxogluconsäure, wie sich aus ihrer Bildung aus Ca-Gluconat ergibt. Die genannten Autoren erhielten die Substanz bei Einwirkung von Bact. industrium var. Hoshigaki nov. sp. auf eine 10proz. Glucoselösung in Hefewasser in Gegenwart von $CaCO_3$ bei 26—29° nach 30 Tagen in guter Ausbeute neben Ca-Ketogluconat und Ca-Gluconat. Aus Ca-Gluconat selbst (100 g in 1000 ccm Hefewasser) erhielten sie nach 24 Tagen bei 25—28° durch dasselbe Bacterium neben ein wenig 5-ketogluconsaurem Ca 25 g an „l-glucuronsaurem Ca"[3].

Im Anschluß an diesen Vorgang seien auch die in gewisser Parallele hierzu stehenden *Oxydationen von Zuckeralkoholen zu Aldosen* erwähnt. So wird *Mannit* nach PÉRÉ[4] durch Bac. mesentericus vulgatus und Tyrothix tenuis zu d-Mannose oxydiert. Weiterhin berichteten HERMANN und NEUSCHUL[1] über den analogen Vorgang bei Bact. Pasteurianum und Kützingianum. *d-Dulcit* soll nach den gleichen Autoren durch Bact. gluconicum wahrscheinlich zu d-Galaktose oxydiert werden.

Bildung von d-Zuckersäure wurde zuerst von GRÜSS[5] beobachtet, und zwar durch Einwirkung von Nektarhefen (Anthomyces Reukaufii und Amphiernia rubra) auf Glucose; die Zuckersäure wurde allerdings nur mikroskopisch durch ihr Caesiumsalz identifiziert. CHALLENGER, SUBRAMANIAM und WALKER[6] fanden bei einem bestimmten Aspergillus niger-Stamm das Vermögen, aus Glucose sowie aus Gluconsäure Zuckersäure zu bilden. Bei Anwendung der MOLLIARDschen Nährlösung konnten sie in Glucosekulturen am 6. Tage kleine Mengen Zuckersäure nachweisen; dieselbe wurde allerdings sehr rasch weiterverarbeitet und

[1] HERMANN u. NEUSCHUL: Bio. Z. **233**, 129 (1931).

[2] TAKAHASHI u. ASAI: C. Bact. II **84**, 193 (1931).

[3] Auf Grund des erwähnten Befundes erscheint auch eine nähere Prüfung erforderlich, ob es sich dort, wo über die Bildung von 5-Ketogluconsäure berichtet wird, auch wirklich stets um diese bzw. nur um diese gehandelt hat.

[4] PÉRÉ: Ann. Past. **10**, 417 (1896).

[5] GRÜSS: Jb. f. wiss. Bot. **66**, 155, 171, 177 (1926) — Wschr. f. Brauerei **44**, 233 (1927).

[6] CHALLENGER, SUBRAMANIAM u. WALKER: Soc. **1927**, 200, 3044.

gelangte so nicht zur Anhäufung. Bei weiteren Versuchen erhielten sie aber immerhin aus 20 g Ca-Gluconat 3,7 g zuckersaures Calcium.

Weiterhin sei hier noch erwähnt, daß nach WÜNSCHENDORFF und KILLIAN[1] auch *d-Glucuronsäure* durch Schimmelpilze gebildet werden soll, und zwar neben einer großen Reihe anderer Säuren durch Einwirkung von Cytospora damnosa auf Glucose und Pepton. Dieser vorläufig recht alleinstehende Befund bedarf allerdings der Bestätigung. Die dabei stattfindende Oxydation stünde zugleich in Parallele zu dem bei der Bildung von Zuckersäure verlaufenden Vorgang, wobei in beiden Fällen Oxydation des C_6-Atoms zur Carboxylgruppe stattfände.

Ferner sei noch erwähnt, daß wir es hierbei vom chemischen Standpunkt aus mit einem im Prinzip analogen Vorgang zu tun haben wie bei der *Oxydation des Glykols zu Glykolsäure*. Nach BROWN[2] wird dieser Vorgang durch Bact. aceti in Gegenwart von $CaCO_3$ veranlaßt. Analog verhielten sich nach SEIFFERT[3] das Bact. Pasteurianum und Kützingianum; das Sorbosebacterium ist nach BERTRAND (2, S. 20) zu dieser Oxydation nicht befähigt (s. auch HENNEBERG[4]) und ebensowenig nach TAKAHASHI[5] 5 Varietäten des Bact. Kützingianum. Im Tierkörper geht Glykol nach P. MAYER[6] in Glykolsäure und Oxalsäure über (vgl. auch DAKIN[7]).

Der *weitere Abbau der* erwähnten *Zuckercarbon- und dicarbonsäuren* ist noch nicht genügend geklärt. Gluconsäure wird durch Hefe vornehmlich unter Bildung von Essigsäure vergoren, durch ein Gemisch putrefaktiver Bakterien nach SALKOWSKY und NEUBERG[8] zu l-Xylose decarboxyliert, durch Essigbakterien nach SÖHNGEN[9] zu Dioxyaceton, Alkohol und CO_2 vergoren. Schimmelpilze bauen dieselbe zu Citronensäure und insbesondere Oxalsäure ab. Zuckersäure wird allem Anschein nach in ähnlicher Weise angegriffen. Als weiteren Abbauweg finden wir hier jedoch noch deren Umwandlung in Furanderivate. So beobachtete LIPPMANN[10] sowie CISKIEWITSCH[11], daß Lösungen von zuckersaurem sowie muconsaurem Ammonium nach spontaner Infektion durch atmosphärische Organismen Pyrrole enthielten. Die Umwandlung von Zuckersäure durch Wasserabspaltung zu Enolen bzw. Ketosäuren ist noch nicht bewiesen, aber möglich. So wurde die evtl. entstehende Ketipinsäure mit der Citronensäurebildung in Zusammenhang gebracht, und andererseits könnte α, δ-Diketoadipinsäure bei der Synthese von Diaminosäuren usw. eine Rolle spielen.

C. Die Bildung von Ketosen aus Zuckeralkoholen.

Die hier zu besprechenden Oxydationen haben mit dem Zuckerabbau selbst nichts zu tun, sondern führen im Gegenteil erst zur Bildung von Zuckerarten; diese Vorgänge seien daher hier nur anhangsweise behandelt. Die diesbezüglichen Oxydationsprozesse bilden eine Parallele zu den gelegentlich der Besprechung der 5-Ketogluconsäure behandelten Vorgängen. Es handelt sich demnach um die Bildung von Ketogruppen aus sekundären Carbinolgruppen. Es wurden hierbei bestimmte Gesetzmäßigkeiten aufgefunden, auf die noch

[1] WÜNSCHENDORFF u. KILLIAN: C. r. **187**, 1572 (1928).
[2] BROWN: Soc. **51**, 638 (1887).   [3] SEIFFERT: C. Bact. II **3**, 337 (1897).
[4] HENNEBERG: D. Essigind. **2**, 145 (1898).
[5] TAKAHASHI: Bull. Coll. of Agr. Tokio **7**, 531 (1907).
[6] MAYER, P.: H. **38**, 144 (1903).   [7] DAKIN: C. **1907 I**, 1804.
[8] SALKOWSKY u. NEUBERG: H. **36**, 261 (1902).
[9] SÖHNGEN: C. **1915 I**, 326.   [10] LIPPMANN: B. **25**, 3218 (1892).
[11] CISKIEWITSCH: B. **26**, 3063 (1893).

zurückzukommen sein wird. Auf die mehr vereinzelten Beobachtungen über die Oxydation primärer Carbinolgruppen zu Aldehydgruppen wurde bereits eingegangen.

1. Die Oxydation des Glycerins.

BERTRAND[1] fand als erster, daß bei der Einwirkung des Sorbosebacteriums (das mit Bacterium xylinum identisch ist) auf Glycerin reichliche Mengen von Dioxyaceton gebildet werden. Später gab der gleiche Autor[2] auch eine genaue Vorschrift für die Herstellung von Dioxyaceton aus Glycerin. Weiterhin beobachtete SAZERAC[3] die gleiche Reaktion durch ein im Weinessig vorkommendes Bacterium. Nach PÉRÉ (4, S. 21) wird durch Tyrothrix tenuis und Bac. mesentericus vulgatus aus Glycerin vielleicht Glycerose gebildet, dagegen wird nach BROWN (2, S. 22) durch Bact. aceti das Glycerin zu CO_2 und Wasser verbrannt. BERTRAND[4] konnte auch feststellen, daß die angebliche, von BERTHELOT beobachtete Umwandlung von Glycerin in Zucker durch Einwirkung von Hodengewebe auf einen Mikroorganismus zurückzuführen ist und daß es sich dabei um die Bildung von Dioxyaceton handelt. Nach WATERMANN[5] wird Dioxyaceton auch durch Acetobacter melanogenum Beyerinck aus Glycerin gebildet. Nach FERNBACH[6] bildet auch Tyrothrix tenuis aus Glycerin sowie aus Hexosen Dioxyaceton, das weiter in Methylglyoxal, Formaldehyd und Essigsäure übergehen soll (hinsichtlich Bildung von Dioxyaceton durch Bakterien s. auch BIERRY und PORTIER[7]). Über die Beschleunigung der Oxydation von Glycerin zu Dioxyaceton durch Spuren von Uransalzen berichteten AGULHON und SAZERAC[8].

In neuerer Zeit untersuchten VIRTANEN und BÄRLUND[9] die Dioxyacetonbildung aus Glycerin mittels eines aus Rüben- bzw. Traubensaft isolierten Bacterium, das sie auf Grund des stark ausgeprägten Vermögens zur Dioxyacetonbildung als Bacterium dioxyacetonicum bezeichneten. Diese Bakterienform erwies sich vom B. xylinum hauptsächlich dadurch verschieden, daß sie keine zähen Cellulosehäutchen bildete; vielfach wurde die Nährlösung durch die Bakterienentwicklung auch nur getrübt (das Bacterium ist beweglich), während für das stets unbewegliche B. xylinum die Bildung einer dicken Bakterien-Zooglöa an der Oberfläche charakteristisch ist. Als p_H-Optimum für die Dioxyacetonbildung stellten die genannten Autoren etwa 5,0 fest (bei Bact. xylinum 5—6); unter dem p_H-Wert 3 und oberhalb 7 wurde das Glycerin nicht mehr oxydiert. Bei der Untersuchung verschiedener Puffer erwies sich Glykokollpuffer am geeignetsten (anscheinend spezifisch); dabei wurde in 30 Tagen (bei 3 cm Schichthöhe) fast 85% an Dioxyaceton (berechnet aus dem Reduktionsvermögen der Lösung) gebildet. Hinsichtlich der Schichthöhe stellten die Verfasser fest, daß bei Anwesenheit geringer Schichthöhen (1 cm) anfangs raschere Oxydation erfolgt, später jedoch eine größere Schichthöhe (3 cm) günstigere Wirkung auf die Ausbeute hat. Sodann beschäftigten sich BERNHAUER und SCHÖN[10] eingehender mit der Feststellung der Versuchsbedingungen bei der Bildung von Dioxyaceton durch ein sehr gärkräftiges B. xylinum. Sie stellten

[1] BERTRAND: C. r. **126**, 762, 842, 984 (1808).
[2] BERTRAND: A. ch. (8) **3**, 901 (1904).
[3] SAZERAC: C. r. **137**, 90 (1903) — Bl. (3) **29**, 901 (1903).
[4] BERTRAND: C. r. **133**, 887 (1901).   [5] WATERMANN: C. **1913 II**, 1605.
[6] FERNBACH: C. r. **151**, 1005 (1910).
[7] BIERRY u. PORTIER: C. r. **166**, 1055 (1918).
[8] AGULHON u. SAZERAC: C. r. **155**, 1187 (1912).
[9] VIRTANEN u. BÄRLUND: Bio. Z. **169**, 169 (1926).
[10] BERNHAUER u. SCHÖN: H. **177**, 107 (1928).

unter Berücksichtigung des p_H den Einfluß der niedrigen Glieder der Fettsäurereihe auf den Oxydationsprozeß fest und fanden weiterhin, daß der
Oxydationsvorgang in geringen Schichthöhen (etwa 1—2 cm) bedeutend
rascher und quantitativer verläuft als bei größeren. Glycerinkonzentrationen
von 6 bis 8% erwiesen sich am günstigsten; unter Einhaltung der optimalen
Bedingungen wurde das Glycerin 100 proz. in Dioxyaceton (berechnet aus
dem Reduktionsvermögen) umgewandelt. Weiterhin berichteten in jüngster
Zeit HERMANN und NEUSCHUL (1, S. 21) über die Umwandlung von Glycerin
in Dioxyaceton (bis zu 90%) durch B. gluconicum, xylinum, xylinoides, orleanse und aceti, die zugleich als ketogene Essigsäurebakterien klassifiziert
wurden.

Über die Bildung von Dioxyaceton bzw. Glycerinaldehyd aus Glycerin durch
Pilze ist bisher erst ein einzieger Fall bekannt geworden, und zwar stellten
CHALLENGER, KLEIN und WALKER[1] fest, daß ein Aspergillus niger, der sein
Vermögen zur Citronensäurebildung verloren hatte, in einer 5 proz. Glycerinlösung bei 20° nach 21 Tagen eine FEHLINGsche Lösung reduzierende Substanz
bildete; nach 46 Tagen konnte eine geringe Menge Glycerosazon abgeschieden
werden.

2. Die Oxydation von Glykolen.

Während die Oxydation von Äthylenglykol zu Glykolsäure bereits behandelt
wurde (s. S. 22), haben wir hier noch Vorgänge zu besprechen, bei denen die
Oxydation zu Ketonen führt.

Propylenglykol (1,2-Propandiol) wird nach KLING[2] durch das Sorbose-
bacterium sowie durch Mycoderma aceti[3] unter Bildung einer FEHLINGsche
Lösung reduzierenden Substanz oxydiert, die in Form des Phenylosazons isoliert
werden konnte. Ob es sich dabei um Methylglyoxal, Milchsäurealdehyd oder
Acetol handelte, blieb zunächst ungeklärt, doch erschien die Bildung von Acetol
in Analogie zu anderen Prozessen von vornherein am wahrscheinlichsten. Durch
Darstellung des Oxims konnte dies sodann auch sichergestellt werden. Die
Isolierung des Oxydationsproduktes selbst gelang nicht, außerdem bleibt stets
die Hälfte des Propylenglykols unverändert zurück, und zwar die rechtsdrehende
Komponente, die auf diese Weise von der l-Form abgetrennt werden kann.
Ebenso verhält sich nach PÉRÉ[4] Tyrothrix tenuis, wogegen B. thermo nach
LE BEL[5] die l-Komponente unangegriffen läßt.

2,3-Butylenglykol wird nach KLING[6] von Mycoderma aceti in analoger Weise
angegriffen, und zwar unter Bildung von Acetoin, das in Substanz isoliert werden
kann. Das Sorbosebacterium veranlaßt gleichfalls diesen Oxydationsvorgang,
doch geht der Prozeß weitaus langsamer vor sich (bis zu 50 proz. Umsetzung).
Nach VISSER 'T HOOFT[7] ist auch Acetobacter suboxydans zu dieser Oxydation
befähigt; im übrigen verhält sich dieser Organismus ganz analog wie das Sorbosebacterium. Auch bei diesem Oxydationsvorgang wird nur die l-Form angegriffen, während die d-Form unverändert zurückbleibt. Nach WALPOLE entsteht auch durch Einwirkung von B. lactis aerogenes aus 2,3-Butylenglykol
unter Sauerstoffzutritt Methyl-acetyl-carbinol.

---

[1] CHALLENGER, KLEIN u. WALKER: Soc. **1931**, 16.
[2] KLING: C. r. **128**, 244 (1898); **129**, 1252 (1899).
[3] KLING: C. r. **133**, 231 (1901).
[4] PÉRÉ: Ann. Past. **11**, 600 (1896) — C. **1897 II**, 517.
[5] LE BEL: C. r. **92**, 532 (1881).
[6] KLING: C. r. **140**, 1456 (1905) — A. ch. (8) **5**, 471 (1905).
[7] VISSER 'T HOOFT: Dissert. Delft 1926.

3. Die Oxydation der Tetrite und Pentite.

d-Erythrit wird nach BERTRAND[1] zu d-Erythrulose oxydiert, die in Form eines hellgelben, unvergärbaren Sirups erhalten wurde. Nach BROWN (2, S. 22) wird Erythrit durch B. aceti nicht angegriffen. Nach HERMANN und NEUSCHUL (1, S. 21) bilden B. gluconicum, xylinum, xylinoides, orleanse und aceti aus Erythrit d-Erythrulose.

l-Arabit wird nach BERTRAND[2] durch Sorbosebacterium zu l-Arabinoketose oxydiert, l-Xylit wird dagegen nicht angegriffen.

4. Die Oxydation der Hexite.

BERTRAND[3] fand, daß in Vogelbeersaft beim Stehenlassen zunächst Alkoholgärung und Schimmelbildung eintritt; nach einigen Tagen entwickelt sich sodann im Saft eine Mikrobe, unter deren oxydierendem Einfluß *d-Sorbit* in *d-Sorbose* umgewandelt wird. Diese Mikrobe erscheint auch regelmäßig in einem Gemisch von 1 Vol. Weinessig, 1 Vol. Rotwein und 2 Vol. Wasser. Die erwähnte Umwandlung geht vor sich, wenn das Bacterium auf eine Lösung von 1% Pepton, Nährsalzen und einigen Prozenten Sorbit bei 25° einwirken gelassen wird. Aus dem nach dem Eindampfen erhaltenen Sirup kann die Sorbose durch Krystallisation gewonnen werden. Nachdem bereits BERTRAND vermutet hatte, daß sein Bacterium, wenn nicht identisch, so doch sehr ähnlich dem B. xylinum (BROWN) ist, konnte EMMERLING[4] diese Identität sicherstellen. Kräftige Oxydation von d-Sorbit durch eine von ihm isolierte Mikrobe beobachtete auch SAZERAC[5]. Die von MATROT[6] beobachtete Umwandlung von d-Sorbit in d-Sorbose durch Saccharomyces mycoderma Ress konnte durch BERTRAND (2, S. 23) als Irrtum erwiesen werden. Ebensowenig wird Sorbose durch Pen. glaucum oder Mycoderma gebildet. Nach BROWN (2, S. 22) wird d-Sorbit auch durch B. aceti nicht angegriffen. Über die Bildung von Sorbose aus Sorbit berichteten dagegen weiterhin BEIJERINCK[7] durch Acetobacter melanogenum, sowie FERNBACH (6, S. 23) durch Tyrothrix tenuis. Nach HERMANN und NEUSCHUL (1, S. 21) wird Sorbit durch B. gluconicum, xylinum, xylinoides und orleanse zu Sorbose oxydiert; dabei erwies sich jedoch die Herkunft des verwendeten d-Sorbits von wesentlicher Bedeutung.

d-Mannit wird nach BROWN[8] durch B. aceti sowie B. xylinum in d-Fructose übergeführt (siehe auch VINCENTI und DELACHANAL[9], BERTRAND[2], SEIFERT[10]). Der gleiche Vorgang wird nach HENNEBERG[11] durch B. oxydans ausgelöst. Weiterhin suchte PÉRÉ (4, S. 21) die Bildung von d-Fruktose aus d-Mannit mittels B. subtilis wahrscheinlich zu machen. In Versuchen von HERMANN und NEUSCHUL (1, S. 21) erwiesen sich B. gluconicum, xylinum, xylinoides, orleanse, aceti und Pasteurianum zur Durchführung dieser Reaktion als befähigt.

Dulcit wird nach BROWN (2, S. 22) weder von Mycoderma aceti noch nach BERTRAND[2] durch das Sorbosebacterium angegriffen.

[1] BERTRAND: C. r. **130**, 1330 (1900) — A. ch. (8) **3**, 206, 259 (1904).
[2] BERTRAND: C. r. **126**, 763 (1898) — Bl. (3) **19**, 347 (1898) — A. ch. (8) **3**, 209 (1904).
[3] BERTRAND: C. r. **122**, 900 (1896) — Bl. (3) **15**, 627 (1896) — A. ch. (8) **3**, 181, 195, 227 (1904).
[4] EMMERLING: Bioch. Zbl. **2**, Nr 12 (1904) — B. **32**, 541 (1899).
[5] SAZERAC: C. r. **139**, 90 (1904).   [6] MATROT: C. r. **125**, 874 (1897).
[7] BEIJERINCK: C. Bact. **29**, 169 (1911).
[8] BROWN: Soc. **49**, 182, 435, 439 (1886).
[9] VINCENTI u. DELACHANAL: C. r. **125**, 716 (1897).
[10] SEIFERT: C. Bact. II **3**, 337 (1897).
[11] HENNEBERG: C. Bact. II **4**, 20 (1898); **14**, H. 22 (1908).

Auch *Heptite* werden durch Essigbakterien oxydiert. So wird *Perseit* von einem sehr gärkräftigen Sorbosebacterium nach BERTRAND[1] (s. auch 2, S. 25) zu Perseulose oxydiert, ebenso *Volemit* zu einer Ketoheptose. Nach BERTRAND und NITZBERG[2] wird *Glucoseheptit* durch das Sorbosebacterium zu Glucoheptulose oxydiert.

5. Allgemeine Gesetzmäßigkeiten.

Nach BERTRAND[3] findet durch Essigbakterien Oxydation sekundärer alkoholischer Gruppen nur dann statt, wenn eine weitere Hydroxylgruppe benachbart ist, die in der Projektionsformel auf der gleichen Seite liegen muß, wie die zu oxydierende Hydroxylgruppe. Die endständige Gruppe kann allem Anscheine nach entweder eine Carbinol- oder auch eine Methylgruppe sein. Die oxydierbaren Substanzen gehen aus der folgenden Übersicht hervor:

Glycerin	Propylenglykol	d-Erythrit	Butylenglykol
CH_2OH	CH_2OH	CH_2OH	CH
CHOH	**CHOH**	$H \cdot C \cdot OH$	$H \cdot C \cdot OH$
CH_2OH	CH_3	**$H \cdot C \cdot OH$**	**$H \cdot C \cdot OH$**
		CH_2OH	CH_3

l-Arabit	l-Xylit (nicht oxyd.)	d-Sorbit	d-Mannit	Perseit	d-Glucoheptit
CH_2OH	CH_2OH	CH_2OH	CH_2OH	CH_2OH	CH_2OH
$H \cdot C \cdot OH$	$H \cdot C \cdot OH$	$H \cdot C \cdot OH$	$H \cdot C \cdot OH$	$H \cdot C \cdot OH$	$H \cdot C \cdot OH$
$HO \cdot C \cdot H$	$HO \cdot C \cdot H$	$HO \cdot C \cdot H$	$H \cdot C \cdot OH$	$HO \cdot C \cdot H$	$H \cdot C \cdot OH$
$HO \cdot C \cdot H$	$H \cdot C \cdot OH$	$H \cdot C \cdot OH$	$HO \cdot C \cdot H$	$HO \cdot C \cdot OH$	$HO \cdot C \cdot H$
CH_2OH	CH_2OH	**$H \cdot C \cdot OH$**	**$HO \cdot C \cdot H$**	$H \cdot C \cdot OH$	$H \cdot C \cdot OH$
		CH_2OH	CH_2OH	**$H \cdot C \cdot OH$**	**$H \cdot C \cdot OH$**
				CH_2OH	CH_2OH

D. Die Bildung der Kojisäure.

Dieser Vorgang soll hier auch nur gewissermaßen anhangsweise behandelt werden, da der Chemismus desselben noch nicht völlig geklärt ist; daher erfolgt die Anordnung an dieser Stelle nur unter Vorbehalt. Die Kojisäure selbst steht auf gleicher Oxydationsstufe wie die Gluconsäure, besitzt jedoch einen Pyronring und entsteht wohl erst durch synthetische Vorgänge aus Spaltungsprodukten der Zuckerarten.

Konstitution. Während zunächst TRAETTA-MOSCA[4] die von ihm isolierte Substanz für das Lacton einer Trioxy-hexadiensäure hielt, gaben ihr später TRAETTA-MOSCA und PRETI[5] die Konstitution eines Pyronderivates. Erst YABUTA[6] stellte ihre Konstitution endgültig fest. Neulich konnte MAURER[7] die Kojisäure auch rein chemisch auf synthetischem Wege gewinnen und so ihre Struktur bestätigen (Konstitutionsformel s. S. 28).

[1] BERTRAND: C. r. **147**, 201 (1908) — Bl. (4) **5**, 629 (1909) — A. ch. (8) **3**, 209 (1904).
[2] BERTRAND u. NITZBERG: C. **1928 I**, 2594.
[3] BERTRAND: C. **1904 II**, 1291.
[4] TRAETTA-MOSCA: Ann. chim. appl. **1**, 477 (1914) — C. **1917 II**, 310.
[5] TRAETTA-MOSCA u. PRETI: Gazz. **51**, 269 (1921).
[6] YABUTA: Soc. **125**, 575 (1924).   [7] MAURER: B. **63**, 25 (1930).

1. Organismen und Bedingungen der Kojisäurebildung.

Als erster erhielt SAITO[1] Kojisäure bei der Einwirkung von Aspergillus orycae auf gedämpften Reis. Sodann machten SAUTON[2] sowie JAVILLIER und SAUTON[3] wahrscheinlich, daß die später als Kojisäure erkannte Substanz in Spuren auch durch Aspergillus niger in eisenfreier, RAULINscher Nährlösung gebildet wird. Sodann untersuchte YABUTA[4] eingehender die Bildung dieser Substanz durch Einwirkung von Aspergillus orycae auf Reis oder Zucker und nannte sie Kojisäure. Weiterhin erhielt sie TRAETTA-MOSCA (4, S. 26) bei Einwirkung eines von ihm isolierten Aspergillus glaucus auf Zuckerarten bei 37°. Da die Substanz von Bierhefe unter Bildung von Alkohol vergoren wurde, nahm er an, daß sie ein Zwischenprodukt bei der alkoholischen Gärung des Zuckers darstellen könne. Ferner ist die von WIJKMAN[5] mittels Aspergillusarten erhaltene Substanz nach allem wohl auch mit Kojisäure identisch. Die Autorin fand, daß dieselbe bei Verwendung von Kulturgefäßen aus Quarz oder paraffiniertem Glas regelmäßig und in sehr guter Ausbeute aus Rohrzucker gebildet wurde. Sodann unterzog YABUTA (6, S. 26) die Bildung der Kojisäure einer neuerlichen Untersuchung und fand, daß sie außer durch Aspergillus orycae auch durch Aspergillus albus, canditus und nidulans gebildet wird. KINOSHITA[6] studierte die Bildung der Kojisäure aus Zuckerarten durch A. orycae und fand, daß die Anwendung von Kobalt-Ammoniumsalzen usw. die Ausbeute an Kojisäure sehr steigert. Bei Verwendung von Nährlösungen mit 0,5% Cobaltopurpureochlorid als N-Quelle erhielt er aus 10proz. Zuckerlösung in 25 Tagen 33% an Kojisäure. TAMIYA[7] fand den p_H-Wert 5,5 als optimal für die Kojisäurebildung durch A. orycae, und TAMIYA und HIDA[8] stellten fest, daß Rohrzucker von folgenden Aspergillusarten in Kojisäure umgewandelt wird: A. orycae, flavus var. gymnosardae, Awamori, candidus, clavatus, fumigatus und giganteus. Nach KATAGIRI und KITAHARA[9] wird Kojisäure durch A. orycae am besten in 5proz. Glucoselösung mit 0,05% Ammonsulfat bei $p_H = 2,4$ gebildet. CORBELLINI und GREGORINI[10] fanden, daß A. flavus ein stärkeres Vermögen zur Kojisäurebildung besitzt als A. orycae. Weiterhin berichtete WIJKMAN[11] über die Bildung auffallend großer Mengen an Kojisäure aus Rohrzucker in Kulturen von A. flavus ohne nähere Angabe der Versuchsbedingungen. MAY, MOYER, WELLS und HERRICK[12] beschäftigten sich eingehend mit der Klärung der Bedingungen der Kojisäurebildung durch A. flavus. Sie erhielten bei Anwendung einer Nährlösung, die 0,07 bis 0,175% Ammonnitrat (bzw. sekundäres Ammonphosphat) und 15—33% Glucose enthielt, bei 30—35° hohe Ausbeuten an Kojisäure, und zwar bis gegen 50% d. Th. bezogen auf angewendete und über 60% d. Th., bezogen auf verbrauchte Glucose. Es gaben beispielsweise 333 ccm einer 22proz. Lösung von technischer Glucose (Glucosegehalt 91,5%) bei 1,4 cm Schichthöhe nach 12 Tagen bei 24—25° 30,5 g Kojisäure, entsprechend 57,5% d. Th.

[1] SAITO: Bot. Mag. Japan **21**, 249 (1907).
[2] SAUTON: C. r. **151**, 241 (1910).
[3] JAVILLIER u. SAUTON: C. r. **153**, 1177 (1911).
[4] YABUTA: J. Coll. Agr. Tokio **5**, 51 (1912).
[5] WIJKMAN: H. **132**, 104 (1924).
[6] KINOSHITA: Acta Phyt. **3**, 31 (1927).
[7] TAMIYA: Acta Phyt. **3**, 51 (1927).
[8] TAMIYA u. HIDA: Acta Phyt. **4**, 343 (1929).
[9] KATAGIRI u. KITAHARA: Bull. Agr. chem. Soc. Jap. **5**, 38 (1929).
[10] CORBELLINI u. GREGORINI: Gazz. **60**, 244 (1930) — C. **1930 I**, 3683.
[11] WIJKMAN: A. **485**, 61 (1931).
[12] MAY, MOYER, WELLS u. HERRICK: Am. Soc. **53**, 774 (1931).

2. Chemismus der Kojisäurebildung.

a) Substrate der Kojisäurebildung.

1. Hexosen und entsprechende Polyosen. Aus Glucose, Rohrzucker sowie Maltose erhielten viele Autoren Kojisäure, aus Fructose erhielten dieselbe TRAETTA-MOSCA (4, S. 26), KATAGIRI und KITAHARA[1], CORBELLINI und GREGORINI (10, S. 27); ebenso aus Inulin sowie Stärkearten. Aus Mannose und Galaktose erhielten KATAGIRI und KITAHARA 1—6% Kojisäure, aus anderen Zuckerarten bis 40%.

2. Pentosen. Während KINOSHITA (5, S. 27) aus l-Arabinose und l-Xylose keine Kojisäure erhielt, waren CHALLENGER, KLEIN und WALKER[2] hierbei erfolgreich. Es kam also nicht zur Bildung von Pyromekonsäure, die bei direkter Umwandlung der Pentosen zu erwarten gewesen wäre. Die Ausbeute an Kojisäure aus den Pentosen war von gleicher Größenordnung wie aus Glucose; l-Arabinose gab 2,5%, l-Xylose 5,0% und Glucose 3,8% Ausbeute. Weiterhin erhielten auch CORBELLINI und GREGORINI (10, S. 27) aus Arabinose und Xylose mittels Aspergillus flavus Kojisäure; ebenso stellten KATAGIRI und KITAHARA Kojisäurebildung aus diesen beiden Pentosen fest, wobei sich Xylose als günstiger erwies.

3. Zuckeralkohole, wie Sorbit, Dulcit sowie auch Inosit, gaben in Versuchen von KATAGIRI und KITAHARA gleichfalls Kojisäure; Mannit erwies sich als ungeeignet, ebenso Erythrit.

4. Triosen und Glycerin. Bereits TRAETTA-MOSCA und PRETI (5, S. 26) erhielten aus Glycerin Kojisäure, ebenso KINOSHITA (5, S. 27), CORBELLINI und GREGORINI (10, S. 27) sowie CHALLENGER, KLEIN und WALKER[3]. Die letztgenannten Autoren erhielten weiterhin bei Einwirkung von A. orycae auf Dioxyaceton über 30% d. Th. an Kojisäure, und zwar wesentlich mehr als aus anderen Kohlenstoffquellen mit dem gleichen Pilzstamm. KATAGIRI und KITAHARA erhielten dagegen aus Glycerinaldehyd sowie Dioxyaceton keine Kojisäure, wohl aber aus Glycerin und Glycerin-β-phosphat.

5. Ungeeignet erwiesen sich d-Glucuronsäure, Äthylenglykol, Glycerinsäure, Zuckersäure, Ca-Gluconat, Trimethylenglykol, K-Citrat, ferner in Versuchen von KATAGIRI und KITAHARA[1] α-Methylglykosid, Rhamnose, verschiedene Oxysäuren, Fettsäuren, Ketosäuren, einwertige Alkohole, Aminosäuren usw.; dagegen beobachteten diese Autoren Kojisäurebildung aus Gluconsäure, wogegen wieder CHALLENGER, KLEIN und WALKER[3] aus Rhamnose Spuren von Kojisäure erhielten.

b) Vorstellungen über den Chemismus.

KINOSHITA (5, S. 27) sowie HAWORTH[4] wiesen auf die nahe konstitutive Beziehung der Kojisäure zur d-Glucose (Glucopyranose) hin, wie aus den folgenden Formelbildern hervorgeht:

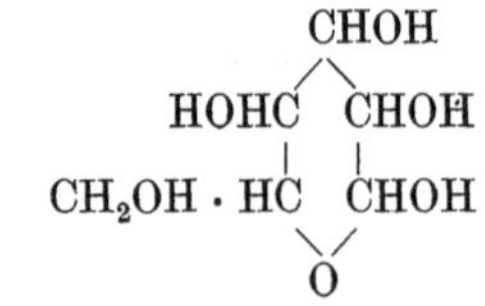

$$
\begin{array}{cc}
\text{CHOH} & \text{CO} \\
\text{HOHC} \quad \text{CHOH} \qquad\qquad & \text{H} \cdot \text{C} \quad \text{C} \cdot \text{OH} \\
\text{CH}_2\text{OH} \cdot \text{HC} \quad \text{CHOH} \qquad\qquad & \text{HOH}_2\text{C} \cdot \text{C} \quad \text{C} \cdot \text{H} \\
\text{O} & \text{O} \\
\text{d-Glucose} & \text{Kojisäure}
\end{array}
$$

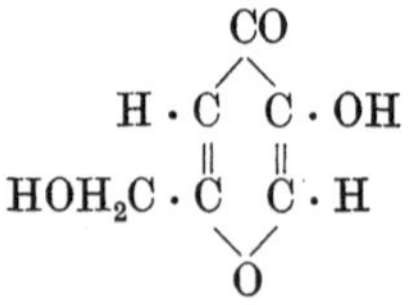

---

[1] KATAGIRI u. KITAHARA: C. **1930 II**, 579.
[2] CHALLENGER, KLEIN u. WALKER: Soc. **1929**, 1498.
[3] CHALLENGER, KLEIN u. WALKER: Soc. **1931**, 16.
[4] HAWORTH: Const. of Sugars. S. 38. 1928.

Es würde sich dabei demnach um eine Dehydration und Oxydation des Glucose-
moleküls handeln, wobei der Pyranring der n-Glucose erhalten bliebe. Die
Tatsache jedoch, daß auch aus Fructose, C_3-Verbindungen sowie Pentosen
Kojisäure gebildet wird, deutet darauf hin, daß ein anderer Reaktionsmechanismus stattfinden muß. So gelangten CORBELLINI und GREGORINI (10, S. 27) zur
Ansicht, daß der Pyronring synthetisiert wird, und zwar vielleicht aus Glycerinaldehyd und einem andern Oxydationsprodukte des Glycerins, unter Bildung
eines Körpers, der durch Dehydratation in Kojisäure übergehen soll. Auch
CHALLENGER, KLEIN und WALKER (3, S. 28) meinen, daß die Bildung der Kojisäure nicht erst über eine Hexose zu gehen braucht, sondern daß dieselbe
aus C_3-Körpern durch direkte Synthese entstehen könnte, also etwa aus dem
Triosedienol, gemäß folgendem Schema:

$$
\begin{array}{c}
\quad\text{OH} \quad \text{HCH}\cdot\text{OH} \qquad\qquad\qquad\qquad \text{CO} \\
\quad\diagup \qquad \diagdown \qquad\qquad\qquad\qquad \diagup\;\diagdown \\
\text{HC} \qquad\qquad \text{C}\cdot\text{OH} \qquad\qquad \text{HC}\;\;\text{C}\cdot\text{OH} \;\;+\;\; \text{H}_2\text{O} \\
\;\;\|\quad +\quad \|\qquad\xrightarrow[+\,\text{O}]{-2\text{H}_2\text{O}}\qquad \|\;\;\;\| \\
\text{HO}\cdot\text{H}_2\text{C}\cdot\text{C} \qquad \text{CH} \qquad\qquad \text{HO}\cdot\text{H}_2\text{C}\cdot\text{C}\;\;\text{CH} \\
\quad\diagdown \qquad \diagup \qquad\qquad\qquad\qquad \diagdown\;\diagup \\
\quad\text{OH} \;\; \text{HO} \qquad\qquad\qquad\qquad\qquad \text{O}
\end{array}
$$

Diese Ansicht der genannten Autoren erhält auch durch deren Befund über
die reichliche Bildung von Kojisäure aus Dioxyaceton eine Stütze. Dieselben
halten es daher auch für recht gut möglich, daß bei der Umwandlung von
Glucose in Kojisäure zunächst das Glucosemolekül unter Bildung von Triosen
gespalten wird, die dann erst den Ausgangspunkt für die Synthese des Pyronringes vorstellen könnten. Weiterhin weisen MAY, MOYER, WELLS und
HERRICK (12, S. 27) auf die leichte Bildung des Pyronringes aus verschiedenen
aliphatischen Polyketonen hin, so auf die Bildung von Dimethylpyron aus
Diacetylaceton oder von Chelidonsäure aus Dioxalylaceton und bemerken, daß
der entsprechende der Kojisäure vorangehende Körper die Konstitution:
$CH_2OH\cdot CO\cdot CH_2\cdot CO\cdot CHOH\cdot CHO$ haben müßte und durch Synthese aus
Abbauprodukten des Zuckers entstehen könnte.

Anhang.

Von Interesse ist weiterhin in diesem Zusammenhang eine Arbeit von
SUMIKI[1], in der über die Bildung von 2-Oxy-methyl-5-furan-carbonsäure neben
anderen Produkten bei der Vergärung von Glucose und Rohrzucker mittels
A. glaucus berichtet wird.

$$
\begin{array}{c}
\text{H}\cdot\text{C}\!-\!\text{C}\cdot\text{H} \\
\quad\|\quad\;\| \\
\text{CH}_2\text{OH}\cdot\text{C}\;\;\text{C}\cdot\text{COOH} \\
\quad\diagdown\;\diagup \\
\text{O}
\end{array}
$$

CHALLENGER, KLEIN und WALKER (3, S. 28) weisen auf die Möglichkeit hin,
daß auch diese Substanz theoretisch aus zwei Molekülen Triose durch Wasserabspaltung und Oxydation entstehen könnte.

Ferner seien hier noch sonstige Beobachtungen über die Umwandlung von
Zuckerarten in verschiedene cyclische Körper angeführt, deren Konstitution
noch nicht geklärt ist. So erhielt WIJKMAN (11, S. 27) durch Einwirkung von
Pen. glaucum auf Rohrzucker unter nicht näher angeführten Versuchsbedingungen bei Anwendung neuer, noch nicht benutzter Glasgefäße große
Mengen in Wasser schwer löslicher, farbloser, schön krystallisierender Substanzen,
die ein mehr als zweimal so großes Molekulargewicht hatten als Kojisäure, und

---

[1] SUMIKI: Bull. Agr. chem. Soc. Jap. **5**, 10 (1929) — C. **1930 II**, 1089.

die als Glaukonsäure I und II bezeichnet wurden. Die Autorin machte wahrscheinlich, daß in der erstgenannten Substanz ein Benzolring vorhanden ist, die endgültige Konstitutionsermittlung steht jedoch noch aus. Ferner wird darauf hingewiesen, daß ein Zusammenhang der Säure I auch mit den von ALSBERG und BLACK[1], BUTKEWITSCH[2] sowie BORTELS[3] in Pilzkulturen aufgefundenen Substanzen, deren Konstitution gleichfalls nicht aufgeklärt wurde, zu bestehen scheint. Weiterhin deutet die Autorin auch auf die Bildung sonstiger schwer löslicher krystallisierender Verbindungen sowie von Farbstoffen durch Pen. olivaceum, purpurogenum und andere Arten bei bestimmter p_H und Verwendung einer Nährlösung von bestimmter Zusammensetzung hin.

III. Der oxydative Endabbau beim anoxybiontischen Zuckerzerfall.

Während die im vorhergehenden Abschnitt behandelten Vorgänge gewissermaßen als Nebentypen des Zuckerabbaues zu betrachten sind, werden hier Prozesse zu besprechen sein, die dem Haupttypus des Zuckerabbaues zugehören; hierbei erfolgt zunächst ein anoxydativer Zerfall des Zuckermoleküls in C_3-Ketten, und erst im Anschluß daran setzen Oxydationsvorgänge ein. Aus dem Gesagten ergibt sich die Notwendigkeit, zunächst die Grundzüge des anoxybiontischen Zuckerzerfalls zu entwickeln, wobei insbesondere auf den Chemismus der betreffenden Vorgänge Wert gelegt werden soll. Dabei wird versucht, die recht komplizierten und vielfältigen anoxydativen Gärungsvorgänge in ein übersichtliches System zu bringen, um auch so zur Klärung des Chemismus und zum Verständnis dieser Vorgänge beizutragen. Bei der Besprechung des Chemismus der betreffenden Vorgänge soll nach Möglichkeit die natürliche Reihenfolge des Abbaues eingehalten werden, so daß die bei einem einzelnen Gärprozeß stattfindenden Vorgänge zumeist nicht an einer Stelle behandelt werden, sondern schrittweise, den jeweiligen Zwischenprodukten folgend. Zur allgemeinen Charakterisierung des anoxybiontischen Zuckerabbaues selbst kann dienen, daß dabei die Umwandlungen vornehmlich auf Dismutationen, Hydratationen usw. hinauslaufen, wobei also keine direkte Sauerstoffaufnahme erfolgt. In Zusammenhang damit soll auch versucht werden, eine übersichtliche Trennung der anoxybiontischen Vorgänge von den oxybiontischen zu erzielen, um so diese beiden Prozesse klarer hervortreten zu lassen.

Gemäß der Einordnung der verschiedenen Gärungsprozesse in ein bestimmtes System werden zunächst die primären Vorgänge beim „ersten Angriff“ auf das Zuckermolekül, sodann die Bildung der C_3-Körper, weiterhin die Umwandlungen und der Zerfall derselben und schließlich die weiteren Umformungen der Zerfallsprodukte, insbesondere des Acetaldehyds, zu besprechen sein. In einem zweiten Kapitel wird sodann der oxydative Abbau der anoxybiontischen Endprodukte behandelt, und zwar vor allem die Oxydation der Milchsäure sowie die Essiggärung. Schließlich wird noch der oxydative Abbau sekundärer und sonstiger anoxybiontischer Umwandlungs- und Endprodukte besprochen. Die meisten dieser Vorgänge laufen auf die Bildung von Essigsäure hinaus, deren weiterer Abbau im nächsten Abschnitt zu behandeln sein wird.

---

[1] ALSBERG u. BLACK: U. S. Dep. Agr. Bur. of Plant Industry Bull. Washington Nr 270, 7 (1913).
[2] BUTKEWITSCH: Planta Arch. f. wiss. Bot. 1, 657 (1926).
[3] BORTELS: Bio. Z. 182, 340 (1927).

A. Die Grundzüge des anoxydativen Zuckerabbaues[1].

1. Primäre Vorgänge.

a) Die gärfähigen Zuckerarten und Zuckerformen.

Hinsichtlich der Abbaufähigkeit der verschiedenen Zuckerarten sei zunächst darauf hingewiesen, daß sowohl bei der Hefegärung als auch bei der Glykolyse im tierischen Organismus nur die *3 Zymohexosen:* d-Glucose, d-Mannose und d-Fructose als leicht abbaufähig befunden wurden. Bei Bakteriengärungen und auch sonstigen Einwirkungen können natürlich auch andere Zuckerarten und verwandte Stoffe verwertet werden. Die leichte Abbaufähigkeit der genannten drei Hauptzucker hängt zweifellos innig zusammen mit der Existenz einer gemeinsamen *Enolform,* die jeweils einen Übergang des einen Zuckers in den anderen ermöglicht.

$$
\begin{array}{c}
H \cdot C \cdot OH \\
\| \\
C \cdot OH \\
| \\
HO \cdot C \cdot H \\
| \\
H \cdot C \cdot OH \\
| \\
H \cdot C \cdot OH \\
| \\
CH_2CH
\end{array}
$$

Weiterhin konnte durch eine große Reihe von Untersuchungen im Laufe der letzten Jahre wahrscheinlich gemacht werden, daß die Zuckerarten in der von uns darstellbaren Form durchaus nicht angreifbar bzw. spaltbar sind, daß sie also stabil erscheinen, und daß nur *bestimmte Zuckermodifikationen* einem Zerfall unterliegen können, die sogenannten γ-Zucker, Heterozucker [h-Formen, im Gegensatz zu den normalen (n)-Zuckern], Biozucker oder die alloiomorphen (am-)Zucker. Diese labile, zerfallsbereite Zuckermodifikation soll durch den Besitz einer, von der der normalen Zucker abweichenden Sauerstoffbrücke gekennzeichnet sein. So besitzt die n-Glucose eine 1, 5-Sauerstoffbrücke, und es wird angenommen, daß die labile Glucose (h_1-Form) eine 1, 4-Sauerstoffbrücke enthalten soll, und daß diese Form auch die abbaufähige Glucosemodifikation vorstellen könnte. Durch welche Vorgänge allerdings die Umlagerung der 1, 5-Sauerstoffbrücke in die 1, 4-Bindung zustande kommt, erscheint noch unklar, auf diesbezügliche Vorstellungen wird jedoch sogleich zu sprechen zu kommen sein.

b) Die Phosphorylierung.

Zu den primären Vorgängen, die den Zerfall des Zuckermoleküls einleiten, gehört weiterhin die Veresterung der Zuckerarten mit Phosphaten, sowie die Wiederspaltung der entstandenen Ester; diese Vorgänge spielen sich am Enzymsystem *Phosphatese-Phosphatase* ab. Es konnten bisher eine Anzahl von Zuckerphosphaten bei der alkoholischen Gärung und anderen Gärprozessen (Zymophosphat) sowie bei der Glykolyse im tierischen Organismus (Lactacidogen) gewonnen werden, auf die jedoch hier nicht näher eingegangen werden kann. Charakteristisch ist jedenfalls die Bildung eines Monophosphates (ROBISONsche Ester) und eines Diphosphats (HARDENsche Ester).

Das *Wesen der Phosphorylierung* selbst ist noch ungeklärt, und die Erfassung der Bedeutung des Phänomens wird noch dadurch erschwert, daß gesunde lebende Hefe das Zymophosphat gar nicht zu spalten vermag, sondern nur

---

[1] Siehe OPPENHEIMER, Fermente **2**, 1445 usw. (1926) und NEUBERG in OPPENHEIMER, Hdb. d. Biochem. d. Menschen und der Tiere **2**, 442 (1924).

zellfreie Säfte oder tote bzw. vergiftete Zellen. Weiterhin findet auch keine Phosphatbildung durch lebende Hefe statt, sondern nur durch Aceton- oder Trockenhefe sowie Preß- oder Macerationssaft. Frische Hefe vermag nur in Gegenwart eines Protoplasmagiftes (Toluol) zu phosphorylieren. Es handelt sich demnach bei diesem Vorgang nach NEUBERG um einen unphysiologischen Prozeß, und in der lebenden Zelle müßte sich die Reaktion so abspielen, daß nur die geringen vorhandenen Phosphatmengen hierbei beteiligt sind. Weiterhin scheint bei Bakterien sowie auch in der tierischen Zelle Zuckerabbau vielfach auch ohne Phosphorylierung möglich zu sein. Jedenfalls dürfte die Phosphorylierung vor der Zuckerspaltung bzw. zum Zweck dieser Spaltung stattfinden, also zur Vorbereitung des Abbaus. Hinsichtlich der Frage, welches der erhaltenen Zuckerphosphate zuerst entsteht, scheint die von EULER und MYRBÄCK[1] entwickelte Vorstellung am besten und anschaulichsten den Vorgang wiederzugeben. Demgemäß würde zunächst ein Monophosphat gebildet werden, bei dessen Zerfall ein C_3-Körper und ein phosphathaltiger C_3-Rest entstehen würde; zwei solcher Reste könnten sich sodann unter Bildung des Diphosphates vereinigen, während die nicht phosphathaltigen C_3-Körper einer weiteren Umwandlung und Spaltung unterliegen können.

Nach allem dürfte wohl die Phosphatbindung und -lösung mit einer Umlagerung der stabilen Zuckerformen in labile, zerfallsbereite am-Formen in innigem Zusammenhang stehen[2]; die Umwandlung könnte durch die folgenden Formelbilder veranschaulicht werden[3]:

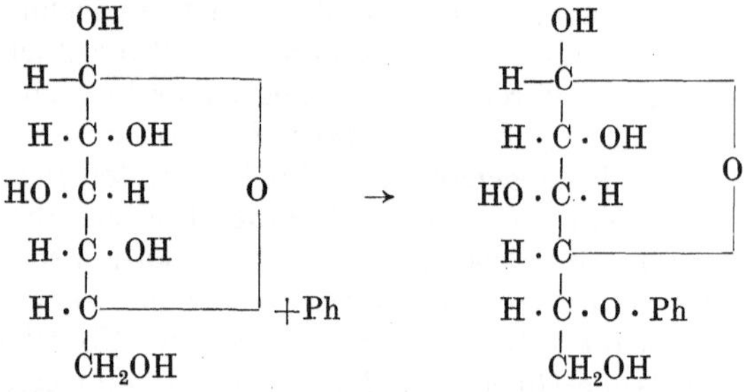

$$
\begin{array}{ccc}
\text{OH} & & \text{OH} \\
| & & | \\
\text{H—C} \rceil & & \text{H—C} \rceil \\
| & & | \\
\text{H} \cdot \text{C} \cdot \text{OH} & & \text{H} \cdot \text{C} \cdot \text{OH} \\
| & & | \\
\text{HO} \cdot \text{C} \cdot \text{H} \quad \text{O} & \rightarrow & \text{HO} \cdot \text{C} \cdot \text{H} \quad \text{O} \\
| & & | \\
\text{H} \cdot \text{C} \cdot \text{OH} & & \text{H} \cdot \text{C} \rfloor \\
| & & | \\
\text{H} \cdot \text{C} \rfloor +\text{Ph} & & \text{H} \cdot \text{C} \cdot \text{O} \cdot \text{Ph} \\
| & & | \\
\text{CH}_2\text{OH} & & \text{CH}_2\text{OH}
\end{array}
$$

Weiterhin ist in diesem Zusammenhang von Interesse, daß die Hexosephosphatbildung und ebenso die alkoholische Gärung selbst nach LUNDSGAARD[4] durch einen geringen Zusatz von Monojodessigsäure verhindert wird, wogegen nach dem gleichen Autor[5] die oxydativen Prozesse fast ungestört weiter verlaufen, so daß man in der Monojodessigsäurevergiftung eine Methode besitzt, die die Trennung des Spaltungs- und Oxydationsstoffwechsels ermöglicht. Nach YAMASAKI[6] wird fertig eingeführtes hexose-di-phosphorsaures Salz durch Hefemacerationssaft auch in Gegenwart von jodessigsaurem Natrium vergoren. NILSSON, ZEILE und EULER[7] stellten fest, daß bei der Monojod- und Monobromessigsäurevergiftung der Hefe nicht nur die Hexosediphosphatbildung, sondern anscheinend auch die Hexosemonophosphatbildung unterdrückt wird. Ferner konnten die gleichen Autoren den Befund LUNDSGAARDS[5], daß durch die Monojodessigsäurevergiftung die Atmung der Hefe von der Gärung abgetrennt werden kann, bestätigen.

[1] EULER u. MYRBÄCK: A. **464**, 68 (1928).
[2] S. auch OPPENHEIMER: Die Fermente **2**, 1459 (1926).
[3] BERNHAUER u. TSCHINKEL: Bio. Z. **210**, 487 (1931).
[4] LUNDSGAARD: Bio. Z. **217**, 162; **220**, 1 (1930).
[5] LUNDSGAARD: Bio. Z. **220**, 8 (1930); **227**, 51 (1930).
[6] YAMASAKI: Bio. Z. **228**, 123 (1930).
[7] NILSSON, ZEILE u. EULER: H. **194**, 53 (1931).

Ferner ist in diesem Zusammenhange zu erwähnen, daß nach ERDTMANN[1] die Wirkung der Phosphatase durch Magnesium stark gesteigert werden kann. LOHMANN[2] sowie EULER, NILSSON und ANHAGEN[3] stellten sodann fest, daß Magnesium als Aktivator beim enzymatischen Zuckerabbau in vitro unentbehrlich ist.

c) Die Bildung des C_3-Systems.

Im Anschluß an die primären Vorbereitungen des Zuckermoleküls findet sodann der Zerfall desselben unter Bildung von C_3-Ketten statt; der primäre Zerfall des unveränderten Zuckermoleküls müßte hierbei zu 2 Mol Triose führen. Da diese jedoch bei der Vergärung als Spaltprodukte nicht nachgewiesen werden konnten, und andererseits ihre Vergärung nicht direkt erfolgt, gelangte man zur Vorstellung, daß beim Zerfall direkt Methylglyoxal entstehen müßte. Dies setzt eine primäre Wasserabspaltung bzw. Umlagerung von OH-Gruppen im Hexosemolekül voraus, wie dies in den bekannten Formelbildern von WOHL sowie NEUBERG zum Ausdruck kommt. Sucht man nun derartige Formelbilder mit den Vorstellungen über die Mitwirkung der Phosphorylierung sowie der Sauerstoffbrückenverschiebung in Zusammenhang zu bringen, so würden wir zu dem folgenden Bild der primären Vorgänge beim Zuckerzerfall in C_3-Ketten gelangen (3, S. 32):

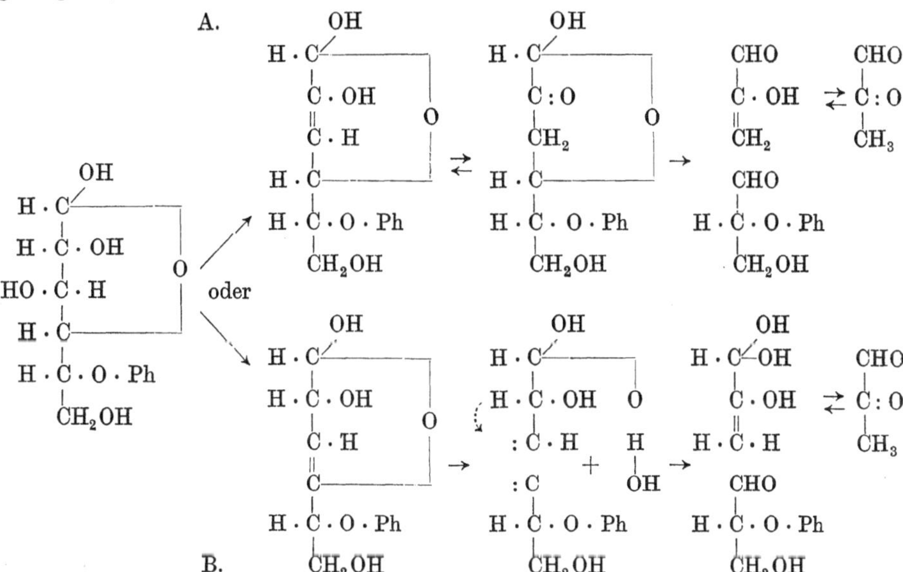

Bei beiden Formulierungen käme es sonach zur Bildung von Methylglyoxal (in irgendeiner Modifikation) und eines phosphorsäurehaltigen Restes, der gemäß der bereits erwähnten Vorstellung von EULER und MYRBÄCK sodann mit einem zweiten gleichartigen Rest unter Bildung der Hexosediphosphorsäure reagieren könnte, was nach den genannten Autoren schematisch in folgender Weise veranschaulicht werden kann:

$$H_3PO_4 \ldots . C—C—C \qquad C—C—C \ldots . PO_4H_3$$
$$C—C—C \qquad C—C—C$$

---

[1] ERDTMANN: H. **177**, 211, 238 (1928).
[2] LOHMANN: Naturw. **19**, 180 (1931).
[3] EULER, NILSSON u. ANHAGEN: H. **200**, 1 (1931).

Wie ersichtlich, wird bei den obigen Formulierungen angenommen, daß Methylglyoxal als erstes Spaltprodukt auftritt; EULER und MYRBÄCK (1, S. 32) haben jedoch auch die Vorstellung entwickelt, daß eine sofortige Dismutation der Spaltstücke stattfinden könnte, unter Bildung von Brenztraubensäure und Acetol (die beide vergoren werden), nebst einem Molekül Diphosphat.

2. Die C_3-Körper.

Wie aus dem bisher Dargelegten hervorgeht, ist für den anoxybiontischen Zuckerabbau der Zerfall der Hexosen in Spaltstücke mit 3 C-Atomen charakteristisch. Innerhalb der Gruppe der C_3-Körper werden wir zu unterscheiden haben zwischen primären Spalt- bzw. Umwandlungsprodukten, die im wesentlichen die gleiche Zusammensetzung haben wie die Zucker selbst, und weiterhin sekundären Umwandlungsprodukten, die auf einer höheren oder niedrigeren Oxydationsstufe stehen, also Brenztraubensäure und Glycerin. Im folgenden soll kurz auf die Bildung dieser C_3-Körper bei Gärungsvorgängen, sowie deren jeweilige eventuelle Rolle als Zwischenprodukte eingegangen werden.

a) Primäre Produkte.
1. Die Triosen.

Dioxyaceton wurde als Spaltprodukt von Zuckerarten bei Einwirkung von Bakterien auf dieselben erhalten. So entsteht es nach FERNBACH[1] durch das den Heubacillen verwandte Bacterium Tyrothrix tenuis nicht nur aus Glycerin, sondern auch aus Stärke, Maltose, Glucose und Rohrzucker; ebenfalls bei Verwendung von Preßsäften oder Dauerpräparaten. Ferner wird nach SÖHNGEN[2] bei der Vergärung von Gluconsäure durch Essigbakterien Dioxyaceton gebildet. Dagegen konnte die durch BOYSEN-JENSEN[3] vermeintlich beobachtete Bildung von Dioxyaceton bei der alkoholischen Gärung des Zuckers von CHICK[4] als Irrtum erwiesen werden.

Hinsichtlich der Frage, ob Dioxyaceton ein Zwischenprodukt bei der alkoholischen Zuckerspaltung vorstellt, wurde eine große Anzahl von Untersuchungen vorgenommen, die sich insbesondere mit der Vergärbarkeit desselben beschäftigten. Aus den neueren diesbezüglichen Arbeiten[5] geht hervor, daß Dioxyaceton nur von einzelnen bestimmten Hefen im gleichen Ausmaß wie Glucose oder Fructose vergoren wird, dagegen von der größten Anzahl der untersuchten Hefen entweder gar nicht oder nur langsam und in geringem Umfange, ohne daß eine Giftwirkung auf die Hefe vorliegen würde. HARDEN und JOUNG[6] hatten schon vermutet, daß die relativ langsame Vergärung des Dioxyacetons auf einem allmählichen Übergang desselben in Hexose beruhe, und IWASAKI[7] konnte neuerdings zeigen, daß sowohl die vitale als auch die zellfreie Vergärung des Dioxyacetons durch Saccharomyces Ludwigii auf die Kondensation zu einer Hexose zurückzuführen ist, so daß es nicht als Zwischenprodukt angesehen werden kann.

Glycerinaldehyd erwies sich bei Vergärungsversuchen mit Hefe fast stets als resistent. Schon BUCHNER und MEISENHEIMER[8] wiesen darauf hin, daß die

[1] FERNBACH: C. r. **151**, 1004 (1910).   [2] SÖHNGEN: C. **1915 I**, 326.
[3] BOYSEN-JENSEN: Zbl. Bioch. **11**, 162.   [4] CHICK: Bio. Z. **40**, 479 (1912).
[5] FISCHER u. TAUBE: B. **57**, 1502 (1924). — NEUBERG u. GOTTSCHALK: Bio. Z. **154**, 487 (1924). — HAEHN u. GLAUBITZ: B. **60**, 490 (1927).
[6] HARDEN u. JOUNG: Bio. Z. **40**, 466 (1912).
[7] IWASAKI: Bio. Z. **203**, 237 (1928).
[8] BUCHNER u. MEISENHEIMER: B. **43**, 1773 (1910); **45**, 1633 (1912).

sehr schwache Gärung desselben vielleicht nur im Ausmaße seiner Umlagerung in Dioxyaceton erfolgt. Stärkere, aber auch nur sehr langsame CO$_2$-Entwicklung fand nur in Versuchen LEBEDEWs[1] statt. Bei der Einwirkung von Oxydoredukase (Schardinger-Enzym) auf Glycerinaldehyd sowie Methylglyoxal zeigte sich nach dem gleichen Autor, daß das Methylglyoxal 30mal schwächer dehydriert wird als Glycerinaldehyd, was LEBEDEW[2] als Bestätigung seines Gärungsschemas, bei dem Glycerinaldehyd und Glycerinsäure als Zwischenprodukte fungieren sollen, ansieht. Nach HAEHN und GLAUBITZ[3] fand durch 3 verschiedene Heferassen keine Vergärung von Glycerinaldehyd statt, in Gegenwart von Spuren Alkali, infolge Umlagerung in Dioxyaceton, geringe Umsetzung. Nach KOSTYTSCHEW und JEGOROWA[4] wird weder Glycerinaldehyd noch Glycerinsäure durch lebende Hefe vergoren; sie lehnen daher Gärungstheorien, die diese Produkte als Zwischenprodukte annehmen, ab.

2. Methylglyoxal.

Von AUBEL[5] wurde Methylglyoxal bei der Einwirkung von B. subtilis auf Zucker nachgewiesen. Nach FERNBACH (1, S. 34) hat Tyrothrix tenuis die Fähigkeit, Dioxyaceton in Methylglyoxal umzulagern, wobei daneben Formaldehyd und Essigsäure entstehen.

Bei der Hefegärung sowie bei den sonstigen anoxybiontischen Spaltungen des Zuckers wurde Methylglyoxal bereits seit langem als das wichtigste Zwischenprodukt angesehen; erst vor kurzem ist es jedoch gelungen, dasselbe auch tatsächlich abzufangen und nachzuweisen. Der Befund von KOSTYTSCHEW und SODATENKOW[6] über die Abfangung von Methylglyoxal mittels Semicarbazid erwies sich zwar nach NEUBERG und KOBEL[7] als Irrtum, indem der dabei gewonnene Körper als Zersetzungsprodukt des Semicarbazides erkannt wurde; desgleichen erwies sich die vermeintliche Feststellung von Methylglyoxal bei der Glycolyse durch BARRENSCHEEN[8] als unrichtig (NEUBERG und KOBEL[9]). Dagegen gelang es ARIYAMA[10] durch Einwirkung von Gewebeextrakten auf Hexosephosphat in Gegenwart von Toluol Methylglyoxal zu erhalten, und NEUBERG und KOBEL[11] konnten zeigen, daß in Gäransätzen mit hexosephosphorsaurem Magnesium in Gegenwart von Calciumcarbonat und Toluol Methylglyoxal angereichert wird, und sodann gelang es den gleichen Autoren[12] bei der Vergärung von Hexosediphosphat durch B. Delbrücki Methylglyoxal in einer Ausbeute bis 100% des umgesetzten Zuckers zu isolieren. Desgleichen erbrachten sie den Nachweis für die Bildung von Methylglyoxal bei der Glycolyse, ebenso VOGT[13]. Sodann erhielten NEUBERG und KOBEL[14] bei Einwirkung von Extrakten aus plasmolysierter Hefe (und zwar durch die von Co-Ferment befreite Apozymase) auf Hexosediphosphat Methylglyoxal in reichlichen Mengen (71—85% d. Th.), wobei die nur mehr in geringem Ausmaße vorhandene Co-Zymase noch eine geringfügige Dismutation des Methylglyoxals zu Milchsäure bewirkte. Mittels Prä-

[1] LEBEDEW: B. **45**, 3256 (1912) — Bio. Z. **46**, 483 (1912).
[2] LEBEDEW: H. **160**, 97 (1927).   [3] HAEHN u. GLAUBITZ: B. **60**, 490 (1927).
[4] KOSTYTSCHEW u. JEGOROWA: C. **1929 II**, 58.
[5] AUBEL: Soc. biol. **84**, 574 (1921).
[6] KOSTYTSCHEW u. SODATENKOW: C. **1927 II**, 1972.
[7] NEUBERG u. KOBEL: Bio. Z. **191**, 472 (1927); **199**, 230 (1928).
[8] BARRENSCHEEN: Bio. Z. **193**, 105 (1928).
[9] NEUBERG u. KOBEL: Bio. Z. **193**, 464 (1928).
[10] ARIYAMA: J. Biol. Chem. **77**, 359, 395 (1928).
[11] NEUBERG u. KOBEL: Bio. Z. **203**, 463 (1928).
[12] NEUBERG u. KOBEL: Bio. Z. **207**, 232 (1929).
[13] VOGT: Klin. Wschr. 8, 793 (1929).
[14] NEUBERG u. KOBEL: Bio. Z. **210**, 466 (1929).

paraten aus B. coli erhielt FROMAGEOT[1] bis 89,7% der Theorie an Methylglyoxal. NEUBERG und KOBEL[2] bezeichnen den erwähnten Vorgang der Zuckerspaltung durch Apozymase (Co-fermentfreie Zymase) in zwei Moleküle Methylglyoxal, die infolge Abwesenheit von Co-Ferment nur an phosphoryliertem Zucker ansetzt, als *5. Vergärungsform*:

$$C_6H_{12}O_6 = 2\,H_2O + 2\,CH_3 \cdot CO \cdot CHO\,.$$

Hinsichtlich der Vergärbarkeit des Methylglyoxals soll hier nur darauf hingewiesen werden, daß es bis heute noch nicht gelungen ist, dasselbe weder durch lebende Hefe noch durch Acetonhefe oder Preßsaft zu vergären. Man nimmt daher an, daß das darstellbare und prüfbare Methylglyoxal die stabilste seiner möglichen Modifikationen darstellt, und daß es beim Zuckerabbau selbst in einer labilen, leichter umwandlungsfähigen Form auftritt; dies bezieht sich jedoch nur auf seine weitere dismutative Umwandlung in Brenztraubensäure, wogegen seine Überführung in Milchsäure mittels biologischer Agenzien leicht bewerkstelligt werden kann. Gemäß diesem Verhalten soll andererseits nach AUBEL[3] das Methylglyoxal wohl Vorstufe der Milchsäure, nicht aber der Brenztraubensäure sein. Auf die Vorstellung von EULER und MYRBÄCK (1, S. 32) wurde bereits verwiesen. GIRŠAVICIUS[4] sucht eine Erklärung für dieses Verhalten des Methylglyoxals darin, daß dasselbe in Lösung keine freie CHO-Gruppe besitzt, sondern als Hydrat vorliegt.

3. Die Milchsäuregärung.

Bei der Einwirkung vieler Bakterien auf Zucker und verwandte Stoffe wird Milchsäure als Endprodukt gebildet. Fast reine Milchsäuregärung zeigt z. B. B. lactis acidi; bei anderen Bakteriengärungen werden in verschiedenem Ausmaße allerlei Nebenprodukte, insbesondere Essigsäure, aber auch Alkohol, Aceton usw. gebildet. Auch typisch oxydative Bakterien sind vielfach zur Milchsäurebildung befähigt (z. B. B. xylinum, HAEHN und ENGEL[5]). Weiterhin ist die Milchsäurebildung in der Tierzelle, besonders im arbeitenden Muskel wohl bekannt (Glycolyse).

An und für sich kann die Bildung der Milchsäure als glatte Aufspaltung des Hexosemoleküls aufgefaßt werden, gemäß der Gleichung:

$$C_6H_{12}O_6 = 2\,C_3H_6O_3\,.$$

Der Weg zur Milchsäure führt jedoch über das Methylglyoxal, und der Umwandlungsprozeß selbst kann nach NEUBERG als „innerer Cannizaro" aufgefaßt werden, etwa gemäß dem Schema:

$$
\begin{array}{ccc}
\mathrm{CHO} & \mathrm{O} & \mathrm{COOH} \\
\mid & \mid & \mid \\
\mathrm{CO} & + \ \mathrm{H_2} \ \rightarrow & \mathrm{CHOH} \\
\mid & & \mid \\
\mathrm{CH_3} & & \mathrm{CH_3}
\end{array}
$$

Der Vorgang wird durch ein Ferment katalysiert, das von NEUBERG[6] sowie DAKIN[7] gleichzeitig zuerst in tierischen Organen aufgefunden und als Ketonaldehydmutase bzw. Glyoxalase bezeichnet wurde. NEUBERG und GORR[8] konnten es sodann auch bei B. coli sowie echten Milchsäurebakterien nachweisen.

---

[1] FROMAGEOT: Bio. Z. **216**, 467 (1929).
[2] NEUBERG u. KOBEL: Naturw. **18**, 427 (1930).   [3] AUBEL: C. r. **183**, 572 (1926).
[4] GIRŠAVICIUS: Nature **125**, 817 (1930) — C. **1930 II**, 3164.
[5] HAEHN u. ENGEL: C. Bact. II **79**, 182 (1929).
[6] NEUBERG: Bio. Z. **49**, 502 (1913); **51**, 484 (1913).
[7] DAKIN: J. Biol. Chem. **14**, 155, 423 (1913).
[8] NEUBERG u. GORR: Bio. Z. **162**, 490 (1925); **166**, 482 (1926).

Weiterhin fanden die gleichen Autoren, daß Methylglyoxal auch unter der Einwirkung von Erbsensamen[1], von Vicia faba-Samen[2] usw. in Milchsäure umgewandelt wird. NEUBERG und Mitarbeiter stellten sodann die analoge Reaktion noch bei einer Anzahl von Bakteriengärungen fest. Schließlich wurde durch die Isolierung von Methylglyoxal durch NEUBERG und KOBEL[3] der Prozeß der Milchsäurebildung in den wesentlichsten Punkten aufgeklärt, indem dieselben bei der Vergärung des Hexosediphosphats durch Milchsäurebakterien bis zu 100% Methylglyoxal auffinden und als 2,4-Bisnitrophenylhydrazon sowie als Dioxim isolieren konnten. Am besten bewährte sich dabei die Anwendung eines wäßrigen Auszuges von Bakterienpräparaten (hergestellt mittels Aceton oder Alkohol-Äther). Während der Bakterienrückstand hierbei noch reichliche Mengen Keton-Aldehyd-Mutase enthielt, fehlte in den wäßrigen Auszügen das Co-Ferment, so daß nur die Glycolase zur Wirkung kommt und der Prozeß beim Methylglyoxalstadium stehenbleibt.

Auf die optischen Verhältnisse bei der Milchsäuregärung sei hier nur noch kurz hingewiesen. So wird nach NEUBERG und SIMON[4] Methylglyoxal durch Einwirkung von B. Delbrücki sowie B. lactis aerogenes in d,l-Milchsäure umgewandelt, ebenso durch Mucor stolonifer und Kahmhefe; dagegen durch Mucor javanicus in d-Milchsäure. Nach NEUBERG und KOBEL[5] bewirken frische Hefen und Trockenhefen Dismutation zu d(—)Milchsäure, Macerationssaft dagegen zu d,l-Milchsäure. WIDMANN[6] berichtet über die quantitative Umwandlung von Methylglyoxal in reine d(—)Milchsäure mittels B. fluorescens. Im Tierkörper findet sich bekanntlich fast ausschließlich die l(+)Milchsäure. Bei solchen Bildungsweisen optisch aktiver Milchsäure aus dem optisch inaktiven Methylglyoxal wird man anzunehmen haben, daß bei der Umlagerung desselben zugleich optische Richtung stattfindet; durch welche Agenzien dies bewirkt wird, erscheint noch unklar.

b) Die sekundären C$_3$-Körper.

1. Die anoxybiontische Brenztraubensäurebildung.

Bei allen Abbautheorien des Zuckers über die C$_3$-Stufe, bzw. über diese hinaus, wird die Brenztraubensäure als wichtigstes Durchgangsprodukt angesehen, da sie in zwangloser Weise die Bildung von Kohlendioxyd erklärt. Der jedenfalls weitaus überwiegende Vorgang bei der Bildung derselben ist die Dehydrierung des Methylglyoxals durch einen Acceptor; im anoxybiontischen Stoffwechsel können nun verschiedene Stoffe als Acceptoren fungieren, im einfachsten Falle dürfte jedoch Dismutation mit Acetaldehyd stattfinden, wobei Alkohol gebildet wird; der Gärungsprozeß verläuft dann gemäß der sogenannten 1. Vergärungsform. Weiterhin kann insbesondere auch ein weiteres Molekül Methylglyoxal bzw. Glycerinaldehyd die Acceptorrolle übernehmen, wobei es sodann zur Bildung von Glycerin kommt, wie sogleich zu besprechen sein wird. Bei einer Anzahl von Gärungen entweicht jedoch der Wasserstoff auch gasförmig.

Hinsichtlich des Chemismus der Brenztraubensäurebildung kommt zunächst auch die Möglichkeit ihrer Entstehung aus Glycerinsäure durch Wasserabspaltung in Betracht, ein Weg, der von LEBEDEW vorgeschlagen wurde und verfochten wird, ohne daß jedoch überzeugende Stützen für diese Anschauung beigebracht

---

[1] NEUBERG u. GORR: Bio. Z. **171**, 475 (1926).
[2] NEUBERG u. GORR: Bio. Z. **173**, 358 (1926).
[3] NEUBERG u. KOBEL: Bio. Z. **207**, 232 (1929).
[4] NEUBERG u. SIMON: Bio. Z. **186**, 331 (1927); **200**, 468 (1928).
[5] NEUBERG u. KOBEL: Bio. Z. **182**, 470 (1927).   [6] WIDMANN: C. **1930 I**, 990.

werden konnten. Auch die höchstens sehr geringfügige Vergärbarkeit der Glycerinsäure spricht gegen die erwähnte Vorstellung.

Während die glatte Vergärbarkeit der Brenztraubensäure sehr für deren Bedeutung als Zwischenprodukt bei der Hefegärung und verwandten Prozessen spricht, wie bereits lange bekannt war, ist der Nachweis derselben bei der Vergärung des Zuckers erst in jüngster Zeit gelungen. Wo ihre Anreicherung in größerem Umfange zunächst gelungen war, konnte erwiesen werden, daß sie auf oxydativem Wege aus Milchsäure entstanden war, wie noch zu besprechen sein wird. Anoxybiontischer Herkunft sind jedoch wohl die von GRAB[1] mittels der DOEBNERschen Reaktion als α-Methyl-β-Naphthocinchoninsäure bei der Einwirkung von Macerationssaft abgefangenen relativ geringen Brenztraubensäuremengen (4%). CAGAN[2] erreichte auch keine Erhöhung der Ausbeute an abgefangener Brenztraubensäure, als er an Stelle des bei der Gärung selbst auftretenden Acetaldehyds Isovaleraldehyd verwendete. Hinsichtlich der Frage nach der Festlegung von Brenztraubensäure in Form ihres Brucinsalzes scheint noch keine völlige Klarheit zu bestehen (TRAETTA-MOSCA[3], RIMINI[4]). Dagegen gilt hinsichtlich der vermeintlichen Abfangung von Brenztraubensäure mittels Semicarbazid das bereits bei Methylglyoxal Gesagte[5]. Erst durch NEUBERG und KOBEL[6] konnte die Bildung der Brenztraubensäure als Produkt der Zuckerspaltung sicher bewiesen werden, indem sie dieselbe bis zu 75% d. Th. (als Dinitrophenylhydrazon) erhielten, und zwar bei Einwirkung eines aus Bierhefe hergestellten Trockenpräparates auf hexosediphosphorsaures Magnesium. Dieser Prozeß sowie die als reduktive Gegenleistung zugleich stattfindende Glycerinbildung[7] wurde von den gleichen Autoren[8] als *4. Vergärungsform* bezeichnet, die demnach gemäß der Gleichung:

$$C_6H_{12}O_6 = CH_3 \cdot CO \cdot COOH + CH_2OH \cdot CHOH \cdot CH_2OH$$

verläuft. Weiterhin gelang es auch, aus nichtphosphoryliertem Zucker bei einem p_H von 5—7, Anwendung einer mäßigen Hefemenge und rechtzeitiger Unterbrechung der Gärung diese 4. Vergärungsform zu realisieren.

2. Glycerin.

Bekanntlich findet sich Glycerin in geringer Menge bei der normalen alkoholischen Gärung, wobei es seine Entstehung wohl Nebenreaktionen verdankt. Die Glycerinbildung kann jedoch auch zum Hauptvorgang werden, wenn der Acetaldehyd aus irgendwelchen Gründen für den bei der Brenztraubensäurebildung freiwerdenden Wasserstoff nicht als Acceptor fungieren kann. Es kommt dann gewissermaßen zur Dismutation zweier Moleküle Methylglyoxal, unter Bildung von Brenztraubensäure einerseits und Acetol bzw. Glycerin andererseits. Diese Glycerinbildung ist realisiert bei der zweiten und dritten Vergärungsform sowie bei der Acetoingärung, wobei der Acetaldehyd entweder abgefangen, oder als socher dismutiert, oder schließlich durch Kondensation von seiner Acceptorfunktion abgehalten wird. Der Vorgang findet in folgendem Schema seinen Ausdruck:

$$
\begin{array}{lll}
CH_2 : C(OH) \cdot CHO & H_2 & CH_2 : C(OH) \cdot CH_2OH \rightarrow CH_2OH \cdot CHOH \cdot CH_2OH \\
\quad\quad\quad\quad\quad + & \| \rightarrow & \\
CH_3 \cdot CO \cdot CHO & O & CH_3 \cdot CO \cdot OOH
\end{array}
$$

[1] GRAB: Bio. Z. **123**, 69 (1921).   [2] CAGAN: Z. f. ang. Ch. **32**, 951 (1926).
[3] TRAETTA-MOSCA: C. **1927 I**, 3012.   [4] RIMINI: C. **1927 I**, 1328.
[5] KLEIN u. FUCHS: Bio. Z. **213**, 40 (1929).
[6] NEUBERG u. KOBEL: Bio. Z. **216**, 493 (1929).
[7] NEUBERG u. KOBEL: Bio. Z. **219**, 490 (1930).
[8] NEUBERG u. KOBEL: Naturw. **18**, 427 (1930).

Hinsichtlich der Frage, ob das Glycerin aus dem Glycerinaldehyd selbst oder irgendeiner Enolform des Methylglyoxals herzuleiten ist, ist zunächst noch keine Entscheidung möglich, doch da Methylglyoxal bereits in vitro nicht nur äußerst leicht aus Triosen hervorgehen, sondern auch wieder in diese zurückverwandelt werden kann, wie BERNHAUER und GÖRLICH[1] zeigen konnten, so scheint die Frage als solche müßig zu sein, da es sich dabei um Gleichgewichtsverschiebungen handeln kann; um daher bei einem einheitlichen Bild des Zuckerzerfalles zu bleiben, dürfte die Annahme, daß bei obiger Reaktion ein Methylglyoxalenol beteiligt ist, zweckmäßiger sein.

3. Die anoxybiontischen Umwandlungen und Zerfallsprozesse der C_3-Körper.

Bei Betrachtung der weiteren Umwandlungen der C_3-Körper haben wir insbesondere zwei Gruppen von Vorgängen zu unterscheiden; die eine Gruppe beinhaltet die weitere Umwandlung der als vorläufiges *Endprodukt* des Zuckerabbaus charakterisierten *Milchsäure*, und in der zweiten Gruppe werden jene Vorgänge einzuordnen sein, bei denen es sich um den weiteren Abbau der als *Zwischenprodukt* auftretenden *Brenztraubensäure* handelt. Innerhalb dieser zweiten Gruppe gelangen auch jene Prozesse zur Besprechung, die dem Hauptvorgang des Zuckerzerfalles angehören, wie er z. B. bei der alkoholischen Gärung stattfindet und der im Prinzip des weiteren zum Hauptweg des oxybiontischen Endabbaus führt.

a) Umwandlungen der Milchsäure.

1. Die Propionsäuregärung.

Bereits FITZ[2] stellte fest, daß Milchsäure durch Propionsäurebakterien unter Bildung von 2 Mol Propionsäure und 1 Mol Essigsäure umgesetzt wird; dieselbe Gleichung gilt nach FREUDENREICH und O. JENSEN[3] im wesentlichen auch für die Umsetzung der Hexosen zu Propionsäure. Insbesondere VIRTANEN[4] wies sodann darauf hin, daß eine weitgehende Analogie zwischen der Propion- und Milchsäuregärung bestehe, indem beide Prozesse bis zur Milchsäurebildung in der gleichen Weise verlaufen; bei der Propionsäuregärung findet sodann weitere Umwandlung der intermediär entstandenen Milchsäure statt. Unabhängig von der Hauptgärung findet sich dabei vielfach auch Bernsteinsäuregärung. Bei der Vergärung der Brenztraubensäure erhielt der genannte Autor 1 Mol Propionsäure und 2 Mol Essigsäure. MAURER[5] fand bei Gärversuchen mit B. propionicum die Gleichung für den Abbau von Zucker sowie von Brenztraubensäure bestätigt. Die Milchsäure (sowie im Prinzip die Hexosen) zerfällt demgemäß nach der Gleichung:

$$3\,CH_3 \cdot CHOH \cdot COOH = CH_3 \cdot CH_2 \cdot COOH + CH_3 \cdot COOH + CO_2$$

und die Brenztraubensäure in folgender Weise:

$$3\,CH_3 \cdot CO \cdot COOH + H_2O = CH_3 \cdot CH_2 \cdot COOH + 2\,CH_3 \cdot COOH + 2\,CO_2.$$

Den Vorgang bei der Propionsäurebildung aus Milchsäure könnte man sich gemäß dem folgenden Schema veranschaulichen, wobei die Annahme gemacht

[1] BERNHAUER u. GÖRLICH: Bio. Z. **212**, 452 (1929).
[2] FITZ: B. **11**, 1896 (1878).
[3] FREUDENREICH u. O. JENSEN: C. **1907 I**, 421.
[4] VIRTANEN: Soc. Scient. Fenn. **1**, 36 (1923); **2**, 20 (1925) — s. ferner VIRTANEN u. KARSTRÖM: Acta Ch. Fenn. **7**, 17 (1931).   [5] MAURER: Bio. Z. **191**, 83 (1927).

wird, daß der aus einem Molekül Milchsäure unter Bildung von Brenztraubensäure entbundene Wasserstoff von einem zweiten Mol Milchsäure unter Bildung von Propionsäure übernommen wird:

$$
\begin{array}{c}
2\ COOH \\
| \\
CHOH \\
| \\
CH_3
\end{array}
\nearrow
\begin{array}{c}
COOH \\
| \\
CH_2 \\
| \\
CH_3
\end{array}
\qquad
\searrow
\begin{array}{c}
COOH \\
| \\
CO \\
| \\
CH_3
\end{array}
\rightarrow
\begin{array}{c}
CO_2 \\
COOH \\
| \\
CH_3
\end{array}
$$

$$
+
\begin{array}{c}
COOH \\
| \\
CHOH \\
| \\
CH_3
\end{array}
\rightarrow
\begin{array}{c}
COOH \\
| \\
CH_2 \\
| \\
CH_3
\end{array}
$$

2. Die Spaltung der Milchsäure.

Durch Einwirkung lebender Hefe sowie von Acetondauerpräparaten entwickelt Milchsäure Kohlensäure, wie NEUBERG und TIR[1] feststellten. Durch Trockenhefe werden aus Milchsäure in Gegenwart von Methylenblau äquivalente Mengen Acetaldehyd und Kohlendioxyd gebildet. Mit derartigen Versuchen beschäftigte sich eine große Reihe von Autoren, da ursprünglich die Möglichkeit, daß Milchsäure Zwischenprodukt bei der alkoholischen Zuckerspaltung darstellt, sehr erwogen wurde; hierauf kann hier natürlich nicht weiter eingegangen werden. Wir finden aber auch noch eine anderweitige Vergärung der Milchsäure, nämlich z. B. unter Bildung von Buttersäure, worauf sogleich zurückzukommen sein wird, sowie unter Bildung verschiedener anderer Produkte, wie Ameisensäure, Essigsäure, Propylalkohol usw. Nach HARDEN soll bei der Coligärung primär gebildete Milchsäure in Essigsäure, Alkohol und Ameisensäure zerfallen.

3. Anhang: Die MEYERHOFsche Reaktion.

Im tierischen Organismus unterliegt jedoch die Milchsäure allem Anschein nach keinem weiteren Abbau, sondern sie wird durch eine nach MEYERHOF benannte Reaktion wieder in Zucker zurückverwandelt und weiter in Glycogen. Weiterhin wirkt nach MEYERHOF[2] auch bei der alkoholischen Gärung des Zuckers die Sauerstoffatmung qualitativ und quantitativ ebenso ein, wie bei der Milchsäurespaltung im Gewebe, d. h. die vollständige Oxydation eines Mols Zucker schützt 4—6 andere Zuckermoleküle vor der Vergärung. Der Mechanismus des Sauerstoffeinflusses soll auch der gleiche sein wie im Muskel, indem die End oder Zwischenprodukte, zum Teil unter Aufwand von Oxydationsenergie, wieder in Kohlehydrate zurückverwandelt werden.

Der Mechanismus der Rückverwandlung in Zucker dürfte wohl in einer Umwandlung der Milchsäure in Methylglyoxal und Kondensation irgendeiner Enol- oder Hydratform desselben zu Hexose bestehen.

b) Umwandlungen der Brenztraubensäure.

Bei den Umwandlungen der Brenztraubensäure haben wir es vornehmlich mit zweierlei Vorgängen zu tun, nämlich einerseits mit der sofortigen Decarboxylierung derselben unter Bildung von Acetaldehyd, und andererseits mit einer

---

[1] NEUBERG u. TIR: Bio. Z. **32**, 325 (1911).　　[2] MEYERHOF: Bio. Z. **162**, 43 (1925).

der Decarboxylierung vorangehenden Aldolisierung. Während der erste Vorgang im weiteren Verlauf zu Alkohol führt und dem Hauptvorgang des Zuckerabbaus angehört bzw. dessen Kernpunkt ausmacht, führt der zweite Prozeß zur Bildung von Buttersäure, höheren Fettsäuren und Butylalkohol.

1. Die Decarboxylierung zu Acetaldehyd.

Die Vergärbarkeit der Brenztraubensäure. Einen ganz wesentlichen Fortschritt zur Klärung des Chemismus der alkoholischen Gärung und sonstiger Zuckerspaltungen bedeutete die Entdeckung von NEUBERG, daß Brenztraubensäure in glatter Reaktion durch Hefen und andere Organismen in Acetaldehyd und Kohlendioxyd zerfällt. Dadurch war die CO_2-Bildung bei der Gärung sowie sonstigen Zerfallsprozessen des Zuckers geklärt und andererseits durch die Bildung des Acetaldehyds die Beziehung zum Alkohol hergestellt. Dieser Vorgang stellt einen rein enzymatischen Prozeß vor, der durch die Einwirkung der Carboxylase zustande kommt. Durch eine große Reihe von Arbeiten konnte gezeigt werden, daß die Brenztraubensäure rascher oder ebenso rasch vergoren wird wie Zucker. Der Befund von HAEHN und GLAUBITZ[1], daß die Brenztraubensäuregärung meist in geringerem Umfange und langsamer verlaufen soll als die Zuckergärung, konnte durch NEUBERG[2] richtiggestellt werden, indem er zeigte, daß bei der Einhaltung von optimalem p_H ($= 5$) die Brenztraubensäure rascher oder ebenso schnell wie Glucose vergoren wird, wenn durch Anwendung entsprechender Hefezubereitungen die Permeabilität der Hefezelle so verändert wird, daß die Brenztraubensäure die Zellwände passieren kann.

Die *Abfangung des Acetaldhyds* ist insbesondere NEUBERG und Mitarbeitern bei einer großen Anzahl von Gärungen gelungen, und zwar nicht nur bei Hefen, sondern auch bei vielen Bakterien und Pilzen, in höheren Pflanzen sowie im tierischen Gewebe, woraus die weite Verbreitung des Zuckerzerfalls über die C_3-Stufe (Brenztraubensäure) erhellt. Die zumeist erhaltenen hohen Ausbeutezahlen sind als Beweis dafür anzusehen, daß es sich dabei um einen Hauptweg des Zuckerabbaus handelt. Zur Abfangung des Acetaldehyds dienen bekanntlich Sulfite oder Dimedon, neuerdings auch Semicarbazid und Thiosemicarbazid (NEUBERG und KOBEL[3] und KOBEL und TYCHNOVSKY[4]).

Durch die Abfangung des Acetaldehyds bei der Hefegärung kann es nicht zur Bildung von Alkohol kommen, und der bei der Bildung der Brenztraubensäure disponibel werdende Wasserstoff geht an andere Acceptoren, wobei es zur Bildung von Glycerin kommt, worauf bereits bei Besprechung desselben hingewiesen wurde. Dieser Vorgang ist nach NEUBERG bei der sogenannten *zweiten Vergärungsform*, der Acetaldehyd-Glyceringärung verwirklicht, die gemäß folgender Gleichung verläuft:

$$C_6H_{12}O_6 = CH_3CHO + CO_2 + CH_2OH \cdot CHOH \cdot CH_2OH \,.$$

Anhangsweise sei hier noch auf den *sonstigen Zerfall der Brenztraubensäure* verwiesen. Die bei vielen Bakteriengärungen gebildete Ameisensäure entstammt wohl der Brenztraubensäure, gemäß folgendem Schema:

$$
\begin{array}{ccccc}
COOH & & H & & H \cdot COOH \\
| & & | & & \\
CO & + & OH & \to & COOH \\
| & & & & | \\
CH_3 & & & & CH_3
\end{array}
$$

---

[1] HAEHN u. GLAUBITZ: Ch. d. Zelle u. Gew. **13**, 86 (1926).
[2] NEUBERG: Bio. Z. **180**, 471; **187**, 220 (1927).
[3] NEUBERG u. KOBEL: Bio. Z. **188**, 211 (1927).
[4] KOBEL u. TYCHNOVSKY: Bio. Z. **199**, 218 (1928).

Dieser Prozeß stellt wohl eine Nebenreaktion bei vielen Gärungsvorgängen vor. So findet sich die für diesen Zerfall der Brenztraubensäure charakteristische Ameisensäure als Stoffwechselprodukt des Typhusbac. sowie zahlreicher anderer Bakterien (FRANZEN und EGGER[1]). Weiterhin wird nach NEUBERG und ARINSTEIN[2] Brenztraubensäure auch durch Buttersäurebakterien in Ameisensäure und Essigsäure zerlegt.

2. Die Butylgärungen.

a) Die Buttersäuregärungen.

1. Reine Buttersäuregärung. NEUBERG und ARINSTEIN[2] konnten bei der Zuckervergärung durch B. butylicus Fitz in Gegenwart von Sulfit Acetaldehyd abfangen, wobei die Buttersäurebildung unterblieb; dadurch war ein inniger Zusammenhang zwischen dem Acetaldehyd bzw. dessen Vorstufe, der Brenztraubensäure und der Bildung der Buttersäure sichergestellt. Weiterhin gelang den genannten Autoren auch die Vergärung von Brenztraubensäurealdol zu Buttersäure, während Acetaldol sowie Acetaldehyd nicht angegriffen wurden und Brenztraubensäure selbst zu Ameisensäure und Essigsäure zerlegt wird. Das Brenztraubensäurealdol muß bei seiner Umwandung decarboxyliert und durch eine Art Saccharinsäureumlagerung in Buttersäure umgewandelt werden; ob dabei die Umlagerung oder Decarboxylierung primär erfolgt, ist eine offene Frage. Der Reaktionsmechanismus kann durch folgendes Schema wiedergegeben werden:

$$
\begin{array}{ccccc}
 & & & 2\,CO_2 & \\
 & & & + & \\
 & & & CHO & COOH \\
 & & & | & | \\
 & & & CH_2 & \rightarrow \quad CH_2 \\
2\,COOH & COOH & \nearrow & | & | \\
| & | & & CHOH & CH_2 \\
CO & \rightarrow \quad CO & / & | & | \\
| & | & & CH_3 & CH_3 \\
CH_3 & CH_2 & \text{oder} & & \\
 & | & & & \\
 & C(OH)\cdot COOH & \searrow & COOH & CO \diagdown & CO_2 \\
 & | & & | & | & \\
 & CH_3 & & CO & CO & COOH \\
 & & & | & | & | \\
 & & & CH_2 & \rightarrow \quad CH_2 & \diagup O + H_2O \rightarrow \quad CH_2 \\
 & & & | & | & | \\
 & & CO_2 + CHOH & CH \diagup & CH_2 \\
 & & & | & | & | \\
 & & CH_3 & CH_3 & CH_3 \\
\end{array}
$$

Für die Bildung der Buttersäure aus Zucker ergibt sich folgende Gleichung:
$$C_6H_{12}O_6 = C_4H_8O_2 + 2\,CO_2 + 2\,H_2\,.$$

Bei der Buttersäuregärung kommt es bekanntlich zur Entwicklung elementaren Wasserstoffs, ein Teil desselben kann aber auch im Nebenweg Hydrierungen verursachen. Die Aldolisierung der Brenztraubensäure soll durch das Enzym Carboligase bewirkt werden; warum diese aber nicht bei direkter Darbietung von Brenztraubensäure zur Wirkung gelangt, bleibt eine offene Frage.

2. Gemischte Buttersäure-Propionsäuregärung. Bei der Bildung von Propionsäure über Milchsäure als Zwischenprodukt müßte es, wie oben hervorgehoben, zur gleichzeitigen Bildung von Brenztraubensäure kommen, die aber nicht nur auf dem Wege über Essigsäure abgebaut werden muß, sondern nach allem

---

[1] FRANZEN u. EGGER: H. **79**, 177 (1912); **83**, 226 (1913).
[2] NEUBERG u. ARINSTEIN: Bio. Z. **117**, 269 (1921).

auch zur Bildung von Buttersäure Anlaß geben kann. Wir gelangen so zu einem Typus von Gärungserscheinungen, bei dem es zur gleichzeitigen Bildung von Propionsäure und Buttersäure kommt, und die in der folgenden Formulierung ihren Ausdruck finden würde:

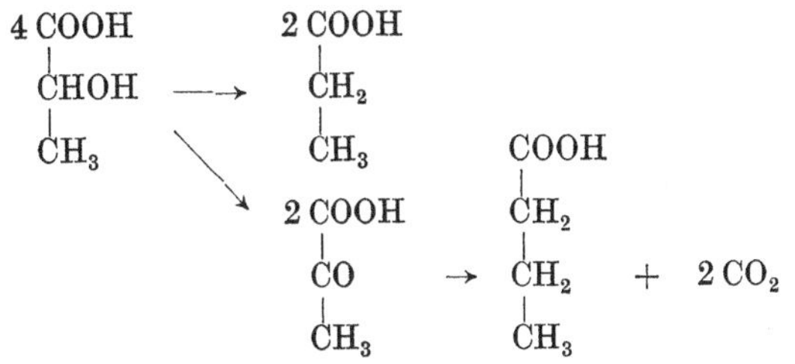

$$
\begin{array}{ccc}
4\,\text{COOH} & 2\,\text{COOH} & \\
| & | & \\
\text{CHOH} \longrightarrow & \text{CH}_2 & \\
| & | & \\
\text{CH}_3 & \text{CH}_3 & \text{COOH} \\
& & | \\
& 2\,\text{COOH} & \text{CH}_2 \\
& | & | \\
& \text{CO} \;\rightarrow\; & \text{CH}_2 \;+\; 2\,\text{CO}_2 \\
& | & | \\
& \text{CH}_3 & \text{CH}_3
\end{array}
$$

Diese Formulierung würde dem Idealfall entsprechen, doch kann das Mengenverhältnis der beiden Hauptprodukte in Abhängigkeit von den verwendeten Gärungserregern bald zugunsten des einen, bald des andern Produktes verschoben sein. Weiterhin findet sich vielfach auch Essigsäure als Nebenprodukt. Verwirklicht ist dieser Prozeß beispielsweise bei Rauschbrandbacillen nach SCHATTENFROH[1].

Die Bildung der sonstigen Nebenprodukte der Buttersäuregärung, wie Essigsäure, Milchsäure und Ameisensäure, erscheint nach dem bisher Dargelegten verständlich; ebenso die Bildung der im Hauptprozeß entstehenden gasförmigen Produkte Kohlendioxyd und Wasserstoff; weiterhin wird zumeist auch Alkohol und Butylalkohol gebildet, auf die noch zurückzukommen sein wird.

b) Bildung höherer Fettsäuren.

1. Fettsäuren mit gerader C-Anzahl. Bekanntlich wurden unter den Rückständen der gärungstechnisch dargestellten Buttersäure vielfach auch höhere Fettsäuren aufgefunden. NEUBERG und ARINSTEIN (2, S. 42) erhielten bei der Vergärung von Kohlehydraten auch in mineralischer Nährlösung mittels B. butylicus Fitz Capron-, Capryl- und Caprinsäure. Die Entstehung dieser höheren Fettsäuren könnte durch weitere Aldolisierung der Brenztraubensäure gedeutet werden; z. B. im Falle der Capronsäure:

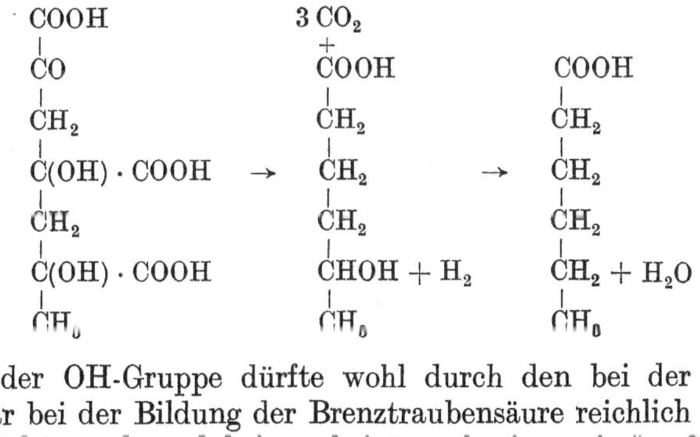

$$
\begin{array}{ccc}
\text{COOH} & 3\,\text{CO}_2 & \\
| & + & \\
\text{CO} & \text{COOH} & \text{COOH} \\
| & | & | \\
\text{CH}_2 & \text{CH}_2 & \text{CH}_2 \\
| & | & | \\
\text{C(OH)} \cdot \text{COOH} \;\rightarrow\; & \text{CH}_2 \;\rightarrow\; & \text{CH}_2 \\
| & | & | \\
\text{CH}_2 & \text{CH}_2 & \text{CH}_2 \\
| & | & | \\
\text{C(OH)} \cdot \text{COOH} & \text{CHOH} + \text{H}_2 & \text{CH}_2 + \text{H}_2\text{O} \\
| & | & | \\
\text{CH}_3 & \text{CH}_3 & \text{CH}_3
\end{array}
$$

Die Reduktion der OH-Gruppe dürfte wohl durch den bei der Buttersäuregärung, und zwar bei der Bildung der Brenztraubensäure reichlich entstehenden Wasserstoff bewirkt werden; dabei erscheint auch eine primäre Wasserabspaltung unter Bildung einer Doppelbindung und Anlagerung des Wasserstoffs an diese möglich.

HAEHN und KINTOFF[2] beschreiben die Fettbildung aus Zucker durch den Pilz Endomyces vernalis; sie erzielten auch aus Glycerin, Brenztraubensäure,

---

[1] SCHATTENFROH: C. **1903 II**, 843.
[2] HAEHN u. KINTOFF: Wschr. Brauerei **42**, 213, 218 (1925).

Milchsäure, Acetaldehyd und Alkohol Bildung von Fett und nehmen an, daß die Synthese der höheren Fettsäuren über die Aldolisierung des Acetaldehyds verläuft. Bei der Fettsäurebildung aus Zucker erhielten sie neben höheren Fettsäuren auch Glycerin. Die Befunde scheinen darauf hinzudeuten, daß es in diesem Falle zu keiner Bildung von Wasserstoff kommt, sondern daß dieser sofort für reduktive Zwecke, also bei der Bildung der Fettsäuren und des Glycerins verbraucht wird.

2. Fettsäuren mit ungerader C-Anzahl. Nach KAYSER[1] wird durch verschiedene Heferassen aus Milchsäure sowie aus Hexosen relativ viel Valeriansäure gebildet. Bereits NEUBERG und ARINSTEIN (2, S. 42) wiesen darauf hin, daß ihre Beobachtung über die Aldolisierung bereits auf der Brenztraubensäurestufe auch für die Bildung von Fettsäuren mit ungerader C-Anzahl eine leichtere Erklärungsmöglichkeit bietet. Demgemäß könnte man sich die Bildung der Valeriansäure durch folgendes Schema veranschaulichen:

$$
\begin{array}{ccccccc}
 & & COOH & & COOH & & COOH \\
 & & | & & | & & | \\
COOH & COOH & CHOH & & CHOH + H_2 & & CH_2 + H_2O \\
| & | & | & & | & & | \\
CHOH & + CO & \rightarrow \quad CH_2 & \rightarrow & CH_2 & \rightarrow & CH_2 \\
| & | & | & & | & & | \\
CH_3 & CH_3 & C(OH) \cdot COOH & & CHOH + H_2 & & CH_2 + H_2O \\
 & & | & & | & & | \\
 & & CH_3 & & CH_3 & & CH_3
\end{array}
$$

Der zur Hydrierung erforderliche Wasserstoff dürfte wohl auch hier von der Bildung der Brenztraubensäure her zur Verfügung stehen.

c) Die Butylalkoholgärung.

Bei diesem Gärungsvorgang lassen sich im wesentlichen 2 Typen unterscheiden, nämlich einerseits die Butyl-Äthylalkoholgärung und andererseits die Butylalkohol-Acetongärung, je nachdem welche Nebenprodukte überwiegen. Allerdings kann auch der Fall eintreten, daß die hier als Nebenprodukte bezeichneten Körper in überwiegender Menge gebildet werden, so daß wir sodann z. B. eine Acetongärung vor uns haben werden, auf die später noch zurückzukommen sein wird.

1. Die butyl-äthylalkoholische Gärung ist z. B. bei der Vergärung von Glycerin durch B. butylicus Fitz realisiert, wobei nach BUCHNER und MEISENHEIMER[2] 19,6% n-Butylalkohol und 10,4% Äthylalkohol neben 42,1% CO_2 und sonstigen Nebenprodukten wie Butter-, Essig-, Ameisen- und Milchsäure entstanden. Der reine Vorgang der butylalkoholischen Gärung des Zuckers kann in folgender Weise formuliert werden:

$$C_6H_{12}O_6 = C_4H_{10}O + 2\,CO_2 + H_2O\,.$$

Ebenso wie bei der Buttersäuregärung nehmen NEUBERG und ARINSTEIN (2, S. 42) auch hier das Brenztraubensäurealdol als Zwischenprodukt an, das jedoch nach der Decarboxylierung durch den bei der Brenztraubensäurebildung freigesetzten Wasserstoff zu Butylalkohol reduziert wird; die reine Butylalkoholgärung müßte daher ohne Wasserstoffentwicklung verlaufen. Wenn dabei Methylglyoxal als Wasserstoffdonator und Acetaldol als Wasserstoffacceptor dient, so können wir uns die Reaktion durch folgendes Schema veranschaulichen:

---

[1] KAYSER: C. r. **176**, 1662 (1923); **179**, 295 (1924).
[2] BUCHNER u. MEISENHEIMER: B. **41**, 1410 (1908).

$$
\begin{array}{ccccccccc}
\text{COOH} & & 2\,\text{CO}_2 & & & & & & \\
| & & & & & & & & \\
\text{CO} & & \text{CHO} + \text{H}_2\text{O} & & 2\,\text{CHO} & & \text{CH}_2\text{OH} & & 2\,\text{COOH} \\
| & & | & & | & & | & & | \\
\text{CH}_2 & \rightarrow & \text{CH}_2 & + & \text{CO} & \rightarrow & \text{CH}_2 & + & \text{CO} \\
| & & | & & | & & | & & | \\
\text{C(OH)} \cdot \text{COOH} & & \text{CHOH} & & \text{CH}_3 & & \text{CH}_2 & & \text{CH}_3 \\
| & & | & & & & | & & \\
\text{CH}_3 & & \text{CH}_3 & & & & \text{CH}_3 & &
\end{array}
$$

2. Die Butylalkohol-Acetongärung hat insbesondere seit den Untersuchungen von FERNBACH und STRANGE[1] Interesse gewonnen. REILLY und HICKINBOTTOM[2] fassen den Prozeß so auf, daß der Butylalkohol aus primär gebildeter Buttersäure, und Aceton aus Essigsäure gebildet wird, da in Gegenwart von Calciumcarbonat fast kein Butylalkohol und Aceton entsteht, sondern nur die beiden genannten Säuren, die hierbei gewissermaßen als Zwischenprodukte festgelegt werden. In der Regel werden 2 Mol Butylalkohol und 1 Mol Aceton gebildet, neben Alkohol und sonstigen Produkten. Der Vorgang ließe sich jedoch auch in der Weise deuten, daß jeweils 2 Mol Brenztraubensäurealdol bzw. Acetaldol in dismutativer Weise miteinander reagieren, unter Bildung von Butylalkohol und Aceton:

$$
\begin{array}{ccccccc}
2\,\text{CHO} & & \text{CHOH} & & \text{COOH} & & \text{CO}_2 \\
| & & | & & | & & | \\
\text{CH}_2 & & \text{CH}_2 & + & \text{CH}_2 & \rightarrow & \text{CH}_3 \\
| & \rightarrow & | & & | & & | \\
\text{CH}_2\text{OH} & & \text{CH}_2 & & \text{CO} & & \text{CO} \\
| & & | & & | & & | \\
\text{CH}_3 & & \text{CH}_3 & & \text{CH}_3 & & \text{CO}_3
\end{array}
$$

Nach FREIBERG[3] kann der Gärungsverlauf für jedes einzelne Produkt durch folgende Gleichungen zum Ausdruck gebracht werden:

$$
C_6H_{12}O_6 = C_4H_{10}O + 2\,CO_2 + H_2O \quad \text{und} \quad C_6H_{12}O_6 + H_2O = C_3H_6O + 3\,CO_2 + 2\,H_2 .
$$

Die Bildung von 2 Mol Wasserstoff bei der Entstehung des Acetons könnte bei der Bildung eines weiteren Mols Butylalkohol mitwirken, so daß jeweils auf 1 Mol Aceton 2 Mol Butylalkohol in zwangloser Weise kommen können.

4. Die anoxybiontischen Umwandlungen der Zerfallsprodukte (insbesondere des Acetaldehyds).

Der bei der Decarboxylierung der Brenztraubensäure im Hauptvorgang auftretende Acetaldehyd kann mannigfaltige weitere Umwandlungen eingehen. Der weitere Hauptweg verläuft über die dismutative Reduktion des Acetaldehyds zu Alkohol bzw. die Dismutation des Aldehyds selbst unter Bildung von Alkohol und Essigsäure; als Nebenwege der Acetaldehydumwandlung sind dessen Acetoin- und Aldolkondensation anzusehen. Der letztgenannte Vorgang steht, wie bereits betont, zu der Aldolisierung der Brenztraubensäure in naher Parallele.

a) Die Bildung von Äthylalkohol und Essigsäure.

1. Die alkoholische Gärung.

Bei der Bildung der Brenztraubensäure wird Wasserstoff frei, der in der Regel bei der gemeinsamen Dismutation des Methylglyoxals mit Acetaldehyd

---

[1] FERNBACH u. STRANGE: E.P. 21073, 1913.
[2] REILLY u. HICKINBOTTOM: C. **1920 I**, 112.   [3] FREIBERG: C. **1926 II**, 1055.

auf diesen übertragen wird und so zur Bildung von Alkohol Anlaß gibt. Der „Gärungswasserstoff" kann bekanntlich auch an andere Acceptoren gehen, wie aus den Untersuchungen NEUBERGS über phytochemische Reduktionen hervorgeht; wenn jedoch Acetaldehyd in reaktionsfähiger Form vorhanden ist, so wird dieser bevorzugt, und wir haben dann den Typus des anoxybiontischen Endabbaus, also das Bild der alkoholischen Gärung vor uns, und zwar nach NEUBERG die *erste Vergärungsform*, deren typischer Vorgang sich in folgender Weise darstellen läßt:

$$CH_3 \cdot CO \cdot CHO \quad + \quad \overset{O}{\underset{H_2}{\|}} \quad \rightarrow \quad \begin{matrix} CH_3 \cdot CO \cdot COOH & \rightarrow & CO_2 + CH_3 \cdot CHO \\ CH_3 \cdot CH_2OH \end{matrix}$$

Die Gärungsgleichung hat in diesem Falle die Form:

$$C_6H_{12}O_6 = 2\,CO_2 + 2\,CH_3 \cdot CH_2OH\,.$$

Da nun im allerersten Stadium des Zuckerzerfalls noch kein Acetaldehyd vorhanden ist, so wird man annehmen müssen, daß bei der erstmaligen Methylglyoxaldehydrierung zu Brenztraubensäure ein anderer Acceptor beteiligt ist. Sobald aber erst einmal Brenztraubensäure und durch Decarboxylierung derselben Acetaldehyd entstanden ist, können die weiteren Vorgänge in der skizzierten Weise verlaufen. In Zusammenhang hiermit steht auch, daß bekanntlich die alkoholische Gärung im ersten Beginn, also bei ursprünglicher Abwesenheit von Acetaldehyd sehr langsam verläuft.

Wird andererseits der Acetaldehyd durch Abfangung von der Teilnahme an der Reaktion ausgeschlossen, so gelangen wir zu dem bereits behandelten Bild der *zweiten Vergärungsform*, wobei der Gärungswasserstoff an Methylglyoxal (in irgendeiner Hydrat- bzw. Enolform) geht, was zur Bildung von Glycerin Anlaß gibt.

Der Acetaldehyd kann aber auch noch in anderer Weise von seiner Acceptorfunktion abgehalten werden, und zwar, wie gleichfalls bereits kurz behandelt wurde, durch Vergärung in Gegenwart schwach alkalischer Reaktion, wobei die Dismutation zweier Acetaldehydmoleküle selbst die schnellste Reaktion darstellt, was zur Bildung von Alkohol und Essigsäure Anlaß gibt. Dieser Vorgang wurde von NEUBERG als *dritte Vergärungsform* bezeichnet. In Zusammenhang mit der Ausschaltung des Acetaldehyds kommt es hierbei gleichfalls zur Bildung eines Äquivalentes Glycerin. Wir haben demnach folgenden Vorgang vor uns:

$$\begin{matrix} CH_2 : C(OH) \cdot CHO \\ CH_3 \cdot CO \cdot CHO \end{matrix} \quad + \quad \overset{H_2}{\underset{O}{\|}} \quad \rightarrow \quad \begin{matrix} CH_2 : C(OH) \cdot CH_2OH & \rightarrow & CH_2OH \cdot CHOH \cdot CH_2OH \\ CH_3 \cdot CO \cdot COOH & \rightarrow & CO_2 + CH_3 \cdot CHO \end{matrix}$$
$$(= \text{Alkohol} + \text{Essigsäure}).$$

Die Gärungsgleichung lautet hierbei:

$$2\,C_6H_{12}O_6 + H_2O = C_2H_5OH + CH_3 \cdot COOH + 2\,CO_2 + 2\,CH_2OH \cdot CHOH \cdot CH_2OH\,.$$

2. Sonstige anoxybiontische Bildungsweisen der Essigsäure.

Die bei der 3. Vergärungsform stattfindenden Vorgänge finden sich im Prinzip bei manchen Bakteriengärungen als normale Prozesse, so z. B. bei der *Coligärung*. Hierbei wird jedoch ein Teil des Methylglyoxals auch zu Milchsäure stabilisiert und andererseits geht der bei der Dehydrierung des anderen Teiles Methylglyoxal zu Brenztraubensäure freiwerdende Wasserstoff als Gas ab, ohne also an einen Acceptor zu gelangen. Die Coligärung kann daher durch folgende Gleichung zum Ausdruck gebracht werden:

$$2\,C_6H_{12}O_6 + H_2O = 2\,CH_3 \cdot CHOH \cdot COOH + C_2H_5OH + CH_3 \cdot COOH + 2\,CO_2 + 2\,H_2.$$

Weiterhin wird beispielsweise durch den B. aethacet-succinicus nach MAZÉ[1] aus Zucker wie aus Milchsäure neben viel Essigsäure Äthylalkohol und Bernsteinsäure gebildet, usw.

Im allgemeinen sei darauf hingewiesen, daß die *Essigsäure als letztes Produkt des anoxybiontischen Abbaues* aufgefaßt werden kann; wie wir jedoch noch sehen werden, ist sie andererseits auch vielfach als *erstes Produkt des oxybiontischen Abbaues* anzusehen, insbesondere bei ihrer Bildung aus Alkohol durch eine typische Oxydationsgärung.

Anhangsweise sei hier noch kurz auf die *Dismutation sonstiger Aldehyde* hingewiesen, also Vorgänge, die durch die sogenannten Aldehydrasen katalysiert werden. So wird nach NEUBERG und WINDISCH[2] n-Butylaldehyd durch Essigbakterien sowohl unter aeroben wie unter anaeroben Bedingungen zu Butylalkohol und Buttersäure dismutiert und analog i-Valeraldehyd zu den entsprechenden Körpern.

b) Die Acyloinkondensation.

NEUBERG und REINFURT[3] fanden, daß der im Gärungsprozeß entstehende Acetaldehyd in gewissem Sinne auch durch zugesetzten Aldehyd abgefangen werden kann, wobei es zur Bildung von Acetoin (Methylacetylcarbinol) kommt. Der Vorgang ist dabei folgender:

$$CH_3 \cdot CHO + CHO \cdot CH_3 = CH_3 \cdot \overset{\cdot}{C}HOH \cdot CO \cdot CH_3.$$

Die Reaktion kommt allerdings nur dann zustande, wenn Vergärung von Zucker oder Brenztraubensäure stattfindet, wobei also nascenter Acetaldehyd entsteht, wie NEUBERG und SIMON[4] feststellten. Ebenso wie bei der 2. und 3. Vergärungsform geht auch hier der Wasserstoff an andere Acceptoren und gibt so zur Bildung von Glycerin Anlaß. Doch kann das gebildete oder zugesetzte Acetoin ebenfalls als Wasserstoffacceptor fungieren und wird dabei in *2,3-Butylenglykol* verwandelt (NEUBERG und SIMON[5]).

Der analoge Vorgang wurde sodann auch bei Bakteriengärungen festgestellt, so bei Milchsäurebakterien von KLUYVER und DONKER[6] und ferner bei B. subtilis, B. Globigii, B. mesentericus durch LEMOIGNE[7]. YAMADA und KURONO[8] fanden 2,3-Butylenglykol als regelmäßigen Bestandteil aller Gärprodukte und stellten fest, daß Bakterien Acetoin und 2,3-Butylenglykol intensiver produzieren als Hefen.

Weiterhin kann nach den Feststellungen von NEUBERG der zugesetzte Acetaldehyd auch durch andere Aldehyde ersetzt werden; so kommt es bei Zusatz von Benzaldehyd zur Bildung von *Phenylacetylcarbinol:* $C_6H_5 \cdot \overset{\cdot}{C}HOH \cdot CO \cdot CH_3$.

Diese Prozesse sind auch bei der zellfreien Gärung, also rein enzymatisch realisierbar und sollen durch die Carboligase bewirkt werden.

[1] MAZÉ: C. r. **156**, 1101 (1913).
[2] NEUBERG u. WINDISCH: Bio. Z. **166**, 454 (1925).
[3] NEUBERG u. REINFURT: Bio. Z. **143**, 553 (1923).
[4] NEUBERG u. SIMON: Bio. Z. **156**, 374 (1925).
[5] NEUBERG u. SIMON: Bio. Z. **160**, 250 (1925).
[6] KLUYVER u. DONKER: C. **1925 I**, 1618.
[7] LEMOIGNE: C. r. **186**, 473 (1928) — C. **1928 I**, 2623.
[8] YAMADA u. KURONO: C. **1929 I**, 251.

Hinsichtlich weiterer Wirkungen der Carboligase sei auch auf die Beobachtung von STEPANOW und KUSIN[1] hingewiesen, daß durch Einwirkung der Hefenenzyme auf Glyoxylsäure Oxy-oxo-Bernsteinsäure gebildet wird:

$$
\begin{array}{c}
COOH \\
| \\
C:O \\
\diagdown H \\
+ \\
\diagup OH \\
H \cdot C \cdot OH \\
| \\
COOH
\end{array}
\quad \rightarrow \quad
\begin{array}{c}
COOH \\
| \\
CO \\
| \\
| \\
CHOH \\
| \\
COOH
\end{array}
\quad + \quad H_2O
$$

c) Die Aldolkondensation und die Acetongärung.

Außer in der soeben besprochenen Art kann der Acetaldehyd auch zu seinem Aldol kondensiert werden, ein Vorgang, der mit der bereits besprochenen Aldolisierung der Brenztraubensäure in innigem Zusammenhang zu stehen scheint, denn in vielen Fällen läßt sich bisher noch nicht mit Sicherheit entscheiden, ob die Aldolisierung bereits auf der Stufe der Brenztraubensäure oder erst auf der des Acetaldehyds stattfindet. Die wichtigsten Aldolisierungsvorgänge sind bereits gelegentlich der Butylgärungen besprochen worden.

Im Anschluß an die Aldolisierung des Acetaldehyds soll hier die Kondensation der Essigsäure zu *Acetessigsäure* behandelt werden, der wir im tierischen Stoffwechsel sehr häufig begegnen, die jedoch nicht gerade stets aus Essigsäure entstanden sein muß, sondern vielfach gerade als Vorstufe der Essigsäure in Erscheinung tritt, so bei ihrer Bildung aus Acetaldehyd oder Acetaldol in Durchblutungsversuchen (FRIEDMANN[2]), wobei ihre Bildung jedoch wohl auf oxydativem Wege erfolgt, wie noch später zu besprechen sein wird.

Wichtiger ist für uns in diesem Zusammenhange die *Acetongärung*, bei der die Acetessigsäure als Zwischenprodukt fungieren dürfte. Neben der bereits früher behandelten Butylalkohol-Acetongärung finden wir auch eine *acetonäthylalkoholische Gärung*, deren Chemismus BAKONYI[3] so zu erklären sucht, daß die Gärung bis zum Acetaldehyd ganz entsprechend der rein alkoholischen Gärung verläuft, daß aber dann ein kleiner Teil des Acetaldehyds zu Alkohol reduziert, der größere zu *Acetaldol* kondensiert wird, das auf dismutativem Weg in Alkohol und Essigsäure zerfallen soll, worauf die Essigsäure weiter über Acetessigsäure zu Aceton vergoren wird. Diese Annahme erhält eine Stütze durch den Befund, daß Acetaldehyd, Acetaldol sowie Ca-Acetat vollständig vergoren werden, und zwar das letztere ausschließlich zu Aceton. Den stattfindenden Vorgang können wir uns in folgender Weise veranschaulichen:

$$
2
\begin{array}{c}
CHO \\
| \\
CH_3
\end{array}
\rightarrow
\begin{array}{c}
CHO \\
| \\
CH_2 \\
| \\
CHOH \\
| \\
CH_3
\end{array}
\rightarrow
\begin{array}{c}
COOH \\
| \\
CH_3 \\
+ \\
CH_2OH \\
| \\
CH_3
\end{array}
\qquad
2
\begin{array}{c}
COOH \\
| \\
CH_3
\end{array}
\rightarrow
\begin{array}{c}
COOH \\
| \\
CH_2 \\
| \\
CO \\
| \\
CH_3
\end{array}
\rightarrow
\begin{array}{c}
CO_2 \\
| \\
CH_3 \\
| \\
CO \\
| \\
CH_3
\end{array}
$$

Es erscheint jedoch auch möglich, daß der Vorgang bis zur Bildung von Alkohol und Essigsäure im Prinzip analog der Coligärung, also unter Wasserstoffentwicklung verläuft und daß dann weitere Umwandlung der Essigsäure einsetzt.

[1] STEPANOW u. KUSIN: B. **63**, 1147, 2473 (1930).
[2] FRIEDMANN: Hofm. Beitr. **11**, 202 (1908).
[3] BAKONYI: Bio. Z. **169**, 125 (1926) — D. Essigind. **30**, 406 (1926).

Das Verhältnis Aceton:Alkohol ist 1:3 bis 1:4, wenn als Gärungserreger
B. macerans verwendet wird, dagegen 1:2, bei Verwendung des B. acetoäthylicum, was in folgender Gärungsgleichung zum Ausdruck kommt:

$$2 C_6H_{12}O_7 + H_2O = CH_3 \cdot CO \cdot CH_3 + 5 CO_2 + 2 C_2H_5OH + 4 H_2.$$

Anhangsweise sei auch noch darauf hingewiesen, daß bei der bakteriellen
Vergärung des Glycerins nach SCHULZE[1] auch Phoron gebildet wird, dessen
Entstehung wohl auf eine Kondensation des Acetons zurückzuführen ist:

$$3 CH_3 \cdot CO \cdot CH_3 = CH_3 \cdot \overset{CH_3}{\underset{\cdot}{C}} : CH \cdot CO \cdot CH : \overset{CH_3}{\underset{\cdot}{C}} \cdot CH_3 + 2 H_2O$$

d) Die anoxybiontische Umwandlung sonstiger Endprodukte.

1. Umwandlungen des Glycerins. *1,3-Propandiol* wurde bereits vielfach als
Nebenprodukt der Glyceringärung, und zwar bei der technischen Glycerinerzeugung aufgefunden. Vor kurzem konnte von SCHUTT[2] außerdem auch
1,2-Propandiol im Verlauf der Glycerindestillation nachgewiesen werden. Derselbe nimmt an, daß beide Produkte ihre Entstehung nicht der Hefe, sondern
einer nach der Glycerinbildung einsetzenden Nebengärung verdanken.

2. Isopropylalkohol wurde gelegentlich im Kornfuselöl aufgefunden und
entsteht wahrscheinlich bei anormaler Gärung in Gegenwart von Buttersäurebakterien. Seine Bildung aus Aceton erscheint möglich. *n-Propylalkohol*, der
als Nebenprodukt der alkoholischen Gärung bekanntlich aus dem Vorlauf von
Rohspiritusfuselöl dargestellt wird, entsteht wie die sonstigen Bestandteile des
Fuselöls wohl aus Produkten des Eiweißzerfalles. NEUBERG und KERB[3]
erhielten ihn bei Vergärung von α-Ketobuttersäure mittels Hefe.

3. Die Ameisensäurevergärung. Wie aus dem bisher Dargelegten ersichtlich
ist, findet bei einer Anzahl von Gärungen, insbesondere durch Bakterien, Bildung
von Ameisensäure statt, die ihre Entstehung wohl dem Zerfall der Brenztraubensäure verdankt. Bestimmte Bakterien sind nun befähigt, die Ameisensäure
weiter in Kohlensäure und Wasserstoff zu zerlegen:

$$H \cdot COOH = H_2 + CO_2.$$

4. Sonstige anoxybiontische Umwandlungen der Essigsäure. Wie wir gesehen
haben, führen verschiedene Wege zur anoxybiontischen Bildung von Essigsäure. Hier soll nur noch kurz auf deren sonstigen anoxybiontischen Abbau
verwiesen werden. Außer der bereits erwähnten Kondensation zu Acetessigsäure bei der Acetongärung haben wir als zweiten anoxybiontischen Abbauweg der Essigsäure noch auf die *Methangärung* derselben hinzuweisen. So
beschrieb HOPPE-SEYLER[4] die bakterielle Spaltung der Essigsäure in Methan
und Kohlensäure:

$$CH_3 \cdot COOH = CH_4 + CO_2.$$

Die Methangärung der Cellulose wurde sodann von OMELIANSKY[5] eingehend
studiert. Ferner unterliegen der Methangärung auch verschiedene andere
Materialien, und zwar auch Eiweißstoffe, sowie nach SÖHNGEN[6] auch die höheren
Glieder der Fettsäurereihe mit gerader Anzahl von C-Atomen. Wahrscheinlich

[1] SCHULZE: B. **15**, 64 (1882).   [2] SCHUTT: Oe. Ch. Ztg. **30**, 170 (1927).
[3] NEUBERG u. KERB: Bio. Z. **61**, 185 (1914).
[4] HOPPE-SEYLER: H. **11**, 561 (1887).
[5] OMELIANSKY: Literatur s. bei CZAPEK: Biochemie der Pflanzen **1**, 371 (1913).
[6] SÖHNGEN: Dissert. Delft 1906.

tritt stets die Essigsäure als Zwischenprodukt auf, aus der erst Methan abgespalten wird. Ferner beschrieb OMELIANSKY[1] auch Methanbildung aus Alkohol durch ein anaerobes Bacterium, wobei 12% Kohlendioxyd und 88% Methan entstanden.

B. Der oxydative Abbau der anoxybiontischen Endprodukte.

Es werden hier im wesentlichen jene *oxydativen Prozesse* zu besprechen sein, *die zur Bildung von Essigsäure als vorläufiges Endprodukt führen*, und zwar werden wir es einerseits mit Vorgängen zu tun haben, bei denen die *Endprodukte des anoxybiontischen Hauptvorganges* der Zuckerspaltung, also insbesondere *Milchsäure* sowie *Alkohol* der weiteren Oxydation unterliegen, und andererseits werden Prozesse zu behandeln sein, bei denen es sich um den oxydativen Abbau jener Produkte handelt, die als *Endprodukte von Nebenwegen* des Zuckerumsatzes aufgefaßt werden können.

1. Der oxydative Abbau der Endprodukte des Hauptvorganges.

a) Die Oxydation der Milchsäure.

Im allgemeinen wird die Milchsäure im anoxybiontischen Stoffwechsel nicht weiter abgebaut, sondern durch *Resynthese in Zucker* zurückverwandelt. Insbesondere dann finden wir diesen Weg, die *Meyerhofsche Reaktion*, realisiert, wenn im anoxybiontischen Umsatz, insbesondere der tierischen Zelle, große Mengen Milchsäure gebildet worden sind. Weiterhin findet sich diese Erscheinung dann, wenn der anoxybiontische Stoffwechsel durch den oxybiontischen abgelöst wird. Es handelt sich dabei wohl hauptsächlich um eine Maßregel der Ökonomie, auch deshalb, weil bekanntlich nicht nur Milchsäure, sondern auch andere, während der Anoxybiose reichlich gebildete Abbaustoffe durch Resynthese wieder nutzbar gemacht werden. So unterbleibt bekanntlich auch bei Hefen in Gegenwart optimaler Sauerstoffmengen die Gärung, und der anaerobe Stoffwechsel wird durch den aeroben abgelöst. In Zusammenhang damit unterliegen hierbei unter diesen Bedingungen nicht nur die Milchsäure, sondern auch die anderen Stoffe des NEUBERGschen Abbauschemas der Resynthese zu Kohlehydraten, also Methylglyoxal, Brenztraubensäure, Alkohol, Acetaldehyd, Essigsäure, Acetessigsäure, wie FÜRTH und LIEBEN[2], LUNDIN[3], WARKANY[4] sowie MYRBÄCK[5] zeigen konnten. Der Mechanismus der Umwandlung, insbesondere der sekundären Abbauprodukte, ist noch nicht klar; berücksichtigt man jedoch, daß im biologischen Geschehen beim Aufbau vielfach im Prinzip der gleiche Weg beschritten wird, so wird man wohl nicht sehr fehlgehen, wenn man annimmt, daß auch hier der Weg stets wieder über die C_3-Körper geht, wobei allerdings die C_2-Stoffe zunächst einer weiteren Umwandlung über die C_4-Körper und Abbau derselben unterliegen müßten, wie noch später zu behandeln sein wird. Die Umwandlung der Milchsäure in Zucker geht wohl über das Methylglyoxal, das in Form einer Hydrat- oder Enolmodifikation der Kondensation zu Zucker unterliegen dürfte, wobei auch die optische Richtung stattfinden muß.

---

[1] OMELIANSKY: Ann. Past. **30**, 56 (1916).
[2] FÜRTH u. LIEBEN: Bio. Z. **128**, 144; **132**, 165 (1922); **135**, 240 (1923).
[3] LUNDIN: Bio. Z. **141**, 310; **142**, 454 (1923).
[4] WARKANY: Bio. Z. **150**, 271 (1924).   [5] MYRBÄCK: H. **139**, 272 (1924).

Dieser Vorgang schließt jedoch nicht mit Sicherheit aus, daß nicht auch ein Teil der Milchsäure einem direkten Abbau unterliegen könnte, denn ein strikter Beweis dafür, daß die gesamte Milchsäure im oxybiontischen Geschehen durch Resynthese verschwindet, ist noch nicht erbracht worden. In Fällen, wo nun die Milchsäure einem direkten oxydativen Abbau unterliegt, wird wohl der Weg fast stets über Brenztraubensäure eingeschlagen werden. Bei der Besprechung der diesbezüglichen Prozesse werden daher zunächst solche Vorgänge zu behandeln sein, bei denen die Brenztraubensäure als solche nicht mehr weiter angegriffen wird, und solche Prozesse, bei denen die Brenztraubensäure als rasch durchlaufene Zwischenstufe zu betrachten ist.

1. Die oxydative Bildung von Brenztraubensäure.

Welcher Mechanismus bei der Oxydation der Milchsäure zu Brenztraubensäure vorliegt, ist vorläufig nicht entscheidbar. Es kommen dabei zwei Möglichkeiten in Betracht, nämlich einerseits ein direkter Übergang in Brenztraubensäure mit Hilfe einer Milchsäuredehydrase (Scent-Györgyi[1]), oder aber es geht auch hier der Weg wieder über das Methylglyoxal, das ja nach allem die typische Vorstufe der Brenztraubensäure vorstellt, und die weitere Dehydrierung desselben. Dieser zweite Weg erscheint auch deshalb vielleicht besser vorstellbar, da die Umwandlung der Milchsäure in Zucker auch über irgendeine Form des Methylglyoxals gehen muß. Wir haben demnach folgende Vorgänge zu unterscheiden, wobei die Umwandlung der Milchsäure in Methylglyoxal rein schematisch als intramolekularer Austausch von H und OH aufgefaßt ist:

$$\text{I.} \quad \begin{matrix} COOH \\ | \\ CHOH \\ | \\ CH_3 \end{matrix} \;-\; H_2 \;\rightarrow\; \begin{matrix} COOH \\ | \\ C{:}O \\ | \\ CH_3 \end{matrix} \qquad \text{II.} \quad \begin{matrix} C{\nwarrow}^{O}{\searrow}_{OH} \\ C{\nwarrow}^{H}{\searrow}_{OH} \\ | \\ CH_3 \end{matrix} \;\rightarrow\; \begin{matrix} C{\nwarrow}^{O}{\searrow}_{H} \\ C{\nwarrow}^{OH}{\searrow}_{OH} \\ | \\ CH_3 \end{matrix} \;-\; H_2 \;\rightarrow\; \begin{matrix} COOH \\ | \\ CO \\ | \\ CH_3 \end{matrix}$$

Die Oxydation der Milchsäure zu Brenztraubensäure findet sich bei einer Anzahl von Organismen realisiert. So fanden Beijerinck und Folpers[2] eine Anzahl von Gärungserregern, die diese Reaktion durchzuführen vermögen, ohne die gebildete Brenztraubensäure weiter abzubauen. Ebenso konnten Mazé und Ruot[3] feststellen, daß eine Reihe von Mikroorganismen, wie Oidien, Hefen und Schimmelpilze, in rein mineralischer Nährlösung Ca-Lactat zu Ca-Pyruvinat zu oxydieren vermögen. Aus Zucker bilden diese Organismen gleichfalls Brenztraubensäure, wobei auch Milchsäure die Durchgangsstufe vorstellen dürfte, da der Prozeß in Gegenwart von Calciumcarbonat vor sich geht, und dieses bekanntlich die Milchsäurebildung sehr fördert. Die genannten Autoren erbrachten auch den Nachweis, daß atmosphärischer Sauerstoff für diese Milchsäurebildung unbedingt notwendig ist, daß es sich demnach um einen Oxydationsvorgang handelt. Mazé[4] konnte sodann auch eine große Anzahl von Bakterien isolieren, die diese Reaktion durchzuführen imstande sind. Die Bildung und Zerstörung der Brenztraubensäure erfolgte bei den einzelnen Bakterien sehr verschieden rasch. So wurde Essigsäure in sehr verschiedenen Mengen erhalten, und zwar zwischen Spuren bis zu 50% der umgesetzten Milchsäure.

---

[1] Scent-Györgyi: Bio. Z. **157**, 50 (1925).
[2] Beijerinck u. Folpers: Kon. Ak. v. Wet. Amst. **18**, 1198 (1916).
[3] Mazé u. Ruot: C. r. Soc. biol. **78**, 706 (1916); **79**, 336 (1917).
[4] Mazé: C. **1919 I**, 960.

Weiterhin fanden FERNBACH und SCHOEN[1], daß einige Spezialhefen, und zwar eine „mycolevure" und eine Champagnerhefe, in Gegenwart von Calciumcarbonat in einem synthetischen Nährboden brenztraubensaures Calcium in reichlichen Mengen zu bilden vermögen. KERB[2] sowie KERB und ZECKENDORF[3] zeigten, daß hierbei die Brenztraubensäure aus Milchsäure auf oxydativem Wege entsteht und daß Kulturhefen diese Reaktion nicht durchzuführen vermögen. Weiterhin berichten QUASTEL[4] sowie KAYSER[5] über die analoge Oxydation der Milchsäure, und ferner WALKER und COPPOCK[6] mittels Asp. niger.

2. Sonstige oxydative Umwandlungen der Milchsäure.

a) Oxydative Spaltungen. Daß Milchsäure durch verschiedene Organismen relativ leicht oxydierbar ist, ergibt sich auch daraus, daß ihre Spaltung durch Trockenhefe in Gegenwart von Methylenblau zu äquivalenten Mengen Acetaldehyd und Kohlendioxyd sehr häufig beobachtet worden ist, so durch HARDEN und NORRIS[7], PALLADIN und LOWTSCHINOWSKAJA[8], PALLADIN, SABININ und LOWTSCHINOWSKAJA[9], PALLADIN und SABININ[10] sowie LEBEDEW[11].

Nach MAZÉ[12] wird Milchsäure durch eine dem Bac. aethaceto-succinicus Frankland ähnliche Mikrobe gleichzeitig zu Essigsäure und Ameisensäure oxydiert und zu Alkohol und CO_2 vergoren, etwa gemäß dem Schema:

$$\begin{array}{ccc}
CO_2 & COOH & H \cdot COOH \\
| & | & \\
CH_2OH & \leftarrow \quad CHOH + O \rightarrow & COOH \\
| & | & | \\
CH_3 & CH_3 & CH_3
\end{array}$$

b) Oxydative Kondensationen. Auch diese verlaufen wohl in der Regel über Brenztraubensäure bzw. Acetaldehyd; so wird Milchsäure nach MAZÉ[12] durch Mycoderma aceti vornehmlich in *Methylacetylcarbinol* umgewandelt. Weiterhin fand der gleiche Autor[13] zwei Bakterienarten, die ebenfalls Acetoin aus Milchsäure bilden, außerdem aber auch *Diacetyl*. Diese Produkte werden wohl gemäß den folgenden Gleichungen gebildet:

$$CH_3 \cdot CHOH \cdot COOH + CH_3 \cdot CO \cdot COOH + O = CH_3 \cdot CHOH \cdot CO \cdot CH_3 + 2\,CO_2 + H_2O$$
$$2\,CH_3 \cdot CO \cdot COOH + O = CH_3 \cdot CO \cdot CO \cdot CH_3 + 2\,CO_2 + H_2O.$$

Gegen die Annahme, daß das Diacetyl durch direkte Oxydation aus dem Acetoin entsteht, spricht nach dem genannten Autor die Tatsache, daß Butylenglykol stets völlig fehlt. Die von SCHMALFUSS und BARTHMEYER[14] sowie VAN NIEL, KLUYVER und DERX[15] beobachtete Bildung von Diacetyl in Milchkulturen von Milchsäurebakterien, wodurch das Butteraroma zustande kommt, sei hier nur nebenbei erwähnt, da noch nicht entschieden ist, welchem Mechanismus es seine Entstehung verdankt.

[1] FERNBACH u. SCHOEN: C. r. **157**, 1478 (1913); **158**, 1719 (1914); **170**, 764 (1920).
[2] KERB: B. **52**, 1795 (1919).
[3] KERB u. ZECKENDORF: Bio. Z. **122**, 307 (1921).
[4] QUASTEL: Bioch. J. **19**, 304 (1925).
[5] KAYSER: Bull. Soc. Chim. biol. **6**, 234 (1924).
[6] WALKER u. COPPOCK: Soc. **1928**, 803.
[7] HARDEN u. NORRIS: Bioch. J. **9**, 332 (1915).
[8] PALLADIN u. LOWTSCHINOWSKAJA: Bio. Z. **65**, 137 (1914).
[9] PALLADIN, SABININ u. LOWTSCHINOWSKAJA: C. **1925 I**, 1015.
[10] PALLADIN u. SABININ: C. **1925 I**, 2314.
[11] LEBEDEW: Bioch. J. **11**, 189 (1917).
[12] MAZÉ: C. r. **156**, 1101 (1913).   [13] MAZÉ: C. **1919 I**, 960.
[14] SCHMALFUSS u. BARTHMEYER: H. **176**, 282 (1928).
[15] VAN NIEL, KLUYVER u. DERX: Bio. Z. **210**, 234 (1929).

3. Anhang: Der oxydative Abbau der Brenztraubensäure.

a) Spaltung. Die oxydative Spaltung der Brenztraubensäure führt zu Essigsäure und CO_2. Wie der Vorgang hierbei abläuft, ist wohl noch unentschieden. Es kommen dabei drei Möglichkeiten in Betracht, nämlich einerseits der primäre Zerfall in CO_2 und Acetaldehyd und Oxydation desselben zu Essigsäure, und andererseits Zerfall in Ameisensäure und Essigsäure und Oxydation der ersteren zu CO_2 und schließlich eine direkte Oxydation der Brenztraubensäure zu CO_2 und Essigsäure.

b) Kondensation. Zur Erklärung der Bernsteinsäurebildung im tierischen Organismus haben vor kurzem Toenissen und Brinkmann[1] angenommen, daß dieselbe aus Brenztraubensäure nach deren Kondensation zu α,α'-Diketoadipinsäure hervorgehen könnte; hierauf wird noch zurückzukommen sein.

b) Die Essigsäuregärung.

Während unter den Endprodukten des anoxybiontischen Hauptvorganges des Zuckerabbaues die Milchsäure in einem relativ frühen Stadium des Zuckerzerfalles gebildet wird, ist bis zur Bildung des Alkohols ein weiter Weg zu durchlaufen, wie wir bereits gesehen haben. Der Alkohol selbst kann im anoxybiontischen Stoffwechsel nicht mehr weiter abgebaut werden, sondern seine weitere Verwertung liegt auf oxybiontischem Gebiete und besteht in seiner Oxydation bzw. Dehydrierung unter Teilnahme des Luftsauerstoffes zu Essigsäure. Mit diesem Vorgang werden wir uns hier eingehender zu beschäftigen haben.

1. Organismen der Essigsäuregärung.

Die Tatsache, daß verdünnte alkoholische Lösungen beim Stehen an der Luft sauer werden, wurde bereits seit den ältesten Zeiten für praktische Zwecke benutzt. 1807 beobachtete Chaptal die Bildung einer Haut an der Oberfläche derartiger Flüssigkeiten (Kahmhaut), 1834 entwickelte Döbereiner[2] eine Gärungsgleichung für den stattfindenden Vorgang, und 1837 zeigte Kützing[3] sowie später Thomson[4], daß die Essigsäurebildung durch Mikroorganismen bewirkt wird. Nachdem sodann Pasteur[5] im Gegensatz zu Liebig auch hier für die vitale Erklärung des Gärungsvorganges eintrat, wurde sodann eine bakteriologische Analyse des Gärungserregers insbesondere durch Hansen[6] angebahnt, und es gelang ihm, zu zeigen, daß Pasteurs „Mycoderma aceti" aus einer Anzahl verschiedener Bakterien besteht, von denen er zwei Arten zu isolieren vermochte, nämlich das B. aceti und das B. Pasteurianum. Sodann folgte 1886 die Entdeckung des B. xylinum durch Brown[7], sowie 1894 die des B. Kützingianum durch Hansen[8], und weiterhin konnte durch die Arbeiten von Henneberg[9], Peters[10], Zeidler[11], Wermischeff[12], Lafar[13], Banning[14], Sazerac[15], Fuhrmann[16], Takahashi[17], Perold[18], Letellier[19], Janke[20], De Rossi[21]

---

[1] Toenissen u. Brinkmann: H. **187**, 137 (1930). [2] Döbereiner: J. pr. **8**, 321 (1834).
[3] Kützing: J. pr. **11**, 390 (1837). [4] Thomson: A. **60**, 60 (1852).
[5] Pasteur: C. r. **54**, 265 (1862) — Ètudes sur le vinaigre. Paris 1868.
[6] Hansen: Meddel. fra Carlsberg-Lab. **1** (1879). [7] Brown: Soc. **49**, 432 (1886).
[8] Hansen: Med. fra Carlsberg-Lab. **4**, 265 (1894).
[9] Henneberg: C. Bact. II **3**, 223 (1897) — D. Essigind. **10**, 89 (1906).
[10] Peters: Bot. Z. **1889**, 405. [11] Zeidler: C. Bact. II **2**, 729 (1896).
[12] Wermischeff: Ann. Past. **1893**, 213.
[13] Lafar: C. Bact. II **1**, 129 (1895) — Handb. d. techn. Mykol. **5**, 539 (1913).
[14] Banning: C. Bact. II **8**, 395 (1902). [15] Sazerac: C. r. **137**, 90 (1903).
[16] Fuhrmann: Beih. Bot. Zbl. **19 I**, 1 (1905).
[17] Takahashi: J. Coll. Agr. Tokio **1**, 103 (1909). [18] Perold: C. Bact. II **24**, 13 (1909).
[19] Letellier: Bull. Soc. Bot. Genève (2) **7**, 25 (1915).
[20] Janke: C. Bact. II **45**, 1 (1916). [21] De Rossi: Staz. Sper. Agr. Ital. **50**, 529 (1917).

und anderer Autoren eine große Reihe weiterer Essigsäurebakterien aufgefunden werden. Für die Essigsäurebakterien ist vielfach auch der speziellere Name Acetobacter vorgeschlagen worden. Aus neuerer Zeit stammt von Visser 't Hooft[1] eine zusammenfassende Bearbeitung dieser Bakteriengruppe, und insbesondere sei auf die Monographie von Henneberg[2] hingewiesen. Im allgemeinen können wir Weinessigbakterien (z. B. B. ascendens), Bieressigbakterien (z. B. B. Pasteurianum) und Schleimessigbakterien (z. B. B. xylinum) unterscheiden. Als besonders wirksame Bakterien bezeichnete Henneberg[3] B. orleanse und B. xylinoides.

Neben den Essigbakterien ist die Anzahl der *sonstigen Organismen*, die Alkohol zu Essigsäure zu oxydieren vermögen, recht gering. So berichtet Lafar[4] über einen Sproßpilz, der Alkohol in sehr verdünnter Lösung rasch zu Essigsäure zu oxydieren vermag. Weiterhin beobachtete Yamada[5], daß auch Sakèhefe imstande ist, Alkohol bis zu Essigsäure zu oxydieren. Ferner setzt der Befund von Butkewitsch und Fedoroff[6] über die Bildung von Bernsteinsäure und Fumarsäure aus Alkohol durch Rhizopus nigricans wohl die intermediäre Bildung von Essigsäure voraus.

2. Bedingungen der Essigsäurebildung.

Hinsichtlich der zur Essigsäurebildung *geeigneten Kohlenstoffquellen* ist zunächst sehr bemerkenswert, daß die eigentlichen Essiggärer ganz spezifisch auf die Oxydation von Alkohol eingestellt sind und Zucker gar nicht mehr zu spalten vermögen. Weiterhin ist von Interesse, daß viele dieser Bakterien (z. B. Acetobacter suboxydans) auch die gebildete Essigsäure nicht mehr weiter abbauen können. Natürlich schließen sich an diese Bakterien Übergangsformen an, die auch Zucker spalten, und andererseits wieder solche, die Essigsäure weiter abbauen (z. B. der im Bieressig vorkommende Acetobacter rancens), bis zu Bakterienformen, bei denen vollständige Verbrennung des Alkohols zu Wasser und Kohlensäure stattfindet, bei denen wir demnach nur noch von „Atmung" sprechen können. So fanden z. B. Lafar und Seifert[7], daß die gebildete Essigsäure wieder verbrannt werden kann.

An dieser Stelle sei jedoch noch darauf hingewiesen, daß nach Untersuchungen von Neuberg und Windisch[8] durch Essigbakterien auch Brenztraubensäure und Oxalessigsäure angegriffen werden, wobei zunächst durch Carboxylasewirkung CO_2-Abspaltung unter Bildung von Acetaldehyd stattfindet, der dann in Essigsäure übergeführt wird.

Hinsichtlich der *Konzentration, in der der Alkohol* noch verarbeitet werden kann, ist im allgemeinen zu sagen, daß meist nur relativ verdünnte Lösungen angegriffen werden können. Je nach der Bakterienart schwankt die gerade noch erträgliche Alkoholkonzentration zwischen 5 und 11 Vol.-%, im allerhöchsten Fall werden noch 15% ertragen.

Der *Verlauf der Säurebildung* ist von einer Anzahl von Faktoren abhängig. Was zunächst die *Konzentration, bis zu der die Essigsäure angehäuft werden kann,* anbelangt, so hängt dieselbe gleichfalls von der jeweiligen

[1] Visser 'tHooft: Dissert. Delft 1925.
[2] Henneberg: Handb. d. Gärungsbakt. 1926.
[3] Henneberg: D. Essigind. **11**, 261 (1907).
[4] Lafar: C. Bact. **13**, 687 (1893).
[5] Yamada: C. **1928 II**, 2479.
[6] Butkewitsch u. Fedoroff: Bio. Z. **219**, 103 (1930).
[7] Lafar u. Seifert: C. Bact. **1**, 136 (1895); **3**, 394 (1897).
[8] Neuberg u. Windisch: Bio. Z. **166**, 454 (1925).

Bakterienart ab. Die oberste Grenze ist nach Henneberg bei den einzelnen Bakterien folgende:

B. oxydans . . . . 2 %
B. acetigenum . . . . 2,7 „
B. Pasteurianum. . . . . 6,2 „
B. acetosum. . . . . 6,6 „
B. aceti. . . . . 6,6 „
B. Kützingianum . . . . 6,6 „
B. Schützenbachii . . . . 10,9 „

Mehr als 14% scheinen von keiner Art vertragen zu werden. (Vgl. auch Steinmetz[1] sowie Bokorny[2].) Hinsichtlich des eigentlichen Verlaufes der Säurebildung s. Janke[3].

Sauerstoffzutritt ist für den regelrechten Ablauf der Essigsäurebildung natürlich unbedingt erforderlich, da es sich ja um eine typische Oxydationsgärung handelt.

Als günstigste *Temperatur* sind nach Henneberg 20—30° anzusehen; auch hier ist das Temperaturoptimum selbst bei den einzelnen Bakterienarten verschieden und kann vielfach sogar recht stark variieren. Unter 10° und über 45° findet nur sehr langsame Säuerung statt, die unterste Grenze der Essigsäurebildung scheint bei 5—8° zu liegen; andererseits findet über 45° völlige Sistierung des Prozesses statt.

Hemmung der Essigsäurebildung findet durch Lichtzutritt statt; nach Tolimei[4] sowie nach Henri und Schnitzler[5] sollen die ultravioletten Strahlen schädigend wirken, insbesondere in Gegenwart von Sauerstoff.

Förderung der Essigsäuregärung findet nach Bertrand und Sazerac[6] bei B. aceti durch Zusatz von Mangansalzen statt, und zwar innerhalb gewisser Grenzen proportional der Mangankonzentration. Hirschfeld[7] berichtete über eine Förderung der Gärung durch sehr geringe Mengen von Mineralsäure, doch konnte Henneberg dies nicht bestätigen. In neuester Zeit untersuchten Rosenblatt und Mordkowitsch[8] den Einfluß verschiedener Elemente in Form ihrer Sulfate auf die Essigsäuregärung durch B. Pasteurianum und B. vini; Nickel und Kobalt zeigten hierbei in gewissen Konzentrationen stimulierende Wirkung, bei Mangan und Eisen ließ sich keine so stark aktivierende Wirkung feststellen, dafür zeigte sich aber auch der hemmende Einfluß erst später als bei den anderen. Hinsichtlich der Giftigkeit wurde die Reihe: $Ni > Co > Fe > Mn$ aufgefunden.

3. Chemismus der Essigsäuregärung.

a) Die Bildung von Acetaldehyd. Acetaldehyd findet sich fast stets als Stoffwechselprodukt der Essigsäurebakterien, wenn auch meist nur in kleinen Mengen; derselbe stellt demnach die Durchgangsstufe auf dem Wege zur Essigsäure dar. Weiterhin ist aus der Praxis der Essiggärung bekannt, daß bei unrichtiger Führung des Gärprozesses Acetaldehyd in bedeutenden Mengen auftreten kann. Ferner bildet nach Henneberg[9] das B. industrium sogar recht erhebliche Mengen von Acetaldehyd; auch auf die Beobachtungen von Perrier[10] sei hier noch hingewiesen.

[1] Steinmetz: Ch. Z. **1892**, 1723.   [2] Bokorny: C. Bact. II **12**, 484 (1004).
[3] Janke: C. Bact. II **45**, 145, 536 (1916); **46**, 545 (1916).
[4] Tolimei: Justs Jb. **1**, 528 (1891).
[5] Henri u. Schnitzler: C. r. **149**, 312 (1909).
[6] Bertrand u. Sazerac: C. r. **157**, 149 (1913) — Ann. Past. **29**, 178 (1915).
[7] Hirschfeld: Pflüg. Arch. **47**, 510 (1890).
[8] Rosenblatt u. Mordkowitsch: C. **1929 II**, 2271.
[9] Henneberg: C. Bact. II **3**, 933 (1897).
[10] Perrier: C. r. **151**, 163 (1909).

Durch Anwendung des Abfangverfahrens (und zwar mittels Ca-Sulfit) gelang es sodann Neuberg und Nord[1] erhebliche Mengen von Acetaldehyd anzureichern, so daß das Durchlaufen der Aldehydstufe und damit ein zweiphasiger Reaktionsverlauf völlig gesichert erscheint.

Anhangsweise sei hier noch auf die *oxydative Bildung anderer Aldehyde* aus den betreffenden Alkoholen hingewiesen. So erhielt Yamada[2] mittels zweier Hefearten Propyl-, n-Butyl-, Isobutyl- und Isovaleraldehyd aus den betreffenden Alkoholen; weiterhin auch Aceton aus Isopropylalkohol, wobei die Schwierigkeit der Oxydation umgekehrt proportional der Löslichkeit der Alkohole in Wasser zu sein schien. Oxydation von Isopropylalkohol zu Aceton durch B. Pasteurianum beobachtete Müller[3]. Auf die Oxydation verschiedener Alkohole bis zu den Säuren wird später zurückzukommen sein.

Hinsichtlich der *Enzymchemie des Überganges von Alkohol in Aldehyd* ist zunächst darauf hinzuweisen, daß es Buchner und Meisenheimer[4] sowie Buchner und Gaunt[5] zum erstenmal gelang, mittels der Acetonmethode Dauerpräparate von Essigsäurebakterien zu gewinnen, in denen die *Alkoholdehydrase*, das bei der in Frage stehenden Umwandlung wirksame Ferment, vorhanden war. Aus Preßsäften konnte jedoch kein Enzym gewonnen werden, und nach Rothenbach und Eberlein[6] sowie nach Rothenbach und Hoffmann[7] ist die Wirkung von Acetonpräparaten wesentlich geringer als die der lebenden Essigbakterien (s. auch Müller[3]). Auch Wieland und Bertho[8] gelang es wegen der außerordentlichen Widerstandsfähigkeit der Bakterienzellwände weder mit Toluol, Chloroform oder Essigester noch mit Kochsalz wirksamen Zellinhalt zum Austritt zu bringen, und auch Einfrieren in flüssiger Luft führte nicht zum gewünschten Ergebnis. Dagegen gelang es, *Alkoholdehydrasen aus tierischen Zellen* zu isolieren (Batelli und Stern[9]), während bei Pflanzen der Nachweis des Fermentes noch nicht gelungen ist. Das tierische Ferment dehydriert unter Sauerstoffaufnahme Äthylalkohol, und ebenso Methyl- und Propylalkohol, ferner Glykol, Benzylalkohol, Saligenin. Als reichstes Organ an Alkoholdehydrase erwies sich die Pferdeleber.

b) Die Bildung der Essigsäure aus dem Acetaldehyd. Neuberg und Windisch[10] kamen zunächst zu dem Ergebnis, daß der aus dem Alkohol durch Oxydation gebildete Acetaldehyd auch hier eine Dismutation zu Alkohol und Essigsäure eingeht, und wiesen dies auch bei anaeroben Kulturen von B. ascendens, B. Pasteurianum und B. xylinum nach, wobei der Vorgang sowohl in saurer Lösung als auch in Gegenwart von Calciumcarbonat vor sich ging. Weiterhin suchten die genannten Autoren diese Dismutation auch unter aeroben Bedingungen nachzuweisen, wobei sie allerdings nur sehr wenig Alkohol auffinden konnten, was sie mit gleichzeitiger Weiteroxydation desselben erklärten. Die Autoren kommen so zum Ergebnis, daß bei der Essigsäurebildung aus Alkohol ein „Zickzackpfad" eingeschlagen werde, und zwar:

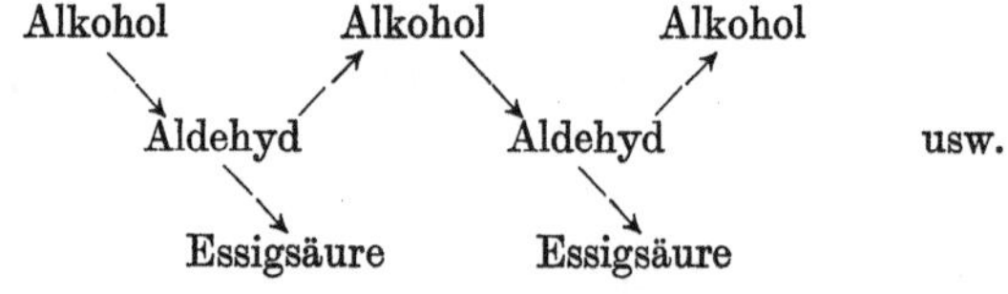

[1] Neuberg u. Nord: Bio. Z. **96**, 158 (1919).   [2] Yamada: C. **1928 II**, 2479.
[3] Müller: Bio. Z. **238**, 253 (1931).   [4] Buchner u. Meisenheimer: B. **36**,634 (1903).
[5] Buchner u. Gaunt: A. **349**, 140 (1906).
[6] Rothenbach u. Eberlein: D. Essigind. **9**, 233 (1905).
[7] Rothenbach u. Hoffmann: D. Essigind. **11**, 41, 422 (1907) — Z. f. Spiritusind. **30**, 368 (1907).   [8] Wieland u. Bertho: A. **467**, 97 (1928).
[9] Batelli u. Stern: Bio. Z. **28**, 145 (1910).
[10] Neuberg u. Windisch: Naturw. **13**, 993 (1925) — Bio. Z. **166**, 454 (1925).

Sodann suchten auch noch NEUBERG und MOLINARI[1] die Annahme, daß bei der Essigsäuregärung der zunächst gebildete Acetaldehyd auf dismutativem Wege in Essigsäure übergeht, durch weitere Versuche mit B. ascendens und B. xylinum zu stützen, indem sie feststellten, daß die Dismutation von zugesetztem Acetaldehyd auch beim Schütteln mit Luft oder reinem Sauerstoff stattfindet. Den Standpunkt, daß es sich hierbei um eine Dismutation des Acetaldehyds handelt, hat übrigens bereits HEIMROD und LEVENE[2] vertreten.

Im Gegensatz zu dieser Anschauung gelangten jedoch WIELAND und BERTHO[3] zum Ergebnis, daß die dismutativen Leistungen von Essigbakterien, wie B. orleanse, B. Pasteurianum und B. ascendens, außerordentlich gering sind, in Übereinstimmung mit MYRBÄCK, v. EULER und SANDBERG[4], und kommen so zur Schlußfolgerung, daß es vollkommen ausgeschlossen erscheint, daß der Dismutationsvorgang bei der Essigsäuregärung durch B. orleanse eine biologische Zwischenreaktion von erheblicher Bedeutung bilden könne. Denn wenn dabei eine CANNIZEROsche Reaktion stattfinden würde, so müßte dieselbe mit außerordentlich großer Geschwindigkeit verlaufen, was mit den Tatsachen nicht übereinstimmt, wie auch aus den Versuchen von NEUBERG und WINDISCH selbst hervorgeht. In den Versuchen von WIELAND und BERTHO mit B. orleanse erwies sich die Bildungsgeschwindigkeit der Essigsäure bei solchen Dismutationsversuchen von ganz anderer Größenordnung als die Bildungsgeschwindigkeit derselben unter aeroben Bedingungen. Während im ersten Fall erst nach fast 6 Tagen ein 77proz. Umsatz erreicht war, waren im aeroben Versuch bereits nach 160 Minuten 80% des erforderlichen Sauerstoffs verbraucht und nach 340 Minuten konnte bereits die theoretisch mögliche Essigsäuremenge nachgewiesen werden. Bei Versuchen mit B. Pasteurianum erreichte die Geschwindigkeit der Dehydrierungsreaktion rund das 100fache von der der Dismutation. Aus ihren Versuchen schließen die Autoren, daß nicht nur der Alkohol zum Acetaldehyd, sondern auch dieser direkt dehydriert wird und so in Essigsäure übergeht. So konnte WIELAND[5] auch bereits früher zeigen, daß Essigsäurebakterien imstande sind, Alkohol und Acetaldehyd auch ohne Sauerstoff zu Essigsäure zu vergären, wenn ihnen an seiner Stelle Chinon oder eine andere chinoide Verbindung, wie Methylenblau, zur Verfügung steht; die Wirkung des Fermentes besteht demnach in einer Aktivierung der an der betreffenden Umsetzung beteiligten Wasserstoffatome des Alkohols sowie des Aldehyds. Bei Feststellung der Umsatzzeiten in Versuchen mit Sauerstoff sowie Chinon fanden WIELAND und BERTHO sehr gute Übereinstimmung; Chinon erwies sich demnach als Wasserstoffacceptor bei der Essigsäuregärung als ebensogut geeignet wie freier Sauerstoff. Weiterhin schließen die Autoren aus ihren Versuchen, daß die Dehydrierung des Alkohols durch das gleiche Enzym beschleunigt wird, gleichgültig, ob Chinon oder Sauerstoff als Acceptor zugegen ist. Dagegen wirkte Methylenblau weitaus schwächer als Sauerstoff oder Chinon. Für den Übergang des Acetaldehyds in Essigsäure nehmen die genannten Autoren den Weg über das Aldehydhydrat an, gemäß dem Schema:

$$CH_3 \cdot C(:O)H \rightarrow CH_3 \cdot CH(OH)_2 - 2\,H \rightarrow CH_3 \cdot C(:O)OH.$$

Anhangsweise sei hier noch die *Oxydation anderer Alkohole* zu den betreffenden *Säuren* besprochen. Über die Oxydation von Methylalkohol zu Ameisensäure

[1] NEUBERG u. MOLINARI: Naturw. **14**, 758 (1926).
[2] HEIMROD u. LEVENE: Bio. Z. **29**, 31 (1910).
[3] WIELAND u. BERTHO: A. **467**, 95 (1928).
[4] MYRBÄCK, v. EULER u. SANDBERG: C. **1928 II**, 258.
[5] WIELAND: B. **46**, 3335 (1913).

durch Essigbakterien liegt eine alte Beobachtung von Nägeli[1] vor, die allerdings einer Überprüfung bedürfen würde. n-Propylalkohol wird nach den älteren Angaben von Brown[2] zu Propionsäure oxydiert; weiterhin liegen hierüber Feststellungen von Seifert und anderer Autoren vor, so auch von Henneberg[3]. Nach Buchner[4] wird Propylalkohol auch von Bakterienpräparaten angegriffen. Yamada[5] beobachtete ferner, daß auch Sakèhefe Propylalkohol über Propylaldehyd zu Propionsäure zu oxydieren vermag. n-Butylalkohol sowie Isobutylalkohol wird nach Neuberg und Windisch (10, S. 56) im Gegensatz zu den Angaben älterer Autoren von Essigbakterien nicht angegriffen; ebensowenig Amylalkohol.

Daß auch Pilze zur Oxydation verschiedener Alkohole zu Säuren befähigt sind, geht aus der Untersuchung von Ehrlich[6] hervor, derzufolge in Kulturen von Willia anomala auf Methyl-, Äthyl- und Amylalkohol Ameisen-, Essig- und Valeriansäure nachgewiesen werden konnten.

Die Oxydation der Glykole usw. wurde bereits in anderem Zusammenhange besprochen.

Hinsichtlich der bei der Oxydation des Alkohols auftretenden *Nebenprodukte* wurde vereinzelt Milchsäure und Bernsteinsäure beobachtet, häufiger wurde die Bildung von Acetyl-Methylcarbinol beschrieben, das seine Entstehung wohl der Kondensation des Acetaldehyds verdankt. Ebenso ist die Angabe von Farnsteiner[7], daß bei der Essigsäuregärung ein dem Acetol ähnlicher Körper erzeugt wird, wohl auf die Bildung von Acetoin zu beziehen.

2. Der oxydative Abbau sekundärer Umwandlungsprodukte.

a) Der Abbau der Fettsäuren.

Sowohl im tierischen wie pflanzlichen Organismus erscheint Fett sehr häufig als Oxydationsmaterial für die Energiegewinnung bei der Sauerstoffatmung. Da das Verschwinden von Fett vielfach mit dem Auftreten von Kohlehydraten verbunden ist, liegt es nahe, einen Zusammenhang zwischen den beiden Vorgängen anzunehmen, doch ist es noch nicht erwiesen, ob die Veratmung von Fett stets über Zucker als Zwischenprodukt geht. Die Erklärung der Bildung von Zucker aus dem Glycerinanteil des Fettes würde an und für sich auf keine besonderen Schwierigkeiten stoßen, dagegen ist jedoch eine konstitutionelle Beziehung zwischen den Fettsäuren und dem Zucker in keiner Weise ersichtlich, und ein Übergang derselben in Zucker setzt jedenfalls eine tiefgreifende primäre Spaltung voraus, unter Bildung von Körpern, die sodann synthetisch in Zucker umgewandelt werden können. Hinsichtlich des ersten oxydativen Angriffs auf Fettsäuren kommen zunächst verschiedene Möglichkeiten in Betracht, je nachdem, an welchem C-Atom die primäre Oxydation einsetzt. Da nun beim Abbau von Fettsäuren vielfach das Auftreten von Bernsteinsäure beobachtet wurde, suchte man sich auch eine Vorstellung über eine direkte Bildung derselben aus den Fettsäuren zu bilden. Als Möglichkeit wurde dabei von Spiro[8] die Dehydrierung am γ- und δ-C-Atom in Erwägung gezogen, unter Bildung einer Doppelbindung, an der sodann Hydratisierung und Aufspaltung stattfinden könnte, unter Bildung von Bernsteinsäure. Eine derartige Spaltung

[1] Nägeli: Theorie d. Gärung, S. 110. 1879.   [2] Brown: Soc. **1**, 172 (1886).
[3] Henneberg: C. Bact. II **4**, 14, 71 (1898).
[4] Buchner: A. **349**, 140 (1906).   [5] Yamada: C. **1929 II**, 2479.
[6] Ehrlich: Bio. Z. **36**, 477 (1911).
[7] Farnsteiner: Z. Unt. Nahr. u. Genußm. **15**, 321 (1908).
[8] Spiro: Bio. Z. **127**, 299 (1923).

wurde jedoch biologisch noch nie beobachtet, doch ist ein solcher Vorgang von
CLUTTERBUCK und RAPER[1] durch Einwirkung von Wasserstoffsuperoxyd festgestellt worden. Andererseits denkt v. EULER[2] z. B. beim Zerfall der Stearin-
säure an eine γ-Oxydation unter Bildung von je drei C_3-Körpern und von je 3 Mol
Brenztraubensäure, oder an einen Zerfall über Nonylaldehyd zu Ketobutter-
säure usw. Neben diesen Vorstellungen, die vielfach recht unbegründet erscheinen, kommt jedoch insbesondere der Vorgang der α- und β-Oxydation als
Abbauprinzip der Fettsäuren in Betracht.

1. Die β-Oxydation der Fettsäuren. Wenn wir von der Überlegung ausgehen, daß wohl auch beim Abbau der Fettsäuren der Weg im Prinzip in analoger Weise verlaufen wird, wie bei der Synthese derselben aus Spaltstücken
des Zuckers, so sehen wir, daß die sogenannte β-Oxydation der Fettsäuren in
guter Übereinstimmung hiermit steht, denn der Aufbau der Fettsäuren erfolgt
wohl, wie wir früher gesehen haben, auch aus C_2-Stücken, und an derselben
Stelle, an der diese bei der Synthese hydriert worden waren, werden sie nun
wohl wieder dehydriert. So haben wir nach allem auch bei überlebenden Organen
das Bild der β-Oxydation vor uns.

Bei diesem Oxydationsvorgang ist insbesondere unsicher, welches das erste
Produkt ist. Es kommt dabei entweder die β-Ketosäure oder die β-Oxysäure
oder schließlich eine α-β-ungesättigte Säure in Betracht. Nach DAKIN[3] werden
diese alle gleich leicht weiter oxydiert, z. B. durch Leber. So untersuchte STOKOE[4]
die Einwirkung von Pilzen, insbesondere Penizillien auf Kokosnußöl, und auch
DERX[5] studierte die Oxydation von Fett durch Pilze. Beide Autoren erhielten
Methylketone verschiedener höherer Fettsäuren, und nehmen an, daß β-Keto-
säuren die primären Oxydationsprodukte der Fettsäuren vorstellen. Die Oxydation von Wachs durch Mikroorganismen untersuchte in neuerer Zeit TAUSSON[6].
Bei Versuchen von COPPOCK, SUBRAMANIAM und WALKER[7] über die Einwirkung
von Aspergillus niger auf das Ca-Salz der *n-Buttersäure* zeigte sich, daß Crotonsäure nicht entsteht, dagegen konnte aber β-Oxybuttersäure, Acetessigsäure und
Aceton aufgefunden werden. Der Abbau der Buttersäure verläuft demnach in
diesem Falle wohl gemäß dem Schema:

$$
\begin{array}{ccccccc}
\mathrm{COOH} & & \mathrm{(COOH} & & \mathrm{COOH} & & \mathrm{CO_2} \\
| & & | & & | & & | \\
\mathrm{CH_2} & & \mathrm{CH_2} & & \mathrm{CH_2} & & \mathrm{CH_3} \\
| & \to & | & \to & | & \to & | \\
\mathrm{CH_2} + \mathrm{O} & & \mathrm{CHOH-H_2} & & \mathrm{C:O} & & \mathrm{C:O} \\
| & & | & & | & & | \\
\mathrm{CH_3} & & \mathrm{CH_3)} & & \mathrm{CH_3} & & \mathrm{CH_3}
\end{array}
$$

In analoger Weise wurde nach den genannten Autoren *n-Valeriansäure* abgebaut, wobei β-Oxyvaleriansäure und Methyl-Äthylketon erhalten wurden und
das Stadium der Ketosäure wohl gleichfalls durchlaufen wird. Es kann daher
auf folgenden Reaktionsverlauf geschlossen werden:

$$
\begin{array}{ccccccc}
\mathrm{COOH} & & \mathrm{(COOH} & & \mathrm{COOH} & & \mathrm{CO_2} \\
| & & | & & | & & | \\
\mathrm{CH_2} & & \mathrm{CH_2} & & \mathrm{CH_2} & & \mathrm{CH_3} \\
| & & | & & | & & | \\
\mathrm{CH_2} + \mathrm{O} & \to & \mathrm{CHOH-H_2} & \to & \mathrm{C:O} & \to & \mathrm{C:O} \\
| & & | & & | & & | \\
\mathrm{CH_2} & & \mathrm{CH_2} & & \mathrm{CH_2} & & \mathrm{CH_2} \\
| & & | & & | & & | \\
\mathrm{CH_3} & & \mathrm{CH_3)} & & \mathrm{CH_3} & & \mathrm{CH_3}
\end{array}
$$

[1] CLUTTERBUCK u. RAPER: Bioch. J. **19**, 385 (1925).   [2] v. EULER: Bio. Z. **164**, 18 (1925).
[3] DAKIN: J. Biol. Chem. **56**, 43 (1923).   [4] STOKOE: Bioch. J. **22**, 80 (1928).
[5] DERX: Proc. K. Akad. Wetensch. Amsterd. **28**, 96 (1925).
[6] TAUSSON: Bio. Z. **193**, 85 (1928).   [7] COPPOCK, SUBRAMANIAM u. WALKER: Soc. **1928**, 1422.

Der Reaktionsverlauf ist in diesem Falle auch deshalb von Interesse, weil daraus hervorgeht, daß auch eine Fettsäure mit ungerader Anzahl von C-Atomen in analoger Weise abgebaut werden kann, wie solche mit gerader Anzahl von C-Atomen. Weiterhin wurde bei Einwirkung von Aspergillus niger auf *Isovaleriansäure* Aceton erhalten, was den folgenden Reaktionsverlauf nahelegt:

$$
\begin{array}{ccccc}
\mathrm{COOH} & & \mathrm{COOH} & & \mathrm{COOH} \\
| & & | & & | \\
\mathrm{CH_2} & & \mathrm{CH_2} & & \mathrm{CH_3} \\
| & & | & & | \\
\mathrm{C \cdot H + O} & \rightarrow & \mathrm{C \cdot OH} & \rightarrow & \mathrm{CO} \\
\diagup\diagdown & & \diagup\diagdown & & \diagup\diagdown \\
\mathrm{CH_3\ CH_3} & & \mathrm{CH_3\ CH_3} & & \mathrm{CH_3\ CH_3}
\end{array}
$$

Im Gegensatz hierzu kommt nach ACKLIN[1] die β-Oxystufe der Fettsäuren nicht als Vorstufe der Ketone in Betracht, da β-Oxybuttersäure, β-Oxycapronsäure usw. durch Pen. glaucum nicht zu den betreffenden Ketonen abgebaut wurden. Die Oxyfettsäuren sollen erst aus den Ketonen entstehen und dann weiter zu Kohlendioxyd und Wasser zerfallen.

Der *weitere Abbauweg der β-Ketosäuren* scheint ein zweifacher sein zu können, und zwar:

a) Entweder findet wie in den oben behandelten Fällen β-Decarboxylierung, unter Bildung der betreffenden Methylketone statt, wie auch die in der Natur in zahlreichen ätherischen Ölen vorkommenden verschiedenen Methylketone ihre Entstehung wohl einem ähnlichen Reaktionsmechanismus verdanken mögen. Nach ACKLIN[1] werden mit Ausnahme der Buttersäure und Valeriansäure sämtliche untersuchten normalen Glieder der Fettsäurereihe (n-Capronsäure bis n-Myristinsäure) durch Penicillium glaucum in die betreffenden Methylketone übergeführt. Bei der quantitativen Verfolgung der Methylketonbildung fand der erwähnte Autor, daß bei niedrigen Capronsäurekonzentrationen die höchste Ketonausbeute erzielbar ist (bis 10%); bedeutend bessere Ausbeuten wurden bei Verwendung des Capronsäureglycerides (Tricaproins) erzielt, und zwar 35%, bei Anwendung einer 0,5proz. Glyceridlösung ($p_\mathrm{H} = 7{,}6$); in ungepuffertem System stieg die Ausbeute bis 48%. Ferner sei in diesem Zusammenhang auch auf die Untersuchung von STÄRKLE[2] verwiesen.

b) Andererseits kann auch *Abspaltung von Essigsäureresten* stattfinden, wie wohl bei der β-Oxydation durch überlebende Organe, wobei es vielfach zur Bildung von Acetessigsäure kommt; der weitere Abbau der Essigsäure über Bernsteinsäure wird noch später ausführlich zu besprechen sein. Wie ersichtlich, ist jedenfalls auch hier die Essigsäure als vorläufiges Endprodukt anzusehen.

2. Die α-Oxydation der Fettsäuren. Auch diese Möglichkeit des Fettsäureabbaus scheint vielfach realisiert zu sein. Es sei hier zunächst nur auf die Beleuchtung dieser Oxydationsmöglichkeit durch HARDEN und NORRIS[3], BLUM und WARINGER[4], KAYSER[5], SIMON[6], SIMON und PIAUX[7], AUBEL und WURMSER[8], SMULL und SUBKOW[9], BAUDISCH und WELO[10] und insbesondere WIELAND[11] verwiesen. Zweifellos sehen wir den Fall der α-Oxydation beim *Abbau der Aminosäuren* verwirklicht, die allerdings schon durch den Besitz

[1] ACKLIN: Bio. Z. **204**, 253 (1929).   [2] STÄRKLE: Bio. Z. **151**, 371 (1924).
[3] HARDEN u. NORRIS: Bioch. J. **9**, 330 (1915).
[4] BLUM u. WARINGER: Soc. Biol. **2**, 88 (1920).
[5] KAYSER: C. r. **176**, 1662 (1923).   [6] SIMON: C. r. **175**, 489 (1922).
[7] SIMON u. PIAUX: C. r. **176**, 1227 (1923).
[8] AUBEL u. WURMSER: C. r. **177**, 836 (1923).
[9] SMULL u. SUBKOW: C. **1923 I** 1390.
[10] BAUDISCH u. WELO: J. Biol. Chem. **61**, 261 (1924).
[11] WIELAND: A. **436**, 253 (1924).

der α-Aminogruppe für den Angriff am α-C-Atom vorbereitet erscheinen. Von eigentlichen Fettsäuren scheint nach den bisherigen Befunden nur die *Propionsäure* der α-Oxydation zu unterliegen. So stellte DAKIN[1] die Hypothese auf, daß dieselbe im Körper zu Acrylsäure dehydriert werden könnte, die dann entweder Hydracrylsäure oder Milchsäure ergeben würde. Dies würde eine Parallele zur Bildung von Fumarsäure aus Bernsteinsäure bilden. Weiterhin weist DAKIN darauf hin, daß die Bildung von Milchsäure das einzige Beispiel einer α-Oxydation normaler Fettsäuren in vivo bedeuten würde. Versuche von RINGER[2] scheinen indirekt für die Oxydation zu Milchsäure zu sprechen, doch meinen BLUM und WARINGER (4, S. 60), daß Brenztraubensäure das erste Produkt sei und daß dann durch asymmetrische Reduktion derselben l-Milchsäure entsteht. Siehe auch KNOOP[3]. RAPER[4] meint, daß in Analogie zur Einwirkung von Wasserstoffsuperoxyd auf gesättigte α-Methylfettsäuren auch Propionsäure am β-C-Atom angegriffen werden würde, was dann schließlich zur Bildung von Malonsäure Anlaß geben müßte.

WALKER und COPPOCK[5] stellten sodann fest, daß Aspergillus niger aus Propionsäure Milchsäure und sodann Brenztraubensäure bildet, womit der Weg der α-Oxydation beim Abbau der Propionsäure experimentell bewiesen ist und zugleich die typischen Produkte des Zuckerabbaues entstanden sind, die bei weiterem Abbau wieder Essigsäure geben werden.

b) Der oxydative Abbau sonstiger anoxybiontischer Endprodukte.

1. Oxydation der Ameisensäure. Nach DUCLAUX[6] wird Ameisensäure in sehr verdünnter Lösung (0,04 bis 0,07%) auch durch Hefe verbrannt, ebenso durch Tyrothrix tenuis. PAKES und JOLLYMAN[7] beschreiben Oxydation von Natriumformiat zu Kohlensäure und Wasser durch Bacterium coli comm., B. enteritidis Gärtner, Pneumobact. Friedländer; ebenso GREY[8] durch B. coli. FRANZEN und GREVE[9] berichten über Verarbeitung von Ameisensäure durch B. plymouthensis und B. kiliensis.

2. Der Abbau des Acetons scheint von besonderem Interesse zu sein, da es vielfach nicht nur als anoxybiontisches Gärungsendprodukt auftritt, sondern, wie wir im vorangehenden Kapitel gesehen haben, auch beim Abbau von Fettsäure entstehen kann. Auch bei weiteren, später zu besprechenden Vorgängen wird auf seine Entstehung noch zurückzukommen sein. Die verschiedenen Bildungsweisen des Acetons sind auch insbesondere im Hinblick auf die Entstehung der „Acetonkörper" im Organismus von größter Bedeutung. Der weitere Abbau des Acetons scheint nach allem über Brenztraubensäure zu führen.

IV. Sekundäre Oxydationen beim Zuckerabbau über die C_3-Körper.

Im vorangehenden Abschnitt wurde gezeigt, welche Wege vom Zucker über die Körper des C_3-Systems zum Alkohol und weiterhin zur Essigsäure führen. Zugleich wurde ersichtlich gemacht, daß auch Abbauvorgänge, die auf Neben-

[1] DAKIN: J. Biol. Chem. **67**, 341 (1926). [2] RINGER: J. Biol. Chem. **12**, 611 (1912).
[3] KNOOP: H. **130**, 338 (1923). [4] RAPER: Bioch. J. **8**, 320 (1914).
[5] WALKER u. COPPOCK: Soc. **1928**, 803. [6] DUCLAUX: Ann. Past. **6**, 593 (1892).
[7] PAKES u. JOLLYMAN: Proc. **17**, 39 (1901).
[8] GREY: Proc. Roy. Soc. B **87**, 597 (1914).
[9] FRANZEN u. GREVE: H. **67**, 261; **70**, 19 (1910).

wegen verlaufen, schließlich zumeist gleichfalls zur Essigsäure führen. Wir
werden uns nun in diesem Abschnitt vor allem mit Vorgängen zu beschäftigen
haben, die in ihrem Chemismus durch den weiteren Abbau der Essigsäure
charakterisiert sind, wobei jedoch unter normalen Bedingungen die Essigsäure
selbst in den meisten Fällen anscheinend nur die Rolle eines sehr rasch durch-
laufenen Zwischenproduktes spielt und nicht angehäuft wird; das gleiche gilt
für den als Vorstufe der Essigsäure aufzufassenden Alkohol.

Die Beziehung der hier zu besprechenden Vorgänge zur Essigsäure sowie
zueinander geht aus dem folgenden Schema hervor:

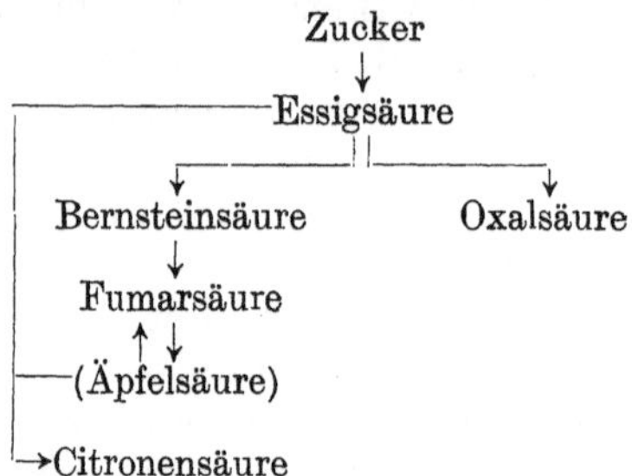

Demgemäß werden wir hier drei große Gruppen von oxydativen Gärungsvorgängen zu behandeln haben, nämlich:

　　A. die Bernsteinsäure-Fumarsäuregärung,
　　B. die Citronensäuregärung,
　　C. die Oxalsäuregärung.

Im Anschluß an diese Vorgänge wird der jeweilige Abbau der einzelnen Gär-
bzw. Oxydationsprodukte zu besprechen sein.

Es sei jedoch gleich hier darauf verwiesen, daß der Chemismus dieser Vorgänge noch durchaus nicht völlig geklärt erscheint und daher auch das obige
Abbauschema erst den Wert einer Arbeitshypothese besitzen kann, wenn auch
bereits eine Reihe von Stützen für dieselbe vorliegen. Außerdem muß hervorgehoben werden, daß die zu besprechenden Gärungsvorgänge auch nicht stets,
d. h. bei allen Organismen, auf dem gleichen Wege ablaufen müssen, sondern
daß dieselben Gärungsprodukte auf verschiedenen Wegen gebildet werden
können, wie noch des näheren zu besprechen sein wird.

A. Die Bernsteinsäure-Fumarsäuregärung.

Beim unmittelbaren Abbau der Essigsäure haben wir zwei Möglichkeiten zu
unterscheiden, die wir beide realisiert finden, nämlich:

a) die Dehydrierung zweier Moleküle Essigsäure unter Bildung von Bernsteinsäure, ein Weg, der bereits durch die THUNBERG-WIELANDsche Hypothese
gewiesen war, und

b) die direkte Oxydation der Essigsäure, zunächst unter Bildung von Glykolsäure, die weiter zu Oxalsäure oxydiert wird.

Hier werden wir uns mit dem Abbauweg a) zu beschäftigen haben, wobei
insbesondere die durch verschiedene Organismen hervorgerufene Fumarsäuregärung sowie die vielfältigen Beobachtungen über die Bildung der Bernsteinsäure zu besprechen sein werden. Weiterhin sei gleich hier darauf hingewiesen,
daß wahrscheinlich auch noch ein zweiter Weg der Bernsteinsäurebildung realisiert erscheint, nämlich deren mehr oder weniger direkte Entstehung aus dem
Hexosemolekül durch Spaltung desselben in C_4- und C_2-Ketten.

Des weiteren wird sodann der Abbau der Bernsteinsäure und Fumarsäure zu besprechen sein, der schließlich wieder, wenigstens zum Teil, zu Produkten führt, denen wir bereits bei Besprechung der anoxybiontischen Zerfallsprozesse begegnet sind, nämlich insbesondere Milch- und Brenztraubensäure, bzw. wobei wir es mit Vorgängen zu tun haben, die schließlich wieder zur Bildung von Essigsäure neben Kohlendioxyd führen.

1. Die Bildung von Bernsteinsäure und Fumarsäure bei Gärprozessen.

a) Organismen.

Insbesondere Bernsteinsäure findet sich sehr allgemein nicht nur im tierischen Organismus verbreitet, worauf hier nicht näher einzugehen ist, sondern wird auch durch sehr zahlreiche Organismen, wie Hefen, Bakterien und Pilze, gebildet, wobei jedoch dieselbe bzw. die Fumarsäure nur bei bestimmten Gärungsvorgängen das Hauptprodukt ausmacht. Insbesondere diese Prozesse werden wir im folgenden zu besprechen haben.

1. Als *typische Erreger der Fumarsäure-Gärung* des Zuckers haben wir allem Anschein nach zwei Organismengruppen zu unterscheiden, nämlich einerseits Mucorarten und andererseits Aspergillaceen.

a) Unter den *Mucoraceen* sind es insbesondere die Rhizopusarten, die als Erreger der Fumarsäuregärung in Betracht kommen. Fumarsäurebildung durch Mucor stolonifer (Rhizopus nigricans), der besonders als Erreger der Fruchtfäule bekannt ist, beobachtete bereits EHRLICH[1], später beschäftigten sich noch eine Anzahl anderer Autoren mit den Gärungsvorgängen durch diesen Pilz. Weiterhin ist nach EHRLICH und BENDER[2] auch Rhizopus tritici zur Fumarsäurebildung befähigt. Nach TAKAHASHI[3] bilden auch Rhizopus japonicus und Rh. nodosus Fumarsäure, neben Äpfelsäure, Milchsäure, Essigsäure, Ameisensäure und Alkohol. WEHMER[4] weist darauf hin, daß bei 20 verschiedenen Pilzen Fumarsäure aufgefunden wurde, ohne daß man jedoch bei diesem Vorkommen von einer Fumarsäuregärung sprechen könnte. Weiterhin sei in diesem Zusammenhang erwähnt, daß nach GOUPIL[5] Mucor Rouxii reichlich Bernsteinsäure zu bilden vermag, wobei Oxal- und Milchsäure als Stoffwechselprodukte völlig fehlen.

b) Von *Aspergillaceen* ist bisher nur von WEHMER[6] ein Aspergillus fumaricus, der dem A. niger sehr ähnlich zu sein scheint, als guter Fumarsäurebildner beschrieben worden. Der genannte Autor[7] wandte sich auch gegen EHRLICH[8], indem er darauf hinwies, daß aus dem Vorkommen von etwas Alkalifumarat in alten, kompliziert zusammengesetzten Kulturflüssigkeiten noch nicht von einer Fumarsäuregärung durch Rh. nigricans gesprochen werden könne; nach WEHMER haben die beiden erwähnten Pilze einen völlig verschiedenen Chemismus, insbesondere auch deshalb, da Rhizopus den Zucker nur träge umzusetzen vermag. Gemäß den Feststellungen von BUTKEWITSCH und FEDOROFF[9] ist jedoch nicht mehr daran zu zweifeln, daß Rhizopusarten als typische Erreger der Fumarsäuregärung anzusprechen sind. Bei einer neuerlichen Untersuchung des gleichen Stammes von Aspergillus fumaricus durch WEHMER[10] sowie SCHREYER[11] zeigte

[1] EHRLICH: B. **44**, 3737 (1911). [2] EHRLICH u. BENDER: H. **172**, 317 (1927).
[3] TAKAHASHI: C. Bact. II **74** (1928). [4] WEHMER: B. **51**, 1663 (1918).
[5] GOUPIL: C. r. **153**, 1172 (1911). [6] WEHMER: B. **51**, 1663 (1918).
[7] WEHMER: B. **52**, 562 (1919). [8] EHRLICH: B. **52**, 63 (1919).
[9] BUTKEWITSCH u. FEDOROFF: Bio. Z. **206**, 440 (1929) usw.
[10] WEHMER: Bio. Z. **197**, 418 (1928). [11] SCHREYER: Bio. Z. **202**, 131 (1928).

sich eine gewisse „Degeneration" desselben, indem sein Säurebildungsvermögen stark abgenommen hatte, und indem er aus Zucker nun hauptsächlich Gluconsäure neben kleinen Mengen Citronensäure und Äpfelsäure (unregelmäßig) und nur in einem Falle auch etwas Fumarsäure bildete. Diese Änderung des Gärvermögens des Pilzes ist in Zusammenhang mit sonstigen diesbezüglichen Erfahrungen wohl so zu deuten, daß der Pilz wohl auch seinerzeit Gluconsäure zu bilden vermochte, wie auch aus der damaligen Angabe über die Bildung eines leicht löslichen Ca-Salzes, das wohl kein saures Ca-Fumarat, sondern vielleicht eher Ca-Gluconat war, hervorgeht, und daß während der langjährigen Laboratoriumszüchtung das Vermögen zur Fumarsäurebildung verlorenging. Auf analoge Beobachtungen bei der Citronensäuregärung wird noch zurückzukommen sein. Bei weiteren Versuchen von Thies[1] mit dem betreffenden Pilz konnte nur bei kontinuierlicher Sauerstofflüftung und Verwendung einer auf Bierwürze herangezogenen Kultur Bildung von Fumarsäure festgestellt werden, doch überwog auch hierbei die Bildung von Glucon- und Citronensäure.

2. Hinsichtlich der *Bildung von Bernsteinsäure im Nebenweg* durch verschiedene Gärungserreger liegen zahlreiche Beobachtungen vor. Es sollen hier jedoch nur einige typische Fälle herausgegriffen werden. Zumeist handelt es sich dabei um anoxybiontische Gärungsvorgänge; so erhielten Kostytschew und Frey[2] bei der *Hefegärung* in Gegenwart von Calciumcarbonat auch Bernsteinsäure und Äpfelsäure, neben Essigsäure, und zwar beim schnellen Vergären von Zucker mit großen Hefemengen (auf 1200 g Rohrzucker 800 g Preßhefe); die Verfasser nehmen allerdings hierbei eine proteinogene Entstehung der beiden genannten Säuren an, und zwar Asparaginsäure und Oxyglutaminsäure als Muttersubstanzen.

Bei der *Coligärung* wurde sehr häufig Bernsteinsäure aufgefunden. So beobachteten Grey[3] sowie Graaf und Le Fevre[4] unter den Endprodukten der Vergärung von Glycerin durch Colibakterien auch geringe Mengen Bernsteinsäure. Ebenso berichtete Virtanen[5] über die Bildung von Bernsteinsäure bei der Vergärung von Glucose. Nach Manning[6] wird auch das Na-Salz der Hexosemonophosphorsäure und Hexosediphosphorsäure durch B. coli ganz analog wie Glucose vergoren, wobei auch Bernsteinsäure entsteht; bei aerober Gärführung wird hierbei allerdings Kohlendioxyd als Hauptprodukt gebildet. Über die Bernsteinsäurebildung durch Propionsäurebakterien berichteten Virtanen und Karström[7]. Sie kommen dabei zu dem Ergebnis, daß die Bernsteinsäurebildung ein von der Propionsäuregärung völlig unabhängiger Prozeß ist.

Bei der Einwirkung verschiedener *Pilze* auf Kohlehydrate wurde vielfach auch Bernsteinsäurebildung beobachtet, so von Sumiki bei der Einwirkung des Schimmelpilzes Cytospora damnosa[8] auf Glucose und Pepton, ferner bei der Verarbeitung von Glucose sowie Rohrzucker durch Aspergillus glaucus[9], wobei daneben Fumar-, Malein-, Wein-, Citronen- und Oxalsäure entstanden, und ferner bei der Vergärung von Glucose durch Dematium pellulans[9], neben Alkohol, Acetaldehyd, Essigsäure und d, l-Milchsäure. Wünschendorff und Killian[10] berichteten über die Bildung von Bernsteinsäure neben Äpfelsäure, Milchsäure, Oxal- und Citronensäure, sowie Glucuronsäure bei der Einwirkung von Ustilago vulgaris auf Kohlehydrate.

---

[1] Thies: C. Bact. II **82**, 321 (1930).   [2] Kostytschew u. Frey: H. **146**, 276 (1926).
[3] Grey: Proc. **96**, 156 (1924).   [4] Graaf u. Le Fevre: Bio. Z. **155**, 313 (1925).
[5] Virtanen: C. **1928 I** 215.   [6] Manning: Bioch. J. **21**, 349 (1927).
[7] Virtanen u. Karström: A. Chim. Fenn. **7**, 17 (1931).
[8] Sumiki: C. **1929 II** 902 — Bull. Chem. Soc. Japan **4**, 13 (1928).
[9] Sumiki: C. **1930 II** 1089.   [10] Wünschendorff u. Killian: C. r. **187**, 1572 (1928).

Auch bei Pilzen, die vornehmlich Citronen- und Oxalsäurebildner sind, findet sich jedoch auch vielfach Bernsteinsäure. So beobachteten FALCK und VAN BEYMA THOE KINGMA[1], daß ein Gemisch verschiedener Säuren, wie Bernsteinsäure, Äpfelsäure, Weinsäure neben Oxal- und Citronensäure, durch Aspergillus- und Citromycesarten gebildet wird, wenn dieselben auf stärkehaltigen, von Lufträumen durchsetzten, konsistenten Nährböden zur Entwicklung gebracht werden. Weiter gehört hierher die Beobachtung von KINOSHITA[2] über die Bildung von Bernsteinsäure, Äpfelsäure, Weinsäure neben Oxal- und Citronensäure durch Aspergillus niger bei der Darbietung von Kobalt-Ammin-Komplexverbindungen als Stickstoffquellen. Siehe ferner CHRZASZCZ und TIUKOW[3].

Auf die Bildung von Bernsteinsäure bei der Vergärung von Citronensäure durch verschiedene Organismen wird später noch zurückzukommen sein.

Hinsichtlich der Bernsteinsäurebildung durch Desaminierung von Asparaginsäure, sowie durch Abbau der Glutaminsäure mit Hilfe verschiedener Organismen, wie insbesondere Hefen und Bakterien liegen zahlreiche Beobachtungen vor, auf die hier nicht näher einzugehen ist; auf den Chemismus dieser Vorgänge wird später noch kurz zurückzukommen sein.

b) Bedingungen der Fumarsäuregärung.

Über die Fumarsäuregärung durch Asp. fumaricus liegen keine genaueren Angaben vor, da eine von WEHMER angekündigte ausführliche Mitteilung hierüber nicht erfolgt ist. Der genannte Autor weist in einer vorläufigen Mitteilung (4, S. 63) darauf hin, daß bei der Vergärung 20 proz. Rohrzuckerlösungen in Gegenwart von $CaCO_3$ Ca-Salze von Säuren abgeschieden werden, aus denen sich eine Ausbeute von 60—70% an freien Säuren berechnen läßt. So erhielt er z. B. aus 100 g Rohrzucker etwa 114 g rohes Gemisch von Ca-Salzen, das neben Ca-Fumarat noch unverändertes Calciumcarbonat sowie etwas Ca-Citrat und wohl auch Ca-Oxalat enthielt.

Die Bedingungen für die Fumarsäurebildung durch Rhizopus nigricans sind insbesondere durch die Untersuchungen von BUTKEWITSCH und FEDOROFF (9, S. 63) aufgeklärt worden. Dieselben gelangten bei ihren Untersuchungen bis zu Ausbeuten, die 30—40% des verbrauchten Zuckers ausmachten, bzw. über 50%, wenn man die für die Mycelentwicklung und Alkoholbildung verbrauchte Zuckermenge in Abzug bringt. Die Bedingungen der Fumarsäurebildung gehen ungefähr aus folgender Übersicht hervor, in der der Einfluß der einzelnen Faktoren auf den Gärungsprozeß zum Ausdruck gelangt:

1. Als *Oxydationsgärung* ist der Vorgang an die Gegenwart von Sauerstoff gebunden. Bereits WEHMER wies gelegentlich seiner Feststellungen an A. fumaricus darauf hin, daß die Säureabscheidung in naher Beziehung zum Stoffzerfall im Atmungsprozeß steht und bei Luftabschluß erlischt. Die Pilze gelangen an der Oberfläche zur Entwicklung, daher wird ebenso wie bei anderen Pilzgarungen Parallelität zwischen der Größe der Oberfläche und der Geschwindigkeit der Umsetzung des Substrates bestehen.

2. Hinsichtlich der *Reaktion der Kulturflüssigkeit* beobachtete WEHMER (4, S. 63), daß Abstumpfung der jeweilig entstandenen Säure durch Calciumcarbonat Bedingung für die weitere Säurebildung bzw. Anhäufung größerer Fumarsäuremengen ist. BUTKEWITSCH[4] sowie BUTKEWITSCH und FEDOROFF (9, S. 63) weisen

[1] FALCK u. VAN BEYMA THOE KINGMA: B. 57, 915 (1924).
[2] KINOSHITA: C. 1927 II 1359 — Acta Phyt. 3, 21 (1927).
[3] CHRZASZCZ u. TIUKOW: Bio. Z. 229, 343 (1930).
[4] BUTKEWITSCH: Bio. Z. 182, 99 (1927).

darauf hin, daß auch bei Rhizopus nigricans erhebliche Mengen von Fumarsäure insbesondere nur in Gegenwart von Calciumcarbonat gebildet werden;
in Abwesenheit desselben betragen die Mengen an Fumarsäure ebenso wie in
den Versuchen EHRLICHS (1, S. 63) nur etwa 5% des verbrauchten Zuckers. In
Versuchen mit $CaCO_3$ scheidet sich das Ca-Fumarat in Form von Krystall-
krusten am Boden der Gefäße ab, da seine Löslichkeit in kaltem Wasser nur
0,5% beträgt. Bei Versuchen über die Einwirkung fertiger Pilzdecken auf
10proz. Invertzuckerlösungen zeigte sich ebenfalls eine wesentliche Förderung
der Fumarsäurebildung in Gegenwart von $CaCO_3$; hierbei war die angehäufte
Fumarsäuremenge fast 10mal so groß als in Kulturen ohne dasselbe.

3. Die *Zusammensetzung der Kulturflüssigkeit* ist im wesentlichen analog der
bei Pilzen üblichen. Als *C-Quelle* verwendete WEHMER (4, S. 63) 20proz. Rohrzuckerlösung und wies darauf hin, daß Fumarsäure auch aus Glucose und Maltose
gebildet wird. Bei Verwendung von Rhizopus nigricans zur Fumarsäurebildung
muß der Rohrzucker vorher invertiert werden, da der Pilz wegen Mangel an
Invertase auf Rohrzuckerlösungen nicht oder nur schlecht zu wachsen vermag,
wie BUTKEWITSCH[1] zeigen konnte; so verwendeten auch BUTKEWITSCH und
FEDOROFF (9, S. 63) bei ihren Untersuchungen meist 10—15proz. Invertzuckerlösungen. — Als *Stickstoff-Quelle* verwendeten die gleichen Autoren meist 0,2
bis 0,3% Ammonsulfat; Nitrate werden nach BUTKEWITSCH (4, S. 65) nicht verwertet. Bei Untersuchung der Säurebildung durch fertige Pilzdecken wurden dieselben unter Verwendung von 1,5% Pepton neben Zucker usw. zur Entwicklung
gebracht. — Als *Nährsalze* kamen 0,2% Kaliumdihydrophosphat, 0,3% Natrium-
chlorid und 0,01% Magnesiumsulfat in Anwendung. Hinsichtlich des weiteren
Verbrauches der Bernstein- und Fumarsäure läßt sich nach BUTKEWITSCH und
FEDOROFF[2] sagen, daß dieselbe durch kräftige Pilzdecken recht beträchtlich ist,
wobei es auch zur Bildung von Oxalsäure kommen kann.

4. *Verlauf des Gärprozesses, Temperatur und Gärdauer.* Wie bereits erwähnt,
ist für einen raschen Verlauf des Gärprozesses die Anwesenheit von $CaCO_3$ von
entscheidender Bedeutung. Bei vergleichenden Versuchen über die Verarbeitung
10proz. Invertzuckerlösungen mit fertigen Pilzdecken fand ohne $CaCO_3$ nur
während der ersten Tage Anstieg der Fumarsäuremenge statt, bis zur Erreichung
eines Maximalwertes, der dann im weiteren Versuchsverlauf unverändert blieb.
(Die gesamte Acidität stieg kaum höher, als 65 ccm $^n/_{10}$-NaOH für 100 ccm
Flüssigkeit entsprach.) Auch am 23. Tag waren dabei noch bedeutende Mengen
unveränderten Zuckers vorhanden; in Versuchen mit $CaCO_3$ war dagegen bereits
am 11. Tag der Zucker erschöpft. Den maximalen Wert erreichte die Ausbeute
in diesem Moment und nahm dann nur noch wenig zu, durch Verarbeitung von
Zwischenprodukten des Prozesses. Bei Versuchen, bei denen fertige Pilzdecken
verwendet und 15proz. Invertzuckerlösungen verarbeitet wurden, währte der
Prozeß bis zur Erreichung der Maximalausbeute etwa 36 Tage, wobei die Fumarsäuremenge in einzelnen Fällen bis gegen 40% des angewendeten Zuckers betrug.
(Die theoretische Ausbeute beträgt gemäß dem später zu erörternden Chemismus des Vorganges 64,5%.) Die erwähnten Autoren ließen die Pilze (Rh. nigricans) bei 30° arbeiten. Nach WEHMER (4, S. 63) ist das Wachstumsoptimum für
Asp. fumaricus etwa 22°, das Maximum etwa 30°, doch findet Säurebildung
auch noch oberhalb dieser Temperatur statt.

---

[1] BUTKEWITSCH: Jb. wiss. Bot. **38**, 147 (1902).
[2] BUTKEWITSCH u. FEDOROFF: Bio. Z. **219**, 92 (1930).

c) Chemismus des Prozesses.

1. Substrate der Bernsteinsäure- und Fumarsäurebildung.

a) Zuckerarten. Einen Vergleich der Eignung von *Glucose* und *Fructose* führten BUTKEWITSCH und FEDOROFF (9, S. 63) durch, ohne daß ein Unterschied in den Ausbeuten erzielt werden konnte; dagegen war die Ausbeute aus *Invertzucker* etwas größer. WEHMER (4, S. 63) vergor mittels Asp. fumaricus *Rohrzucker* und erwähnt, daß auch Glucose und *Maltose* geeignet sind.

b) Zuckercarbonsäuren. Bei Einwirkung von Rh. nigricans auf *Gluconsäure* fanden TAKAHASHI und TOSHINOBU[1] nach mehrwöchiger Kultur Fumarsäure. Ebenso erhielten TAKAHASHI und ASAI[2] aus Ca-Gluconat unter Verwendung von Pepton oder Ammonsulfat als N-Quelle nach 45—75tägiger Kulturdauer bei 25—30° Bernsteinsäure und Fumarsäure neben Essigsäure und Ameisensäure. H. D. KAY[3] fand, daß bei der Einwirkung von B. coli comm. sowie B. lactis aerogenes auf Gluconsäure, *Glucuronsäure* sowie *Zuckersäure* Bernsteinsäure und Essigsäure gebildet werden, unter starkem Rückgang der Alkoholproduktion; derselbe wurde nur noch in Spuren gebildet, wenn die Gruppe —CHOH·CH$_2$OH nicht vorhanden war. Die Quantität der beiden genannten Säuren stieg mit wachsendem Sauerstoffgehalt der dargebotenen Verbindungen an.

c) Sonstige Oxysäuren usw. Unter den Umwandlungsprodukten der *Citronensäure* durch Einwirkung von B. suepestifer erhielten BROWN, DUNCAN und HENRY[4] auch Bernsteinsäure neben Essigsäure und CO$_2$. Nach den gleichen Autoren werden durch denselben Organismus auch Fumar- und Maleinsäure, wohl durch Reduktion in Bernsteinsäure, verwandelt. Ebenso erhielt TERADA[5] durch Einwirkung von Luftbakterien auf Ammoniumcitrat vornehmlich Bernsteinsäure, neben Aconitsäure und Essigsäure. TAKAHASHI und ASAI[6] stellten fest, daß Rhizopusarten auch aus Weinsäure Fumarsäure und Alkohol zu bilden vermögen.

d) Fettsäuren. STENT, SUBRAMANIAM und WALKER[7] fanden, daß bei der Einwirkung von Asp. niger auf das Ca-Salz der *n-Buttersäure* kleine Mengen Bernsteinsäure entstehen, wobei der Vorgang der ist, daß entweder das γ-C-Atom zur Carboxylgruppe oxydiert wird, oder daß nach β-Oxydation zunächst Spaltung unter Bildung von Essigsäure stattfindet, die dann zu Bernsteinsäure dehydriert wird, oder daß zunächst Aceton entsteht, das einem weiteren Abbau zu Essigsäure unterliegt, die dann in Bernsteinsäure übergeht. KÜHNAU[8] erhielt bei der Einwirkung von Leberfermenten auf *β-Oxybuttersäure* Bernsteinsäure, Fumarsäure und Äpfelsäure, neben Acetessigsäure, Acetaldehyd, Brenztraubensäure, 1,3-Butylenglykol und Spuren Essigsäure.

e) Aus Essigsäure erhielten zuerst TAKAHASHI und ASAI[9] Bernsteinsäure, indem sie Rhizopusarten auf essigsaure Salze einwirken ließen. In größerem Ausmaße konnte diese Reaktion von BUTKEWITSCH und FEDOROFF[10] mittels Rh. nigricans verwirklicht werden; neben Bernsteinsäure wurde dabei auch Fumarsäure gebildet. Hierauf wird noch eingehender zurückzukommen sein.

---

[1] TAKAHASHI u. TOSHINOBU: Roh. Ber. ges. Phys. **1927**, 334.
[2] TAKAHASHI u. ASAI: C. **1927 II**, 583 — Proc. Imp. Ak. Tokyo **3**, 86 (1927).
[3] KAY, H. D.: Bioch. J. **20**, 321 (1926) — C. **1926 II**, 241.
[4] BROWN, DUNCAN u. HENRY: J. of Hyg. **23**, 1 (1924) — C. **1925 I**, 241.
[5] TERADA: C. **1927 I**, 1845.   [6] TAKAHASHI u. ASAI: J. Agr. Ch. Soc. Jap. **2**, Nr 5.
[7] STENT, SUBRAMANIAM u. WALKER: Soc. **1929**, 1987.
[8] KÜHNAU: Bio. Z. **200**, 29 (1928).
[9] TAKAHASHI u. ASAI: Proc. Imp. Ak. Tok. **3**, 86 (1927) — Bull. Agr. Jap. **1928**, 113.
[10] BUTKEWITSCH u. FEDOROFF: Bio. Z. **207**, 302 (1929).

f) Alkohole. BUTKEWITSCH und FEDOROFF (10, S. 67) erhielten bei Einwirkung fertiger Pilzdecken von Mucor stolonifer auf *Glycerin* in Gegenwart von $CaCO_3$ relativ bedeutende Mengen von Fumarsäure, EHRLICH (1, S. 63) ohne $CaCO_3$ nur Spuren derselben. Auch bei der Coligärung entsteht nach DE GRAAF und LE FÈVRE (4, S. 64) Bernsteinsäure, wobei die Autoren hervorheben, daß Glycerinsäure hierzu nicht geeignet ist. Bildung von Bernsteinsäure und Fumarsäure aus *Äthylalkohol* wurde von BUTKEWITSCH und FEDOROFF[1] nachgewiesen, was noch eingehender zu besprechen sein wird.

g) Aminosäuren. Die Bildung von Bernsteinsäure aus Aminosäuren wurde bereits von EHRLICH festgestellt. Die Bildung von Äpfelsäure bei der alkoholischen Gärung suchte DAKIN[2] auf Oxyglutaminsäure zurückzuführen. Nach COOK und WOLF[3] sind verschiedene streng aerobe, streng anaerobe sowie fakultativ anaerobe Bakterien imstande, in ruhendem Zustande bei $37°$ ($p_H = 7{,}4$) anaerob Asparaginsäure zu Bernsteinsäure zu desaminieren. Bei fakultativen Anaerobiern stellt sich, ebenso wie bei B. coli, ein reversibles Gleichgewicht Asparaginsäure $\rightleftarrows$ Fumarsäure $+$ Ammoniak ein, nicht bei strengen Anaerobiern. Wir werden hier im allgemeinen folgende Vorgänge vor uns haben:

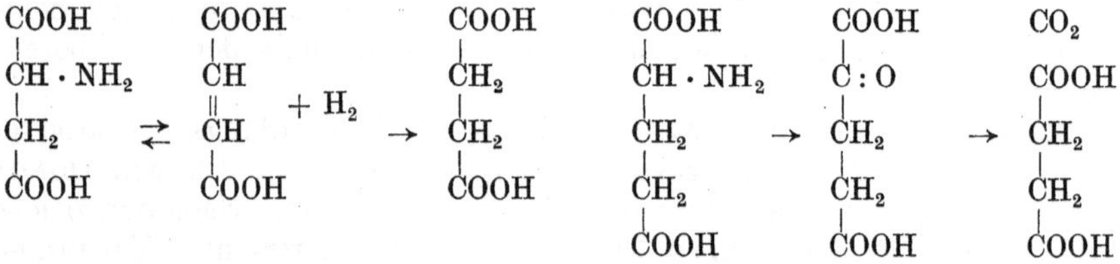

$$
\begin{array}{ccccccccccc}
\mathrm{COOH} & & \mathrm{COOH} & & & \mathrm{COOH} & & \mathrm{COOH} & & \mathrm{COOH} & & \mathrm{CO_2}\\
| & & | & & & | & & | & & | & & |\\
\mathrm{CH\cdot NH_2} & & \mathrm{CH} & & & \mathrm{CH_2} & & \mathrm{CH\cdot NH_2} & & \mathrm{C:O} & & \mathrm{COOH}\\
| & \rightleftarrows & \| & +\,\mathrm{H_2} & \rightarrow & | & & | & \rightarrow & | & \rightarrow & |\\
\mathrm{CH_2} & & \mathrm{CH} & & & \mathrm{CH_2} & & \mathrm{CH_2} & & \mathrm{CH_2} & & \mathrm{CH_2}\\
| & & | & & & | & & | & & | & & |\\
\mathrm{COOH} & & \mathrm{COOH} & & & \mathrm{COOH} & & \mathrm{CH_2} & & \mathrm{CH_2} & & \mathrm{CH_2}\\
& & & & & & & | & & | & & |\\
& & & & & & & \mathrm{COOH} & & \mathrm{COOH} & & \mathrm{COOH}
\end{array}
$$

Asparaginsäure   Glutaminsäure

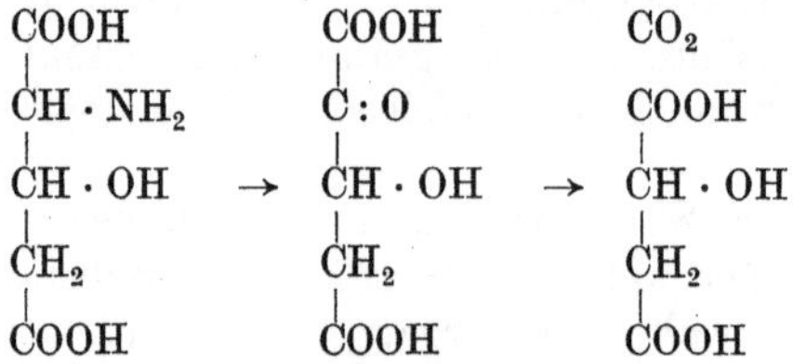

$$
\begin{array}{ccccc}
\mathrm{COOH} & & \mathrm{COOH} & & \mathrm{CO_2}\\
| & & | & & |\\
\mathrm{CH\cdot NH_2} & & \mathrm{C:O} & & \mathrm{COOH}\\
| & & | & & |\\
\mathrm{CH\cdot OH} & \rightarrow & \mathrm{CH\cdot OH} & \rightarrow & \mathrm{CH\cdot OH}\\
| & & | & & |\\
\mathrm{CH_2} & & \mathrm{CH_2} & & \mathrm{CH_2}\\
| & & | & & |\\
\mathrm{COOH} & & \mathrm{COOH} & & \mathrm{COOH}
\end{array}
$$

Oxyglutaminsäure

2. Neben- und Zwischenprodukte.

Die Mucoraceen, von denen einzelne Vertreter typische Fumarsäuregärer vorstellen, sind bekanntlich Organismen, die in nicht unbeträchtlichem Umfange *alkoholische Gärung* hervorzurufen vermögen. So wurde auch nicht nur Alkohol selbst, sondern auch andere Produkte der alkoholischen Zuckerspaltung bei der Fumarsäuregärung durch die genannten Organismen aufgefunden. BREFELD[4] beobachtete bereits, daß Mucor stolonifer *Alkohol* zu bilden vermag; in seinen Versuchen erreichte der Gehalt desselben in der Kulturflüssigkeit etwa 1,3%. Nach BUTKEWITSCH und FEDOROFF[1] finden sich in den Kulturen desselben Pilzes auf Zucker stets neben einem Gemisch von Fumar- und Bernsteinsäure auch erhebliche Mengen Äthylalkohol, dessen Konzentration in der Kulturflüssigkeit unter aeroben Bedingungen 2% erreichen kann (etwa 25% des verbrauchten Zuckers), unter anaeroben Bedingungen über 3,5%. Weiterhin ist derselbe Pilz nach den genannten Autoren auch zur Bildung von Oxalsäure

---

[1] BUTKEWITSCH u. FEDOROFF: Bio. Z. **219**, 103 (1930).
[2] DAKIN: J. Biol. Chem. **61**, 139 (1924).
[3] COOK u. WOLF: Bioch. J. **22**, 474 — C. **1928 II**, 1579.
[4] BREFELD: Landw. Jb. **5**, 281 (1876).

befähigt, die wohl durch weiteren Abbau der Fumarsäure entsteht. Nach EHRLICH (1, S. 63) sowie TAKAHASHI, SAKAGUCHI und ASAI[1] kann in den Zuckerkulturen von Rhizopusarten fast stets, wenn auch meist nur in geringen Mengen, *Essigsäure* nachgewiesen werden. Nach BUTKEWITSCH und FEDOROFF[2] soll die Essigsäure hierbei auf dem Wege der Oxydation des Alkohols, sowie vielleicht auch teilweise durch Dismutation des Acetaldehyds entstehen.

Über *Glycerinbildung* durch Mucor circinelloides berichtete GAYON[3]; er erhielt 2,07% Glycerin und 0,92% Bernsteinsäure in bezug auf vergorenen Zucker. Bei Mucor racemosus konnte FITZ[4] auch Bildung von *Acetaldehyd* neben Brenztraubensäure nachweisen, und EMMERLING[5] fand bei demselben Pilz neben Bernsteinsäure gleichfalls Glycerin. Weiterhin stellte EHRLICH[6] fest, daß Rhizopusarten neben Fumar- und Bernsteinsäure auch *l-Apfelsäure* und *d-Milchsäure* zu bilden vermögen.

Andererseits haben Rhizopusarten auch die Fähigkeit, Glucose unter Bildung von *Gluconsäure* direkt zu oxydieren, wie TAKAHASHI und TOSHINOBU[7] sowie TAKAHASHI und ASAI (9, S. 67) feststellen konnten.

Bei der Coligärung findet sich Bernsteinsäure selbst nur als Nebenprodukt, so daß hier nicht eingehender hierauf eingegangen zu werden braucht. Der sonstige Verlauf dieser Gärungsform wurde bereits früher behandelt.

3. Hypothesen der Bernsteinsäure- und Fumarsäurebildung aus Zucker.

Im wesentlichen haben wir es hier mit zwei Vorstellungen zu tun, und zwar wird bei der einen die Bernsteinsäure und Fumarsäure aus dem Zuckerzerfall in C_3-Ketten hergeleitet, bei der zweiten aus dem Zerfall des Zuckermoleküls in C_4- und C_2-Ketten.

a) Zuckerzerfall in C_3-Ketten. Der Chemismus der Bernsteinsäure- und Fumarsäurebildung wurde bisher vornehmlich bei Rhizopusarten untersucht. Da diese Pilze, wie die sonstigen Mucoraceen Alkoholbildner sind, war es zunächst naheliegend anzunehmen, daß auch jene Vorgänge, die zur Bildung der Bernsteinsäure und Fumarsäure führen, mit denen bei der alkoholischen Gärung verknüpft seien und daß im Prinzip zunächst analoge Abbauwege durchlaufen werden, wie bei der alkoholischen Gärung selbst, und daß sodann die Bildung der genannten Säuren einsetzt, wie unten noch näher zu besprechen sein wird. Durch die erwähnten Untersuchungen von BUTKEWITSCH und FEDOROFF wurde auch tatsächlich gezeigt, daß Rh. nigricans Bernsteinsäure und Fumarsäure aus Alkohol, wohl über Essigsäure, zu bilden vermag, doch blieb gerade die eventuelle Rolle der sonst im Mittelpunkt des Zuckerzerfalls stehenden Brenztraubensäure hierbei ungeklärt. Und so bleibt auch die Frage, auf welchem Wege der Alkohol bei diesem Gärungsvorgang entsteht, noch offen.

1. Die Frage nach der *Umwandlung der Brenztraubensäure* im Zusammenhang mit der Fumarsäurebildung wurde von großer Wichtigkeit, als in Versuchen GOTTSCHALKS[8] ein bestimmter Stamm von Rhizopus nigricans aus brenztraubensaurem Calcium als einziger C-Quelle Fumarsäure in beträchtlicher Menge (32% d. Th.) zu bilden vermochte; daneben wurde die Bildung von Essigsäure und geringer Mengen Milchsäure wahrscheinlich gemacht. Der genannte Autor nimmt dabei an, daß Essigsäure als Zwischenglied fungiert und Ausgangs-

---

[1] TAKAHASHI, SAKAGUCHI u. ASAI: Bull. Agr. Chem. Soc. Jap. **2**, Nr 5 (1925).
[2] BUTKEWITSCH u. FEDOROFF: Bio. Z. **219**, 117 (1930).
[3] GAYON: Mem. Soc. Sc. de Bordeaux (2) **2**, 249 (1878).   [4] FITZ: B. **9**, 1352 (1876).
[5] EMMERLING: B. **30**, 454 (1897).   [6] EHRLICH: B. **52**, 63 (1919).
[7] TAKAHASHI u. TOSHINOBU: Ron. Ber. Phys. **1927**, 331.
[8] GOTTSCHALK: H. **152**, 136 (1926).

punkt der C-Kettenverknüpfung ist, wobei zunächst Bernsteinsäure gebildet werden soll, die durch Dehydrierung in Fumarsäure übergeht. EHRLICH und BENDER[1] gelang es jedoch nicht, Rhizopus nigricans auf Nährlösungen, die brenztraubensaures Calcium enthielten, zur Entwicklung zu bringen, und auch ein Pilzmycel, das auf Fructose gewachsen und an Brenztraubensäure gewöhnt war, vermochte dieselbe nicht umzusetzen. GOTTSCHALK[2] verwies sodann darauf, daß das negative Ergebnis der genannten Autoren auf den von denselben verwendeten Pilzstamm zurückzuführen ist, da es zweifellos verschiedene, morphologisch nicht unterscheidbare Rassen des Pilzes gibt, die sich jedoch in biologischer und biochemischer Hinsicht unterscheiden können. Auch mit einem zweiten Stamm von Rh. nigricans konnte der Autor Wachstum auf Brenztraubensäure-Mineralsalzlösung erzielen. EHRLICH und BENDER[3] machten nun demgegenüber den Einwand, daß der sowohl von ihnen als auch von GOTTSCHALK verwendete Pilzstamm identisch ist, und daß daher die Divergenz in den Versuchen dadurch nicht erklärt werden könne. GOTTSCHALK[4] fand sodann, in Übereinstimmung mit EHRLICH und BENDER, bei neuerlichen Versuchen mit einer frischen Reinkultur des Pilzes seine früheren Ergebnisse nicht bestätigt und weist darauf hin, daß dieses veränderte chemische Verhalten des Pilzes vielleicht auf eine Degeneration desselben zurückzuführen sei. Der von BUTKEWITSCH und FEDOROFF[5] untersuchte, recht gut Fumarsäure bildende Rh. nigricans-Stamm entwickelte sich unter den von GOTTSCHALK eingehaltenen Versuchsbedingungen auf Lösungen von Ca-Pyruvinat (1—10%) überhaupt nicht, sofort aber nach Zusatz von Invertzucker. Bei genügend langer Kultur auf Brenztraubensäure-Zucker-Gemischen in Gegenwart von $CaCO_3$ ließ sich zwar keine Brenztraubensäure mehr nachweisen, ihre Umwandlung dürfte aber nach den genannten Autoren ohne Mitwirkung des Pilzes durch die Gegenwart des $CaCO_3$ allein erfolgt sein. Ebensowenig wurde Brenztraubensäure durch fertige Pilzdecken in Fumarsäure umgewandelt.

Sodann konnten TOENISSEN und BRINKMANN[6] zeigen, daß Brenztraubensäure im durchströmten Säugetiermuskel (Kaninchen) bei Einhaltung bestimmter Versuchsbedingungen, und zwar insbesondere bei beschränkter Sauerstoffzufuhr, regelmäßig in Bernsteinsäure und Ameisensäure übergeführt werden kann, nicht dagegen Essigsäure und Acetaldehyd. Die Autoren halten einen Beweis für die Decarboxylierung der Brenztraubensäure durch tierisches Gewebe nicht für erbracht und halten es für wahrscheinlich, daß 2 Mol Brenztraubensäure zunächst unter Dehydrierung zu α,α'-Diketoadipinsäure kondensiert werden, die dann durch hydrolytischen Zerfall Bernsteinsäure und Ameisensäure ergeben könnte, also gemäß den Formeln:

$$
\begin{array}{ccccc}
\mathrm{COOH} & \mathrm{COOH} & & \mathrm{H} & \mathrm{H\cdot COOH} \\
| & | & + & | & \\
\mathrm{CO} & \mathrm{CO} & & \mathrm{OH} & \mathrm{COOH} \\
| & | & & & | \\
\mathrm{CH_3} & \mathrm{CH_2} & & & \mathrm{CH_2} \\
& - \; \mathrm{H_2} \; \rightarrow & & \rightarrow & \\
\mathrm{CH_3} & \mathrm{CH_2} & & & \mathrm{CH_2} \\
| & | & & & | \\
\mathrm{CO} & \mathrm{CO} & + & \mathrm{OH} & \mathrm{COOH} \\
| & | & & | & \\
\mathrm{COOH} & \mathrm{COOH} & & \mathrm{H} & \mathrm{H\cdot COOH}
\end{array}
$$

[1] EHRLICH u. BENDER: H. **170**, 118 (1927).
[2] GOTTSCHALK: H. **172**, 314 (1927).
[3] EHRLICH u. BENDER: H. **172**, 317 (1927).
[4] GOTTSCHALK: H. **182**, 311 (1929).
[5] BUTKEWITSCH u. FEDOROFF: Bio. Z. **206**, 450 (1929).
[6] TOENISSEN u. BRINKMANN: H. **187**, 137 (1930).

Auf einen zweiten Weg zur Bildung von α, α'-Diketoadipinsäure haben WALKER, SUBRAMANIAM und CHALLENGER[1] hingewiesen, nämlich auf deren Bildung aus Zuckersäure durch Wasserabspaltung zum Enol: $COOH \cdot C(OH)$ $:CH \cdot CH:C(OH)COOH$, das in die Ketosäure übergehen kann.

2. Die *Bernsteinsäurebildung aus Essigsäure.* Während demnach die Frage, ob Brenztraubensäure ein Zwischenprodukt bei der Bildung der Bernsteinsäure und Fumarsäure bildet, noch offen bleibt, ist es zunächst TAKAHASHI und ASAI[2] gelungen, aus Ca-Acetat durch Einwirkung von Rhizopusarten bei $25-30°$ innerhalb 60 Tagen Bernsteinsäure zu erhalten, und sodann konnten BUTKEWITSCH und FEDOROFF (10, S. 67) einwandfrei zeigen, daß Essigsäure durch Rh. nigricans in Gegenwart von $CaCO_3$ ohne weiteres in Bernsteinsäure und Fumarsäure übergeführt werden kann. So erhielten die genannten Autoren aus essigsaurem Ca in Gegenwart von $CaCO_3$ nach 7 Tagen bei $30°$ (bei Verwendung fertiger Pilzdecken) ein Gemisch von Bernsteinsäure und Fumarsäure, das gegen 18% der verbrauchten Essigsäure betrug, und in weiteren Versuchen fast 30% in 24 Tagen. Bei gleichzeitiger Darbietung von Invertzucker wurde die Essigsäure weitaus rascher verbraucht, während der Zuckerverbrauch verzögert war, und weiterhin wurde dabei überwiegend Fumarsäure gebildet, und zwar wie in Zuckerkulturen selbst, etwa im Verhältnis 9:1 oder 8:2. In Versuchen mit Essigsäure allein überwog dagegen die Bernsteinsäure, und zwar im umgekehrten Verhältnis, also etwa 1:9 oder 2:8. Weiterhin fanden die genannten Autoren[3], daß auch Mucor mucedo Essigsäure in Bernsteinsäure mit 8proz. Ausbeute umzuwandeln vermag, während Aspergillus niger diese Fähigkeit nur in sehr geringem Ausmaße zu besitzen scheint, wogegen die Oxalsäurebildung sehr im Vordergrund stand; es scheint in gewissem Sinne bei den verschiedenen Pilzen jeweils die Befähigung zur Oxalsäurebildung umgekehrt proportional der Bernsteinsäurebildung bzw. -anhäufung zu sein.

Weiterhin fanden BUTKEWITSCH und FEDOROFF, daß in Zuckerkulturen von Rh. nigricans auch nach Verbrauch desselben ein weiterer Anstieg der Fumarsäuremenge stattfindet, und andererseits bildet der Pilz stets auch Alkohol. Bei der Einwirkung fertiger Pilzdecken auf verdünnten Alkohol (etwa 2%) konnten die genannten Autoren auch tatsächlich etwa 10% an Fumar- und Bernsteinsäure, berechnet auf verbrauchten Alkohol, erhalten, und zwar bestand das Gemisch der Säuren aus $70-75\%$ Fumarsäure und $25-30\%$ Bernsteinsäure; daneben wurden auch beträchtliche Mengen Oxalsäure gebildet.

Die erwähnten Autoren sehen in ihren Versuchen eine Bestätigung der THUNBERG-WIELANDschen[4] Theorie über die Dehydrierung der Essigsäure unter Bildung von Bernsteinsäure. Auch beim Übergang von Zucker in Fumar- und Bernsteinsäure soll die Essigsäure das Zwischenglied bilden, doch ist die Frage nach dem Weg, auf dem die Essigsäure bzw. der Alkohol entstehen sollen, noch nicht endgültig zu beantworten, da die Möglichkeit, daß Brenztraubensäure das Intermediärprodukt vorstellt, nicht genügend gestützt werden konnte.

3. Die *Umwandlung der Bernsteinsäure in Fumarsäure* wird später noch eingehend zu besprechen sein, da diese Reaktion über den Rahmen der Fumarsäuregärung hinaus große Bedeutung besitzt; hier sei nur darauf hingewiesen, daß nach BUTKEWITSCH und FEDOROFF[5] bei Einwirkung von Rh. nigricans auf Bernsteinsäure selbst keine Fumarsäure gebildet wird; dagegen wurde in

[1] WALKER, SUBRAMANIAM u. CHALLENGER: Soc. **1927**, 3047.
[2] TAKAHASHI u. ASAI: Bull. Agr. **3**, 1 (1927); **4**, 34, 65 (1928) — Proc. Imp. Ak. Tok. **3**, 86 (1927).   [3] BUTKEWITSCH u. FEDOROFF: Bio. Z. **219**, 97 (1930).
[4] THUNBERG u. WIELAND: Skand. Arch. Phys. **40**, 1 (1920) — Erg. d. Phys. **20**, 477 (1922).
[5] BUTKEWITSCH u. FEDOROFF: Bio. Z. **207**, 303 (1929); **219**, 93 (1930).

gleichzeitiger Gegenwart von Zucker eine fast 4mal so große Menge an Fumarsäure angehäuft als auf Zucker allein. Dieses Ergebnis steht in Übereinstimmung mit den Vorgängen bei der Einwirkung des Pilzes auf Ca-Acetat allein sowie auf dasselbe in Gegenwart von Zucker.

Zusammenfassend läßt sich daher sagen, daß die Anschauung über die Bernsteinsäure- und Fumarsäurebildung beim Zuckerzerfall in C_3-Ketten gewissermaßen im Anschluß an die alkoholische Gärung gut gestützt erscheint; wir gelangen so nach BUTKEWITSCH und FEDOROFF zu folgender Bildungsgleichung der Fumarsäure:

$$C_6H_{12}O_6 + 3\,O_2 = C_4H_4O_4 + 2\,CO_2 + 4\,H_2O.$$

Gemäß dieser Gleichung beträgt die theoretische Ausbeute an Fumarsäure 64,5%. Die von den genannten Autoren erhaltenen Höchstzahlen von etwa 40% des verbrauchten Zuckers entsprechen demgemäß über 60% d. Th. Die obige Gleichung läßt sich etwa zu folgendem Abbauschema auflösen:

$$
C_6H_{12}O_6 \rightarrow
\begin{array}{l}
2\,CO_2 \\[4pt]
2\,CH_2OH + 2\,O_2 \\
\quad | \\
\quad CH_3 \\
\quad + \\
(2\,H_2O)
\end{array}
\rightarrow
\begin{array}{l}
COOH \\
| \\
CH_3 + O \\
| \\
CH_2 \\
| \\
COOH \\
+ \\
(H_2O)
\end{array}
\rightarrow
\begin{array}{l}
COOH \\
| \\
CH_2 + O \\
| \\
CH_2 \\
| \\
COOH \\
+ \\
(H_2O)
\end{array}
\rightarrow
\begin{array}{l}
COOH \\
| \\
CH \\
\| \\
CH \\
| \\
COOH \\
+ \\
(H_2O)
\end{array}
$$

Die obengenannten Autoren weisen darauf hin, daß auch bei der Hefegärung die Bernsteinsäurebildung wenigstens zum Teil auf analogen Vorgängen beruhen kann, also nicht allein auf der Desaminierung von Asparagin sowie Abbau von Glutaminsäure.

b) Zuckerzerfall in C_4- und C_2-Ketten. Es wurden, wie schon erwähnt, auch Vorstellungen entwickelt, bei denen die Bernstein- und Fumarsäure durch direkte Spaltung des Zuckers entstehen soll, und nicht erst durch synthetische Prozesse. So weisen REISTRICK und CLARK[1] darauf hin, daß die Bildung von Fumarsäure ebenso wie die von Citronensäure durch intermediäre Bildung von Oxalessigsäure gedeutet werden könnte, wobei aus dem Zuckermolekül zunächst 1,3-Diketoadipinsäure entstehen soll. Es ist jedoch dabei der für die Umwandlung von Oxalessigsäure in Fumarsäure notwendige Reduktionsvorgang recht unwahrscheinlich. Weiterhin gelangte VIRTANEN[2] zur Anschauung, daß die Bernsteinsäure bei der Vergärung von Glucose mittels B. coli durch direkte Spaltung des Hexosemoleküls in C_4- und C_2-Verbindungen zustande komme, und weist darauf hin, daß die Glucose wohl von Anfang an in zwei verschiedenen Richtungen gespalten werde, von denen die eine zu Milchsäure, die andere zu Bernsteinsäure und Acetaldehyd führt, also gemäß der Gleichung:

$$C_6H_{12}O_6 = C_4H_6O_4 + C_2H_4O + H_2O.$$

Weiterhin fanden VIRTANEN und KARSTRÖM (7, S. 64) bei der eingehenderen Untersuchung der Bernsteinsäurebildung durch Propionsäurebakterien, daß die aus Glucose unter anaeroben Bedingungen gebildete CO_2Menge zur Essigsäure stets im molaren Verhältnis 1:1 stand, wobei trotzdem 10—15% vom Zucker an Bernsteinsäure entstanden waren. Sie schließen daraus, daß die Bernsteinsäure nicht durch Dehydrierung und Kondensation von Essigsäure gebildet sein kann, da sonst mehr Kohlendioxyd entstanden sein müßte. Ferner stellten

---

[1] REISTRICK u. CLARK: C. **1920 I**, 686.   [2] VIRTANEN: C. **1928 I**, 215.

sie fest, daß bei der Vergärung von Milchsäure nur CO_2, Propionsäure und Essigsäure entstanden, nicht dagegen Bernsteinsäure; weiterhin fanden sie, daß bei der Verwendung von Trockenbakterien die eigentliche Propionsäuregärung auf der Stufe der Hexosemonophosphorsäure stehenbleibt und nur Bernsteinsäurebildung, aber ohne jegliche CO_2-Entwicklung stattfindet. Schließlich ist auch noch der Befund von großer Wichtigkeit, daß die Bakterien weder aus Glucose noch aus Brenztraubensäure Ameisensäure erzeugten, wodurch die erwähnten Autoren zum Schluß gelangten, daß die Bernsteinsäure durch Spaltung des Hexosemoleküls in C_4- und C_2-Ketten entstanden sein müsse.

Anhang. Wieweit die bei Rh. nigricans gleichfalls beobachtete Gluconsäure als Zwischenprodukt bei der Fumarsäuregärung in Betracht kommt, bleibt noch unentschieden; auch scheint das Auftreten derselben nicht regelmäßig zu sein. Bei ihrer Umwandlung in Bernsteinsäure und Fumarsäure wurden daneben auch Essigsäure und Ameisensäure erhalten (2, S. 67). Die Bildung der Essigsäure scheint dafür zu sprechen, daß hierbei auch zunächst ein Zerfall in C_3-Ketten stattfindet, und daß dann der weitere Abbau der Essigsäure, wie oben beschrieben, einsetzt.

2. Die Umwandlungen der Bernsteinsäure und Fumarsäure.

a) Der Abbau der Bernsteinsäure.

Nach STENT, SUBRAMANIAM und WALKER[1] scheint die Bernsteinsäure in zweierlei Art abgebaut werden zu können, und zwar entweder durch Dehydrierung zu Fumarsäure oder durch direkte Oxydation zu Äpfelsäure, gemäß dem folgenden Schema:

$$
\begin{array}{ccccc}
\text{COOH} & & \text{COOH} & & \text{COOH} \\
| & & | & & | \\
\text{CHOH} & \text{O} + & \text{CH}_2 & & \text{CH} \\
| & \leftarrow & | & -\,\text{H}_2\ \rightarrow & \| \\
\text{CH}_2 & & \text{CH}_2 & & \text{CH} \\
| & & | & & | \\
\text{COOH} & & \text{COOH} & & \text{COOH}
\end{array}
$$

Die genannten Autoren erhielten nämlich bei der Einwirkung von Aspergillus niger auf Ca-Succinat ein Gemisch von d,l-Äpfelsäure und l-Äpfelsäure, wobei die erste ihre Entstehung einer direkten Oxydation verdanken soll, die letztere dem Dehydrierungsvorgang unter Bildung von Fumarsäure und asymmetrische Wasseranlagerung an die Doppelbindung. Da der untersuchte Pilz l-Äpfelsäure rascher verbrauchte bzw. umwandelte als die d-Form, so kann das erwähnte Auftreten der l-Modifikation nicht auf den Verbrauch der anderen Komponente zurückgeführt werden. Nach Mc KENZIE und HARDEN[2] zerstörte allerdings ein anderer Asp. niger-Stamm wieder die d-Form schneller.

Außer diesem Fall, der eine direkte Oxydation der Bernsteinsäure möglich erscheinen läßt, liegen jedoch vornehmlich Beobachtungen über den *Abbau der Bernsteinsäure durch Dehydrierung zu Fumarsäure* vor. Die Verwirklichung dieser Reaktion bei der Fumarsäuregärung selbst wurde bereits oben besprochen. An diesem Vorgang ist ein Ferment, die *Succinodehydrase,* beteiligt, mit deren Vorkommen in Bakterien sich insbesondere QUASTEL und WHETHAM[3] beschäftigt haben. In höheren Pflanzen findet sich das Ferment bekanntlich auch recht allgemein verbreitet, wie insbesondere von THUNBERG und seinen Schülern festgestellt wurde. Über das Vorkommen und die Wirkung der Succinodehydrase

---

[1] STENT, SUBRAMANIAM u. WALKER: Soc. **1929**, 1987.
[2] McKENZIE u. HARDEN: Soc. **83**, 424 (1903).
[3] QUASTEL u. WHETHAM: Bioch. J. **18**, 519 (1924).

in tierischem Gewebe sind wir jedoch weitaus besser informiert. Zuerst wurde diese Reaktion von Thunberg[1] im Sauerstoffversuch aufgefunden, und Batelli und Stern[2] konnten sodann zeigen, daß es sich dabei um einen fermentativen Vorgang handelt. Im Anschluß daran hat sich dann insbesondere Thunberg mit der eingehenderen Untersuchung dieses Fermentes beschäftigt, wobei insbesondere die Methylenblaumethode von großer Bedeutung wurde. Hierauf kann hier natürlich nicht näher eingegangen werden, es sei nur noch auf die neueren diesbezüglichen Arbeiten verwiesen. So konnte F. G. Fischer[3] bei Einwirkung von phosphatgepufferter Muskulatur auf Na-Succinat unter O-Abschluß in Gegenwart der äquivalenten Menge Methylenblau Fumarsäure und Äpfelsäure isolieren; die erstere machte dabei 30% der zugesetzten Bernsteinsäure aus. Bei Dehydrierung der Bernsteinsäure in Gegenwart von Sauerstoff wurden 25% Fumarsäure und 75% Äpfelsäure festgestellt; die letztere wird durch fermentative Wasseranlagerung aus der Fumarsäure gebildet. Die Fumarsäurebildung sowohl in Gegenwart von Sauerstoff als auch von Methylenblau soll im Gegensatz zu Bach und Michlin[4] durch das gleiche Ferment erfolgen. Ebenso konnten Hahn und Haarmann[5] nach Einwirkung von gut ausgewaschener Pferdemuskulatur auf Bernsteinsäure unter O-Ausschluß in Gegenwart von Methylenblau Fumarsäure isolieren.

b) Fumarsäure $\rightleftarrows$ Äpfelsäure.

Die weitere Umwandlung der Fumarsäure besteht zunächst in einer Wasseranlagerung an die Doppelbindung. Dieser Vorgang ist jedoch reversibel, und so sehen wir vielfach auch die umgekehrte Reaktion, nämlich die Abspaltung von Wasser aus Äpfelsäure unter Bildung von Fumarsäure realisiert. Beide Reaktionen werden durch die *Fumarase* katalysiert.

1. *Fumarsäure → l-Äpfelsäure*. Dakin[6] fand, daß Fumarsäure in Gegenwart von Muskelbrei in l-Äpfelsäure übergeht (ebenso Clutterbuck[7]). Weiterhin stellten Takahashi und Sakagushi[8] fest, daß durch Rhizopusarten die gleiche Reaktion ausgelöst wird. Challenger und Klein[9] beobachteten sodann, daß auch Pilze, die nicht oder nur in geringem Ausmaße Fumarsäure zu bilden bzw. anzuhäufen vermögen, wie Aspergillus niger, aus Fumarsäure l-Äpfelsäure bilden. Die Bildung der *l-Form* ist dabei an eine asymmetrische Addition von Wasser an die Doppelbindung zurückzuführen und nicht auf den Verbrauch der d-Modifikation, da der verwendete Pilz bei Einwirkung auf d,l-Äpfelsäure die l-Form besser auszunützen vermochte.

Wieweit bei diesem Hydratisierungsvorgang ein spezifisches Ferment, die *Fumarase*, beteiligt ist, läßt sich noch nicht endgültig entscheiden, doch sprechen manche Befunde hierfür. Von *sonstigen analogen Hydratisierungen* ist z. B. die Umwandlung von Crotonsäure in l-β-Oxybuttersäure bekannt (Friedmann und Maase[10]). Auf die Möglichkeit des Abbaues der Buttersäure durch Dehydrierung zu Crotonsäure (analog der Umwandlung von Bernsteinsäure in Fumarsäure) wurde bereits früher hingewiesen. Nach Ahlgreen[11] wird auch Acrylsäure von ungewaschener Muskulatur zunächst zu Milchsäure hydratisiert, wobei das Agens von der Fumarase verschieden ist.

[1] Thunberg: Skand. Arch. Phys. **22**, 430 (1909).
[2] Batelli u. Stern: Bio. Z. **30**, 172 (1910).
[3] Fischer, F. G.: B. **60**, 2257 (1927).   [4] Bach u. Michlin: C. **1927 I**, 2556.
[5] Hahn u. Haarmann: Z. Biol. **86**, 523 (1927); **87**, 107 (1928).
[6] Dakin: J. Biol. Chem. **52**, 183 (1923).   [7] Clutterbuck: Bioch. J. **21**, 512 (1927).
[8] Takahashi u. Sakagushi: Bull. Agr. Ch. Soc. Jap. **3**, 59 (1927).
[9] Challenger u. Klein: Soc. **1929**, 1644.   [10] Friedmann u. Maase: Bio. Z. **55**, 450 (1913).
[11] Ahlgreen: Skand. Arch. Phys. **1925**, Suppl.-Bd.

2. Die Rückverwandlung der *Äpfelsäure in Fumarsäure* bzw. das Gleichgewicht zwischen den beiden Substanzen wurde unter verschiedenen biologischen Bedingungen durch eine Reihe von Autoren untersucht, so durch DAKIN[1], QUASTEL und Mitarbeiter[2], CLUTTERBUCK[3], ALWALL[4]. Sodann konnten STENT, SUBRAMANIAM und WALKER (1, S. 73) zeigen, daß auch Aspergillus niger d,l-Äpfelsäure in Fumarsäure überzuführen vermag. Dabei wird die l-Form zunächst verbraucht, was wohl mit ihrer leichteren Umwandlung in Fumarsäure zusammenhängt.

Weiterhin wurde auch ein Gleichgewichtszustand zwischen Fumarsäure+Ammoniak $\rightleftharpoons$ l-Asparaginsäure von QUASTEL und WOOLF[5] bei B. coli unter anaeroben Bedingungen aufgefunden. Es konnte dabei Bildung von l-Asparaginsäure aus Fumarsäure festgestellt werden, und andererseits auch umgekehrt der Abbau der Asparaginsäure zu Fumarsäure. Dabei fand in Gegenwart wachstumshindernder Stoffe, wie Toluol usw., auch Reduktion bis zu Bernsteinsäure statt. Weiterhin untersuchten die Autoren auch den Einfluß verschiedener anderer Substanzen auf den Gleichgewichtszustand. Bei anderen Aminosäuren konnte die analoge Reaktion nicht verwirklicht werden. Nach allem scheint in dem erwähnten Falle eine gewisse Parallelität mit den Gleichgewichtsverhältnissen zwischen Fumarsäure und l-Äpfelsäure vorhanden zu sein.

Weiterhin fand WOOLF[6], daß die Umwandlung von Fumarsäure in Bernsteinsäure, Maleinsäure sowie Asparaginsäure durch bestimmte Enzyme katalysiert wird. VIRTANEN und TARNANEN[7] isolierten sodann aus B. liquefaciens ein Ferment, das die Reaktion im System:

$$\text{Fumarsäure} + \text{NH}_3 \rightleftharpoons \text{l-Asparaginsäure}$$

katalysiert, und VIRTANEN[8] fand diesen Enzym auch in höheren Pflanzen auf. Ihm zufolge könnte die Bildung von Asparaginsäure sowie Glutaminsäure aus Zucker über Bernsteinsäure verlaufen, der somit eine zentrale Stellung als Abbauprodukt des Zuckers und Baustoff der Aminosäuren zukommen soll:

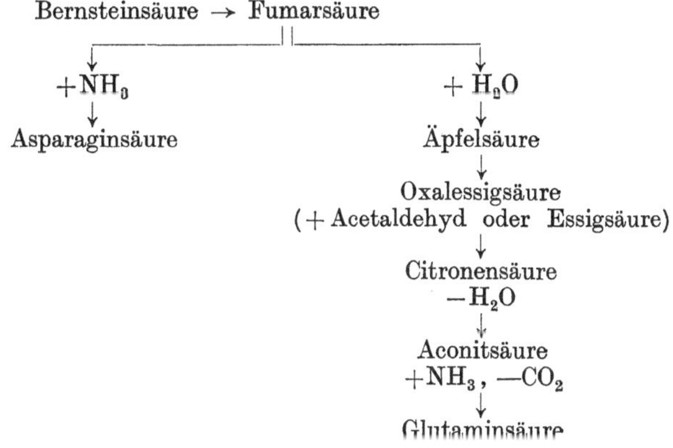

Andere Aminosäuren, wie Glykokoll oder Alanin, sollen sodann auch aus Asparaginsäure oder Glutaminsäure entstehen.

[1] DAKIN: J. Biol. Chem. **52**, 183 (1922); **59**, 11 (1924).
[2] QUASTEL u. Mitarbeiter: Bioch. J. **18**, 365, 519 (1925); **19**, 304 (1925).
[3] CLUTTERBUCK: Bioch. J. **21**, 512 (1927); **22**, 1193 (1928).
[4] ALWALL: Skand. Arch. Phys. **54**, 11 (1928).
[5] QUASTEL u. WOOLF: Bioch. J. **20**, 545 (1926).
[6] WOOLF: Bioch. J. **23**, 472 (1929) — C. **1930 I**, 538.
[7] VIRTANEN u. TARNANEN: Naturw. **19**, 397 (1931).
[8] VIRTANEN: A. Chem. Fenn. **6** 13 (1931) — C. **1931 II**, 588.

c) Der Abbau der Äpfelsäure.

Es scheinen hier zwei Wege realisiert zu sein, nämlich einerseits die direkte Decarboxylierung zu Milchsäure und andererseits die weitere Oxydation zu Oxalessigsäure:

$$\begin{array}{ccccc}
\text{COOH} & & \text{COOH} & & \text{COOH} \\
| & & | & & | \\
\text{CHOH} & & \text{CHOH} & & \text{C}:\text{O} \\
| & \leftarrow & | & \rightarrow & | \\
\text{CH}_3 & & \text{CH}_2 & & \text{CH}_2 \\
| & & | & & | \\
\text{CO}_2 & & \text{COOH} & & \text{COOH}
\end{array}$$

1. *Milchsäure.* Nach BRUGSCH und HORSTERS[1] wird durch Muskelbrei Bernsteinsäure über Fumarsäure in Äpfelsäure umgewandelt, die unter CO_2-Abspaltung Milchsäure ergibt, welche sodann weiter dehydriert werden kann. — Die auf diese Weise gebildete Milchsäure kann aber auch noch anderen Umwandlungen unterliegen. So fanden AUBEL[2] sowie QUASTEL[3], daß Ammonium-Succinat durch B. pyocyaneus unter Bildung von Propionsäure, Essigsäure und Ameisensäure abgebaut wird, was wohl zunächst die Dehydrierung der Bernsteinsäure zu Fumarsäure, deren Umwandlung in Äpfelsäure und den Abbau dieser zu Milchsäure zur Voraussetzung hat, worauf dann wohl analoge Prozesse stattfinden wie bei der Propionsäuregärung.

2. Die Bildung von *Oxalessigsäure* aus Äpfelsäure wurde durch HAHN und HAARMANN[4] bewiesen, indem sie zeigen konnten, daß Äpfelsäure durch gewaschenen Muskel in Gegenwart von Methylenblau unter Bildung von Oxalessigsäure dehydriert wird, die sie auch isolieren konnten. Demgemäß ist daher das Unvermögen der Äpfelsäure, als Wasserstoffacceptor zu fungieren, nicht allgemein, denn in Versuchen von QUASTEL und WHETHAM (3, S. 73) erwies sich dieselbe in Gegenwart von Methylenblau und B. coli nicht als Wasserstoffacceptor, wohl dagegen Fumarsäure, so daß die genannten Autoren eine direkte Oxydation der Fumarsäure annahmen, also ohne Hydratisierung derselben zu Äpfelsäure. Ebenso suchten REISTRICK und CLARCK[5] diesen Vorgang bei Aspergillus niger wahrscheinlich zu machen. Hinsichtlich der Oxydation von Fumarsäure und Äpfelsäure durch tierisches Gewebe s. auch BATELLI und STERN[6]. Die Dehydrierung der Äpfelsäure zu Oxalessigsäure findet sich anscheinend vielfach bei Mikroorganismen verwirklicht, doch kann das intermediäre Auftreten derselben meist nur aus der Bildung ihrer Zersetzungsprodukte erschlossen werden, so daß auf diese Vorgänge noch zurückzukommen sein wird.

Auch im System Äpfelsäure $\rightleftarrows$ Oxalessigsäure scheint ein Gleichgewichtszustand zu bestehen, und zwar in tierischem Gewebe nach DAKIN (1, S. 75), BATELLI und STERN (2, S. 74) sowie AHLGREEN[7] und weiterhin nach QUASTEL und WHETHAM (3, S. 73) auch bei ruhenden Bakterien.

d) Der Abbau der Oxalessigsäure.

Es scheinen hier alle drei Möglichkeiten des Abbaues realisiert zu sein, nämlich die β-Decarboxylierung unter Bildung von Brenztraubensäure, sodann die α-Decarboxylierung unter Bildung von Malonaldehydsäure und weiter Malonsäure und schließlich die Spaltung unter Bildung von Oxalsäure und Essig-

---

[1] BRUGSCH u. HORSTERS: Bio. Z. **164**, 271 (1925).

[2] AUBEL: C. r. **173**, 179 (1921).   [3] QUASTEL: Bioch. J. **18**, 365 (1924).

[4] HAHN u. HAARMANN: Z. Biol. **88**, 587 (1929).

[5] REISTRICK u. CLARCK: Bioch. J. **13**, 329 (1919).

[6] BATELLI u. STERN: Bio. Z. **31**, 478 (1911).

[7] AHLGREEN: Acta Med. Sland. **57**, 508 (1923).

säure. Weiterhin dürfte auch noch Reversibilität der Reaktion Äpfelsäure $\rightleftarrows$ Oxalessigsäure bestehen, wie bereits erwähnt wurde. Wir haben demgemäß folgende Vorgänge zu unterscheiden:

$$
\begin{array}{ccccc}
\text{COOH} & & & & \text{COOH} \\
| & & & & | \\
\text{CHOH} & & & & \text{CO} \\
| & & \text{COOH} & & | \\
\text{CH}_2 & \searrow\nearrow & | & \nearrow & \text{CH}_3 \\
| & & \text{CO} & & \text{CO}_2 \\
\text{COOH} & \searrow & | & \nearrow & \\
& & \text{CH}_2 & & \text{COOH} \\
\text{CO}_2 & \nearrow & | & \searrow & | \\
\text{COOH} & \nwarrow & \text{COOH} & \searrow & \text{COOH} \\
| & & & & \text{CH}_3 \\
\text{CH}_2 & & & & | \\
| & & & & \text{COOH} \\
\text{COOH} & & & &
\end{array}
$$

1. Bildung von *Brenztraubensäure*. NEUBERG und KARCZAG[1] konnten schon feststellen, daß Oxalessigsäure durch Carboxylase unter Bildung von *Acetaldehyd* und CO_2 gespalten wird, wobei die wohl intermediär auftretende Brenztraubensäure sofort weiter decarboxyliert wird. Dagegen scheint bei Aspergillus niger die Wirkung der β-Carboxylase stärker zu sein als die der α-Carboxylase, und so kommt es dabei zur Bildung von Brenztraubensäure. Denn im Falle der Beobachtung von SUBRAMANIAM, STENT und WALKER[2] über die Bildung von Brenztraubensäure neben Äpfelsäure bei der Einwirkung von Aspergillus niger auf Bernsteinsäure wird man wohl die Oxalessigsäure als Vorstufe der Brenztraubensäure anzusehen haben; WALKER und COPPOCK[3] konnten zeigen, daß A. niger Carboxylase produziert. Weiterhin zeigte QUASTEL[4], daß durch B. pyocyaneus auch Fumarsäure zu Brenztraubensäure abgebaut wird, ein Vorgang, der wohl in analoger Weise zu deuten ist. SUBRAMANIAM, STENT und WALKER (1, S. 73) weisen auch darauf hin, daß zwischen dem Abbau der Fettsäuren im Tierkörper und durch Pilze nahe Parallelen bestehen, und daß beim weiteren Abbau der Bernsteinsäure in beiden Fällen die gleichen Enzyme: Succinodehydrase, Fumarase und β-Carboxylase wirksam sind.

2. Für die Bildung von *Malonsäure* aus Äpfelsäure deuten SUBRAMANIAM, STENT und WALKER (1, S. 73) zwei Möglichkeiten an, und zwar entweder durch direkten Zerfall der Äpfelsäure oder durch Zerfall der primär entstehenden Oxalessigsäure, also gemäß dem Schema:

$$
\begin{array}{cccccc}
& & \text{COOH} & \text{CO}_2 & & \text{H}\cdot\text{COOH} \\
& & | & & & | \\
& & \text{CO} & \text{CHO} & & \text{COOH} \\
& & | & \rightarrow \;\; | & \text{oder} & | \\
\text{COOH} & \nearrow & \text{CH}_2 & \text{CH}_2 & & \text{CH}_2 \\
| & \diagup & | & | & & | \\
\text{CHOH} & & \text{COOH} & \text{COOH} & & \text{COCH} \\
| & & & & & \\
\text{CH}_2 & \searrow & \text{H}\cdot\text{COOH} & \downarrow & & \\
| & \searrow & | & & & \\
\text{COOH} & & \text{CHO} & \text{COOH} & & \\
& & | & \rightarrow \;\; | & & \\
& & \text{CH}_2 & \text{CH}_2 & & \\
& & | & | & & \\
& & \text{COOH} & \text{COOH} & &
\end{array}
$$

[1] NEUBERG u. KARCZAG: Bio. Z. **36**, 68 (1911).
[2] SUBRAMANIAM, STENT u. WALKER: Soc. **1929**, 2485.
[3] WALKER u. COPPOCK: Soc. **1928**, 805.
[4] QUASTEL: Bioch. J. **18**, 365 (1924); **23**, 472 (1929).

Doch ist eine direkte Bildung von Malonsäure aus Bernsteinsäure oder einem ihrer Abbauprodukte noch nicht verwirklicht worden. Nur der Befund von Aubel[1] über den Abbau von Asparagin zu Malonsäure und Ameisensäure durch B. pyocyaneus kann in der erwähnten Weise gedeutet werden, da hierbei der Weg wohl über Oxalessigsäure führt. Auf die Bildung von Malonsäure aus Citronensäure wird später noch einzugehen sein.

3. Hinsichtlich des Abbaus von Oxalessigsäure zu *Oxal- und Essigsäure* liegen gleichfalls noch keine direkten Untersuchungen vor, doch kann dieser Vorgang aus verschiedenen Befunden erschlossen werden. Hierauf ist jedoch erst später gelegentlich der Besprechung der Oxalsäuregärung näher einzugehen.

B. Die Citronensäuregärung.

Der hier zu besprechende Gärungsvorgang stellt sowohl hinsichtlich der Bedingungen als auch hinsichtlich seines Chemismus einen der schwierigsten Gärungsprozesse vor; jedem Eingeweihten ist wohl bekannt, mit welchen Schwierigkeiten man bei der Durchführung der Citronensäuregärung zu kämpfen hat und wie schwer es vielfach gelingt, zu ganz klaren, stets wieder realisierbaren Ergebnissen zu gelangen, was nicht zum geringsten auch mit der großen Variabilität der betreffenden Gärungserreger sowie mit dem Einfluß noch unbekannter Stimulatoren zusammenhängt, und andererseits werden die Schwierigkeiten, die sich der Erklärung des Chemismus des Prozesses entgegenstellen, bereits aus dem Vergleich der verzweigten C-Kette der Citronensäure mit der geraden C-Kette der Hexosen ersichtlich.

Im folgenden soll versucht werden, ein möglichst klares Bild der stattfindenden Vorgänge zu entwerfen, soweit dies die bisher vorliegenden experimentellen Befunde überhaupt gestatten, und zugleich soll auch der Darlegung der Bedeutung der einzelnen für die Citronensäurebildung maßgebenden Faktoren ein breiterer Raum eingeräumt werden. Wir werden hierbei sowohl innere als äußere Faktoren zu unterscheiden haben; zu den ersteren soll die Art der betreffenden Organismen gezählt werden, unter den letzteren werden wir jene Bedingungen zu verstehen haben, die gut säurebildenden Pilzen erst die Erzielung von Höchstausbeuten ermöglichen. In einem 3. Kap. soll dann auf das Wesen und den Chemismus des Säurebildungsprozesses näher eingegangen werden, und schließlich in einem 4. Kap. auf deren Abbau.

1. Die Citronensäuregärungserreger.
a) Die geeigneten Pilzarten.

Die Citronensäuregärung durch Pilze wurde zunächst besonders durch Wehmer[2] studiert. Er stellte fest[3], daß Citromyces Pfefferianus und C. glaber diese Umsetzung vollziehen, sodann berichtete er über zwei weitere citronensäurebildende Pilze, und zwar Penicillium luteum (von verschimmelten Eicheln), das nur geringes Säurebildungsvermögen besaß, und Mucor piriformis, dessen Säurebildungsvermögen größer, aber auch noch nicht bedeutend war[4]. Der Verfasser war der Meinung[5], daß die Bildung von Citronensäure in mehr als Spuren charakteristisch für die Gruppe Citromyces ist, dagegen die Oxal-

---

[1] Aubel: C. r. **173**, 179 (1921).

[2] Wehmer: Beitr. z. Kenntn. einh. Pilze. Nr 1. Hannover 1893.

[3] Wehmer: B. **27**, R. 448; C. **1893 II**, 457.

[4] Wehmer: Chem. Ztg **21**, 381, 1022 (1897); C. **1897 II**, 160; **1898 I**, 269.

[5] Wehmer: Lafars Handb. techn. Myk. **4**, 242 (Jena 1905/07).

säurebildung eigentümlich für Aspergillus niger[1]. Ebenso arbeiteten MAZÉ und PERRIER[2] bei ihren Untersuchungen mit vier verschiedenen Citromycesvarietäten, die sie von Säurelösungen isoliert hatten. BUCHNER und WÜSTENFELD[3] fanden bei ihrer Arbeit über Citronensäuregärung den Citromyces citricus von MAZÉ und PERRIER besonders wirksam; ferner verwendeten sie auch einen weiteren Citromyces, den sie von einer verschimmelten Apfelsine isolierten.

Nach WEHMER[4] treten säurebildende Pilze mit Vorliebe auf Substraten auf, die bereits freie Säuren enthalten („säureliebende Pilze"); neben einigen Penicillium-Arten gehören hierher besonders die Citromyces-Arten, Asp. niger u. a. Der Verfasser untersuchte eine ganze Anzahl von Pilzen verschiedener Herkunft vergleichend kulturell und mikroskopisch. Dies führte zu dem Ergebnis, daß offenbar in der Pilzgattung Citromyces eine Gruppe von Formen vorliegt, bei deren Unterscheidung mikroskopische Merkmale fast ganz versagen und daher die kulturelle Untersuchung erforderlich ist. Von den 5—6 verschiedenen Arten, die der Verfasser als verschiedene Spezies ansieht, waren einige außer durch die Citronensäurebildung auch noch durch andere Eigenschaften charakterisiert, so z. B. der Citromyces Tollensianus durch seine äußere pigmentlose Beschaffenheit; eine andere Art erwies sich als sehr widerstandsfähig gegen starke Säurelösungen, z. B. gegenüber einer gesättigten (10proz.) Oxalsäurelösung. Citromyces Pfefferianus erwies sich noch nach 15jähriger Aufbewahrung als lebensfähig. Zwei weitere Citromycesarten isolierte sodann WEHMER[5] aus einer Oxalsäurelösung sowie aus einer Flüssigkeit, die 0,5% freie Schwefelsäure enthielt und zur Hydrolyse von Baumwolle gedient hatte.

Die Anschauung, daß die Citronensäuregärung insbesondere für die Citromycesarten charakteristisch ist, wurde längere Zeit beibehalten, bis 1913 ZAHORSKI[6] Citronensäurebildung durch Sterigmatocystis nigra nachweisen konnte; er arbeitete dabei mit einigen sehr ungewöhnlichen Kulturen von Aspergillus niger, und THOM und CURRIE[7] konnten Citronensäurebildung bei vielen Kulturen von Aspergillus niger feststellen. CURRIE[8] beschäftigte sich sodann eingehend mit der Citronensäurebildung durch Aspergillus niger und fand, daß gut ausgewählte Aspergillus niger-Kulturen jeder bis dahin beschriebenen Citromyceskultur überlegen sind. Dieser Autor fand auch, daß keine der untersuchten Kulturen unter allen Bedingungen nur Citronensäure oder nur Oxalsäure bilden würde.

In Versuchen BUTKEWITSCHs[9] bildeten verschiedene Citromycesstämme und zwei Penicilliumarten Citronensäure, nach einer späteren Mitteilung[10] auch Penicillium glaucum bei relativem N-Mangel in Gegenwart von $CaCO_3$, jedoch weniger als Aspergillus niger, was mit der stärkeren Fähigkeit des ersteren die gebildete Säure zu CO_2 zu verbrennen, im Einklang steht. Die Einteilung der Pilze in zwei physiologische Gruppen, nämlich Citronensäure- und Oxalsäuregärer muß daher auch nach diesem Autor aufgegeben werden. Nach BUTKEWITSCH[10] bildet Aspergillus niger Citronensäure auch schneller und reichlicher als Citromyces glaber unter gleichen Bedingungen. FALCK und VAN BEYMA[11]

---

[1] Später gab derselbe eine neue Charakterisierung [siehe B. 57, 1659 (1924)].
[2] MAZÉ u. PERRIER: C. r. 139, 311 (1904) — Ann. Past. 18, 553 (1904).
[3] BUCHNER u. WÜSTENFELD: Bio. Z. 17, 395 (1909).
[4] WEHMER: Ch. Z. 33, 1281 (1909); C. 1910 I, 372.
[5] WEHMER: Ch. Z. 37, 37 (1913); C. 1913 I, 829.
[6] ZAHORSKI: U.S.P. 1, 066, 358, Juli 1913.
[7] THOM u. CURRIE: J. Agric. Res. 7, 1 (1916).
[8] CURRIE: J. Biol. Ch. 31, 15 (1917).   [9] BUTKEWITSCH: Bio. Z. 131, 327 (1922).
[10] BUTKEWITSCH: Bio. Z. 136, 224 (1923).
[11] FALCK u. VAN BEYMA: B. 57, 915 (1924).

konnten Citronensäure bei fast allen als Säurebildner überhaupt in Betracht kommenden Arten von Aspergillus, Citromyces und Penicillium nachweisen. In neuerer Zeit berichteten Schaposchnikow und Manteufel[1] über Citronensäurebildung durch eine thermophile Art von Pen. arenarium nov. spez., dessen Optimum bei 40° liegt. Tamiya und Hida[2] stellten Citronensäurebildung bei vielen Aspergillusarten fest, besonders deutliche bei A. aureus Awamori und niger. Über Bildung von Citronensäure neben Bernstein-, Fumar-, Malein-, Wein- und Oxalsäure usw. mittels A. glaucus berichtet Sumiki[3].

b) Bedeutung der Art und Vorgeschichte der Pilzstämme.
(Charakterisierung der Pilzstämme.)
1. Die Auswahl gärtüchtiger Pilzstämme.

Nach Thom und Currie (7, S. 79) ist bei Aspergillus niger die Intensität der Säurebildung sehr verschieden, und zwar für die einzelnen Stämme oder Varietäten charakteristisch. Die morphologische Untersuchung zeigte, daß eine Reihe von sehr nahe verwandten Stämmen besteht, mit Unterschieden in den Größenverhältnissen einzelner Teile und in der Färbungsintensität der Sporen und Mycelien, ohne daß eine bestimmte Beziehung morphologischer Eigenschaften mit der Säurebildung ersichtlich erscheint. Die Bezeichnung Aspergillus niger behielten die Autoren für die ganze Gruppe bei, ohne jedoch auf die Färbung ausschlaggebenden Wert zu legen.

Currie (8, S. 79) sucht insbesondere auf Grund der Säureresistenz eine Auswahl gut Citronensäure bildender Pilzstämme durchzuführen. Er stellte fest, daß Aspergillus niger-Stämme, die morphologisch nicht unterschieden werden können, unter gleichen Bedingungen ganz verschiedene Resultate hinsichtlich der Säurebildung ergeben. Weiterhin zeigte er, daß Pilzstämme, die sich als sehr säureresistent erwiesen, also beim p_H-Wert 1,4 (erzeugt durch 0,168% Salzsäure, 0,75% Oxalsäure oder 20% Citronensäure) noch zu keimen und zu wachsen vermochten, sich auch als die besten Citronensäurebildner erwiesen.

Im Gegensatz zu dieser Methode zur Auswahl geeigneter Pilzstämme werden dieselben nach Falck und van Beyma (11, S. 79) in prinzipiell ganz anderer Art charakterisiert. Diese Autoren verstehen unter *Kapazität* der Säurebildung die gesamte Säuremenge, die von einem Pilz aus bestimmtem Substrat unter konstanten Bedingungen überhaupt gebildet wird, angegeben in Prozenten der theoretisch möglichen. Unter *Intensität* der Säurebildung wird deren Bildungsgeschwindigkeit verstanden, ausgedrückt durch den Quotienten aus der Kapazität und der Anzahl der Tage. Da die betreffenden Werte in Gegenwart von Calciumcarbonat ermittelt werden, und zwar in jenem Zeitpunkt, bei dem kein $CaCO_3$ mehr aufgelöst wird, ergibt sich daraus nur das gesamte Säurebildungsvermögen eines Pilzes, und nicht dessen Citronensäurebildungsvermögen allein. Diese Methode ist demnach wohl geeignet, zunächst gute Säurebildner im allgemeinen ausfindig zu machen; zur engeren Auswahl von Citronensäurebildnern muß jedoch die von Currie angewandte Methode herangezogen werden. Falck und Beyma bezeichnen als gute Säurebildner solche mit einer Kapazität von mehr als 25%, als mäßige mit einer von 10—20% und als schlechte solche mit weniger als 10%. Von Aspergillusarten gehören die schwarz, braun oder hellbraun gefärbten zu den guten, die meisten gelben oder hellgrünen zu den mittleren, die schwachgefärbten oder weißen zu den schlechten Säurebildnern. Die

---

[1] Schaposchnikow u. Manteufel: C. **1927 II**, 1712 — Trans. scient. chem. pharm. Inst. Moskau **1923**, Nr 5, 3, 28, 57.
[2] Tamiya u. Hida: C. **1930 I**, 2263.   [3] Sumiki: C. **1930 II**, 1089.

Intensität der Säurebildung nimmt nach den Autoren bei längerer Kultivierung auf kalkhaltigen Nährböden zu.

Nach BERNHAUER, DUDA und SIEBENÄUGER[1] geht man zwecks Auswahl gut Citronensäure bildender Pilzstämme am besten in der Weise vor, daß man zunächst durch Feststellung der Pilzentwicklung in einer normalen, aber etwa $^n/_{30}$—$^n/_{35}$ Salzsäure enthaltenden Nährlösung vom p_H 1,6 bis 1,7 eine allgemeine Auswahl der besten Citronensäurebildner trifft, die man nun speziell hinsichtlich ihres Citronensäurebildungsvermögens durch Entwicklung auf einer 15proz., die erforderlichen Nährsalze enthaltenden Zuckerlösung prüft. Es konnten auf diese Weise Pilzstämme aufgefunden werden, die 70—80% an Citronensäure aus Zucker zu bilden vermochten.

2. Die Variabilität des Gärvermögens und die „Degeneration" der Pilze.

Nachdem bereits WEHMER[2] auf die starke Variabilität des Gärvermögens hingewiesen hatte, wurde sodann vielfach über die Bildung von Mutanten während der weiteren Kultivierung berichtet, die sich morphologisch oder physiologisch von der Ausgangsform vielfach sehr stark unterschieden. So berichtet SCHIEMANN[3] über die Entstehung von Aspergillus niger - Mutanten durch Kultivierung in Gegenwart verschiedener chemischer Substanzen oder bei hoher Temperatur (40—45°); dieselben wurden jedoch hinsichtlich der Säurebildung nicht näher untersucht. Weiterhin geht aus der Untersuchung von BRENNER[4] hervor, daß die Temperatur, bei der die Pilze gezüchtet und dauernd aufbewahrt werden, einen wesentlichen Einfluß auf die Ausbildung neuer Rassen ausübt. Sodann erhielt SCHRAMM[5] bei fortgesetztem Weiterzüchten eines normalen Aspergillus niger auf Agar-Agar einen degenerierten Pilz, der nur ein sporenloses, graues Mycel bildete, wobei die submersen Teile Sproßzellen enthielten. Bei der stoffwechselphysiologischen Untersuchung dieses Pilzes durch WEHMER[6] zeigte sich, daß derselbe das Vermögen zur Bildung von Citronen- oder Oxalsäure aus Zucker verloren hatte und nur in geringer Menge eine nicht identifizierte Säure mit leicht löslichem Kalksalz (wohl Gluconsäure) bildete.

Abgesehen von diesen Degenerationserscheinungen, die zumeist auf gewaltsame äußere Maßnahme zurückzuführen sind und mit einer morphologischen Degeneration Hand in Hand gehen, wurden „Degenerationen" der Pilze bekannt, bei denen eine morphologische Veränderung nicht oder nur in sehr geringem Ausmaße stattfindet, wogegen die physiologischen Veränderungen sehr stark ausgeprägt sein können. So berichtete z. B. WEHMER[7] über die Degeneration des von ihm aufgefundenen und untersuchten Aspergillus fumaricus, der ursprünglich zu reichlicher Fumarsäurebildung aus Zucker befähigt war und nach der Laboratoriumsfortzüchtung während einiger Jahre nur Gluconsäure und Oxalsäure, aber keine Fumarsäure mehr bildete. Weiterhin erwies sich ein relativ guter Citronensäurebildner bei Untersuchungen BERNHAUERS[8] nach fortgesetzter Laboratoriumszüchtung als physiologisch stark verändert, indem derselbe sein Vermögen zur Citronensäurebildung fast gänzlich eingebüßt hatte. Das gleiche war der Fall bei einem von BUTKEWITSCH verwendeten sehr kräftigen Citronensäurebildner, der Citronensäure bis zu einer Ausbeute von fast 85% zu bilden

[1] BERNHAUER, DUDA u. SIEBENÄUGER: Bio. Z. **230**, 475 (1931).
[2] WEHMER: Lafars Handb. d. Mykol. **4**, 248 (1906).
[3] SCHIEMANN: Z. f. indukt. Abst. u. Vererbungslehre **8**, 1 (1912).
[4] BRENNER: C. Bact. II **40**, 575 (1914).   [5] SCHRAMM: Mykol. Zbl. **5**, 20 (1915).
[6] WEHMER: C. Bact. II **49**, 145 (1919).   [7] WEHMER: Bio. Z. **197**, 418 (1928).
[8] BERNHAUER: Bio. Z. **197**, 306 (1928).

vermochte und der sein Vermögen zur Citronensäurebildung gleichfalls fast völlig eingebüßt hatte[1]. Ähnlich verhielt es sich mit einem von CHALLENGER untersuchten Aspergillus niger-Stamm, der sein Vermögen zur Bildung von Zuckersäure aus Glucose oder Gluconsäure, oder zur Umwandlung von Zuckersäure in Citronensäure gleichfalls bei der Kultivierung im Laboratorium einbüßte[1]. Die einzelnen Faktoren für derartige „Degenerationen" von Pilzen in ihren physiologischen Eigenschaften sind noch durchaus nicht klar.

3. Aufzüchtung von Pilzen und Konstanterhaltung des Gärvermögens.

BUCHNER und WÜSTENFELD (3, S. 79) gelang es, eine alte Kultur von Citromyces Pfefferianus bereits durch einmaliges Umzüchten auf stickstoffarmer und zuckerfreier Nährlösung aus grünen Bohnen, der bis zu 20% Citronensäure zugesetzt worden war, zu stärkerer Citronensäurebildung anzuregen. Dagegen blieb eine wiederholte Umzüchtung auf einer mit wenig freier Citronensäure versetzten stickstoffarmen Nährlösung aus grünen Bohnen und 10% Zucker ohne Erfolg. Ebenso setzte mehrmaliges Kultivieren in stark citronensäurehaltiger Bierwürze nur die Wachstumsfähigkeit der Organismen auf neutralen Lösungen sehr herunter. Nach PROVEDI[2] verlieren Citromycesarten (unter der Spezies Pen. Pfefferianum vereinigt) auf glucosehaltigem Nährboden das Vermögen zur Citronensäuregärung, gewinnen es aber wieder nach Überimpfung auf Citronensäure oder Citronenböden.

THOM und CURRIE (7, S. 79) stellten bei Aspergillus niger-Arten fest, daß die Züchtung auf verschiedenen Nährböden die Intensität der Säurebildung nicht wesentlich verändert, sondern daß diese charakteristisch ist für die einzelnen Stämme oder Varietäten. Auch nach eigenen Erfahrungen scheint bei Aspergillus niger eine Umzüchtung auf säurehaltigen Substraten keinen Effekt auf das Citronensäurebildungsvermögen der Pilze zu haben. Das Problem ist hierbei vielmehr die Konstanterhaltung des Säurebildungsvermögens der Pilzstämme, sobald man erst durch systematische Auswahl zu geeigneten Pilzen gelangt ist. Diesbezüglich sind aus der Literatur keine systematisch durchgeführten Beobachtungen ersichtlich. Im allgemeinen wird gemäß den sonstigen mykologischen Erfahrungen empfohlen, die Pilze, insbesondere nach dem Beginn der Sporenbildung, bei tiefen Temperaturen aufzubewahren. Weiterhin ist für die Konstanterhaltung von Wichtigkeit, die reifen Sporen nicht lange mit den Mycelien in Zusammenhang zu lassen, sondern dieselben in abgeerntetem Zustand aufzubewahren[3]. Allgemein anwendbare Vorschriften für die Konstanterhaltung des Gärvermögens lassen sich jedoch bisher noch nicht geben. Von Wichtigkeit ist jedenfalls, die Fortimpfung der Stammkulturen erst nach größeren Zeitabständen (etwa $\frac{1}{2}$ Jahr) durchzuführen, wie es ja auch bei der Erhaltung bakteriologischer oder mykologischer Sammlungen üblich ist.

4. Beziehungen zwischen Säurebildung und Sporifikation.

a) Allgemeine Gesetzmäßigkeiten über die Sporenbildung lassen sich noch nicht entwickeln; jedenfalls ist dieselbe abhängig vom Ernährungszustand, indem Sporenbildung vielfach insbesondere unter relativ schlechten Ernährungsbedingungen zu beobachten ist, doch verhalten sich hierbei auch verschiedene Pilzstämme recht verschieden, wie auch die Intensität der Sporenbildung innerhalb einer Pilzgruppe bei verschiedenen Stämmen derselben sehr stark variieren

---

[1] Nach Privatmitteilung sowie eigenen Feststellungen an dem übermittelten Pilz.
[2] PROVEDI: C. **1927 I**, 2086.
[3] Nach Privatmitteilung von FALCK sowie nach eigenen Erfahrungen.

kann. Von *spezifischen Einflüssen* auf die Sporifikation lassen sich 2 unterscheiden, und zwar:

α) *Metalle.* Nach MOLISCH[1] sollte die Gegenwart von Eisen für die Sporenbildung erforderlich sein, nach BENEKE[2] findet in manchen Fällen bei Abwesenheit von Eisen keine Sporenbildung statt, in anderen Fällen dagegen wieder sehr reichliche Sporifikation. In Gegenwart von Zink findet bekanntlich keine oder nur sehr geringe Sporenbildung statt. (Siehe auch CURRIE, 8, S. 79.) Dies zeigt sich auch deutlich bei Verwendung der zinkhaltigen Jenenser Glasgefäße, indem in diesen meist sporenlose Pilzdecken (Aspergillus niger) zur Entwicklung gelangen. Ferner gewinnt man vielfach den Eindruck, daß in alten, oft verwendeten Glasgefäßen geringere oder langsamere Sporenbildung stattfindet als in neuen Gefäßen; bei Zusatz von wäßrigen Extrakten aus Glaspulver wird die Sporenbildung angeregt (Beobachtungen bei Rhizopus nigricans). Nach WOLFF und EMERIE[3] braucht A. niger sowohl für das Wachstum wie für die Sporenbildung Kupfer, und zwar für das Wachstum wenigstens 0,2 γ, für die Sporenbildung wenigstens 0,3 γ pro 250 ccm Nährlösung. Für die Bildung schwarzer Sporen sollen 25 γ pro 250 ccm Nährlösung nötig sein.

β) Die *Reaktion der Kulturflüssigkeit* ist zweifellos von großem Einfluß auf die Sporenbildung, indem auf stark sauren Substraten die Sporenbildung zumeist sehr stark verzögert und vielfach sogar völlig gehemmt ist. Wird die Säure abgestumpft, so findet alsbald Sporifikation statt. Diesen Einfluß hat sowohl von vornherein zugesetzte Säure, als auch von den Pilzen selbst erzeugte Säure; daher findet man, daß gerade gute Säurebildner in den Anfangsstadien ihrer Entwicklung vielfach sporenfrei bleiben (falls nicht stimulierende Einflüsse vorhanden sind) und erst bei längerer Kulturdauer allmähliche Sporenbildung einsetzt. Dieses Merkmal kann auch bei der Auswahl guter Säurebildner von Wert sein.

b) Farbe der Sporen in Beziehung zum Gärvermögen der Pilze. Nach FALCK und VAN BEYMA (11, S. 79) gehören unter den Aspergillus niger-Arten die schwarz, braun und hellbraun gefärbten zu den guten, die meisten gelben oder hellgrünen zu den mittleren und die schwach gefärbten oder weißen zu den schlechten Säurebildnern; dies bezieht sich allerdings nur auf die Gesamtsäurebildung. Hinsichtlich der Citronensäurebildung selbst liegen keine eingehenderen Beobachtungen vor. In einer Patentbeschreibung von FERNBACH, YUILL und der ROWNTREE & Co.[4] findet sich die Angabe, daß Pilze mit braunen, braunschwarzen, purpurschwarzen und tiefschwarzen Sporen die besten Citronensäurebildner vorstellen. Nach eigenen Erfahrungen scheinen wohl die dunklen Aspergillus niger-Stämme die besten Citronensäurebildner zu sein, doch finden sich unter ihnen auch Pilze, denen das Vermögen zur Citronensäurebildung fast ganz abgehen kann und bei denen dann zumeist die Gluconsäurebildung stärker ausgeprägt ist.

c) Art und Intensität der Sporenbildung. Nach eigenen Beobachtungen findet bei starken Citronensäurebildnern Sporenentwicklung erst relativ spät statt (meist erst nach 8—10 Tagen, bei Verwendung von Glasgefäßen), da dieselbe, wie bereits erwähnt, durch die großen gebildeten Säuremengen gehemmt ist. Dies gilt natürlich nur dann, wenn sonstige Einflüsse, welche die Sporenbildung begünstigen, nicht vorhanden sind. — Weiterhin gewinnt man vielfach den Eindruck, als ob die guten Citronensäurebildner meist hochgestielte

---

[1] MOLISCH: Sitzber. Ak. Wiss. Wien **103**, 554 (1894).

[2] BENEKE: Jb. wiss. Bot. **28**, 487 (1895).

[3] WOLFF u. EMERIE: Bio. Z. **228**, 443 (1930).

[4] FERNBACH, YUILL u. ROWNTREE & Co.: E.P. 266415, 1925; s. auch F.P. 23 248/519 815.

Sporenträger besäßen, wogegen die niedrig anliegenden Sporenköpfchen für Gluconsäurebildner charakteristisch zu sein scheinen. Wieweit diesen Beobachtungen jedoch allgemeine Gültigkeit zukommen mag und wieweit die Sporenbildung selbst in morphologischer Hinsicht konstant erscheint, ist fraglich.

2. Äußere Faktoren der Citronensäurebildung.

a) Bedeutung der prinzipiellen Art der Pilzentwicklung.

Die Citronensäurebildung geht als echte Oxydationsgärung nur in Gegenwart reichlicher Sauerstoffmengen vor sich. WEHMER[1] stellte bereits fest, daß die Citromyceten ein hervorragendes Sauerstoffbedürfnis besitzen. Versuche mit Mucor piriformis zeigten, daß sich derselbe in Wasserstoffatmosphäre nicht entwickelt[2]. Evakuiert man nach BUCHNER und WÜSTENFELD (3, S. 79) die Kulturgefäße, nachdem Wachstum und Citronensäurebildung bereits kräftig eingesetzt haben, so wird weiter etwas Citronensäure und auch etwas Alkohol und CO_2 gebildet; dabei verschwindet ein beträchtlicher Teil des Pilzmycels. Es kommt demnach nur zu einer Selbstverzehrung des Pilzes, ohne Verarbeitung des Außenmediums.

Auch aus sonstigen Untersuchungen geht hervor, daß die Citronensäurebildung an die Gegenwart von Sauerstoff gebunden ist. In Zusammenhang mit der physiologischen Wirkung der Schimmelpilze findet deren natürliche Entwicklung bekanntlich auch nur auf der Oberfläche statt. Außerdem gelingt es auch, wie noch zu beschreiben sein wird, unter Anwendung von Luftzufuhr die Pilze auch im Inneren von Flüssigkeiten zur Entwicklung zu bringen.

1. Oberflächengärung auf flüssigem Nährboden. Bei dieser Form der Säuregärung gelangen die Pilzdecken auf ruhigen Flüssigkeitsoberflächen zur Entwicklung. Um eine stets gleichmäßige und rasche Entwicklung zu erzielen, muß für eine reichliche Impfung mit Pilzsporen gesorgt werden, wie auch von einer Anzahl von Autoren hervorgehoben wird. Zumeist wird hierbei mit stets gleichen Mengen Sporenemulsion geimpft und für eine gleichmäßige Verteilung der Sporen an der Oberfläche Sorge getragen. Nur eine rasche kräftige Pilzentwicklung gewährleistet ein sofortiges intensives Einsetzen der Citronensäurebildung. Auch sehr gute Citronensäurebildner erreichen unter Außerachtlassung dieser Maßregel verhältnismäßig keine besonders hohen Citronensäureausbeuten. Im allgemeinen haben wir bei der Oberflächengärung auf flüssigen Nährböden zwei Möglichkeiten zu unterscheiden, nämlich einerseits die Vergärung der ersten Kulturflüssigkeit, auf der die Pilzdecke zur Entwicklung gelangte, und andererseits die Verwendung fertiger Pilzdecken, wobei die erste Nährlösung abgegossen und durch eine zweite Kulturflüssigkeit von bestimmter Zusammensetzung ersetzt wird. Diese zweite Möglichkeit hat insbesondere methodischen Wert bei der Untersuchung des Säurebildungsprozesses und der dabei maßgebenden Faktoren. Auf die genauere Methodik und anschließende Fragen wird im methodischen Teil noch eingehender zurückzukommen sein.

Von sehr wesentlicher Bedeutung für den Gärverlauf ist auch ein richtiges Verhältnis zwischen Oberflächenausdehnung und Volumen, also die Schichthöhe der Lösung. Auch hierauf wird später noch des näheren zurückzukommen sein. Hinsichtlich des Tiefenwachstums der Pilze, also des Eindringens ins Substrat, teilt CURRIE (8, S. 79) mit, daß die Pilzdecken auf großen Flächen infolge ihrer wulstigen Struktur vielfach 5—6 cm tief in das Substrat eindringen und auf diese Weise dasselbe besser umzusetzen imstande sind, als

---

[1] WEHMER: C. **1893 II**, 457.　　[2] WEHMER: C. **1898 I**, 269.

dies durch Diffusion allein möglich wäre. In Kleinversuchen verwendete der gleiche Autor 50 ccm Flüssigkeit in 200 ccm-Erlenmeyerkolben. Nach eigenen Erfahrungen bewährt sich auch gut ein Volumen von 100 ccm in 300 ccm-Erlenmeyerkolben.

2. Oberflächengärung auf festem Nährboden. FALCK und VAN BEYMA THOE KINGMA (11, S. 79) meinen, daß die Anwendung der flüssigen Nährböden vorzugsweise den Methoden entnommen sind, die für die Kultur der Hefen ausgebildet wurden, und sind der Ansicht, daß dagegen die Fadenpilze als ausgesprochene Oberflächenbewohner zu ihrer natürlichen Entwicklung unbewegte Stützpunkte und eine möglichst große Oberfläche im Verhältnis zur Masse des Nährbodens brauchen. Die Autoren verwenden daher bei ihren Versuchen feste Agar-Nährböden, in die die Pilze nur etwa 1 cm tief eindringen. Die Autoren weisen auch darauf hin, daß in Substraten, die mit Hohlräumen hinreichend durchsetzt sind, Citronensäure in keinem erheblichen Ausmaße angereichert wird, da die Oxydation anscheinend schneller und vollständiger weiterschreitet. Weiterhin wurde festgestellt, daß die Säurebildung bei Anwendung gleicher Substrate, sowie der Verbrauch an Glucose und das Erntegewicht etwa proportional der Oberflächenvergrößerung ansteigen. Die Säurebildung ist demnach innerhalb gewisser Grenzen proportional dem Oberflächenfaktor (Verhältnis von Oberfläche zum Substratvolumen). Bei technischen Versuchen verwendete FALCK[1] feste Nährböden, wie Mehl oder sonstige stärkehaltigen Stoffe; praktische Bedeutung scheint dies jedoch nicht zu besitzen. Bei der Entwicklung von Pilzen auf festen Nährböden, z. B. bei der Herstellung von Takadiastase wird die Impfung durch Einblasen der Sporen vorgenommen, da sonst eine gleichmäßige Verteilung derselben schwer möglich ist.

3. Submerse Gärung unter Luftzufuhr. Nach einem Patent von BLEYER[2] wird die Citronensäuregärung durch ein Mycel durchgeführt, das im Inneren hoher Flüssigkeitsschichten (in Bottichen) zur Entwicklung gelangt, allem Anschein nach dadurch, daß beständig Luft durchgeleitet und weiterhin dauernd oder zeitweise gerührt wird, so daß es zu keiner Oberflächenentwicklung kommen kann. Dieses Verfahren soll insbesondere für die Durchführung der Gärung in Gegenwart von Calciumcarbonat Bedeutung haben. — Nach einer Patentanmeldung der KOHOLYT A.-G.[3] soll die Vergärung von Sulfitablaugen in ähnlicher Weise durchgeführt werden, indem die Pilze mittels Durchleitung von Luft oder Sauerstoff durch die Gärgefäße unterhalb der Flüssigkeitsoberfläche zur Entwicklung gelangen. Gelegentlich der Besprechung der technischen Verfahren der Citronensäuregärung wird hierauf eingehender zurückzukommen sein. AMELUNG[4] berichtete darüber, daß die Ausbeuten an Citronensäure bei Durchleitung eines Luftstromes, also bei Entwicklung der Pilze im Inneren der Flüssigkeit wesentlich schlechter sind als bei Anwendung von Pilzdecken, die an der Oberfläche zur Entwicklung kamen. — Wir selbst haben uns schon längst davon überzeugt, daß die submerse Pilzentwicklung, wie sie durch die Luftdurchleitung zustande kommt, für die Durchführung der Citronensäuregärung keinerlei Vorteile bietet; jedoch erscheint dabei vom morphologischen Standpunkte aus die Art der Pilzentwicklung sehr interessant.

b) Zusammensetzung der Kulturflüssigkeit.

1. Kohlenstoffquelle. Auf die Eignung der verschiedenen C-Quellen für die Citronensäurebildung wird erst gelegentlich der Besprechung des Chemismus

---

[1] FALCK: DRP. 426926, März 1926. [2] BLEYER: DRP. 434729, Okt. 1926.
[3] KOHOLYT A.-G.: Ausgelegt Januar 1927; versagt. [4] AMELUNG: Ch. Ztg **54**, 118 (1930).

der Citronensäuregärung eingehender zurückzukommen sein. Jedenfalls geht aus fast allen bisherigen Untersuchungen hervor, daß Rohrzucker als die geeignetste C-Quelle anzusehen ist und daher die höchsten Ausbeuten an Citronensäure liefert. Hinsichtlich der optimalen Konzentration liegen widersprechende Befunde vor. Nach Buchner und Wüstenfeld (3, S. 79) ist die Säurebildung durch Citromyces am intensivsten, wenn man 10—15% Glucose in einem Absud von weißen Bohnen verwendet. Nach Falck und van Beyma (11, S. 79) ist die optimale Konzentration bei verschiedenen Pilzarten sehr verschieden und kann selbst für die gleichen Arten verschiedene Grenzwerte annehmen. Herzog und Polotzky[1] erhielten mittels Citromyces bei Anwendung von 5—10% Glucose die höchsten Citronensäureausbeuten. Nach eigenen Erfahrungen kommt es zweifellos auf die Versuchsbedingungen an, vergärt man aber mit einem guten Citronensäurebildner erste Kulturflüssigkeiten, so kann das Ergebnis von Currie (8, S. 79) durchaus bestätigt werden, daß Zuckerkonzentrationen von etwa 15% als optimal anzusehen sind. Nach Kostytschew und Tschesnokov[2] erwies sich eine 20proz. Zuckerlösung als weitaus günstiger als niedrigere Konzentrationen. In 2,5- und 1proz. Zuckerlösungen trat überhaupt keine Citronensäurebildung mehr ein. Kotowski[3] fand, daß eine Abhängigkeit der Geschwindigkeit der Citronensäurebildung von der Zuckerkonzentration besteht, wobei sich gleichfalls 20% am günstigsten erwiesen und die Citronensäureausbeute nach 2 Tagen 65% des Zuckers erreichte bzw. vermutlich 90% am 10. Tag (?).

2. **Bedeutung der Stickstoffquelle.** *In qualitativer Hinsicht* scheint die N-Quelle von großer Bedeutung zu sein. Nach Buchner und Wüstenfeld (3, S. 79) ist bei Citromyces der von Mazé empfohlene Absud aus weißen Bohnen am geeignetsten (N-Gehalt 0,02%), während Bierwürze sowie künstlich bereitete anorganische Nährlösungen wenig günstig sind; bei den letzteren soll die durch Verbrauch des N-haltigen Anteils freiwerdende Mineralsäure die Säurebildung durch den Pilz hemmen, worauf auch andere Autoren hingewiesen haben. Nach Falck und Beyma (11, S. 79) sind für die Pilzernährung selbst die hochmolekularen Eiweißstoffe, besonders die Peptone, am geeignetsten, doch vermögen Aspergillus, Citromyces und Penicillium auch an organische Stickstoffquellen auszunützen, die für das Studium der Säurebildung besonders geeignet sind. Ein wesentlicher Unterschied zwischen Ammonsalzen und Nitraten ist nach den Genannten nicht vorhanden; sie verwendeten in der Regel Ammoniumnitrat. Ebenso wird Ammonnitrat von Currie (8, S. 79) und einer großen Anzahl anderer Autoren bevorzugt. Dagegen halten Kostytschew und Tschesnokov[2] Ammontartrat für die günstigste Stickstoffquelle für die Citronensäurebildung; nach eigenen Feststellungen liegt jedoch zweifellos keine Überlegenheit gegenüber dem Ammonnitrat vor.

In *quantitativer Hinsicht* sei zunächst auf die bereits von den ersten Entdeckern gemachte Beobachtung hingewiesen, daß die Pilze bei sehr üppigem Wachstum, also guter Ernährung mit Stickstoff keine oder nur sehr wenig Citronensäure zu bilden bzw. anzuhäufen vermögen. So weisen auch Herzog und Polotzky[1] auf die Abhängigkeit der Säurebildung vom N-Gehalt hin. Nach Butkewitsch[4] findet Citronensäurebildung ebenfalls vornehmlich bei relativem N-Mangel statt (0,1% Ammonsulfat oder Bohnenabsud nach Mazé), doch konnte der gleiche Autor[5] feststellen, daß A. niger auch bei

[1] Herzog u. Polotzky: H. **59**, 125 (1909).
[2] Kostytschew u. Tschesnokov: Planta **4**, 181 (1927).
[3] Kotowski: C. **1930 II**, 2000.   [4] Butkewitsch: Bio. Z. **131**, 327 (1922).
[5] Mazé: Bio. Z. **136**, 224 (1923).

N-Überschuß Citronensäure bildet, allerdings in geringerem Ausmaße. Nach FALCK und BEYMA (11, S. 79) ist es für die Säurebildung wesentlich, den Stickstoff nicht in der für das Wachstum optimalen Konzentration anzuwenden; am geeignetsten erwies sich 0,16 bis 0,32% Ammoniumnitrat entsprechend einer Stickstoffgabe von 0,056 bis 0,112%. CURRIE (8, S. 79) empfiehlt als optimal eine Nährlösung, die 12,5 bis 15% Rohrzucker und 0,2 bis 0,25% Ammonnitrat enthält. KOTOWSKI (3, S. 86) erhielt die besten Resultate bei Erhöhung des Ammonnitratgehaltes des CURRIEschen Nährbodens auf 0,5% und Zusatz kleiner Mengen Zinkchlorid. Nach BERNHAUER[1] ist die N-Quelle in quantitativer Hinsicht insofern von Einfluß, als in Gegenwart von Calciumcarbonat ein Zusatz von Ammonnitrat die Bildung von Citronensäure begünstigt, da die Gluconsäurebildung bzw. -anhäufung dadurch stark gehemmt oder ganz verhindert wird. Die Beobachtung, daß sehr üppig entwickelte Pilze besonders in Abwesenheit von $CaCO_3$ sehr wenig Säure bilden, konnte bestätigt werden. BERNHAUER schloß aus den oben mitgeteilten sowie noch anderen Befunden, daß die Citronensäurebildung in irgendeinem Zusammenhang mit dem Stickstoff-Stoffwechsel des Pilzes stehen müsse. KOSTYTSCHEW und TSCHESNOKOV (2, S. 86) suchten sodann den Zusammenhang der Citronensäurebildung mit der Stickstoffassimilation eingehender zu charakterisieren, worauf gelegentlich der Besprechung der Vorstellungen über das Wesen der Citronensäurebildung näher einzugehen sein wird. Sodann erhob SCHOBER[2] den wichtigen Befund, daß Citronensäurebildung erst durch Mycelien erfolgt, deren N-Gehalt über 2,5% beträgt.

3. Sonstige Nährsalze und Stimulatoren. Als sonstige Nährsalze zur Pilzentwicklung kommen vor allem Kaliumphosphat und Magnesiumsulfat in Betracht, die alle erforderlichen Elemente enthalten. Eine Gabe von 0,1% KH_2PO_4 und 0,02 bis 0,05% $MgSO_4$ ist jedenfalls ausreichend und wird auch zumeist angewendet. Nach Feststellungen von BERNHAUER[1], AMELUNG[3] sowie KOSTYTSCHEW und TSCHESNOKOV (2, S. 86) haben die Mineralsalze selbst keinen merklichen Einfluß auf den Säurebildungsprozeß, wie durch die Untersuchung der Einwirkung fertiger Pilzdecken auf reine Zuckerlösungen festgestellt wurde.

HERZOG und POLOTZKY (1, S. 86) weisen darauf hin, daß mitunter eine Beziehung zwischen der Säurebildung und der Konzentration an Phosphorsäure vorzuliegen scheint. Ebenso wird in manchen Patentschriften auf die Bedeutung reichlicher Phosphatmengen hingewiesen. Hinsichtlich dieses Einflusses s. auch BERNHAUER und WOLF[4].

Über den Einfluß von Wachstumsstimulatoren läßt sich sagen, daß die Gegenwart derselben in der Regel für die Säurebildung ungünstig ist, da durch dieselben zuviel Zucker für den Wachstumsprozeß verbraucht wird und so für die Säurebildung verlorengeht. WASSILJEW[5] untersuchte den Einfluß von Zinksulfat auf die Säurebildung in Aspergillus niger-Kulturen auf Zucker und stellte bei einigen A. niger-Arten in Gegenwart von Zinksulfat geringere Ausbeuten an Glucon- und Citronensäure fest, nur in einem Falle Zunahme der Citronensäuremenge.

BORTELS[6] wies bereits darauf hin, daß geringe Mengen mineralischer Bestandteile die Entwicklung einer Pilzkultur stark beeinflussen können. Nach WIJKMANN[7] ist die Beschaffenheit des Glases der Kulturgefäße von wesentlichem

[1] BERNHAUER: Bio. Z. **172**, 324 (1926).
[2] SCHOBER: Jb. f. wiss. Bot. **72**, 1 (1930).   [3] AMELUNG: H. **166**, 161 (1927).
[4] BERNHAUER u. WOLF: H. **177**, 271 (1928).   [5] WASSILJEW: C. **1931 I**, 2631.
[6] BORTELS: Z. Biol. Chem. **49**, 183 (1921) — Bio. Z. **182**, 301 (1927).
[7] WIJKMANN: H. **132**, 104 (1924) — A. **485**, 62 (1931).

Einfluß auf die Entwicklung der Pilze, indem in Gefäßen, die monatelang zu
Pilzkulturen verwendet worden waren, vielfach das Wachstum auf bestimmten
Nährlösungen nur sehr schwach ist. Nach eigenen Erfahrungen erhält man
sowohl sehr verschiedenes Wachstum als auch sehr starke Schwankungen in
den Citronensäureausbeuten, je nachdem, ob man frische Glaskolben verwendet,
oder solche, die bereits lange in Gebrauch gewesen waren.

c) Reaktion der Kulturflüssigkeit.

Allgemeine Bedeutung. Zur Abbindung der gebildeten Säure wurde vielfach
Calciumcarbonat verwendet, wodurch es zum Auskrystallisieren des relativ schwer
löslichen Ca-Citrates kommt. Nach FALCK und VAN BEYMA (11, S. 79) läßt sich
statt Calciumcarbonat auch Barium- oder Strontiumcarbonat gut verwenden,
ebenso nach anderen Autoren. Während nun BUCHNER und WÜSTENFELD (3, S. 79)
einen Zusatz von Calciumcarbonat zur Anhäufung größerer Citronensäuremengen bei Citromyces für unbedingt erforderlich halten, häuft sich nach BUTKE-
WITSCH[1] auch in Abwesenheit von $CaCO_3$ Citronensäure in freiem Zustande reichlich an, ohne daß sich Oxalsäure nachweisen ließ. Ferner erhielt CURRIE (8, S. 79)
in ersten Kulturflüssigkeiten ohne Zusatz von $CaCO_3$, also in saurer Lösung,
sehr hohe Ausbeuten an Citronensäure. Er suchte zu zeigen, daß die Neutralisierung viele Schwierigkeiten beinhaltet und völlig überflüssig ist, und daß sogar
der Prozeß rascher in einem sauren Medium verläuft als in Gegenwart von
Calciumcarbonat. Nach AMELUNG (3, S. 87) hat der Zusatz von Calciumcarbonat
keinen Einfluß auf die Citronensäureausbeute, solange noch Zucker vorhanden
ist, also stets neue Säure gebildet werden kann, da die Citronensäure schwer
angegriffen wird, solange bessere Nährstoffe zugegen sind. Nach Verbrauch des
Zuckers findet Zerstörung der angesammelten Säure statt, daher ist dann in
diesem Falle bei Anwesenheit von $CaCO_3$ mehr Citronensäure vorhanden. Nach
dem genannten Autor besteht der Unterschied gegenüber den Erfahrungen bei
der Oxal- und Milchsäuregärung, deren Ausbeute bekanntlich durch Zusatz von
$CaCO_3$ vervielfacht wird (WEHMER[2]), darin, daß diese Säuren bereits in relativ
geringen Konzentrationen (1%) den Fortgang des Gärprozesses hindern, während
Citronensäure bis weit über 6% angesammelt werden kann. Nach eigenen
Erfahrungen vermögen gute Citronensäurebildner in Abwesenheit von $CaCO_3$
Höchstausbeuten an Citronensäure zu liefern, wogegen relativ schlechte Citronensäurebildner in Abwesenheit von $CaCO_3$ wesentlich schlechtere Ausbeuten an
Citronensäure geben, als in Gegenwart desselben. Auch bereits in einer früheren
Arbeit BERNHAUERS[3] erwies sich die Citronensäurebildung in saurer Flüssigkeit als abhängig von der *Säureempfindlichkeit* des jeweils verwendeten Pilzstammes; das p_H-Maximum des Pilzes wirkt dabei auf die Säurebildung limi-
tierend. Nur bei Verwendung sehr kräftiger Citronensäurebildner wird daher
kein Unterschied zwischen Versuchen mit und ohne $CaCO_3$ zu beobachten sein.
Es kann daher auch der Fall vorkommen, daß ein sehr säureempfindlicher Pilz
in Gegenwart von $CaCO_3$ eine sehr intensive Citronensäurebildung zeigt, wie
z. B. bei BUCHNER und WÜSTENFELD (3, S. 79).

Spezielle Bedeutung des p_H. Nach BUTKEWITSCH[4] ist für den Grad der Anhäufung von Citronensäure in den Pilzkulturen auf Zucker bis zu einem gewissen
Grade die Acidität maßgebend; bei niedriger überwiegt die Gluconsäurebildung,
bei hoher die Citronensäurebildung. Die letztere findet daher stets erst später

---

[1] BUTKEWITSCH: Bio. Z. **136**, 224 (1923).
[2] WEHMER: Bot. Ztg. **1891**, 15.   [3] BERNHAUER: Bio. Z. **197**, 305 (1928).
[4] BUTKEWITSCH: Bio. Z. **154**, 177 (1924).

statt, nach der Vorsäuerung des Substrates. Weiterhin steht hiermit in Zusammenhang die relativ starke Anhäufung von Gluconsäure in Gegenwart von $CaCO_3$. Daß in diesem Falle trotzdem auch Citronensäure in reichlichen Mengen entsteht, erklärt sich durch Anhäufung der freien Säure in der oberen Schicht der Kulturflüssigkeit. Nach BERNHAUER[1] gelten diese Gesetzmäßigkeiten nur in beschränktem Umfange, und zwar findet auch in Gegenwart von $CaCO_3$ auch sofortige Citronensäurebildung statt, wenn entsprechende Stickstoffmengen anwesend sind, da dadurch die Gluconsäurebildung gehemmt wird. In sauren Kulturflüssigkeiten, also bei Abwesenheit von Neutralisationsmitteln, ist in Gegenwart von Stickstoff die Citronensäurebildung recht gering, es überwiegt dabei die vollständige Verbrennung des Zuckers. Wie aus den Untersuchungen BERNHAUERS weiterhin hervorgeht, findet bei alkalischer Reaktion fast nur Glucon- und besonders Oxalsäurebildung statt, während Citronensäure nur in sehr geringfügigen Mengen auftritt. KOSTYTSCHEW und TSCHESNOKOV bestätigen, daß bei saurer Reaktion vorwiegend Citronensäure, bei alkalischer dagegen vorwiegend Oxalsäure gebildet wird; bei neutraler beide Säuren.

In jüngster Zeit widmete FREY[2] der Aufklärung der Beziehung zwischen der Wasserstoffionenkonzentration und der Citronensäurebildung eine eingehende Untersuchung. Er fand, daß bei Citromyces glaber der Zusatz von Calciumcarbonat zur Lösung günstig auf die Citronensäureanhäufung wirkt ($p_H = 3-4$), während ein p_H-Gebiet von 2, hervorgerufen durch Mineralsäure, die Säurebildung völlig unterdrückt. Auch bei Ansäuerung des Substrates durch Citronensäure (in Abwesenheit von Ca-Citrat) findet jedoch geringere Säurebildung statt. Bei A. niger erwies sich das p_H-Gebiet 2,0 am günstigsten für die Citronensäurebildung; dabei war es gleichgültig, ob diese (H') durch freiwerdende Mineralsäure, zugesetzte Mineralsäure oder Citronensäure hervorgerufen wurde. Dies steht auch in Übereinstimmung mit den Ergebnissen von BERNHAUER und WOLF (4, S. 87) sowie FERNBACH[3]. Nach FREY[2] soll bei Versuchen, die den Zweck haben, eine möglichst hohe Ausbeute an Citronensäure zu erhalten, so vorgegangen werden, daß die Abscheidung der Citronensäure durch Calciumcarbonat nur teilweise vorgenommen wird, um den p_H-Wert nicht unter 3,0 sinken zu lassen. Nach eigenen Erfahrungen gelten diese Befunde jedoch auch nicht bei allen A. niger-Stämmen, sondern nur bei relativ guten Citronensäurebildnern. Andere verhalten sich ähnlich den Citromycesarten. Ferner stellte FREY fest, daß der Abfall des p_H-Wertes von etwa 5 auf 2, verbunden mit einer hohen relativen Ausbeute, innerhalb der ersten 3 Tage erfolgt. Innerhalb der ersten 12—24 Stunden findet eine Minderung der Wasserstoffionenkonzentration statt, und zwar teilweise in Zusammenhang mit der Umwandlung des anorganischen Phosphates in organisches (Zuckerphosphorylierung).

d) Verlauf des Gärprozesses (Temperatur und Gärdauer).

WEHMER[4] beobachtete bereits, daß die Säuremenge in den Pilzkulturen dauernd ansteigt auf etwa 4% und darüber, ohne daß der Fortschritt der Pilzentwicklung merklich · beeinträchtigt wird. Sodann verschwindet die Säure wieder relativ langsam, wobei die Temperatur wesentlichen Einfluß ausübt, und zwar ist bei niedriger Temperatur die Säurebildung recht langsam, während bei 15—20° eine wesentliche Beschleunigung stattfindet. Licht und Licht-

[1] BERNHAUER: Bio. Z. **172**, 324 (1926).
[2] FREY: Arch. f. Mikrobiol. **2**, 272 (1931).
[3] FERNBACH: F.P. 266414 u. 266415.   [4] WEHMER: C. **1893 II**, 457.

abschluß haben nach dem Autor keinen Einfluß auf die Säurebildung. BUCHNER und WÜSTENFELD (3, S. 79) empfehlen bei Citromyces etwa 20°; die Säurebildung verläuft nach ihnen am intensivsten zwischen dem 10. und 14. Tag, und das Maximum der CO_2-Entwicklung fällt zwischen 7. und 11. Tag.

Nach THOM und CURRIE (7, S. 79) findet sich in jungen Kulturen bei Asp. niger mehr freie Citronensäure als Oxalsäure; in alten findet Ausgleich statt und sogar Überwiegen des Gehaltes an Oxalsäure. Nach BERNHAUER (1, S. 89) wird bei tiefer Temperatur stets relativ mehr Glucon- und weniger Citronensäure gebildet; das Optimum der Citronensäurebildung lag zwischen 30° und 35°. In Versuchen AMELUNGs erfolgte die schnellste Säurebildung bei 34—36°, also beim Wachstumsoptimum des Pilzes. Unter 5° und über 50° erfolgte weder Pilzwachstum noch Säuerung. Bei niedrigeren Temperaturen (20°) findet bessere Anhäufung von Citronensäure statt, da sie hierbei langsamer verbraucht wird. In Versuchen von PROVEDI[1] erschien bei Verwendung von Citromycesarten Citronensäure erst nach 14 Tagen, bei Alkalisierung des Milieus mit $^n/_{10}$ Natronlauge nach 10 Tagen; die verwendeten Säurebildner waren allem Anschein nach sehr schlecht. Bei Anwendung guter Citronensäurebildner geht der Prozeß nach eigenen Erfahrungen am besten bei 33—34° vor sich und ist nach etwa 10 bis 14 Tagen beendet, d. h. hat seinen Höhepunkt erreicht; natürlicherweise kommt es dabei sehr auf die Schichthöhe an, bei ganz geringen Schichthöhen kann der Prozeß auch nach wenigen Tagen bereits beendet sein. Nach KOTOVSKY (3, S. 86) gelingt es, durch Züchtung der Pilze bei relativ niedriger Temperatur (25°), Pilzkulturen zu gewinnen, die bei dieser Temperatur am besten arbeiten, was technisch von Bedeutung erscheint.

e) Bedeutung der Mycelentwicklung für die Säurebildung.

Die Bedeutung dieses Faktors läßt sich insbesondere durch die Einwirkung fertiger Pilzdecken auf reine Zuckerlösungen klarstellen. Mit fertigen Pilzdecken arbeiteten in systematischer Weise vornehmlich BERNHAUER, AMELUNG sowie KOSTYTSCHEW und TSCHESNOKOV, nachdem KOSTYTSCHEW[2] bereits früher, insbesondere bei Untersuchung des Stickstoff-Stoffwechsels der Pilze auf die prinzipielle methodische Bedeutung dieses Umstandes hingewiesen hatte. Mit der Feststellung des Einflusses der Art der Mycelentwicklung auf die Säurebildung in „zweiter Kulturflüssigkeit" hat sich insbesondere BERNHAUER beschäftigt. Es erwiesen sich hierbei insbesondere zwei Faktoren von Bedeutung, nämlich einerseits die Qualität und Quantität der Stickstoffquelle, die zur Entwicklung der Pilzdecken verwendet wird, und andererseits die Acidität der zur Entwicklung verwendeten Nährlösung. Im allgemeinen läßt sich sagen, daß die Citronensäurebildung bis zu einem gewissen Grad durch kräftige Pilzdecken intensiver ist als durch schwach entwickelte.

1. Bezüglich der *Stickstoffquelle* zeigte sich zunächst in *quantitativer Hinsicht*, daß Citronensäurebildung in Gegenwart von $CaCO_3$ erst bei Pilzdecken, die mit mehr als 0,02% Stickstoff zur Entwicklung gelangt waren, einsetzt und in Abhängigkeit von der zur Entwicklung verwendeten Stickstoffmenge weiterhin ansteigt. In *qualitativer Hinsicht* erwiesen sich insbesondere Nitrate für die Ausbildung von Pilzdecken mit starkem Vermögen zur Citronensäurebildung günstig.

Bei weiteren Versuchen erwies sich insbesondere Pepton als sehr schlecht geeignet. In sauren Kulturflüssigkeiten, also ohne Verwendung von $CaCO_3$,

---

[1] PROVEDI: C. **1927 I**, 2086.
[2] KOSTYTSCHEW: B. bot. Ges. **20**, 327 (1902) — Jb. wiss. Bot. **60**, 628 (1921) — H. **111**, 171 (1920).

kamen die Unterschiede in der Wirkung der einzelnen Stickstoffquellen nicht zur Geltung wegen der limitierenden Wirkung der p_H bei Verwendung eines relativ schlechten Citronensäurebildners.

Beim Vergleich verschiedener Stickstoffquellen in späteren Versuchen[1] erwiesen sich insbesondere Ammonnitrat und Harnstoffnitrat stark wirksam, etwas schwächer Kaliumnitrat, während die mittels Ammonsulfat, Ammonchlorid, Ammonphosphat, Harnstoff, Asparagin, Glykokoll und Pepton zur Entwicklung gebrachten Pilzdecken nur sehr geringe Citronensäurebildung zeigten. Weiterhin erwies sich anscheinend auch für die Entwicklung gut citronensäurebildender Pilzdecken Rohrzucker als weitaus wirksamer als andere C-Quellen.

Bei sehr guten Citronensäurebildnern scheint kein so deutlicher Effekt hinsichtlich der Qualität der Stickstoffquelle für die Entwicklung gut citronensäurebildender Mycelien vorzuliegen, wie auch aus den Versuchen Amelungs ersichtlich ist, der mittels Ammonsulfat als Stickstoffquelle zur Entwicklung der Pilzdecken sehr reichliche Citronensäurebildung erzielen konnte.

2. Die Entwicklung der Pilzdecken auf *säurehaltigem Substrat* hat nach Bernhauer und Wolf (4, S. 87) einen sehr wesentlichen Einfluß auf das Citronensäurebildungsvermögen derselben. So wurde durch die Entwicklung des Pilzmycels auf saurem Substrat vom p_H-Wert 2,8 bis 3,0 ($^n/_{25}$ bis $^n/_{50}$ Phosphorsäure, $^n/_{50}$ Salzsäure) dessen Citronensäurebildungsvermögen (in Gegenwart von $CaCO_3$) bei einzelnen Pilzstämmen in auffallendem Maße gesteigert. Zur Erklärung dieses Ergebnisses reicht die durch die Gegenwart der Phosphorsäure bedingte stärkere Mycelentwicklung nicht aus, da Salzsäure einen ähnlichen Effekt hinsichtlich der Säurebildung, nicht aber im Hinblick auf die Mycelentwicklung hervorrief. Bei einem Pilz, der an und für sich gut Oxalsäure bildete, wurde ein analoger Effekt hinsichtlich der Oxalsäurebildung erzielt.

3. Chemismus der Citronensäuregärung.
a) Zum Wesen des Vorganges.

Mazé und Perrier[2] glauben aus ihren Versuchen schließen zu können, daß die bei der Citronensäurebildung stattfindende „Atmungsverbrennung" die lebende Substanz selbst erfaßt, daß es sich hierbei also um eine indirekte Oxydation handelt. C und H sollen sich in diesem Falle ausnahmsweise auch in Form von Citronensäure und Oxalsäure von der lebenden Substanz abspalten, während sonst in der Regel als CO_2 und H_2O. Dazu ist nicht nur die Gegenwart von Sauerstoff und oxydierbarer Körper erforderlich, sondern auch eine Organisation in der lebenden Substanz. Der Vorgang soll hierbei der sein, daß der Zucker durch die Pilze unter dem Einfluß einer Zymase zu Alkohol und CO_2 gespalten und daß der Alkohol dem Plasma einverleibt wird; nach Erschöpfung des Stickstoffgehaltes findet ein proteolytischer Prozeß statt, unter Zerfall der alten Zellen und Abgabe von Stickstoff an die jungen Hyphen, wobei Bildung von Citronensäure stattfinden soll. Dieselbe soll daher als Produkt eines autolytischen Verdauungsvorganges, einer Dissimilation erscheinen. Versuche von Buchner und Wüstenfeld (3, S. 79), diese Vorstellung experimentell zu stützen, hatten keinen Erfolg. Weiterhin konnte der Befund von Mazé und Perrier, daß Citromyces aus Alkohol Citronensäure zu bilden vermag, von Herzog und Polotzky (1, S. 86) nicht bestätigt werden. Sodann zeigte Butkewitsch[3], daß

---

[1] Bernhauer: H. **177**, 104 (1928).
[2] Mazé u. Perrier: C. r. **139**, 311 (1903) — C. **1904 II**, 717.
[3] Butkewitsch: Bio. Z. **142**, 195 (1923) — Jb. wiss. Bot. **64**, 637 (1925).

für die Citronensäurebildung die verwendete C-Quelle von entscheidender Bedeutung ist; die Citronensäure ist nach demselben als Umwandlungsprodukt des Zuckers oder zuckerähnlicher Stoffe aufzufassen, und die Annahme der proteolytischen Herkunft derselben ist unberechtigt. Auch BUCHNER und WÜSTENFELD gelangten zur Vorstellung, daß die Citronensäure von einem synthetisch aus Zucker entstehenden Produkt abstammen müsse.

Alle bisherigen Versuche, die Citronensäurebildung aus Zucker enzymatisch zu verwirklichen, verliefen stets negativ. So gelang es BUCHNER und WÜSTENFELD nicht, gärwirksame Preßsäfte oder Acetondauerpräparate aus den Pilzen herzustellen. Nach AMELUNG ist die Säurebildung vorläufig als Funktion der lebenden Zelle aufzufassen, also an den Lebensvorgang gebunden und erlischt mit ihm. Versuche, die Citronensäuregärung auf zellfreiem Wege oder mittels Dauerpräparaten durchzuführen, verliefen erfolglos. Der Autor weist auch darauf hin, daß bei der Kompliziertheit des Vorganges wohl nicht mit einem einzelnen Enzym, sondern mit einem Komplex von Enzymen zu rechnen ist.

Nach BUTKEWITSCH soll die *Citronensäure ein intermediäres Produkt der Zuckerveratmung* sein. Der Autor steht auf dem Standpunkt, daß zwei physiologische Pflanzengruppen existieren; die eine Gruppe soll eine ausgesprochene Neigung zur alkoholischen Gärung besitzen und eine geringe Fähigkeit zur Säurebildung, die Vertreter der anderen Gruppe sollen schwache Gärungserreger, aber starke Säurebildner sein. Bei diesen Organismen soll die Zuckerveratmung nicht über die intermediären Produkte der alkoholischen Gärung, sondern durch eine direkte Oxydation über die Zwischenstufe der Carbonsäuren verlaufen. Dagegen vertritt KOSTYTSCHEW[1] die Ansicht, daß die wichtigsten Pflanzensäuren entweder Abbauprodukte der Aminosäuren oder (was meistenteils der Fall sein soll) Zwischen- bzw. Nebenprodukte bei der Synthese von Eiweißbausteinen aus Zucker darstellen, und also im Eiweißstoffwechsel entstehen. *Citronensäure* dürfte nicht ein Zwischen-, sondern ein *Nebenprodukt bei der Synthese von Eiweißbausteinen* sein, das im Eiweißstoffwechsel keine weitere Verarbeitung erfährt und als „mißlungener Baustein der Eiweißstoffe" auf oxydativem Weg zerstört wird. Obwohl also die Citronensäure zweifellos aus Zucker hervorgeht, beweist nach KOSTYTSCHEW und TSCHESNOKOV diese Tatsache allein nicht die Anteilnahme der Säure am Atmungsvorgang, da die Zuckerverarbeitung sowohl im respiratorischen Stoffwechsel als auch beim Vorgang der Eiweißsynthese stattfinden kann. Die genannten Autoren suchen ihre Ansicht durch eine Anzahl von Gründen zu stützen. So weisen sie darauf hin, daß in jungen, intensiv wachsenden Kulturen von A. niger weder Bildung noch Verbrauch von Citronensäure stattfindet, was nach ihrer Ansicht dagegen spricht, daß die Citronensäure ein intermediäres Produkt der normalen Sauerstoffatmung darstellt, da Atmung stets vor sich geht und daher sonst Citronensäure auf allen Entwicklungsstufen sämtlicher, auf Zucker gezogener Kulturen erzeugt werden müßte. Da Citronensäureverbrauch in Gegenwart einer ausreichenden Zuckermenge überhaupt nicht stattfindet, spricht dies nach Ansicht der Autoren gegen die Anteilnahme der genannten Säure am Vorgang der normalen Zuckerveratmung. Die Versuche, aus denen die Schlußfolgerungen gezogen werden, sind jedoch vielfach durchaus nicht überzeugend. Daß Citronensäure nicht sofort auftritt, kann darin seinen Grund haben, daß zunächst Gluconsäure gebildet wird, und erst später (bei entsprechendem p_H) auch Citronensäure; dieser Punkt bildet also durchaus keine Stütze für die Ansicht der Autoren.

---

[1] KOSTYTSCHEW: Pflanzenatm. **1924**, 135 — Pflanzenphys. **1**, 409 (1926). — KOSTYTSCHEW u. TSCHESNOKOV: 2, S. 86.

Auf eine Beziehung der Citronensäurebildung zum Stickstoff-Stoffwechsel hatte schon BERNHAUER (1, S. 87) hingewiesen bzw. auf einen innigen Zusammenhang mit dem allgemeinen Stoffwechsel des Pilzes. KOSTYTSCHEW und TSCHESNOKOV (2, S. 86) suchen den Zusammenhang der Citronensäurebildung mit der N-Assimilation in folgender Weise zu charakterisieren: Während der Stickstoffassimilation findet keine Citronensäurebildung statt. In alten Kulturen wird nach Abschluß der Eiweißsynthese und der Zellvermehrung auch die Citronensäurebildung eingestellt. Wenn nun bei jungen Kulturen die Nährlösung in der Periode intensiver Stickstoffassimilation durch N-freie 10—20proz. Zuckerlösung ersetzt wird, findet reichliche Citronensäurebildung statt. Ist jedoch der Pilz durch Anwendung abnorm hoher N-Gaben mit Stickstoff gesättigt, und zwar vor der Einstellung des Wachstums, so findet Citronensäurebildung auch in Gegenwart erheblicher Stickstoffmengen statt. Wird in alten Kulturen durch Zusatz geringer Mengen eines Stickstoffsalzes die Eiweißsynthese wieder in Gang gebracht, so wird auch alsbald nach Erschöpfung des Stickstoffs Citronensäurebildung eingeleitet. Alle Beobachtungen, aus denen diese Schlußfolgerungen gemacht wurden, beziehen sich auf Versuche in Abwesenheit von Neutralisationsmitten und lassen auch andere Deutungsmöglichkeiten offen. So ist es doch durchaus nicht verwunderlich, daß Citronensäurebildung nur bei großem Zuckerüberschuß in erheblichen Mengen gebildet wird, da ja nach EFFRONT[1] auch Hefe keinen Alkohol bildet, wenn man ihr die Nahrung nur je nach Bedarf zuführt; dabei bildet sie nur CO_2 unter beträchtlicher Vermehrung. Weiterhin sei auf die Einwände SCHOBERS[2] gegenüber der Vorstellung KOSTYTSCHEWS verwiesen. SCHOBER gelangte wiederum zur Ansicht, daß die Bildung der Citronensäure auf einen Desaminierungsprozeß zurückzuführen ist, ohne jedoch genügend überzeugende Gründe hierfür angeben zu können. Jedenfalls erscheint es schwer verständlich, daß die vielfach sehr großen Citronensäuremengen, wie sie durch geeignete Pilze tatsächlich gebildet werden, den Weg über Eiweiß bzw. über die Desaminierung von Spaltprodukten desselben nehmen sollen. Ebenso gelangte BEHR[3], der sich mit den autolytischen Prozessen bei A. niger eingehend beschäftigte, zur Auffassung, daß die Schlußfolgerung SCHOBERS über die Herleitung der Säuren aus einem Desaminierungsprozeß unberechtigt erscheint.

Hinsichtlich der Bedeutung der Bildung von Citronensäure usw. in höheren Pflanzen gelangte VIRTANEN (8, S. 75) zur Anschauung, daß die Fumarsäure wie die Citronensäure Baustoffe von Aminosäuren vorstellen; wenn bei späteren Entwicklungsstadien der Pflanzen die Eiweißsynthese geschwächt ist, soll es zur Anhäufung von Bernsteinsäure, Fumarsäure, Äpfelsäure und Citronensäure kommen.

CHRZASZCZ und TIUKOW[4] schließen, daß die Citronensäureanhäufung in keinem Zusammenhang mit der Eiweißbildung stehen könne, da Erhöhung der Konzentration an gebotenen Aminosubstanzen günstig auf die Citronensäureanhäufung wirkt. In einer neueren Mitteilung[5] stellen die genannten Autoren zwar fest, daß auch aus Pepton Citronensäure gebildet werden kann, doch läßt sich dieser Vorgang mit einem primären Abbau des Peptons in Essigsäure wohl zur Genüge erklären.

b) Substrate der Citronensäuregärung.

Schon BUTKEWITSCH[6] hatte darauf hingewiesen, daß die Citronensäurebildung insbesondere an Zucker oder zuckerähnliche Stoffe geknüpft ist. Mit

[1] EFFRONT: C. Bact. II **73**, 117 (1928).   [2] SCHOBER: Jb. f. wiss. Bot. **72**, 1 (1930).
[3] BEHR: Arch. f. Mikrobiol. **1**, 418 (1930).   [4] CHRZASZCZ u. TIUKOW: Bio. Z. **218**, 73 (1930).
[5] Privatmitteilung.   [6] BUTKEWITSCH: Bio. Z. **142**, 195 (1923).

der Feststellung der Eignung verschiedener C-Quellen haben sich sodann eine Anzahl von Autoren beschäftigt. Neben den älteren Feststellungen von HERZOG und POLOTZKY (1, S. 86) ergibt sich insbesondere aus den Untersuchungen von AMELUNG (3, S. 87) sowie BERNHAUER[1] ein quantitativer Vergleich der Eignung der verschiedenen C-Quellen für die Citronensäurebildung. Die betreffenden Ergebnisse sind in der nachfolgenden Tab. 7 zusammengestellt:

Tabelle 7.

| C-Quelle | HERZOG und POLOTZKY sauer Citromyces | AMELUNG (bei 34—36°) | | | | BERNHAUER (34—35°) mit CaCO₃ Asp. niger |
| | | sauer | | mit CaCO₃ | | |
		A. n. IV	A. n. II	A. n. IV	A. n. II	
Glucose	23,6 (6 W.)	36,3	—	37,1	22,3	24,6
Fructose	13,2 (6 „)	16,3	—	17,1 [2]	3,8 [2]	36,9
Mannose	16 (6 „)	19,0	—	7,5	3,4	5,6
Galaktose	8,1 (6 „)	4,2	—	3,8	0	1,8
Mannit	3,2 (6 „)	12,2	—	11,1 [2]	4,1 [2]	4,1
Rohrzucker	30,4 (5 „)	41,4	32,6	45,5	30,9	37,2
Maltose	50,5 (5 „)	37,6	—	41,0	23,9	13,2
Arabinose	5,8 (6 „)	12,0	—	5,3 [2]	2,7 [2]	5,4
Xylose.	11,4 (6 „)	20,5	—	11,6 [2]	5,4 [2]	12
Glycerose	—	26,4	—	15,0	8,4	23,9
Glycerin	26,8 (9 „)	23,0	—	25,6 [2]	10,6 [2]	20,3
Inulin	?	—	—	—	—	35,1

Bei den angeführten Versuchen AMELUNGS sind jeweils Höchstausbeuten berücksichtigt, bei Versuchen BERNHAUERS die Ausbeuten nach je 8 Tagen in zweiter Kulturflüssigkeit, die betreffenden Versuche geben also einen Vergleich der Intensität der Säurebildung nach gleichen Zeiten aus verschiedenen Substanzen.

Im Anschluß an diese Gesamtübersicht der geeigneten C-Quellen soll auf die einzelnen Substanzen näher eingegangen und zugleich ihre eventuelle Bedeutung für die Klärung des Chemismus der Citronensäurebildung besprochen werden.

1. Hexosen. Die Eignung der *Glucose* zur Citronensäurebildung ist schon lange bekannt, es erübrigt sich, die einzelnen Autoren, die Citronensäurebildung aus Glucose beobachteten, anzuführen. Jene Vorstellungen über den Chemismus der Citronensäuregärung, bei denen Gluconsäure als Zwischenprodukt angenommen wird, berücksichtigen nur Glucose als Ausgangsmaterial der Citronensäurebildung, da Gluconsäurebildung nur aus Glucose oder glucosehaltigen Stoffen beobachtet werden konnte.

Auch aus *Fructose* wurde Citronensäure bereits vielfach erhalten. Wie aus der obigen Tabelle hervorgeht sowie nach Feststellungen von BERNHAUER und WOLF (4, S. 87) ist die Citronensäurebildung aus Fructose sehr von dem jeweils verwendeten Pilzstamm abhängig. Bei der Untersuchung von 9 verschiedenen Aspergillus niger-Stämmen vermochte nur ein einziger relativ große Mengen von Citronensäure aus Fructose zu bilden, und zwar nach späteren Feststellungen auch nur in Gegenwart von CaCO₃, während ohne dasselbe die Säurebildung nur sehr geringfügig war.

Mannose erwies sich, wie aus der Übersicht hervorgeht, als relativ gut geeignet; *Galaktose* wurde recht allgemein als wenig geeignet zur Citronensäurebildung befunden, was mit deren schweren Angreifbarkeit bei der Hefegärung in Übereinstimmung steht.

2. Disaccharide. *Rohrzucker* erwies sich in den Versuchen von HERZOG und POLOTZKY (1, S. 86) als nicht so gut geeignet wie Maltose; im allgemeinen wurden

---

[1] BERNHAUER: Bio. Z. **197**, 309 (1928). [2] Bei 20—23°.

jedoch aus Rohrzucker die höchsten Ausbeuten an Citronensäure erhalten. Nach FERNBACH[1] werden die besten Ausbeuten dann erhalten, wenn die Inversion allmählich unter dem enzymatischen Einfluß vor sich geht und nicht durch Säurehydrolyse. Während MOLLIARD[2], der gleichfalls die Beobachtung machte, daß aus Rohrzucker am meisten Säure gebildet wird, dies auf beigemengte Verunreinigungen zurückführt, nehmen SCHMIDT[3] sowie BERNHAUER[4] an, daß die im Rohrzuckermolekül vorhandene und bei Inversion primär entstehende labile γ-Form der Fructose mit unbeständigem Sauerstoffring für die bevorzugte Überführung des Rohrzuckers in Citronensäure ausschlaggebend sei. KOTOWSKI (3, S. 86) fand gleichfalls höhere Citronensäureausbeuten bei Verwendung von Rohrzucker als mit Glucose oder Fructose, wobei er darauf hinwies, daß jedoch jeweils mindestens 40% der gebildeten Citronensäure aus Invertzucker und nicht aus Rohrzucker entstehen.

Maltose gab nach HERZOG und POLOTZKY (1, S. 86) relativ sehr hohe Ausbeuten an Citronensäure; nach anderen Autoren weniger. Nach ihrer Spaltung wird sie wohl in gleicher Weise wie Glucose verarbeitet.

Milchzucker wird nach HERZOG und POLOTZKY in geringem Ausmaße in Citronensäure verwandelt, in AMELUNGS Versuchen gaben mit Milchzucker angesetzte Kulturen schwache Reaktion auf Citronensäure. Der Autor nimmt dabei an, daß der Milchzucker nicht hydrolysiert, sondern langsam direkt angegriffen wird. WEHMER[5] erhielt mit Citromyces aus Milchzucker keine Citronensäure, ebensowenig BERNHAUER mit einem Asp. niger; die eventuelle Bildung anderer Säuren blieb dabei noch fraglich, gewisse Mengen CaO in den Kulturflüssigkeiten schienen aber auf solche hinzudeuten.

Raffinose gibt nach AMELUNG[6] geringe Mengen Citronensäure, wobei nur der Fructoseanteil verwertet wird und Melibiose zurückbleibt.

3. Pentosen. Außer den in Tabelle 7 genannten Autoren stellte auch BUTKEWITSCH[7] Citronensäurebildung aus *Arabinose* fest, erhielt aber bei Verwendung eines A. niger nur Spuren derselben. Auffallend ist, wie aus den Werten in obiger Tabelle hervorgeht, daß *Xylose* weitaus geeigneter erscheint als Arabinose. Hinsichtlich des chemischen Vorganges bei der Umwandlung von Pentosen in Citronensäure wird man sich vorstellen müssen, daß zunächst ein Zerfall unter Bildung von C_3-Ketten stattfindet, die sodann eventuell unter Bildung von C_6-Ketten wieder zusammentreten, worauf erst der eigentliche Vorgang der Citronensäurebildung einsetzen würde.

Anhangsweise soll hier auch die Verarbeitung der *Zuckeralkohole* besprochen werden. *Mannit* wurde in AMELUNGS Versuchen durch A. niger jap. relativ gut auf Citronensäure verarbeitet, durch andere Pilze schlecht. Auch BUTKEWITSCH erhielt durch einen A. niger nur Spuren von Citronensäure aus Mannit. *Dulcit* wurde von HERZOG und POLOTZKY untersucht, anscheinend mit negativem Ergebnis.

Nach SCHREYER[8] wurde durch einen Asp. fumaricus aus *Arabit* keine Citronensäure gebildet.

4. C_3-Verbindungen. Aus *Glycerose* (das verwendete Präparat von SCHUCHARDT enthält neben unverändertem Glycerin hauptsächlich Dioxyaceton) wurde Citronensäure von AMELUNG sowie BERNHAUER in annähernd gleichen Mengen wie aus Glycerin erhalten.

Glycerin. Außer von den in obiger Tabelle genannten Autoren wurde Citronensäurebildung aus Glycerin durch Citromycesarten von MAZÉ und PERRIER (2, S. 91)

---

[1] FERNBACH: E.P. 266415, 1925.   [2] MOLLIARD: C. r. **178**, 161 (1924).
[3] SCHMIDT: Bio. Z. **158**, 223 (1925).   [4] BERNHAUER: Bio. Z. **197**, 324 (1928).
[5] WEHMER: Ch. Z. **37**, 37 (1913).   [6] AMELUNG: H. **187**, 171 (1930).
[7] BUTKEWITSCH: Bio. Z. **142**, 195 (1923).   [8] SCHREYER: Bio. Z. **202**, 131 (1928).

beobachtet, ferner von WEHMER (5, S. 95), nach diesem fand der Prozeß nur in Gegenwart von $CaCO_3$ statt, wie auch bei der Einwirkung der beiden untersuchten Pilze auf andere C-Quellen. Bei der Verarbeitung von Glycerin beobachtete der genannte Autor die Bildung von FEHLINGsche Lösung reduzierenden Stoffen. Nach BUTKEWITSCH (7, S. 95) wird aus Glycerin sowohl durch A. niger wie durch Citromyces glaber Citronensäure gebildet, und zwar nicht nur in Gegenwart von $CaCO_3$, sondern auch ohne dasselbe. Dabei war die Anhäufung durch A. niger bedeutend geringer als aus Zucker, dagegen bildete C. glaber aus Glycerin mehr Citronensäure. Bei den Versuchen mit $CaCO_3$ fanden sich auch noch gewisse Mengen Calcium in den Kulturflüssigkeiten gelöst, in Versuchen BERN-HAUERs (1, S. 94) vielfach sogar recht erhebliche Mengen. In BUTKEWITSCHS Versuchen trat in den Kulturflüssigkeiten auch deutliche Reduktion von FEHLINGscher Lösung ein, was vielleicht mit der Bildung von Hexosen zusammenhängen mag. Über Bildung von Citronensäure aus Glycerin berichtete auch SCHREYER (8, S. 95).

5. Polysaccharide. Aus *Stärke* wurde in den Versuchen BERNHAUERs Citronensäure durch A. niger in nicht sehr erheblichen Mengen gebildet. Nach später gewonnenen Erfahrungen hängt die Intensität der Citronensäurebildung aus Stärke sehr von dem Spaltungsvermögen des jeweils verwendeten Pilzstammes ab. Das Stärkeverzuckerungsvermögen von Aspergillus niger scheint im allgemeinen nicht sehr groß zu sein.

Inulin wurde einmal von HERZOG und POLOTZKY untersucht, ohne Angabe des Ergebnisses; nach BERNHAUER ist dasselbe eine recht gute C-Quelle für die Citronensäurebildung, was allerdings nur bei einem einzigen Pilzstamm festgestellt wurde.

6. Gluconsäure. Nach FALCK und KAPUR (2, S. 15) tritt in den Pilzkulturen auf Glucose zunächst stets Gluconsäure auf, erst später unter Rückgang derselben auch Citronensäure. BUTKEWITSCH[1] erhielt bei Einwirkung von Aspergillus niger auf Gluconsäure keine Citronensäure, und schloß daraus, daß dieselbe bei der Citronensäurebildung aus Zucker kein Zwischenprodukt zu sein scheint. WEHMER[2] konnte sodann mittels verschiedener Pilze Bildung von Citronensäure aus Ca-Gluconat nachweisen; bei Verwendung eines ausgesprochenen Citronensäurebildners wurde nur eine kleine Menge Ca-Oxalat erhalten, bei Verwendung eines guten Oxalsäurebildners ließ sich meist nur Oxalat nachweisen. Dem genannten Autor erscheint es wahrscheinlicher, daß die Gluconsäure kein Zwischenprodukt bei der Bildung von Citronensäure (sowie Fumarsäure) vorstellt[3]. MOLLIARD[4] erhielt in Kulturen mit Ca-Gluconat keine Citronensäure, wohl aber Oxalsäure, und folgert daraus, daß Citronensäure direkt aus Rohrzucker gebildet werden müsse. SCHREYER[5] berichtete über die Bildung von Citronensäure aus 15proz. (?) Ca-Gluconatlösung mittels eines hellfarbigen Asp. fumaricus. AMELUNG (3, S. 87) weist darauf hin, daß intermediär auftretende Gluconsäure unter Bildung von Citronen- und Oxalsäure wieder verbraucht wird. Bei der direkten Verarbeitung von Ca-Gluconat selbst erhielt er bis zu 13,2% an Citronensäure aus der verbrauchten Gluconsäure, ohne daß Oxalsäure gebildet wurde. Ein anderer Pilz bildete nur ganz wenig Ca-Citrat, dagegen erhebliche Mengen Ca-Oxalat. BERNHAUER erhielt ursprünglich[6] durch einen bestimmten A. niger-Stamm aus Ca-Gluconat keine Citronensäure, berichtete später (1, S. 87) über positive diesbezügliche Ergebnisse und widmete dann der

[1] BUTKEWITSCH: Bio. Z. **154**, 177 (1924).   [2] WEHMER: B. **58**, 2161 (1925).
[3] WEHMER: B. **62**, 2672 (1929) — Bio. Z. **197**, 427 (1928).
[4] MOLLIARD: C. r. **192**, 313 (1931).   [5] SCHREYER: B. **58**, 2647 (1925).
[6] BERNHAUER: Bio. Z. **153**, 517 (1924).

Frage nach der Bildung von Citronensäure aus Gluconsäure eine eingehendere
Arbeit[1]. Bei der Untersuchung zur Entscheidung der Frage, warum aus Glucose
mehr Citronensäure gebildet wird als aus Ca-Gluconat selbst, zeigte sich, daß
fertige Pilzdecken zwar in zweiter Kulturflüssigkeit aus Glucose weit mehr
Citronensäure bildeten als aus Gluconsäure, daß dagegen in dritter Kulturflüssigkeit, und zwar nach dem Arbeiten der Pilzdecken auf Glucoselösung,
aus Ca-Gluconat analoge Mengen Ca-Citrat gebildet wurden, als aus Glucose
selbst. Auf Grund dieser Ergebnisse stand an und für sich der Anschauung,
daß Gluconsäure Zwischenprodukt bei der Umwandlung von Glucose in Citronensäure ist, nichts mehr im Wege.

In diesem Zusammenhange sei auch darauf hingewiesen, daß SCHREYER (5, S. 96)
nicht nur aus Gluconsäure, sondern auch aus Glycerinsäure Citronensäure
erhielt, nicht dagegen aus Milchsäure oder Brenztraubensäure. Von sonstigen
Carbonsäuren erwiesen sich nach dem gleichen Autor Bernsteinsäure, Äpfelsäure, Weinsäure und Malonsäure als ungeeignet.

7. Dicarbonsäuren mit 6 C-Atomen. CHALLENGER, SUBRAMANIAM und
WALKER[2] konnten bei der Einwirkung eines bestimmten A. niger-Stammes auf
zuckersaures Kali nach 5 Wochen etwas Citronensäure auffinden. Das gleiche
Ergebnis erhielten sie in späteren Versuchen[3] besonders bei Verwendung des
sauren Salzes und Anwendung der sehr verdünnten Nährsalzlösung von MOLLIARD.
Aus 80 g saurem zuckersaurem Kali konnten sie nach 14 Tagen bei 31° 3,6 g
Citronensäure in Substanz isolieren. Von BERNHAUER, SIEBENÄUGER und
TSCHINKEL[4] durchgeführte Versuche mit 27 verschiedenen A. niger-Stämmen
unter den von den genannten Autoren eingehaltenen Versuchsbedingungen
sowie unter Variation derselben führten stets zu einem negativen Resultat;
es wurde nur in einer Anzahl von Fällen Bildung von Oxalsäure festgestellt
(aufgefunden mittels DENIGÉS Reagens in der Kälte).

Der von den obengenannten Autoren verwendete Pilzstamm hatte auch das
Vermögen, aus Glucose, sowie aus Ca-Gluconat Zuckersäure zu bilden. In
Glucosekulturen wurden, als Citronensäure und Oxalsäure noch abwesend
waren, kleine Mengen Zuckersäure nachgewiesen; die Autoren gelangen zum
Schluß, daß die Umwandlung von Zuckersäure in Citronensäure mit großer
Geschwindigkeit verläuft, sobald eine bestimmte Entwicklungsphase des Pilzes
erreicht ist, so daß daher nur recht geringe Mengen zur Anhäufung gelangen
und isoliert werden können. Bei weiteren Versuchen wurden aus 20 g Ca-
Gluconat 3,7 g zuckersaures Calcium erhalten, also eine immerhin recht beträchtliche Menge.

Gemäß einer Privatmitteilung von CHALLENGER hatte der verwendete Pilzstamm bei späteren Versuchen sein Vermögen zur Bildung von Citronensäure
aus zuckersaurem Kali sowie zur Anhäufung von Zuckersäure selbst eingebüßt,
so daß die mit Hilfe dieses bestimmten Pilzstammes gemachten Befunde über die
Citronensäurebildung aus Zuckersäure noch keine ausreichende Grundlage dafür
bilden, daß dieselbe tatsächlich als Zwischenprodukt bei der Bildung von Citronensäure aus Glucose oder Gluconsäure angesehen werden kann.

Weiterhin fanden CHALLENGER, SUBRAMANIAM, KLEIN und WALKER[5], daß
derselbe Aspergillus niger-Stamm auch aus den K-Salzen der *Muconsäure* sowie
Adipinsäure Citronensäure zu bilden vermochte, die in beiden Fällen in Form

---

[1] BERNHAUER: Bio. Z. **197**, 327 (1928).
[2] CHALLENGER, SUBRAMANIAM u. WALKER: Soc. **1927**, 200.
[3] CHALLENGER, SUBRAMANIAM u. WALKER: Soc. **1927**, 3044.
[4] BERNHAUER, SIEBENÄUGER u. TSCHINKEL: Bio. Z. **230**, 466 (1931).
[5] CHALLENGER, SUBRAMANIAM, KLEIN u. WALKER: Nature **121**, 244 (1928).

des K-Citrates isoliert und als Tri-p-Nitrobenzylester identifiziert werden konnte. Dabei soll die Adipinsäure zunächst zu β-Dioxy- und dann zu β-Diketoadipinsäure oxydiert, Muconsäure zunächst durch Wasseranlagerung in β-Dioxyadipinsäure und diese weiter gleichfalls in Ketipinsäure verwandelt werden, worauf sodann Umlagerung in Citronensäure stattfinden soll. Auf diese Vorstellung wird noch des näheren zurückzukommen sein.

8. **Essigsäure und Alkohol.** In jüngster Zeit konnten Chrzaszcz und Tiukow[1] zeigen, daß ein Penicillium X imstande ist, aus Na- sowie K-Acetat neben Bernstein-, Fumar-, Äpfel- und Oxalsäure auch Citronensäure zu bilden. Sodann stellten Bernhauer und Siebenäuger[2] fest, daß das Vermögen zur Citronensäurebildung aus essigsauren Salzen den Aspergillus niger-Stämmen recht allgemein zukommt. Aus Ca-Acetat wurde von 7 Pilzstämmen Citronensäure gebildet; aus K-Acetat bildeten 11 von 17 untersuchten Pilzen Citronensäure, jedoch auch nur in geringen Mengen. Dagegen entstanden aus Na-Acetat in einigen Fällen recht erhebliche Mengen an Citronensäure; während hierbei 10 Pilze überhaupt keine Citronensäure erzeugten und 9 Stämme nur Spuren oder geringe Mengen bildeten, war die Ausbeute bei 9 anderen Stämmen vielfach recht erheblich und betrug etwa 4—14%, bezogen auf angewendete bzw. gegen 16%, bezogen auf umgewandelte Essigsäure.

Über die Citronensäurebildung aus Alkohol durch Mycelpilze berichteten zunächst Mazé und Perrier[3], doch konnte dieser Befund von späteren Forschern niemals bestätigt werden. Bernhauer und Siebenäuger[2] konnten nun vorläufig bei zwei Aspergillus niger-Stämmen deren Befähigung zur Umwandlung von Alkohol in Citronensäure nachweisen; die Mengen der gebildeten Citronensäure waren allerdings noch recht gering. Weiterhin fanden auch Chrzaszcz und Tiukow[4], daß Penicillium X zur Durchführung dieser Reaktion befähigt ist.

c) Hypothesen über den Mechanismus der Citronensäurebildung.

Wir haben es hier vornehmlich mit zwei prinzipiell verschiedenen Gruppen von Vorstellungen zu tun (s. Bernhauer und Schön[5]), und zwar einerseits mit solchen, bei denen die durch die Pilze vielfach zugleich gebildete Gluconsäure als Zwischenprodukt angenommen wird, und andererseits mit solchen, bei denen zunächst eine analoge Zuckerspaltung vorausgesetzt wird, wie beim Haupttypus des Zuckerzerfalls, wobei also zunächst der Weg über die C_3-Stufe sowie weiter über Alkohol und Essigsäure führt, ähnlich wie bei der Fumarsäuregärung. Während die erste Gruppe von Hypothesen nur der Umwandlung von Glucose in Citronensäure gerecht wird, und schon aus diesem Grunde wenig Wahrscheinlichkeit für sich hat, berücksichtigt die zweite Vorstellung die Citronensäurebildung aus allen in Betracht kommenden C-Quellen.

1. **Vorstellungen über die Rolle der Gluconsäure als Zwischenprodukt.** Die Umwandlung von Gluconsäure in Citronensäure wurde bereits erörtert. Es wurde nun eine Reihe von Hypothesen darüber entwickelt, auf welchem Wege diese Umwandlung vor sich gehen mag. Charakteristisch für diese Vorstellungen ist, daß dabei prinzipiell eine Spaltung einer C_6-Kette in eine C_2- und C_4-Kette und Neuverknüpfung dieser beiden stattfinden soll. Es kommen dabei vornehmlich folgende zwei Vorstellungen in Betracht:

[1] Chrzaszcz u. Tiukow: Bio. Z. **229**, 343 (1930).
[2] Bernhauer u. Siebenäuger: Bio. Z. **240**, 232 (1931).
[3] Mazé u. Perrier: C. r. **139**, 311 (1904).
[4] Chrzaszcz u. Tiukow: Privatmitteilung.
[5] Bernhauer u. Schön: Bio. Z. **202**, 164 (1928).

a) Glucuronsäurehypothese. BUTKEWITSCH (1, S. 96) entwickelte die Vorstellung, daß aus Gluconsäure zunächst Glucuronsäure entstehen könnte, die sich nach intramolekularer Kondensation und Aufspaltung in Citronensäure umwandeln würde. Ein ganz analoger Reaktionsverlauf könnte von der *2-Ketogluconsäure* aus stattfinden:

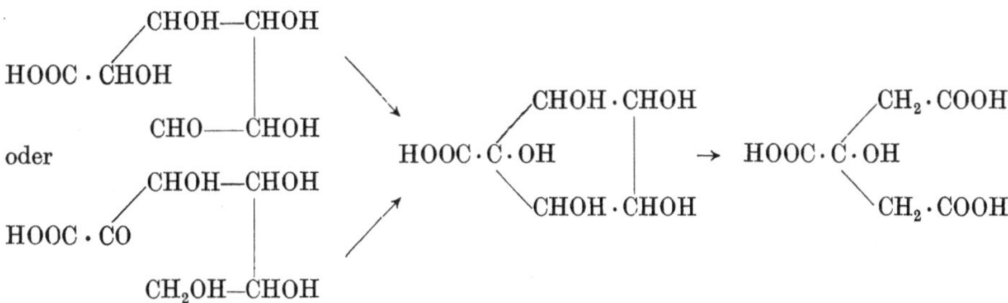

Wie ersichtlich, ist auch hier ein Zerfall in C_4- und C_2-Ketten angedeutet, wobei allerdings die Knüpfung der neuen C-Bindung vorangehen würde. Diese Vorstellung ist experimentell in keiner Weise gestützt.

b) Citronensäurebildung über Zuckersäure. Hier werden wir im wesentlichen 2 prinzipielle Fälle zu unterscheiden haben, je nachdem an welchen C-Atomen man sich den weiteren Abbau der Zuckersäure durch Wasserabspaltung vorstellen will.

α) *α, γ-Diketoadipinsäure.* RAISTRICK und CLARK[1] entwarfen ein Schema für den Abbau von Zucker zu Oxalsäure, wobei sie als intermediäres Produkt α, γ-Diketoadipinsäure annahmen, und wiesen darauf hin, daß die Bildung von Citronensäure aus Zucker durch intermediäre Bildung von Oxalessigsäure gedeutet werden könnte. Auch VIRTANEN scheint die Citronensäurebildung aus Oxalessigsäure und Acetaldehyd oder Essigsäure recht gut möglich, worauf noch zurückzukommen sein wird.

$$\begin{array}{ccc}
COOH & & COOH \\
| & & | \\
CH_2 & & CH_2 \\
| & & | \\
CO \cdot COOH & \rightarrow & C \cdot (OH) \cdot COOH \\
+\quad | & & | \\
CH_3 & & CH_2 \\
| & & | \\
COOH & & COOH
\end{array}$$

Hierher gehört auch die von BUCHNER und WÜSTENFELD (3, S. 79) überprüfte Möglichkeit der Citronensäurebildung aus 2 Mol Essigsäure und 1 Mol Oxalsäure, ähnlich der Synthese von Aconitsäure aus Oxalessigsäure durch Einwirkung von K-Acetat nach CLAISSEN und HORI[2]. Es müßte demnach folgender Reaktionsverlauf stattfinden:

$$\begin{array}{cccc}
COOH & COOH & & COOH\ COOH \\
| & | & & |\quad\ | \\
CH_3 & CH_3 & \rightarrow & CH_2\ CH_2 \\
& \quad O & H_2O + & \diagdown\diagup \\
& \| & & \\
& C \cdot OH & & C \cdot OH \\
& | & & | \\
& COOH & & COOH
\end{array}$$

Die experimentelle Prüfung dieser Vorstellung ergab jedoch keine Citronensäure.

<hr>

[1] RAISTRICK u. CLARK: C. **1920 I,** 686.
[2] CLAISSEN u. HORI: B. **24,** 120 (1891).

Ähnlich diesen Vorstellungen ist die Annahme von BAUR[1] über die Kondensationsmöglichkeit von Äpfelsäure und Glycolsäure zu Citronensäure.

Es wäre jedoch auch eine mehr oder weniger direkte Bildung von Citronensäure bei der Spaltung von α, γ-Diketoadipinsäure denkbar, wobei insbesondere der entstanden gedachte Essigsäureanteil für eine sofortige Kondensation reaktionsfähiger sein könnte, entsprechend folgenden Formelbildern:

$$
\begin{array}{ccccc}
\text{COOH} & & \text{COOH} & & \text{COOH} \\
| & & | & & | \\
\text{C:O} & & \text{HO}\cdot\text{C} & & \text{HO}\cdot\text{C}\cdot\text{CH}_2\cdot\text{COOH} \\
| & & | & & | \\
\text{CH}_2 & & \text{CH}_2 & & \text{CH}_2 \\
| & \rightarrow & | & \rightarrow & | \\
\text{C:O} & & \text{C:O} & & \text{COOH} \\
| & & | \;\; \text{OH} & & \\
\text{CH}_2 & & \text{H}\cdot\text{C} \quad \text{H} & & \\
| & & | & & \\
\text{COOH} & & \text{COOH} & &
\end{array}
$$

Wie ersichtlich, könnte der Vorgang auch als Herausspringen der Gruppe —$\text{CH}_2\cdot\text{COOH}$ aus der C-Kette unter Bildung einer neuen C-Bindung aufgefaßt werden.

$\beta)$ *β, γ-Diketoadipinsäure (Ketipinsäure).* FRANZEN und SCHMITT[2] wiesen darauf hin, daß Citronensäure in der Weise entstehen könnte, daß die Glucose zuerst auf die Stufe der Zuckersäure oxydiert und diese zu Ketipinsäure disproportioniert wird, die sich dann analog der Benzilsäureumlagerung in Citronensäure umformen könnte. Auf rein chemischem Wege, und zwar durch Einwirkung von Alkali auf Ketipinsäureester, ist es den genannten Autoren auch tatsächlich gelungen, zu Citronensäure zu gelangen. Der Vorgang ist hierbei folgender:

$$
\begin{array}{ccccccc}
\text{COOH} & & \text{COOH} & & \text{COOH} & & \text{COOH} \\
| & & | & & | & & | \\
\text{H}\cdot\text{C}\cdot\text{OH} & & \text{C}\cdot\text{H} & & \text{CH}_2 & & \text{CH}_2 \\
| & & \| & & | & & | \\
\text{HO}\cdot\text{C}\cdot\text{H} & & \text{C}\cdot\text{OH} & & \text{CO} & & \text{C(OH)}\cdot\text{COOH} \\
| & \rightarrow & | & \rightarrow & | & \rightarrow & | \\
\text{H}\cdot\text{C}\cdot\text{OH} & & \text{C}\cdot\text{OH} & & \text{CO} & & \text{CH}_2 \\
| & & \| & & | & & | \\
\text{H}\cdot\text{C}\cdot\text{OH} & & \text{C}\cdot\text{H} & & \text{CH}_2 & & \text{COOH} \\
| & & | & & | & & \\
\text{COOH} & & \text{COOH} & & \text{COOH} & &
\end{array}
$$

Zugleich ist ersichtlich, daß hierbei eine weitgehende Analogie zu den unter $\alpha)$ besprochenen Vorgängen vorliegt, indem es sich auch hier in gewissem Sinne um eine Kondensation von Oxalessigsäure mit Essigsäure handeln würde.

Wie bereits oben erwähnt, ist es auch CHALLENGER, SUBRAMANIAM und WALKER gelungen, die Bildung von Zuckersäure aus Glucose oder Ca-Gluconat durch einen bestimmten A. niger-Stamm zu erweisen, sowie die Zuckersäure selbst mit Hilfe des gleichen Stammes in Citronensäure überzuführen. Auch auf die Umwandlung von Muconsäure sowie Adipinsäure in Citronensäure durch denselben Pilz wurde bereits hingewiesen. Durch diese Befunde erschien die in Frage stehende Hypothese zweifellos gestützt, doch da diese Umwandlungen nur mit einem einzigen Pilzstamm gelungen waren (4, S. 97) und außerdem in keinem sehr erheblichen Ausmaß, erscheint auch für diese Hypothese der Citronensäurebildung der Beweis nicht für erbracht. Weiterhin konnte WALKER (gemäß einer Privatmitteilung) auch niemals aus ketipinsaurem Natrium Citronensäure erhalten und auch niemals einen Anhaltspunkt für die Bildung von Ketipin-

---

[1] BAUR: Nat. **1**, 474 (1913) — B. **46**, 852 (1913).
[2] FRANZEN u. SCHMITT: B. **58**, 222 (1925).

säure in den Pilzkulturen auffinden. Ferner wiesen BERNHAUER, SIEBENAÜGER und TSCHINKEL (4, S. 97) darauf hin, daß beim Abbau der Zuckersäure Spaltstücke entstehen könnten, die zur Citronensäurebildung geeignet sein können, ohne daß der weitere Weg über die Ketipinsäure verlaufen müßte. Insbesondere auf Grund der oben erwähnten Befunde über die Umwandlung von Essigsäure in Citronensäure erhält diese Anschauung eine Stütze. Ebenso kann es sich bei der Bildung von Zuckersäure um einen von der Citronensäurebildung selbst unabhängigen Prozeß handeln, wie ja auch bei der Gluconsäurebildung selbst.

Anhang. Wie einleitungsweise erwähnt wurde, sind die besprochenen Vorstellungen über die Rolle der Gluconsäure als Zwischenprodukt der Citronensäurebildung in gewissem Sinne durch die Annahme einer Spaltung einer C_6-Kette in eine C_2- und C_4-Kette charakterisiert. Es erscheint nun auch vorstellbar, daß eine derartige Spaltung auch vor der primären Oxydation stattfinden könnte, ähnlich der Anschauung von VIRTANEN über die Vorgänge bei der Bernsteinsäurebildung durch Coli- und Propionsäurebakterien. Die auf diese Weise entstandene Bernsteinsäure könnte dann weiter oxydiert und sodann in Form von Oxalessigsäure mit Acetaldehyd bzw. Essigsäure kondensiert werden (siehe VIRTANEN[1] sowie VIRTANEN und PULKKI[2]). Experimentelle Stützen für diese Art der Citronensäurebildung konnten jedoch bisher noch nicht beigebracht werden.

2. Ableitung der Citronensäurebildung aus dem Zuckerzerfall über die C_3-Körper. Durch Versuche von AMELUNG (3, S. 87) sowie von BERNHAUER (1, S. 94) konnte gezeigt werden, daß der Prozeß der Citronensäurebildung leichter verständlich erscheint, wenn derselbe auf die primäre Bildung von C_3-Ketten zurückgeführt wird, da die Citronensäure, wie bereits gezeigt wurde, aus recht verschiedenen C-Verbindungen, und zwar auch aus solchen mit 3 und 5 C-Atomen entsteht. Es wäre daher denkbar, daß auch die weiteren Reaktionsfolgen, die zur Bildung des Citronensäuremoleküls führen, von dem für den Haupttypus des Zuckerabbaues charakteristischen C_3-System, also Methylglyoxal oder Brenztraubensäure oder deren Spaltprodukt Acetaldehyd, ausgehen könnte. So entwickelte auch EULER[3] die Vorstellung, daß 1 Mol Citronensäure aus 3 Mol Acetaldehyd hervorgehen könnte:

$$
\begin{array}{ccc}
CH_3 \cdot CHO & & CH_2 \cdot COOH \\
 & & | \\
CHO \cdot CH_3 & \rightarrow & C(OH) \cdot COOH \\
 & & | \\
CH_2 \cdot CHO & & CH_2 \cdot COOH
\end{array}
$$

BERNHAUER und SCHÖN[4] gaben sodann ein Schema, demzufolge die Citronensäurebildung auf die Kondensation von 3 Mol Brenztraubensäure oder Methylglyoxal zurückgeführt werden könnte. NEUBERG und COHEN[5] hatten auch festgestellt, daß in Gegenwart von Natriumsulfit als Abfangmittel durch Fadenpilze geringe Mengen von Acetaldehyd abgefangen werden können, und NAGAJAMA[6] konnte zeigen, daß A. niger und andere Pilze auch in geringem Ausmaße Brenztraubensäure zu Acetaldehyd zu decarboxylieren vermögen. BERNHAUER und SCHÖN[4] suchten durch quantitative Feststellung der durch A. niger in Abfangversuchen gebildeten Acetaldehydmenge die obenerwähnten Hypothesen experimentell zu überprüfen, es gelang jedoch auch bei weitgehender Variation

---

[1] VIRTANEN: Acta Chem. Fenn. **1928**, 101 — C. **1929 II**, 2689.
[2] VIRTANEN u. PULKKI: Ann. Akad. Sc. Fenn. **23**, Serie A (1930) — C. **1930 II**, 2275.
[3] EULER: Grundl. u. Erg. d. Pfl. Chem., 3. T., S. 182. 1909.
[4] BERNHAUER u. SCHÖN: Bio. Z. **202**, 164 (1928).
[5] NEUBERG u. COHEN: Bio. Z. **122**, 204 (1921).
[6] NAGAJAMA: Bio. Z. **116**, 303 (1921).

der Versuchsbedingungen nicht, größere Aldehydmengen zu erhalten; die Höchstausbeute konnte nicht über 0,6% des verbrauchten Zuckers hinaus gesteigert werden. Außerdem wurde in solchen Versuchen trotzdem Citronensäure gebildet, wenn auch wegen der Alkalität der Kulturflüssigkeiten nur in geringem Ausmaße, so daß daraus geschlossen wurde, daß zwischen dem Auftreten von Acetaldehyd und den Umwandlungsprozessen, die zur Citronensäurebildung führen, keinerlei Beziehung vorhanden ist.

VIRTANEN (1, 2, S. 101) berichtete gleichfalls über die Festlegung und den Nachweis von Acetaldehyd, und zwar in Versuchen mit Ca-Sulfit; die erhaltenen Mengen waren anscheinend jedoch gleichfalls sehr gering.

Weiterhin wies BUTKEWITSCH[1] darauf hin, daß alle typischen Citronensäurebildner meist nur eine sehr schwach ausgeprägte Neigung zur alkoholischen Gärung besitzen, und daß umgekehrt den Organismen mit bedeutender Neigung zu dieser Gärung die Fähigkeit zur Citronensäurebildung gänzlich fehlt, so daß auch der Chemismus der Citronensäuregärung mit Reaktionsfolgen, wie sie für die alkoholische Zuckerspaltung charakteristisch sind, nichts zu tun haben könne. Im Gegensatz dazu sowie den sonstigen rein chemischen Hypothesen der Citronensäurebildung weisen CHRZASZCZ und TIUKOW (1, S. 98) darauf hin, daß alle diese Hypothesen keine Erklärung für die Tatsache geben, daß A. niger sowie andere citronensäurebildende Schimmelpilze unter anaeroben Bedingungen doch Alkohol (wenn auch nur in geringen Mengen) bilden [s. BUCHNER und WÜSTENFELD (3, S. 79), KOSTYTSCHEW und AFANASSJEW[2], KOSTYTSCHEW und ELIASBERG[3]]. Ferner weisen sie darauf hin, daß die Mucorineen und andere Pilze, die dem Aspergillus niger ziemlich nahe stehen, je nach den Züchtungsbedingungen sich einmal wie Hefe, ein andermal wie typische Schimmelpilze verhalten. Als weiteres Argument gegen die erwähnten Hypothesen führten die genannten Autoren an, daß bei Annahme der Gluconsäure als Ausgangsprodukt der Citronensäureentstehung keine Erklärung für jene Fälle gegeben ist, wo diese Säure in Schimmelpilzkulturen fehlt, wie bei manchen Penizillien gemäß den Feststellungen derselben Autoren sowie bei Aspergillusarten nach TAMIYA und HIDA[4].

Die genannten Autoren kommen daher zur Ansicht, daß die Feststellung von Acetaldehyd und Alkohol bei Schimmelpilzen unter anaeroben Verhältnissen, das Vorhandensein von Zymase bei denselben, sowie die genetische Verwandtschaft der Schimmelpilze mit der Hefe dafür sprechen, daß die erste Phase des Zuckerabbaus im Prinzip in ähnlicher Weise verlaufen muß, wie bei der Hefe selbst, also Zucker → Phosphorylierung → Methylglyoxal → Brenztraubensäure → Acetaldehyd → Alkohol; dabei können natürlich in Einzelheiten gewisse Abweichungen vorkommen, indem z. B. Oxydationen bereits in der ersten Phase einsetzen können.

Die obenerwähnten Befunde über die Umwandlung von essigsauren Salzen sowie Alkohol in Citronensäure können auch als Stützen dieser Anschauung angesehen werden, doch ist damit noch nicht klargestellt, ob auch bei der Citronensäurebildung aus Zucker der Weg tatsächlich über Alkohol und Essigsäure führt, und andererseits, ob die Essigsäure auch in diesem Falle gemäß dem NEUBERGschen Abbauschema gebildet wird.

Daß sich auch die Befunde über die Bildung von Citronensäure aus Glucon- und Zuckersäure durch die Annahme der primären Bildung von Essigsäure aus

[1] BUTKEWITSCH: Bio. Z. **142**, 195 (1923).
[2] KOSTYTSCHEW u. AFANASSJEW: Jb. f. wiss. Bot. **60**, 628 (1921).
[3] KOSTYTSCHEW u. ELIASBERG: H. **111**, 141 (1920).
[4] TAMIYA u. HIDA: C. **1930** I, 2263.

diesen leicht erklären ließe, wurde bereits oben erwähnt. Auf welchem Weg jedoch der Abbau der beiden Säuren zu Essigsäure vor sich gehen mag, ist gleichfalls noch nicht klargestellt.

Bei der Umwandlung von Glycerin und Glycerose in Citronensäure könnte diese aus denselben einerseits mehr oder weniger direkt entstehen, oder aber erst nach Kondensation derselben zu Hexosen und nach Vergärung dieser. So kann auch nach KOSTYTSCHEW[1] A. niger aus Glycerin Zucker bilden. Bei der Umwandlung von Pentosen in Citronensäure werden wir uns vorzustellen haben, daß zunächst Zerfall derselben in C_3- und C_2-Ketten stattfinden könnte, die dann gegebenenfalls entweder als solche in Essigsäure umgewandelt werden könnten oder auch hier erst nach Kondensation der C_3-Ketten zu Hexosen und Vergärung dieser.

Im Hinblick auf den genaueren *Mechanismus der Umwandlung von Essigsäure in Citronensäure* haben CHRZASZCZ und TIUKOW (1, S. 98) die Vorstellung entwickelt, daß aus 2 Mol Essigsäure zunächst wie bei der Fumarsäuregärung Bernsteinsäure entstehen könne, die dann in Fumarsäure und Äpfelsäure übergehen kann, und daß sodann durch Kondensation der letzteren mit einem weiteren Mol Essigsäure Citronensäure entstehen könne, also gemäß dem Schema:

$$
\begin{array}{ccc}
CH_2 \cdot COOH & & CH_2 \cdot COOH \\
| & & | \\
CHOH \cdot COOH \quad - \quad H_2 \quad \rightarrow & & C(OH) \cdot COOH \\
& & | \\
CH_3 \cdot COOH & & CH_2 \cdot COOH
\end{array}
$$

Die Bildung von Bernsteinsäure, Fumarsäure und Äpfelsäure neben Citronensäure kann als Stütze für diese prinzipielle Art des Reaktionsverlaufes angesehen werden. Hinsichtlich sonstiger hierhergehöriger Vorstellungen sei auf die Diskussion der in diesem Zusammenhange möglich erscheinenden Wege durch BERNHAUER und SIEBENÄUGER (2, S. 98) verwiesen. Von Interesse erscheint in diesem Zusammenhang die Feststellung der Genannten, daß auch aus fumarsaurem, äpfelsaurem und glykolsaurem Natrium Citronensäure gebildet werden kann. Der genauere Weg der Citronensäurebildung aus diesen ist jedoch noch nicht klargestellt.

4. Der Abbau der Citronensäure.

Nicht nur in den Pilzkulturen, in denen die Citronensäure entsteht, sondern auch durch eine Reihe verschiedener anderer Organismen wird die Citronensäure weiter abgebaut, wobei vielfach, insbesondere bei Beteiligung anaerober Organismen, neben Kohlensäure vornehmlich *Essigsäure* entsteht, die demnach auch hier ein Endprodukt vorstellt, wogegen beim Abbau der Citronensäure durch aerobe Pilze vielfach *Oxalsäure* als Endprodukt erscheint, aber auch hierbei geht der Weg, wenigstens zum Teil, wohl über Essigsäure. Die Bildung der Oxalsäure als solche wird später noch eingehend zu besprechen sein; hier sollen insbesondere die prinzipiellen Wege behandelt werden, auf denen der Abbau der Citronensäure vor sich geht.

a) Der primäre Zerfall der Citronensäure.

1. Der Abbau zu *Acetondicarbonsäure* scheint den Hauptabbauweg der Citronensäure zu bilden. Dieselbe konnte bei der Einwirkung von Aspergillus niger auf Ammoniumcitrat von WALKER, SUBRAMANIAM und CHALLENGER[2] aufgefunden und in Form von Derivaten isoliert werden. Die Reaktion besteht

---

[1] KOSTYTSCHEW: Bot. Zbl. **5**, 146 (1924).
[2] WALKER, SUBRAMANIAM u. CHALLENGER: Soc. **1927**, 3044.

in einer Abspaltung der Carboxylgruppe, entweder in Form von Ameisensäure
und weitere Oxydation derselben oder in Form von CO_2 und weitere Oxydation
der β-Oxyglutarsäure:

$$
\begin{array}{ccccccc}
COOH & & COOH & & COOH & & COOH \\
| & & | & & | & & | \\
CH_2 & & CH_2 & & CH_2 & & CH_2 \\
| & & | & & | & & | \\
C:O & \leftarrow\ CO_2 + & CHOH & \leftarrow\ HO\cdot C\cdot COOH \rightarrow & C:O & +\ H\cdot COOH \rightarrow\ CO_2 + H_2O \\
| & & | & & | & & | \\
CH_2 & & CH_2 & & CH_2 & & CH_2 \\
| & & | & & | & & | \\
COOH & & COOH & & COOH & & COOH
\end{array}
$$

Ebenso wird bei einer Reihe weiterer Spaltungsprozesse der Citronensäure die
Acetondicarbonsäure als Zwischenprodukt angenommen, wie aus den sekundären
Spaltungsprodukten geschlossen werden kann.

2. Über *Oxalessigsäure* könnte ein zweiter prinzipiell verschiedener Abbauweg der Citronensäure führen; durch die hydrolytische Spaltung würde dabei
als zweites Abbauprodukt Essigsäure gebildet werden. Der weitere Zerfall der
Oxalessigsäure und Essigsäure würde am einfachsten die Bildung von Oxalsäure in Pilzkulturen erklären; weiterhin kann die Essigsäure, wie noch zu
zeigen sein wird, auch einer weiteren Oxydation zu Oxalsäure unterliegen.
Andererseits könnte die von AUBEL und CAMBIER[1] sowie von AUBEL[2] in Kulturen von B. pyocyaneus auf Citronensäure aufgefundene Milchsäure ihre
Entstehung auch einer Reduktion der Oxalessigsäure zu Äpfelsäure und β-De-
carboxylierung derselben verdanken, aber auch einer direkten Spaltung von Oxalessigsäure zu Brenztraubensäure und Umwandlung dieser. Weiterhin kann wohl die
Beobachtung von BOSWORTH und PRUCHA[3] über das Auftreten von Buttersäure und
Äthylalkohol neben Bernsteinsäure, Wasserstoff und Kohlensäure bei der Einwirkung von Bakterien auf Citronensäure mit einer vorangehenden Bildung von
Brenztraubensäure zusammenhängen. Und diese würde sodann ihre Entstehung
wohl am ehesten der Decarboxylierung von Oxalessigsäure verdanken.

3. Beim Abbau von Citronensäure wurde vielfach auch *Aconitsäure* aufgefunden, die durch einfache Wasserabspaltung aus dem Molekül der Citronensäure entstehen kann. So erhielt z. B. TERADA[4] durch Einwirkung von Luftbakterien auf Ammoncitrat die genannte Säure, wobei allerdings neben Essigsäure vornehmlich Bernsteinsäure erhalten wurde. Die so durch B. candidans
gebildete Aconitsäure ist jedoch nicht Zwischenprodukt, da sie durch das
Bacterium nicht weiter angegriffen wird. Der rein chemische Abbau der Citronensäure über Aconitsäure zu Citracon- (und Mesacon-) Säure sowie Itaconsäure
scheint noch keine biologische Parallele gefunden zu haben. Doch sei hier
anhangsweise noch eine weitere Möglichkeit erwähnt, daß nämlich nach G. AJOU[5]
die Citronensäure in Citrusfrüchten unter Umständen durch Decarboxylierung
in α-Oxyisobuttersäure zerfallen könnte.

$$
\begin{array}{ccc}
CH_2\cdot COOH & & CH_3 + CO_2 \\
| & & | \\
HO\cdot C\cdot COOH & \rightarrow & HO\cdot C\cdot COOH \\
| & & | \\
CH_3\cdot COOH & & CH_2 + CO_2
\end{array}
$$

Es sei hier auch noch anhangsweise auf die mögliche Beteiligung der Citronensäure an verschiedenen phytochemischen Alkaloidsynthesen (ROBISON[6]) hin-

[1] AUBEL u. CAMBIER: C. r. **175**, 71 (1922).   [2] AUBEL: C. r. **176**, 332 (1923).
[3] BOSWORTH u. PRUCHA: J. Biol. Chem. **8**, 479 (1911).
[4] TERADA: J. Pharm. Soc. Jap. **511**, 697 (1924).
[5] AJOU, G.: C. **1927 I**, 459.   [6] ROBISON: Soc. **111**, 878 (1917).

gewiesen. So findet sich die sogenannte *Citrazinsäure* (α, α'-Dioxy, γ-Pyridin-carbonsäure) nach LIPPMANN[1] im Rübensaft; ein genetischer Zusammenhang mit Citronensäure ist dabei klar ersichtlich:

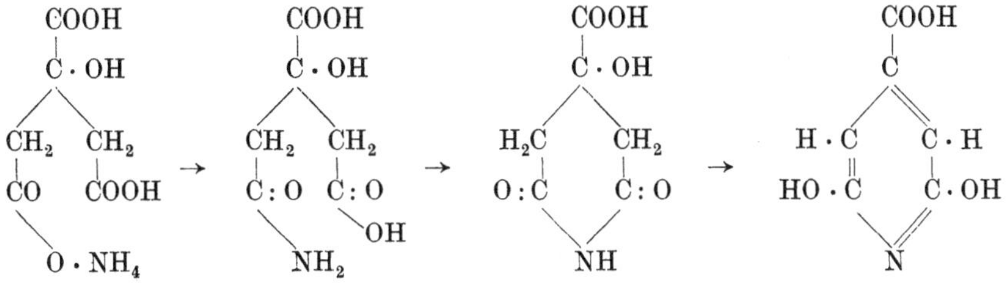

$$
\begin{array}{cccc}
\text{COOH} & \text{COOH} & \text{COOH} & \text{COOH} \\
| & | & | & | \\
\text{C}\cdot\text{OH} & \text{C}\cdot\text{OH} & \text{C}\cdot\text{OH} & \text{C} \\
\end{array}
$$

Citronensäure-Struktur → Amid → Imid → Citrazinsäure (Pyridinringe mit folgenden Gruppen):

- CH_2 … CH_2 / CO … COOH / $\text{O}\cdot\text{NH}_4$
- CH_2 … CH_2 / $\text{C}:\text{O}$ … $\text{C}:\text{O}\cdot\text{OH}$ / NH_2
- H_2C … CH_2 / $\text{O}:\text{C}$ … $\text{C}:\text{O}$ / NH
- $\text{H}\cdot\text{C}$ … $\text{C}\cdot\text{H}$ / $\text{HO}\cdot\text{C}$ … $\text{C}\cdot\text{OH}$ / N

b) Der Abbau der Acetondicarbonsäure.

Der geschilderte Abbauweg der Citronensäure über Acetondicarbonsäure, der vielfach als primärer Vorgang angenommen wird, kann im weiteren zu zweierlei Zerfallsprozessen führen, von denen der eine in einer sofortigen Decarboxylierung, der andere in einer hydrolytischen Spaltung besteht.

1. Die *Decarboxylierung* führt zunächst zu *Acetessigsäure* und durch weitere Decarboxylierung dieser zu *Aceton*, gemäß der Formulierung:

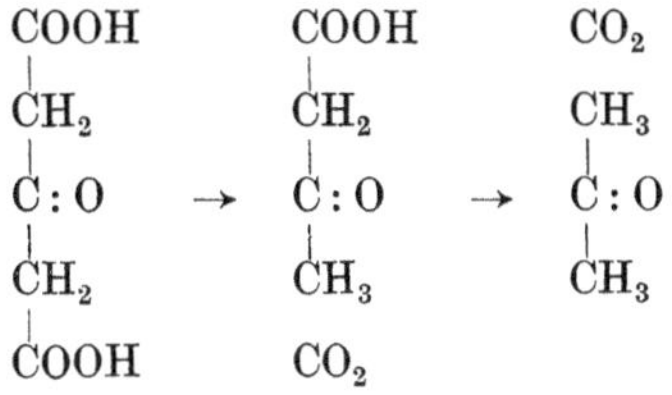

$$
\begin{array}{ccc}
\text{COOH} & \text{COOH} & \text{CO}_2 \\
| & | & \\
\text{CH}_2 & \text{CH}_2 & \text{CH}_3 \\
| & | & | \\
\text{C}:\text{O} \;\rightarrow & \text{C}:\text{O} \;\rightarrow & \text{C}:\text{O} \\
| & | & | \\
\text{CH}_2 & \text{CH}_3 & \text{CH}_3 \\
| & & \\
\text{COOH} & \text{CO}_2 &
\end{array}
$$

So erhielten CHALLENGER, SUBRAMANIAM und WALKER[2] bei der Einwirkung von Aspergillus niger auf Citronensäure Aceton, das sie in Form von Derivaten zu isolieren vermochten. Weiterhin konnten BUTTERWORTH und WALKER[3] in Kulturen von B. pyocyaneus auf Ammoncitrat gleichfalls zunächst Acetondicarbonsäure nachweisen, die sich aber nicht anhäuft, sondern unter Bildung von Aceton rasch verschwindet; dabei erreichten die gesamten Acetonkörper bereits 56 Stunden nach Beginn der Vergärung das Maximum, und nahmen dann sehr rasch wieder ab. Für den *weiteren Abbau des Acetons* wird die Möglichkeit erwogen, daß dasselbe zu Brenztraubensäure oxydiert werden könnte, die unter Bildung von Essigsäure weiter zerfällt, denn es findet erheblicher Anstieg der Essigsäuremenge statt, was jedoch auch auf die hydrolytische Spaltung der Acetondicarbonsäure oder auch von Acetessigsäure zurückgeführt werden könnte.

2. Die *hydrolytische Spaltung* von Acetondicarbonsäure führt zu *Malonsäure und Essigsäure*; die Malonsäure kann sodann einem weiteren Abbau unter Bildung von Kohlensäure und Essigsäure unterliegen, so daß wir folgendes Abbaubild vor uns haben:

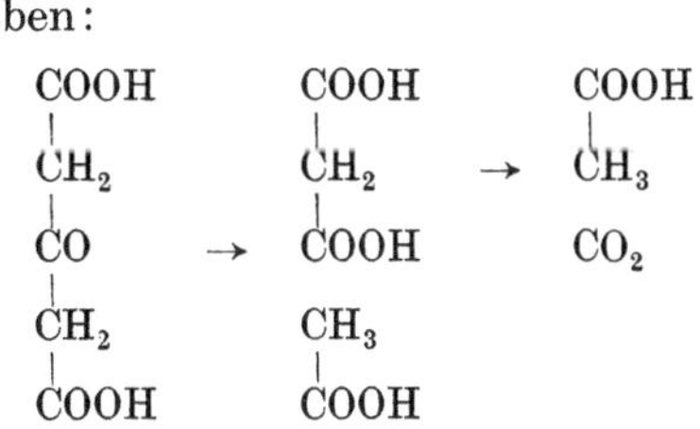

$$
\begin{array}{ccc}
\text{COOH} & \text{COOH} & \text{COOH} \\
| & | & | \\
\text{CH}_2 & \text{CH}_2 \;\rightarrow & \text{CH}_3 \\
| & | & \\
\text{CO} \;\rightarrow & \text{COOH} & \text{CO}_2 \\
| & & \\
\text{CH}_2 & \text{CH}_3 & \\
| & | & \\
\text{COOH} & \text{COOH} &
\end{array}
$$

[1] LIPPMANN: B. **29**, 2645 (1896).   [2] CHALLENGER, SUBRAMANIAM u. WALKER: Soc. **1927**, 200.
[3] BUTTERWORTH u. WALKER: Bioch. J. **23**, 926 (1929).

So erhielten Bosworth und Prucha (3, S. 104) bei der Einwirkung von B. lactis aerogenes auf Citronensäure 2 Mol Essigsäure, und ebenso kann wohl die von Grey[1] beobachtete Bildung von 2 Äquivalenten Essigsäure neben Bernsteinsäure und CO_2 durch Einwirkung von B. coli comm. auf Citronensäure auf das obige Abbauschema zurückgeführt werden. Der Weg könnte jedoch auch über Acetessigsäure und Aufspaltung dieser zu 2 Mol Essigsäure führen. In analoger Weise ist wohl der Befund von Brown, Duncan und Henry[2] über die Bildung der gleichen Produkte bei der Einwirkung von B. suipestifer auf Na-Citrat zu interpretieren; die Autoren nehmen dabei an, daß Acetondicarbonsäure ein notwendiges Zwischenprodukt vorstellt, ohne jedoch deren intermediäre Bildung erweisen zu können.

Der Abbauweg über Malonsäure wurde jedoch erst durch Challenger, Subramaniam und Walker (2, S. 105) sichergestellt, indem es ihnen gelang, bei der Einwirkung von Aspergillus niger auf Citronensäure tatsächlich Malonsäure in Form von Derivaten zu isolieren. Weiterhin fanden Butterworth und Walker (3, S. 105), daß bei Einwirkung von B. pyocyaneus auf Ammoniumcitrat bis über 51% der theoretischen Menge an Malonsäure erhalten werden können, so daß dieser Abbauweg der Citronensäure endgültig festgelegt erscheint. Hinsichtlich der Bildung von Malonsäure s. auch Blanchetier[3] sowie Lippmann[4].

c) Der Abbau der Malonsäure.

Der Zerfall der Malonsäure besitzt deshalb größeres Interesse, da vielfach versucht wurde, diesen Abbauvorgang mit der Bildung von Bernsteinsäure in Zusammenhang zu bringen, die, wie erwähnt, häufig beim Abbau der Citronensäure auftritt. So weisen Butterworth und Walker (3, S. 105) darauf hin, daß die bei der Decarboxylierung der Malonsäure freiwerdende Gruppe $-CH_2 \cdot COOH$ in Abwesenheit von störenden Faktoren zu Essigsäure werden kann, indem sich das Wasserstoffatom der abgespaltenen Carboxylgruppe anlagert, in Gegenwart eines Wasserstoffacceptors könnte es jedoch möglich sein, daß dieser das freiwerdende H-Atom aufnimmt und dadurch zwei freie Reste zu Bernsteinsäure zusammentreten könnten, also in folgender Weise:

$$
\begin{array}{ccccc}
2\,COOH & & 2\,CO_2 & & COOH \\
| & & & & | \\
CH_2 + Acc. & \rightarrow & 2\,CH_2\text{-} + H_2\text{-}Acc. & \rightarrow & CH_2 \\
| & & | & & | \\
COOH & & COOH & & CH_2 \\
& & & & | \\
& & & & COOH
\end{array}
$$

Grey[1] erhielt jedoch bei der Einwirkung von B. coli in Gegenwart von Na-Formiat auf Malonsäure keine Bernsteinsäure, sondern nur Essigsäure (etwa 34%). Nach Quastel und Whetham[5] ist jedoch Ameisensäure ein äußerst starker Wasserstoffdonator, und die erwähnten Autoren suchten in der Weise eine Erklärung für die Bildung der Bernsteinsäure zu geben, daß sie zeigten, daß Malonsäure die Geschwindigkeit der Reduktion von Methylenblau durch Bernsteinsäure spezifisch verzögert, obwohl die Malonsäure weder ein Wasserstoffacceptor noch -donator ist, während Essigsäure hierbei keinerlei Wirkung ausübte. Sie schlossen daraus, daß die Bildung von Bernsteinsäure leichter aus Malonsäure, als aus Essigsäure erfolgen müsse.

[1] Grey: Proc. Roy. Soc. London **96**, 156 (1924).
[2] Brown, Duncan u. Henry: J. Hyg. **23**, 1 (1924).
[3] Blanchetier: Ann. Past. **34**, 392 (1920).
[4] Lippmann: B. **53**, 2070 (1920).
[5] Quastel u. Whetham: Bioch. J. **21**, 148 (1927); **22**, 689 (1928).

Hinsichtlich des weiteren Abbaues der Malonsäure durch Oxydation zu Tartronsäure und weiter zu Mesoxalsäure liegen bisher noch keine experimentellen Befunde vor, doch erscheint dieser Abbauweg wohl gleichfalls biologisch realisierbar zu sein. So kommt Mesoxalsäure nach EULER und BOLIN[1] in Medicago sativa vor, und nach LIPPMANN[2] findet sich Mesoxal- und Tartronsäure in Abfällen der Zuckerfabrikation. Über das Auftreten von Tartronsäure berichten auch BEHREND und PRÜSSE[3].

C. Die Oxalsäuregärung.

Die Oxalsäure findet sich bei einer großen Anzahl von Gärungserregern als Produkt des Zuckerabbaues vor. Dabei entsteht sie wohl nirgends durch direkten Abbau des Zuckers, sondern wohl stets über andere Stoffwechselprodukte, so insbesondere Glucon-, Citronen- und Bernsteinsäure. Es ist jedoch eine sehr große Anzahl verschiedener C-Verbindungen zur Oxalsäurebildung geeignet, und zwar auch stickstoffhaltige sowie aromatische Substanzen.

1. Organismen.

Bei der Oxalsäuregärung finden wir fast alle bisher besprochenen oxydativen Gärungserreger wieder. Im wesentlichen haben wir dabei zwei große Gruppen von Organismen zu erwähnen, nämlich einerseits Bakterien, darunter auch zahlreiche Essigsäuremikroben, und andererseits Fadenpilze, unter denen insbesondere die Aspergillaceen durch sehr starkes Oxalsäurebildungsvermögen ausgezeichnet sind.

a) Essigbakterien.

ZOPF[4] fand Oxalsäurebildung bei einer großen Anzahl von Essigbakterien, wie B. aceti, acetigenum, acetosum, Kützingianum, Pasteurianum, xylinum. Allerdings vermögen diese zumeist nur aus Glucose reichlich Oxalsäure zu bilden, nicht aber auf zuckerfreiem Substrat. BANNING[5] stellte außerdem bei Thermobact. aceti, B. oxydans, industrium, B. aceti oxalici Oxalsäurebildung fest. Dabei erwies sich nur Glucose geeignet, die anderen Zuckerarten nicht stets; doch vermochten die betreffenden Bakterien auch eine Anzahl verschiedener Säuren zu Oxalsäure abzubauen. HENNEBERG[6] stellte Oxalsäurebildungsvermögen auch bei B. curvum, ascendens und Schützenbachi fest. Nach PROSKAUER[7] wird durch B. tuberculosis reichlich Oxalsäure gebildet.

b) Fadenpilze.

1. Aspergillaceen. HANSEN[8] fand 1880 Oxalsäure in Kulturen von Pen. glaucum, und ebenso erwähnte zur selben Zeit DUCLAUX[9] die Entstehung von Oxalsäure in Kulturen von A. niger auf verschiedenen Substraten. WEHMER[10] konnte sodann zeigen, daß A. niger unter entsprechenden Bedingungen hauptsächlich Oxalsäure aus Zucker zu erzeugen vermag, wobei nur relativ wenig Kohlendioxyd als Atmungsprodukt auftritt. Nach dem genannten Autor unterliegt dabei wohl ein Teil der Oxalsäure einem weiteren Zerfall in Kohlendioxyd und Wasser. EMMERLING[11] untersuchte vornehmlich die Bildung von Ammon-

[1] EULER u. BOLIN: H. **61**, 1 (1909).   [2] LIPPMANN: B. **46**, 3862 (1913).
[3] BEHREND u. PRÜSSE: A. **416**, 233 (1918).   [4] ZOPF: B. bot. Ges. **18**, 32 (1900).
[5] BANNING: C. Bact. **8**, 305 (1902).   [6] HENNEBERG: D. Essigind. **10**, 89 (1906).
[7] PROSKAUER: C. **1903 I**, 1152.   [8] HANSEN: Flora **72**, 88 (1889).
[9] DUCLAUX: Ann. Past. **3**, 97 (1889).   [10] WEHMER: Bot. Ztg **49**, 233 (1891).
[11] EMMERLING: C. Bact. II **10**, 273 (1903).

oxalat bei Kultivierung von A. niger auf Aminosäuren, Polypeptiden, Pepton und Eiweißstoffen, wobei insbesondere die auf reinem Pepton gebildete Oxalsäuremenge auffallend groß war. Nach diesem Autor erstarrt die nach mehrwöchiger Kultur des Pilzes eingedampfte Kulturflüssigkeit zu einem Krystallbrei von Ammonoxalat. Hinsichtlich Oxalsäurebildung durch A. niger s. auch BLOCHWITZ[1], THOM und CURRIE[2]. Ein Penicillium oxalicum wurde von CURRIE und THOM[3] beschrieben. Dasselbe wurde von schimmelndem Mais isoliert, tritt aber auch in Bodenkulturen auf.

Nachdem bereits WEHMER gezeigt hatte, daß in alten Kulturen von Citromyces Oxalsäure auftritt, stellte BUTKEWITSCH[4] bei neun verschiedenen Citromyces- und Penicilliumarten das Vermögen zur Oxalsäurebildung fest. Nur ein Penicillium glaucum erwies sich als nicht geeignet. Die ursprüngliche Klassifikation, derzufolge insbesondere A. niger als Oxalsäurebildner bezeichnet wurde, mußte daher auf Grund der weiteren Untersuchungen fallen gelassen werden. Daß auch innerhalb der Gruppe A. niger sehr wesentliche Unterschiede hinsichtlich der Oxalsäurebildung bestehen, erscheint auch durchaus nicht verwunderlich, sondern steht in Übereinstimmung mit den Erfahrungen bei den sonstigen Pilzgärungen. So zeigte sich beim Vergleich von fünf verschiedenen A. niger-Stämmen durch BERNHAUER[5], daß einer derselben ein ganz besonders stark ausgeprägtes Vermögen zur Oxalsäurebildung besaß, was auch bei sonstigen Versuchen mit diesem Pilzstamm zum Ausdruck kam [s. BERNHAUER und WOLF (4, S. 87)]. Weiterhin ist wieder bei anderen A. niger-Stämmen die Fähigkeit zur Oxalsäurebildung nur äußerst gering, so bei dem von AMELUNG (3, S. 87) eingehend untersuchten A. niger japonicus. Mit der Oxalsäurebildung durch eine große Anzahl von Penizillien beschäftigten sich besonders CHRZASZCZ und TIUKOW[6].

2. Mucorineen. Nach CALMETTE[7] ist die von Mucor Rouxii gebildete Säure wohl zum größten Teil Oxalsäure. Nach BUTKEWITSCH und FEDOROFF[8] vermögen Mucor mucedo sowie Rhizopus nigricans gleichfalls Oxalsäure zu bilden, wenn auch nicht in gleichem Ausmaße wie Aspergillusarten.

3. Sonstige Schimmelpilze. DE BARY[9] fand bei Peziza Sklerotiorum reichliche Oxalsäurebildung, PERWOZWONSKY[10] auch bei Dematium pullulans und Fusarium aquaeductuum.

c) Hefen.

ZOPF[11] beschrieb als erster Oxalsäurebildung aus Zuckern, und zwar durch Saccharomyces Hansen, eine Hefeart, die keinen Alkohol zu bilden vermag. Allerdings ist bei manchen C-Quellen erst monatelange Kultivierung der Hefe erforderlich, bis dieselbe in reichlichen Mengen Oxalsäure zu bilden vermag. Nach PERWOZWONSKY[10] bilden außer Saccharomyces Hansen auch Torulaarten Oxalsäure.

---

[1] BLOCHWITZ: C. Bact. II **39**, 497 (1913).
[2] THOM u. CURRIE: J. Agr. Res. **7**, 1 (1916).
[3] CURRIE u. THOM: J. Biol. Chem. **22**, 287 (1915).
[4] BUTKEWITSCH: Bio. Z. **131**, 327 (1922).
[5] BERNHAUER: Bio. Z. **197**, 278 (1928).
[6] CHRZASZCZ u. TIUKOW: Bio. Z. **222**, 243 (1930).
[7] CALMETTE: Ann. Past. **6**, 604 (1892).
[8] BUTKEWITSCH u. FEDOROFF: Bio. Z. **119**, 87 (1930).
[9] DE BARY: Bot. Ztg **1886**, 400.
[10] PERWOZWONSKY: C. Bact. II **81**, 372 (1930).
[11] ZOPF: Ber. bot. Ges. **7**, 94 (1889).

2. Bedingungen der Oxalsäurebildung durch Schimmelpilze.

Es soll hier insbesondere die Oxalsäurebildung durch Fadenpilze eingehender besprochen werden, da hierüber die meisten Untersuchungen vorliegen und die Bedingungen des Prozesses dabei auch im wesentlichen geklärt erscheinen. Hinsichtlich der ganz allgemeinen Einflüsse, wie Licht, Sauerstoffversorgung usw., gilt das bei den bereits bisher besprochenen Schimmelpilzgärungen Gesagte, so daß wir uns auf die Anführung der spezielleren Bedingungen beschränken können.

a) Die Zusammensetzung der Kulturflüssigkeit.

Die Entwicklung der Pilze in Abhängigkeit von der Zusammensetzung der Kulturflüssigkeit erfolgt analog den bisher besprochenen Pilzgärungen.

Als *C-Substrat* für die Oxalsäurebildung kommt eine sehr große Anzahl verschiedener C-Verbindungen in Betracht, auf die noch zurückzukommen sein wird.

Die *N-Quelle* ist nach WEHMER[1] von wesentlichem Einfluß für die Oxalsäurebildung. An und für sich ist es zwar für den Säurebildungsprozeß gleichgültig, ob der Stickstoff als Ammonium, Nitrat oder Pepton dargereicht wird, jedoch ist die Bindungsart der N-Komponente von großer Bedeutung. Ammonnitrat, -phosphat, -oxalat, ferner Kaliumnitrat, Calcium- und Natriumnitrat wirken in gleicher Weise ohne Behinderung der Säurebildung. Dagegen ist der Pilz bei Darreichung von physiologisch sauren Stickstoffverbindungen, also Ammonchlorid, Ammonsulfat usw. infolge der freiwerdenden Mineralsäure nach Verbrauch der Ammoniakkomponente an der Bildung bzw. Anhäufung von Oxalsäure so stark gehindert, daß nach WEHMER dabei trotz guten Wachstums nie eine Spur Oxalsäure auftritt. Sehr reichliche Oxalsäurebildung findet dagegen in Gegenwart von Pepton statt, da dieses als physiologisch alkalische Stickstoffquelle die Oxalsäurebildung sehr fördert. Nach CHRZASZCZ und TIUKOW[2] soll die Anhäufung der Oxalsäure auf Zuckernährböden durch die Gegenwart von Aminosubstanzen als N-Quelle verursacht werden, wobei die Menge der auf Kosten des Zuckers angehäuften Oxalsäure von der Struktur und Quantität der Aminosubstanzen abhängt, indem diese desto wirksamer erscheinen, je weniger C-Radikale sie enthalten. Hinsichtlich der sonstigen *Nährsalze* ist anscheinend kein besonderer Einfluß vorhanden. Nach MOLLIARD[3] soll Oxalsäure neben Citronensäure besonders dann entstehen, wenn zu wenig Phosphor in der Kulturflüssigkeit vorhanden ist, was jedoch nicht sehr glaubhaft erscheint und sicher keine allgemeine Gültigkeit hat.

b) Reaktion der Kulturflüssigkeit (Neutralisationsmittel).

WEHMER[1] stellte fest, daß in Gegenwart freier organischer Säuren keine Oxalsäure auftritt; doch kann dieser Befund keine allgemeine Gültigkeit haben, da ja, wie von einer Anzahl von Autoren beobachtet werden konnte, vielfach in alten Kulturen von A. niger und anderer Pilze Oxalsäure auftritt, nachdem längst kein Zucker mehr vorhanden ist, und auch ohne daß Neutralisationsmittel zugegen wären. Dabei muß die Oxalsäure aus primär gebildeter Glucon- sowie Citronensäure entstanden sein. WEHMER machte den Befund, daß aus Salzen organischer Säuren zumeist sehr reichlich Oxalsäure gebildet wird, was der genannte Autor in der Weise erklärt, daß in diesem Falle freie Base entsteht, im anderen Falle nicht, und daß die freiwerdende Base demnach Anlaß

---

[1] WEHMER: Bot. Ztg **49**, 233 (1891).
[2] CHRZASZCZ u. TIUKOW: Bio. Z. **218**, 73 (1930).
[3] MOLLIARD: C. **1922 III**, 276.

zur Oxalsäureansammlung gibt, und zwar soll sogar die Menge der freiwerdenden Base die Menge der Oxalsäure bestimmen. In Gegenwart von 1—2% freier Salzsäure oder 6% freier Phosphorsäure fehlte auch nach sechswöchiger Kulturdauer jede Spur von Oxalsäure völlig.

WEHMER studierte sodann auch den Einfluß von Calciumcarbonat als Neutralisationsmittel auf den Prozeß der Oxalsäurebildung und stellte dabei fest, daß bei Verwendung von Ammonnitrat als Stickstoffquelle das Ca-Oxalat insbesondere an den Pilzdecken zur Abscheidung gelangt, und daß es nach einiger Zeit die Mycelien so inkrustiert, daß dieselben eine harte und brüchige Beschaffenheit erlangen. Bei Verwendung von Kaliumnitrat gelangt dagegen das Ca-Oxalat nicht an der Pilzdecke zur Abscheidung, sondern am Boden des Gefäßes, was wohl auf eine Umsetzung von Alkalioxalat mit Kalksalz zurückzuführen ist. Die Gegenwart von Ca-Carbonat wirkt zugleich günstig auf die Ansammlung des Ca-Oxalates, da die Oxalsäure auf diese Weise vor der weiteren Zersetzung geschützt wird. In ähnlicher Weise wirkt tertiäres Ca-Phosphat, doch ist dessen Wirksamkeit nicht so groß, doch jedenfalls groß genug, um auch in Kulturen mit Ammonchlorid oder Ammonsulfat Anlaß zur Bildung von Ca-Oxalat zu geben. Im Prinzip in analoger Weise wie die erwähnten Ca-Salze, jedoch viel energischer als diese, wirken alkalisch reagierende Salze auf die Ansammlung von Oxalsäure, so insbesondere die sekundären und tertiären Natrium- und Ammonphosphate. Auch der Zusatz von neutralem Kaliumoxalat bewirkt eine weitere Anhäufung von Oxalsäure, wobei das saure Salz gebildet wird. BERNHAUER[1] wies darauf hin, daß Oxalsäurebildung besonders intensiv in Gegenwart von Natriumionen in alkalischem Milieu stattfindet. So werden bedeutende Mengen von Oxalsäure bei Verwendung fertiger Pilzdecken, insbesondere bei Zusatz von Natriumbicarbonat bzw. -carbonat gebildet. Dabei wurde auch beobachtet, daß Pilzdecken, die zunächst auf derartigen, zunächst alkalischen Lösungen verweilten, sodann reine Zuckerlösungen auch in Abwesenheit von Neutralisationsmitteln fast nur auf Oxalsäure verarbeiten, wobei sich dieselbe nach bereits fünf Tagen in reichlichen Mengen in freiem Zustande angesammelt hatte, wogegen normale Pilzdecken, die nicht diese Vorbehandlung durchmachten, aus reinen Zuckerlösungen unter sonst analogen Bedingungen fast überhaupt keine Oxalsäure bildeten. Auch nach KOSTYTSCHEW und TSCHESNOKOV (2, S. 86) findet bei alkalischer Reaktion der Kulturflüssigkeit vorwiegend Oxalsäurebildung statt. Auf die Befunde von BUTKEWITSCH und FEDOROFF über die Bedeutung des Natriums bei der Verarbeitung von Acetaten auf Oxalsäure wird noch zurückzukommen sein. Die Behauptung SCHOBERS (2, S. 87), daß das Optimum der Oxalsäurebildung bei saurer Reaktion der Nährlösung liegt, ist in dieser Allgemeinheit unrichtig und kann nur für die von ihm eingehaltenen abnormalen Bedingungen Geltung haben.

c) Verlauf des Gärprozesses.

Hinsichtlich der optimalen *Temperatur* für die Oxalsäurebildung sei noch erwähnt, daß nach WEHMER (1, S. 109) relativ tiefe Temperatur die Ansammlung von Oxalsäure bzw. Oxalaten außerordentlich begünstigt. Diesem Befund kommt jedoch keine allgemeine Gültigkeit zu, da auch bei höheren Temperaturen (30—35°) sehr reichliche Anhäufung von Oxalaten stattfinden kann; bei höheren Temperaturen ist der Gärverlauf jedenfalls, wie auch bei anderen Prozessen, sehr beschleunigt, nur in sehr alten Kulturen findet man in Abwesenheit von $CaCO_3$ bei niedrigerer Temperatur größere Oxalsäuremengen als

---

[1] BERNHAUER: Bio. Z. **172**, 321 (1926).

bei höherer, da bei höherer Temperatur rascherer Weiterabbau derselben erfolgt. Die *Gärdauer* ist natürlicherweise abhängig von der Temperatur, der Menge des zu verarbeitenden Substrates, der Schichthöhe desselben usw.

Bezüglich des *Gärverlaufes* machten BUTKEWITSCH[1] sowie FALCK und KAPUR[2] wahrscheinlich, daß überall dort, wo Oxalsäure neben Glucon- und Citronensäure in Pilzkulturen nachgewiesen werden kann, zunächst Gluconsäure entsteht und die beiden anderen Säuren erst später auftreten. Die Oxalsäure ist dabei als Abbauprodukt der beiden genannten Säuren aufzufassen. WEHMER[3] wies experimentell nach, daß Oxalsäure aus Citronensäure entsteht. KOSTYTSCHEW und TSCHESNOKOV (2, S. 86) erscheint „die Notwendigkeit der Verwandlung der Citronensäure in Oxalsäure" als zweifelhaft, indem sie eine Korrelation bei der Bildung der beiden Säuren nicht wahrnehmen konnten. Die Frage, ob Oxalsäure auch direkt aus Zucker entstehen kann, ohne daß also Glucon- oder Citronensäure dabei als Zwischenstufen fungieren, ist noch nicht entschieden, scheint jedoch positiv zu beantworten zu sein. In Fällen, bei denen die Oxalsäure erst in alten Kulturen auftritt, sobald kein Zucker mehr vorhanden ist, also insbesondere in Abwesenheit von Neutralisationsmitteln, kann ihre Herkunft nur auf die anderen gebildeten Säuren zurückgeführt werden; vielfach findet jedoch Oxalsäurebildung auch in Gegenwart von Zucker statt, dann ist ihre Herkunft zweifelhaft, doch ist auch dann wahrscheinlich die Gluconsäure als Muttersubstanz der Oxalsäure anzusprechen. In anderen Fällen wieder, bei denen die Bedingungen weder die Bildung von Gluconsäure noch von Citronensäure gestatten, so bei Einwirkung der Pilze auf Fructose in alkalischer Lösung, wird wohl eine direkte Bildung der Oxalsäure aus der Fructose anzunehmen sein. SCHOBER (2, S. 87) nimmt anscheinend stets eine mehr oder weniger direkte Bildung von Oxalsäure aus dem Zucker an, jedoch auf dem Umweg über Eiweiß, indem er nicht nur Oxalsäure, sondern auch Glucon- und Citronensäure als voneinander unabhängige Endprodukte des Stoffwechsels auffaßt. Dies ist jedoch zweifellos, wie aus den bereits erwähnten Befunden hervorgeht, in dieser Allgemeinheit unrichtig.

3. Chemismus der Oxalsäurebildung.

a) Zum Wesen des Vorganges.

WEHMER (1, S. 109) ist der Ansicht, daß die Oxalsäure stets im Stoffwechsel der Pilze entsteht, daß sie aber im status nascens einer leichteren Weiterzersetzung unterliegt und sich nur dort ansammelt, wo die Bedingungen dafür gegeben sind. Hinsichtlich der Frage, ob die Oxalsäure ein normales Produkt der Atmung der Pilze oder ein Ergebnis eines eng neben dieser einhergehenden Stoffwechsels anzusehen ist, gelangte WEHMER zur Auffassung, daß die Oxalsäure voraussichtlich mit dem Stoffumsatz im Atmungsprozeß in Beziehung zu setzen ist, dabei ist die Säurebildung durchaus nicht auf Sauerstoffmangel zurückzuführen. Die Bedeutung der Oxalsäurebildung für die Pilze liegt nach dem genannten Autor darin, daß dadurch die im Stoffwechsel disponibel werdenden Basen neutralisiert werden, was für die Existenzbedingungen der Organismen nicht ohne Wert sein wird. Weiterhin ist freie Oxalsäure auch in niederen Konzentrationen für viele Organismen ein starkes Gift, und so wird durch die Oxalsäurebildung die Entwicklung etwaiger fremder Keime bald unterdrückt, sobald die Bedingungen für eine Ansammlung freier Säure vorhanden sind.

---

[1] BUTKEWITSCH: Bio. Z. **154**, 177 (1924).   [2] FALCK u. KAPUR: B. **57**, 920 (1924).
[3] WEHMER: B. **57**, 1659 (1924).

Als Ort der Säureentstehung kommt nach WEHMER nur das Innere der Zelle, und zwar das Plasma in Betracht; sind nun die betreffenden Bedingungen vorhanden, so diosmiert die Säure in die Kulturflüssigkeit, so daß freie Säure in der Zelle selbst so gut wie völlig fehlt; daher ist bei Pilzen die Abscheidung von Ca-Oxalat innerhalb der Zelle auch eine sehr seltene Erscheinung.

Hinsichtlich der Frage, ob die Oxalsäure als Produkt des Zucker- oder Eiweißstoffwechsels anzusehen ist, ist wohl eine klare Entscheidung in den einzelnen Fällen nicht möglich, da sie aus den verschiedensten C-Verbindungen entstehen kann. Daher ist auch die Ansicht von SCHOBER (2, S. 87), der dieselbe nur aus dem Eiweißstoffwechsel herzuleiten sucht, unrichtig; sondern es ist wohl durchaus möglich und in manchen Fällen auch sehr wahrscheinlich, daß ein Teil der von den Pilzen gebildeten Oxalsäure beim proteolytischen Zerfall entsteht, ebenso aber auch aus N-freien Verbindungen. Ob der eine oder andere Vorgang überwiegt, hängt wohl von den jeweiligen Bedingungen bzw. vom Zustand des Pilzmycels ab.

Nach CHRZASZCZ und TIUKOW (2, S. 109) soll die Oxalsäure einerseits als Energiequelle, andererseits mit Ammoniak als Ausgangsmaterial zum Aufbau von Eiweißstoffen dienen (?).

b) Substrate der Oxalsäurebildung.

Ein umfassender quantitativer Vergleich der Eignung der verschiedenen C-Verbindungen für die Oxalsäurebildung wurde unter einheitlichen Bedingungen noch nicht durchgeführt. Die Anzahl der zur Oxalsäurebildung geeigneten C-Verbindungen ist jedoch sehr groß, so daß wir uns auf zusammenfassende Angaben beschränken können.

1. Zuckerarten. Von diesen erwiesen sich alle bisher untersuchten für die Oxalsäurebildung als geeignet, also von Hexosen: Glucose, Fructose, Maltose, Galaktose; von Pentosen: Arabinose und Xylose; von Disacchariden: Rohrzucker und Maltose, nach CURRIE und THOM (3, S. 108) bei Pen. oxalicum auch Milchzucker, ebenso nach ZOPF (11, S. 108) bei Saccharomyces Hansen, von Polysacchariden Stärke und Inulin. Dies gilt ebenso für Pilze wie für viele Essigbakterien [BANNING (5, S. 107)].

2. Alkohole. Aus Zuckeralkoholen wurde gleichfalls Oxalsäurebildung beobachtet, so aus Mannit, Erythrit [nach BANNING (5, S. 107) bei Bakterien], Glycerin. Aus Äthylalkohol sowie Glykol erhielt BANNING gleichfalls Oxalsäure. Ebenso vermögen Pilze aus Alkohol Oxalsäure zu erzeugen.

3. C_4-Säuren. Aus den zweibasischen Säuren (Bernstein-, Fumar-, Äpfel- und Weinsäure) erzielten RAISTRICK und CLARK[1] mittels Aspergillus niger gutes Wachstum und gute Ausbeuten an Oxalsäure. Auf den einbasischen Säuren (Butter-, Isobutter-, 2-Oxybutter- und Oxyisobuttersäure) fand nach den gleichen Autoren fast kein Wachstum und keine Oxalsäurebildung statt. Aus Isobuttersäure erzielte BANNING (5, S. 107) mittels Bakterien ebenfalls Oxalsäurebildung. In Versuchen von BUTKEWITSCH und FEDOROFF[2] bildeten Aspergillus niger sowie A. orycae aus bernsteinsaurem Natrium sehr bedeutende Mengen an Oxalsäure, und zwar fast 76 bzw. fast 68%, Rhizopus nigricans wesentlich weniger.

4. C_3-Säuren. Milchsäure, Brenztraubensäure, Malon- und Propionsäure ergaben nach REISTRICK und CLARK[1] im allgemeinen bemerkenswert gutes Wachstum, aber gar keine oder nur sehr wenig Oxalsäure. BANNING (5, S. 107) erhielt mittels Essigbakterien Oxalsäure auch aus Milch- und Malonsäure.

---

[1] REISTRICK u. CLARK: C. **1920 I**, 686.
[2] BUTKEWITSCH u. FEDOROFF: Bio. Z. **119**, 87 (1930).

5. C$_2$-Säuren. Essigsäure gab nach RAISTRICK und CLARK (1, S. 112) gutes Wachstum und gute Ausbeute an Oxalsäure, während aus Glykol- und Glyoxylsäure trotz guten Wachstums keine Oxalsäure gebildet wurde. Nach BANNING (5, S. 107) vermochte eine Anzahl von Essigbakterien aus Essigsäure und besonders aus Glykolsäure Oxalsäure zu bilden. In Versuchen von BUTKEWITSCH und FEDOROFF (2, S. 112) setzte A. niger (in Form fertiger Pilzdecken angewendet) Na-Acetat zu fast 94% in Oxalsäure um, Ca-Acetat in Parallelversuchen nur zu etwa 18% (in 18 Tagen), wobei in diesem Falle auch noch unverändertes Ca-Acetat vorhanden war. Auch hier kam demnach die stark stimulierende Wirkung des Natriums für die Oxalsäurebildung zum Ausdruck. Ähnlich verhielt sich A. orycae, indem er in gleichen Zeiten aus Na-Acetat über 58% Oxalsäure bildete, aus Ca-Acetat nur etwa 17%. BERNHAUER und SIEBENÄUGER (2, S. 98) erzielten mittels A. niger aus Na-Acetat bis 106,2% Ausbeute an Oxalsäure (= 70,8% d. Th.).

6. Als **Zwischenprodukte** bei der Oxalsäurebildung aus Zucker sind bei Aspergillaceen usw. vielfach Glucon- und Citronensäure anzusehen. Aus denselben wird auch bei direkter Einwirkung der Pilze in reichlichen Mengen Oxalsäure gebildet. Auf die unmittelbaren Zwischenprodukte wird noch zurückzukommen sein.

7. Von **sonstigen C-Quellen** kommt für die Oxalsäurebildung auch noch eine Anzahl von Stickstoffverbindungen in Betracht, so insbesondere Pepton, worauf hier nicht näher einzugehen ist. Weiterhin ist Bildung von Oxalsäure auch beim Abbau aromatischer Substanzen beobachtet worden, so von BUTKEWITSCH[1] bei der Darbietung von Chinasäure, wobei zunächst aromatische Körper entstehen, und ferner von BERNHAUER und SCHLEISSNER[2] bei direkter Einwirkung von Pilzdecken einiger A. niger-Stämme auf die Na-Salze von Gallussäure, Salicylsäure sowie Chinasäure.

c) Der Mechanismus der Oxalsäurebildung aus Zucker.

Wie aus dem bisher Dargelegten hervorgeht, kann die Oxalsäure aus den verschiedensten C-Verbindungen entstehen. Uns interessiert nun in diesem Zusammenhange vornehmlich der Mechanismus ihrer Bildung aus Zuckerarten. Der Mechanismus der Oxalsäurebildung aus Zucker wird jedenfalls ein verschiedener sein, je nachdem, nach welchem Abbautypus die betreffenden Organismen den Zucker zersetzen. So läßt sich auch ein allgemein gültiges Schema über die Bildung der Oxalsäure nicht entwerfen, doch erscheint dieselbe im allgemeinen wohl als direktes oder indirektes *Abbauprodukt der Essigsäure,* indem diese, wie bereits früher behandelt, entweder direkt oxydiert wird oder über Bernsteinsäure. Es erscheinen demnach insbesondere zwei Wege der Oxalsäurebildung von Wichtigkeit, nämlich einerseits der Zerfall der Oxalessigsäure und andererseits ihre Bildung durch direkte Oxydation der Essigsäure über Glykolsäure.

1. Oxalsäurebildung über Oxalessigsäure. RAISTRICK und CLARK (1, S. 112) entwarfen auf Grund ihrer Ergebnisse über die Oxalsäurebildung aus verschiedenen Säuren ein Schema für den Abbau des Zuckers zu Oxalsäure mit Annahme der intermediären Bildung von 1,3-Diketoadipinsäure; diese soll hydrolytisch in Essigsäure und Oxalessigsäure zerfallen, diese weiterhin in Oxal- und Essigsäure und die letztere soll stets zu Oxalsäure weiter oxydiert werden.

---

[1] BUTKEWITSCH: Bio. Z. **145**, 442 (1924); **159**, 395 (1925).
[2] BERNHAUER u. SCHLEISSNER: Nicht publiziert.

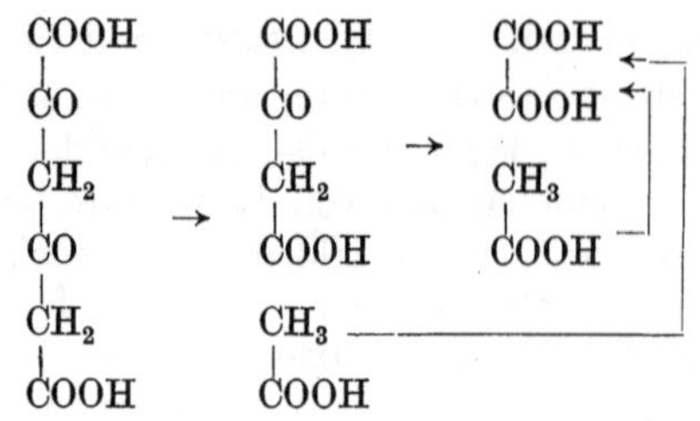

$$
\begin{array}{ccccc}
COOH & & COOH & & COOH \\
CO & & CO & & COOH \\
CH_2 & \rightarrow & CH_2 & \rightarrow & CH_3 \\
CO & & COOH & & COOH \\
CH_2 & & CH_3 & & \\
COOH & & COOH & &
\end{array}
$$

Weiterhin könnte die Oxalessigsäure wohl beim Abbau der Bernsteinsäure zu Oxalsäure als Zwischenprodukt fungieren. BUTKEWITSCH und FEDOROFF weisen darauf hin, daß auch bei A. niger die Bildung von Oxalsäure über Bernsteinsäure als Zwischenglied verlaufen könnte, die aber in diesem Falle (also im Gegensatz zum Verhalten von Rhizopus nigricans) einem weiteren sehr raschen Abbau unterliegen soll, ohne daß eine stärkere Anhäufung derselben erzielt werden kann. Doch sprechen die noch zu behandelnden Befunde über die Bildung von Glykolsäure bei der Einwirkung von A. niger auf Acetate dafür, daß zweifellos auch der Weg der direkten Oxydation der Essigsäure realisiert ist.

2. Oxalsäurebildung durch direkte Oxydation der Essigsäure. Wir haben bereits gesehen, daß Essigsäure bei der ganz überwiegenden Mehrzahl aller oxydativen Abbauprozesse des Zuckers als End- oder Zwischenprodukt auftreten kann. Andererseits wurde bereits gelegentlich der Besprechung der Bernstein- und Fumarsäuregärung darauf hingewiesen, daß im wesentlichen zwei Abbauvorgänge der Essigsäure verwirklicht erscheinen, nämlich einerseits ihre oxydative Kondensation zu Bernsteinsäure und andererseits ihr direkter oxydativer Abbau zu Oxalsäure. So ist es CHALLENGER, SUBRAMANIAM und WALKER[1] auch tatsächlich gelungen, mittels A. niger nicht nur aus Ca-Acetat Ca-Oxalat zu erhalten, sondern auch das erste, dabei auftretende Zwischenprodukt, die Glykolsäure zu isolieren.

Glykolsäure erhielten die genannten Autoren aus Ca-Acetat in einer Ausbeute von 5,7 g aus 60 g Ca-Acetat. Weiterhin gelang es ihnen auch, glykolsaures Ammonium in Ammonoxalat überzuführen.

Glyoxylsäure erhielten die gleichen Autoren bei der Einwirkung von Aspergillus niger auf Ca-Acetat und isolierten dieselbe in Form ihres Aminoguanidinderivates. Ebenso konnten sie bei Kulturen des Pilzes auf Ca-Glykolat auch Glyoxylsäure mittels der Naphthoresorcinprobe nachweisen und in Form von Derivaten isolieren. BUTTERWORTH und WALKER (3, S. 105) vermochten auch bei B. pyocyaneus den Abbau der Essigsäure über Glykol- und Glyoxylsäure wahrscheinlich zu machen. Nach DAKIN[2] findet sich Glyoxylsäure häufig in Kulturen von Pilzen und Bakterien, ohne daß jedoch genauere Details gegeben werden. Die weitere Oxydation der Glyoxylsäure durch Pilze zu Oxalsäure ist sehr naheliegend, wenn auch dieser Schritt experimentell noch nicht belegt ist. Möglich erscheint dabei auch die dismutative Umwandlung der Glyoxylsäure unter Bildung von Glykolsäure einerseits und Oxalsäure andererseits. Hierüber liegen jedoch bisher noch keine Befunde vor. Im tierischen Organismus wird allerdings Glyoxylsäure wohl anders abgebaut, und zwar nehmen TOENISSEN und BRINKMANN (6, S. 70) an, daß Essigsäure zunächst bis zu Glyoxylsäure oxydiert und diese sodann unter Wasseraufnahme in zwei Moleküle Ameisensäure gespalten wird, da die genannten Autoren beobachten konnten, daß die Essigsäure sowohl bei Muskeldurchströmung als auch bei der subcutanen Injektion

---

[1] CHALLENGER, SUBRAMANIAM u. WALKER: Soc. **1927**, 200.
[2] DAKIN: J. Biol. Chem. **1**, 271 (1906).

am lebenden Tier eine erhebliche Mehrausbeute an Ameisensäure lieferte. Bekanntlich findet sich Glyoxylsäure im Tier- und Pflanzenreich, hier vielfach in Gesellschaft mit Glykol- und Oxalsäure. Auf ihre Beziehung zum Glykokoll sei hier nur hingewiesen.

4. Der weitere Abbau der Oxalsäure.

Nach WEHMER findet, wie bereits erwähnt, in Gegenwart von Ammonchlorid sowie -sulfat keine Ansammlung von Oxalsäure statt, und unter diesen Umständen zugesetzte Oxalsäure wird sogar relativ rasch weiter abgebaut, wohl zu Kohlendioxyd.

Von Interesse ist in diesem Zusammenhang, daß der von WEHMER[1] beschriebene Pilz Aspergillus mutatus in Zuckerkulturen mit $CaCO_3$ aus dem zunächst gebildeten Ca-Gluconat in den Pilzdecken nicht Ca-Oxalat, sondern reichliche Mengen von Ca-Carbonat ablagert. Bei der direkten Einwirkung auf Ca-Gluconat konnte als nachweisbares Produkt nur Ca-Carbonat aufgefunden werden, ohne daß irgendwelche Zwischenstufen gefaßt werden konnten. Dasselbe scheidet sich teilweise am Boden des Gefäßes ab, inkrustiert aber vornehmlich die Pilzdecken. Bei der Einwirkung des Pilzes auf Na-Gluconat fand jedoch Bildung von Oxalsäure statt; in neutraler Lösung kann das so gebildete Na-Oxalat teilweise zu Carbonat abgebaut werden. Ebenso gaben die Ca-Salze anderer organischer Säuren (Milch- und Äpfelsäure) Ca-Carbonat, die Na-, K- oder Ammoniumsalze dagegen Oxalate, insbesondere die primären Salze. Daß auch bei der Zersetzung der Ca-Salze zunächst Oxalsäure gebildet wird, ist nach dem Autor nicht anzunehmen, es sei denn, daß sie sofort weiter zerfällt. Ähnliche Feststellungen machte THIES[2] bei Verwendung eines A. fumaricus; aus Ca-Gluconat bildete derselbe nur $CaCO_3$, aus Na-Gluconat Oxalat. Ebenso wandelte der Pilz die Ca-Salze von Zuckersäure, Citronensäure, Bernsteinsäure, Weinsäure, Äpfelsäure, Fumarsäure und Milchsäure nur in $CaCO_3$ um, wogegen er auf den betreffenden Na-, K- und NH_4-Salzen nur Oxalat bildete. Zugleich wird geschlossen, daß die erwähnten Säuren infolge ihrer guten Abbaufähigkeit als echte Zwischenprodukte des normalen Stoffwechsels anzusehen sind.

V. Die Bedeutung der oxydativen Gärungen. Sonstiges.

In diesem Abschnitt wird zunächst ein Übersichtsschema des oxydativen Zuckerabbaues entwickelt und sodann auf die Bedeutung der oxydativen Gärungen für die präparative Chemie sowie Technik eingegangen. Weiterhin werden hier in einem eigenen Kapitel die sonstigen Oxydationswirkungen niederer Organismen behandelt, insbesondere die Oxydation aliphatischer Kohlenwasserstoffe sowie die Bildung und der Abbau aromatischer Substanzen. Schließlich wird noch ein Kapitel angegliedert, in dem die Oxydation bestimmter chemischer Gruppen durch Organismen im allgemeinen zusammengefaßt wird.

A. Gesamtschema des oxydativen Zuckerabbaues.

Wie aus dem bisher Dargelegten ersichtlich ist und wie auch bereits an einigen Stellen hervorgehoben wurde, haben wir es beim Angriff auf das Zuckermolekül im wesentlichen mit zwei Prozessen zu tun, und zwar einerseits mit

---

[1] WEHMER: Bio. Z. **197**, 427 (1928) — B. **62**, 2672 (1929). [2] THIES: B. **64**, 214 (1931).

einem direkten oxydativen Angriff und andererseits zunächst mit dem anoxybiontischen Spaltungsvorgang, an den sich sodann oxydative Prozesse anschließen. Dieser zweite Prozeß erscheint dabei als Haupttypus des Zuckerabbaues und findet sich bei den Organismen in überwiegendem Ausmaße realisiert. Der ersterwähnte Prozeß ist zunächst als Nebentypus zu betrachten, und ein abschließendes Urteil über dessen Verbreitung und Bedeutung, insbesondere auch für höher organisierte Lebewesen, läßt sich zur Zeit noch nicht fällen. Dagegen sind im Haupttypus nach allem auch jene Vorgänge inbegriffen, die bei der normalen Sauerstoffatmung auch der höher organisierten Lebewesen stattfinden, woraus zugleich auch die Bedeutung dieser Vorgänge ersichtlich wird.

Im folgenden wird ein allgemeines Schema der beim Zuckerabbau stattfindenden Vorgänge entwickelt, und zwar im Anschluß an die insbesondere von NEUBERG und anderen Autoren vornehmlich für die anoxybiontischen Vorgänge gegebenen übersichtlichen Darstellungen. Die oxydativen Vorgänge werden besonders hervorgehoben und gekennzeichnet, wodurch auch deren Anteil am Zuckerabbau ersichtlich wird. Prozesse, die noch nicht exakt bewiesen sind, werden im folgenden in entsprechender Weise markiert; ferner werden hierbei auch nur die insbesondere von Glucose sich ableitenden Vorgänge berücksichtigt.

In dem Schema ist zugleich angedeutet, welche Prozesse oxydativer Natur sind und bei welchen es sich um andere chemische Vorgänge handelt. Es ist so ersichtlich gemacht, daß auch bei den oxydativen Gärungsvorgängen in weitem Ausmaße hydrolytische Spaltungen sowie Decarboxylierungen stattfinden. Weiterhin ist ersichtlich, daß wir es vielfach mit „Kreisprozessen" zu tun haben, bei denen also der weitere Zerfall der Zwischenstufen wieder zu Körpern führt, die einem analogen nochmaligen Abbau unterliegen können; für den eigentlichen Abbau ist die CO_2-Bildung charakteristisch, ein Vorgang, der jeweils bei den einzelnen Abbaustufen entsprechend hervorgehoben wurde.

Gerade dieser Vorgang ist auch für die Frage, auf welchem Wege die „Atmung" vor sich geht, von größter Bedeutung, da bei derselben im wesentlichen nur das Endprodukt, eben das Kohlendioxyd, nachweisbar ist. Bereits PFEFFER[1] hatte bekanntlich im wesentlichen den Gedanken entwickelt, und heute gelangen wir immer mehr zu der Erkenntnis, daß zwischen Zellatmung und Gärungsprozessen kein prinzipieller Unterschied besteht, sondern daß es sich dabei lediglich gewissermaßen um zwei Stufen des gleichen Abbauvorganges handelt, wobei jedoch im Falle der Gärung die Zwischenprodukte („Gärprodukte") angehäuft werden können, während sie im Falle der Atmung nur unter ganz besonderen Bedingungen zum Teil festgehalten und so nachgewiesen werden können. Im allgemeinen werden wir wohl sagen können, daß die Atmungsvorgänge bei den verschiedenen Organismen im wesentlichen auf einem der geschilderten Wege erfolgen wird, wie sie im folgenden Schema wiedergegeben sind. Ein einheitlicher Chemismus des Atmungsprozesses besteht demnach wahrscheinlich nicht, sondern bei den einzelnen Organismengruppen wird wohl jeweils der eine oder andere Prozeß den Hauptvorgang bilden, und bei Annahme eines bestimmten „Normalweges" des Zuckerabbaues wird wohl die Abzweigung von diesem bald in einem früheren, bald in einem späteren Stadium stattfinden, so daß dann der von den betreffenden Organismen beschrittene Weg für diese den jeweiligen Hauptweg des Atmungsprozesses darstellen wird.

---

[1] PFEFFER: Untersuchungen aus dem Bot. Inst. Tübingen **1**, 636 (1881/85). — Siehe auch OPPENHEIMER: Die Fermente **2**, 1223 (1926).

Abbauschema des Zuckers[1].

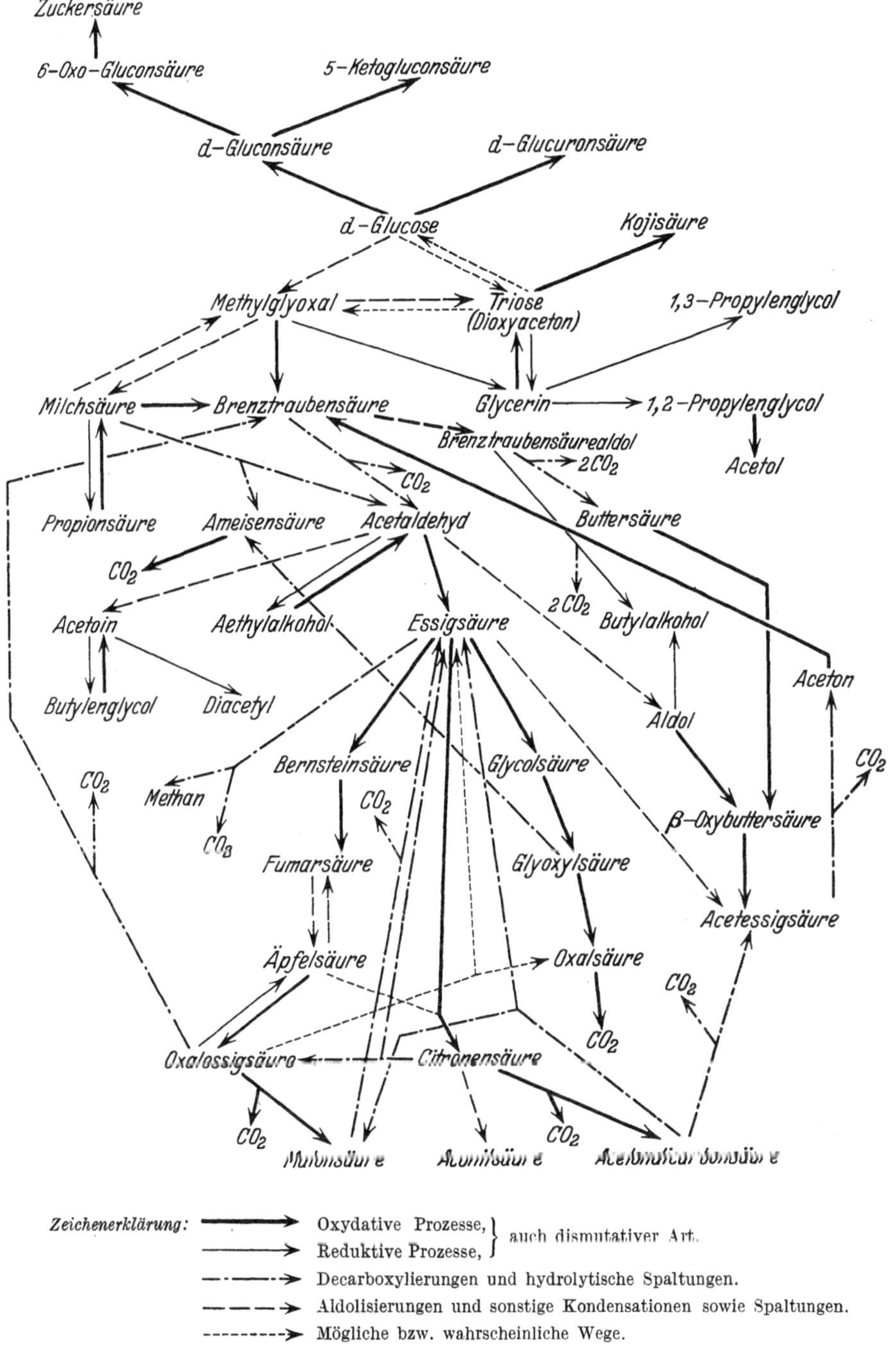

---

[1] Siehe auch BERNHAUER: Oe. Ch. Ztg. **34**, 159, 167 (1931).

B. Die Bedeutung der oxydativen Gärungen für die präparative Chemie und Technik.

Die oxydativen Eigenschaften der Bakterien und Pilze sind auch für die präparative Chemie und Technik von Bedeutung geworden. So ist auch schon vielfach z. B. von den Oxydationswirkungen der Essigbakterien Gebrauch gemacht worden, und zwar dort, wo es sich um die Darstellung einfacher Oxydationsprodukte handelt, wie z. B. die Gewinnung von Zuckerarten aus Zuckeralkoholen (Dioxyaceton aus Glycerin, Sorbose aus Sorbit usw.) oder von Zuckermonocarbonsäuren aus Zuckerarten (Gluconsäure, 5-Ketogluconsäure usw.). Auch Schimmelpilze kommen jedoch für die präparative Darstellung verschiedener Substanzen in Betracht, so für die Gewinnung von Gluconsäure, Kojisäure, Fumarsäure usw.

Der weitere Ausbau der präparativen Erfahrungen auf dem Gebiet der oxydativen Gärungen führte auch zur technischen Darstellung einiger Substanzen. Mit Ausnahme der Essiggärung sind die diesbezüglichen Zweige der Gärungstechnik jedoch noch recht jung, was insbesondere die Technik der Schimmelpilzgärungen betrifft. Die technisch-industrielle Bedeutung der oxydativen Gärungen wurde von einigen Autoren besprochen, so von HERRICK und MAY[1], WALKER[2], CHALLENGER[3], VIRTANEN und PULKKI[4] sowie SCHOEN[5].

1. Beispiele für die präparative Darstellung einiger Substanzen auf oxydativem Gärungswege.

Es soll hier die laboratoriumsmäßige Darstellung einiger Substanzen mit Hilfe oxydativer Gärungserreger beschrieben werden, die auf rein chemischem Wege vielfach nur sehr schwer zugänglich sind, oder wo die biologische Methode ein einfacheres und rascheres Arbeiten ermöglicht. Von Substanzen, die durch Bakteriengärungen darstellbar sind, kommt insbesondere Dioxyaceton, Acetoin, Sorbose, Gluconsäure und deren Abbauprodukte in Betracht; mittels Pilzen ist mit Vorteil Gluconsäure, Kojisäure und Fumarsäure darstellbar.

a) Darstellung von Zuckerarten und Säuren mittels Bakterien.

Dioxyaceton.

Verfahren zur präparativen Darstellung wurden von BERTRAND[6], VIRTANEN und BÄRLUND[7] sowie BERNHAUER und SCHÖN[8] angegeben.

Am besten geht man in der Weise vor, daß man B. xylinum auf einer 5 bis 8proz. Glycerinlösung in Hefeabkochung nach dem Sterilisieren bei $27-29°$ zur Entwicklung bringt. Zur Fernhaltung von Pilzinfektionen empfiehlt sich ein Zusatz von Essigsäure oder Buttersäure zur Kulturflüssigkeit, so daß deren Gehalt etwa $n/30$ bzw. $n/150$ beträgt. Als Gefäßmaterial eignen sich am besten Erlenmeyerkolben mit breitem Boden oder breite Flaschen. Das Maximum der Dioxyacetonmenge kann durch tägliche Entnahme von Flüssigkeitsproben und Bestimmung des Reduktionsvermögens ermittelt werden [Umrechnungstabelle

[1] HERRICK u. MAY: Ind. engin. Chem. **21**, 618 (1929); **22**, 1172 (1930).
[2] WALKER: J. Soc. chem. Ind. **49**, 946 (1930) — C. **1931 I**, 1533.
[3] CHALLENGER: Ind. Chemist chem. Manuf. **6**, 97 (1930).
[4] VIRTANEN u. PULKKI: C. **1930 II**, 2275.
[5] SCHOEN: Chim. et Ind. **25**, Sond.-Nr 3, 96 (1931) — C. **1931 II**, 508.
[6] BERTRAND: A. ch. (8) **3**, 901 (1904).   [7] VIRTANEN u. BÄRLUND: Bio. Z. **169**, 169 (1926).
[8] BERNHAUER u. SCHÖN: H. **177**, 107 (1928).

s. BERNHAUER und SCHÖN (8, S. 118)]. Bei Anwendung von 2—3 cm Schichthöhe ist der Prozeß zumeist nach etwa 20—24 Tagen beendet.

Gewinnung des Dioxyacetons. Nach dem Filtrieren und Auspressen der Bakterienhäute wird die Flüssigkeit nach dem eventuellen Neutralisieren mit Calciumcarbonat im Vakuum bei 40—45° zum dicken Sirup verdampft, und derselbe in 5—6 Teilen absoluten Alkohols unter Rühren oder Schütteln aufgenommen, wobei der Hauptanteil in Lösung geht. Nach einigen Stunden Stehen, unter zeitweisem Umschütteln oder $^1/_2$—1 stündigem Behandeln an der Schüttelmaschine, werden durch Zusatz von 2 Teilen Äther (bezogen auf ursprünglichen Sirup) die restlichen, aus der Hefe stammenden Verunreinigungen ausgefällt. Nach etwa 24 stündigem Stehen im verschlossenen Gefäß haftet der Niederschlag fest am Glas, so daß die Lösung durch Dekantieren bequem gewonnen werden kann; dieselbe wird im Vakuum unter 20° zum dicken Sirup verdampft, der beim Verweilen im Vakuum in der Kälte, manchmal bereits nach einigen Tagen, meist aber erst nach Wochen (trotz Impfung) krystallisiert. Durch gutes Vermengen des Sirups mit etwas absolutem Äther kann die Krystallisation beschleunigt werden, da dadurch hartnäckig anhaftende Reste von Alkohol leichter verdampfen. — Die Krystallmasse wird nach dem Absaugen mit wenig gut gekühltem absoluten Alkohol verrieben und so lange mit weiteren geringen Mengen desselben gewaschen, bis ein reinweißes Produkt erhalten wird. — Statt den gereinigten Sirup zum Auskrystallisieren zu bringen, kann man denselben auch nach VIRTANEN und BÄRLUND (7, S. 118) bzw. H. O. L. FISCHER und MILDBRAND[1] im Hochvakuum destillieren; das bei der Badtemperatur 125—130° und 0,4 bis 0,6 mm Druck übergehende Öl erstarrt nach kräftiger Kühlung alsbald zu einer Krystallmasse. Falls jedoch der verwendete Sirup noch Glycerin enthält, was bei Verwendung eines weniger wirksamen Bacteriums meist der Fall ist, gelangt man auch durch Fraktionierung zu keinem krystallisierenden Produkt. Die Verluste sind in jedem Fall relativ groß, da teilweise Bildung von Methylglyoxal erfolgt und andererseits Polymerisation zu Hexosen sowie Verharzung stattfindet. Eine Ausbeute von 80% an destilliertem Produkt kann nur aus bereits reinem Dioxyaceton erhalten werden. Das so gewonnene Produkt ist monomolekular und kann durch Umkrystallisieren aus Alkohol und dann aus Aceton gereinigt werden. Es ist relativ schlecht haltbar, während das durch direkte Krystallisation aus dem Sirup zu erhaltende dimolekulare Produkt in gut verschlossenem Gefäß jahrelang unverändert haltbar ist.

Acetoin.

Nach KLING[2] wird eine 5 proz. 2,3-Butandiollösung in Hefewasser durch Mycoderma aceti 1 Monat lang bei 30° vergoren. Das in reichlichen Mengen entstandene Acetoin wird von unverandertem Butylenglykol durch Rektifizierung mittels eines Fraktionieraufsatzes getrennt. Siedepunkt 144—145°. Die d-Form des Butylenglykols bleibt dabei unverändert, Siedepunkt 178—180°.

d-Sorbose.

Nach BERTRAND[3] wird Vogelbeersaft (spez. Gew. 1,05 bis 1,06), nachdem die alkoholische Gärung der vergärbaren Zucker vollendet ist, mit einer Reinkultur von B. xylinum geimpft und bei 30° stehengelassen, bis das Maximum des Reduktionsvermögens erreicht ist. Nach LOBRY DE BRUYN[4] kann vorteilhafterweise anstatt Vogelbeersaft reiner d-Sorbit (5 proz. Lösung in Hefewasser)

---

[1] FISCHER, H. O. L. u. MILDBRAND: B. **57**, 707 (1924).   [2] KLING: C. r. **140**, 1456 (1905).
[3] BERTRAND: C. r. **122**, 900 (1896) — Bl. (3) **15**, 627 (1896).
[4] LOBRY DE BRUYN: Rec. **19**, 3 (1900).

verwendet werden. Die Gärung wird in analoger Weise, wie beim Dioxyaceton beschrieben, durchgeführt. Die erhaltenen Rohlösungen werden mit Bleiacetat gefällt, der Überschuß des Bleis mit Schwefelsäure entfernt, das neutrale Filtrat sodann im Vakuum verdampft und der Sirup in Alkohol aufgenommen. Nach dem Abdampfen des Alkohols krystallisiert im Rückstand die d-Sorbose.

d-Gluconsäure.

Bei Anwendung von B. xylinum wird am besten eine Nährlösung von 5 bis 10% Glucose in einer Hefeabkochung verwendet. Man verfährt im Prinzip analog wie bei der Darstellung von Dioxyaceton geschildert. Günstig ist hierbei der Zusatz von Calciumcarbonat als Neutralisationsmittel, da freie Gluconsäure durch B. xylinum nur bis zu relativ geringen Mengen angehäuft wird und daher in Gegenwart von Calciumcarbonat auch größere Glucosemengen verarbeitet werden können. Auch hier ist für ruhiges, erschütterungsloses Stehen Sorge zu tragen, da durch Untersinken der Bakterienhäute der Prozeß verzögert wird. Je nach der Glucosekonzentration und dem Oxydationsvermögens des zur Verfügung stehenden Bakterienstammes ist der Prozeß in der Regel nach 10—20 Tagen bei 27—28° beendet. Die Isolierung der Gluconsäure wird in üblicher Weise mittels ihres Ca-Salzes vorgenommen, das entweder bereits in der Kulturflüssigkeit vorhanden ist oder bei saurem Arbeiten durch Neutralisieren mittels Calciumcarbonat hergestellt wird. Nach dem Filtrieren und Einengen der Flüssigkeit (am besten im Vakuum) zum dünnen Sirup findet alsbald Krystallisation statt, die durch Zusatz von etwas Alkohol noch befördert werden kann. Reinigung durch Umkrystallisieren aus Wasser unter eventuellem Zusatz von etwas Alkohol.

5-Ketogluconsäure.

Man geht am besten in der Weise vor, daß eine Lösung von 5—10% Glucose und die erforderliche Menge Calciumcarbonat in Hefeabkochung mit einem Gehalt von etwa $n/_{150}$ Buttersäure nach dem Sterilisieren mit einer gärkräftigen Kultur von B. xylinum geimpft wird. Im übrigen verfährt man wie zuvor. Es findet zunächst Auflösung des Calciumcarbonates statt unter Bildung von Ca-Gluconat, und später erfolgt Abscheidung des 5-ketogluconsauren Calciums in Form großer, harter Krystalle. Nach 20—25 Tagen bei 23—25° ist der Prozeß in der Regel beendet und die Ansätze können aufgearbeitet werden, indem das abgeschiedene, sehr schwer lösliche Ca-Salz zunächst nach der Filtration mechanisch von den Bakterienhäuten möglichst befreit und sodann durch vorsichtiges Lösen in Säure und Umfällen mit Ammoniak oder Umkrystallisieren aus viel heißem Wasser gereinigt wird.

6-Oxogluconsäure (l-Glucuronsäure).

Nach TAKAHASHI und ASAI[1] wird eine Lösung von 100 g Ca-Gluconat in 1000 ccm Hefewasser mit B. industrium (var. Hoshigaki nov. sp.) geimpft und 24 Tage bei 25—28° belassen. Der Gäransatz wird in analoger Weise wie bisher durchgeführt. Nachdem die Oxydation beendet ist, wird abgeschiedenes 5-ketogluconsaures Calcium durch Filtration abgetrennt und das Filtrat auf ein kleines Volumen eingedampft, wobei sich eventuell weitere Mengen Ca-Ketogluconat abscheiden. Das nunmehr verbleibende Filtrat wird zwecks Entfernung noch unveränderten Ca-Gluconates mit Alkohol versetzt, bis eine schwache Trübung entsteht, und der allmählichen Krystallisation überlassen. Sodann wird das Filtrat im Vakuum zu einem dicken Sirup verdampft, der in Methylalkohol eingetragen wird, worauf sich bei einem Methanolgehalt von 85—90% das Ca-Glucuronat abscheidet. Es wird zwei bis dreimal durch Lösen in Wasser und

---

[1] TAKAHASHI u. ASAI: C. Bact. **84**, 193 (1931).

Eingießen in Methanol umgefällt. Das so gereinigte Produkt ist in 50proz. Alkohol völlig löslich. Die Lösung wird mit Tierkohle entfärbt und wieder durch Zusatz des zehnfachen Volumens Methanol ausgefällt. Das Ca-Salz bildet einen weißen, pulverigen Niederschlag. Aus 100 g Ca-Gluconat konnten 25 g Ca-Glucuronat erhalten werden.

b) Die Darstellung einiger Säuren mittels Schimmelpilzen.

d-Gluconsäure.

In großen Erlenmeyerkolben oder ähnlichen Gefäßen mit breitem Boden wird die Nährlösung (enthaltend 15% Rohrzucker oder Glucose, 0,1% Ammonsulfat, 0,1% Kaliumdihydrophosphat und 0,025% Magnesiumsulfat) nach dem Sterilisieren mit einer Sporenemulsion eines gärkräftigen Pilzes (A. niger) geimpft und bei etwa 34—35° die Pilzdecken zur Entwicklung gebracht. Nach etwa drei Tagen, sobald sich geschlossene Mycelien gebildet haben, wird Calciumcarbonat zugesetzt (pro 100 g Rohrzucker etwa 20 g, bei Verwendung von Glucose entsprechend mehr). Durch zeitweises vorsichtiges Umschwenken wird die sich jeweils bildende Gluconsäure neutralisiert; nach weiteren 4—5 Tagen und Anwendung von etwa 3—4 cm Schichthöhe ist der Prozeß in der Regel beendet. Die Lösung wird nun vorsichtig abgegossen, und der ganze Prozeß kann mit einer frischen Zuckerlösung ohne weiteren Zusatz von Nährsalzen nochmals etwa zweimal wiederholt werden. Die vereinigten Flüssigkeiten werden in üblicher Weise auf Ca-Gluconat verarbeitet. Bei Verwendung eines guten Pilzstammes erhält man nach dem Umkrystallisieren des Produktes aus Wasser über 50% an reinem Ca-Gluconat, bezogen auf angewendeten Rohrzucker, oder annähernd 100% bezogen auf angewendete reine Glucose.

Zur Gewinnung größerer Mengen Ca-Gluconat kann man in offenen, glasierten Tonschalen, Aluminiumpfannen usw. von geeigneten Dimensionen, die mit entsprechenden Rührern versehen sind, arbeiten. Bei Verwendung von 10 l fassenden, flachen, möglichst geradwandigen Schüsseln wird der Pilz auf 2 l Nährlösung zur Entwicklung gebracht und vom dritten Tag an in entsprechendem Verhältnis Calciumcarbonat sowie allmählich noch 4—6 l Zuckerlösung zugesetzt und von Zeit zu Zeit gerührt. Nach insgesamt 10—12 Tagen ist der Prozeß beendet. In analoger Weise kann statt Calciumcarbonat auch Strontium-, Barium- oder Magnesiumcarbonat verwendet werden, falls man die betreffenden Salze herzustellen wünscht.

Kojisäure.

Nach MAY, MOYER, WELLS und HERRICK[1] werden 1000 ccm einer etwa 20proz. Glucoselösung nach Zusatz von etwa 0,1% Ammonnitrat, 0,05% Magnesiumsulfat, 0,01% Kaliumchlorid und 0,005% Phosphorsäure in üblicher Weise mit Aspergillus flavus geimpft und bei 2—3 cm Schichthöhe 14 Tage lang bei 30—35° belassen. Die gebildete Kojisäure kann aus der Lösung nach Neutralisieren derselben mittels Alkali durch Zusatz von Cu-Acetatlösung abgeschieden oder durch erschöpfende Extraktion mit Äther isoliert werden.

Fumarsäure.

Nach BERNHAUER und STEIN wird eine 15proz. Lösung von technischer Glucose nach Zusatz von 0,1% Ammonsulfat in üblicher Weise mit Sporen einer gärkräftigen Kultur von Rhizopus nigricans geimpft und nach Entwicklung einer kräftigen Pilzdecke (etwa am 3. Tag) Calciumcarbonat zugesetzt (für 100 g reine Glucose etwa 60 g $CaCO_3$). Nach insgesamt etwa 15—20tägigem Verweilen der Kulturen bei 28—29° ist die Gärung beendet. Die am Boden

---

[1] MAY, MOYER, WELLS u. HERRICK: Am. Soc. **53**, 774 (1931).

befindliche Krystallmasse wird isoliert und heiß mit Salzsäure behandelt. Nach dem Aufkochen mit Tierkohle krystallisiert im Filtrat Fumarsäure, die nach nochmaligem Umkrystallisieren aus heißem Wasser völlig rein ist. Aus 100 g reiner Glucose können etwa 40 g Fumarsäure gewonnen werden. Aus der Mutterlauge krystallisiert nach dem Verdampfen Ca-Succinat mit etwas Ca-Fumarat aus.

2. Die technische Bedeutung der oxydativen Gärungen.
a) Oxydative Bakteriengärungen.

Die Technik der hier zu besprechenden Gärungsvorgänge ist insbesondere bei der altbekannten Essigerzeugung ausgebildet worden. Die diesbezüglichen Verfahren sollen im folgenden kurz besprochen werden. Unter den sonstigen hierhergehörigen Gärungsvorgängen ist erst in jüngster Zeit versucht worden, die Gewinnung von Dioxyaceton sowie Gluconsäure mittels Bakterien technisch zu verwerten.

1. Verfahren der Essigfabrikation[1]. Unter den Verfahren der Essiggewinnung lassen sich im wesentlichen zwei Typen unterscheiden, nämlich einerseits solche, bei denen sich die Maische in Ruhe befindet, wobei sich die Essigbakterien in Form von Häuten an der Oberfläche entwickeln, und andererseits solche, bei denen die Maische über die sogenannten Essigbildner, die mit Holzspänen gefüllt sind, gegossen wird, wobei sich die Bakterien nur lose an den Spänen ansiedeln.

Als *Rohmaterialien* der Essigfabrikation dient zumeist Rohsprit, der dann zur Erzeugung von Spritessig führt; für die Bereitung der sogenannten Qualitätsessige dienen vergorene, alkoholhaltige Flüssigkeiten, wie Wein, Bier, Malzwein, Apfelwein, vergorene Fruchtsäfte, vergorener Honig usw. Zur Verstärkung des Bakterienwachstums werden vielfach noch anorganische Nährsalze zugesetzt, und zwar saures Ammon-, Kalium und Natriumphosphat, sowie Magnesium- und Ammonsulfat. Für je 100 l reinen Alkohol wird dabei etwa 50—150 g Nährsalzgemisch zugesetzt.

a) Unter den *ruhenden Verfahren* ist das *Orleansverfahren* und das *Pasteurverfahren* zu unterscheiden. Nach dem ersteren werden vielfach auch heute noch die feinsten Qualitätsessige hergestellt; obwohl das Verfahren sehr langsam verläuft, besitzt es besonders bei der Verarbeitung der hierbei in Betracht kommenden sehr extraktreichen Maischen gewisse Vorteile, indem die dabei vielfach auftretenden Verschleimungen leicht entfernt werden können, nicht aber beim Schnellessigverfahren, und weiterhin ist beim ruhenden, langsamen Verfahren mehr Zeit für die Aromabildung vorhanden, und andererseits bleiben auch die Aromastoffe besser in Lösung, während sie in den Schnellessigbildnern wegen der starken Verdunstung teilweise verlorengehen. Dagegen sind dabei höhere Säuregrade (von 8—10% aufwärts) nur schwer erreichbar. Der stärkste Gäreffekt wird natürlicherweise dann erreicht, wenn die Gärfässer nur halb gefüllt sind, da dann die wirksame Oberfläche im Verhältnis zum Flüssigkeitsvolumen größer ist. Die Vergärung wird bei mindestens 20° vorgenommen, wobei sich nach wenigen Tagen eine Essighaut bildet; beim Einsetzen der Gärung selbst findet Selbsterwärmung um 2—3° statt. Von Zeit zu Zeit wird die zu Boden sinkende Haut durch eine sich frisch bildende ersetzt. Die Vergärung kann einige Wochen dauern, wobei ein kleiner Rest des Alkohols noch unvergoren gelassen wird, da dieser bei der nachfolgenden mehrmonatigen Lagerung durch Esterbildung zu einem feineren Aroma Anlaß gibt. Vielfach wird nur ein Teil des fertigen Weinessigs abgelassen und durch frische Maische ersetzt (kontinuierliches Verfahren).

---

[1] Siehe ULLMANN: Chemische Enzyklopädie.

Nach dem *Pasteurverfahren* werden nicht liegende Fässer verwendet, sondern flache, mit einem Deckel bedeckte Gärkufen, die nicht allzuhoch mit der Maische gefüllt werden, wodurch der Gärprozeß wesentlich beschleunigt werden kann.

b) Unter den *Durchlaufverfahren* ist insbesondere das *Schnellessigverfahren* von Wichtigkeit, da nach demselben die überwiegende Menge des Gäressigs hergestellt wird. Nach dem sogenannten Deutschen Verfahren wird der mit den entsprechenden Nährsalzen versetzte verdünnte Alkohol über die bekannten, mit porösem Füllmaterial, meist Buchenholzspänen versehenen, sogenannten Essigbildnern von Zeit zu Zeit laufen gelassen. Die große vorhandene Oberfläche, an der sich die Bakterien ansiedeln, gewährt einen sehr raschen Gärverlauf. Die Bakterien werden zugleich mit dem sogenannten Einsäuern in die Essigbildner gebracht und gelangen an den Holzspänen zur Entwicklung. Durch das Einsetzen der Gärung findet Erhöhung der Innentemperatur statt, was zu einer gleichmäßigen Luftströmung durch die Späne Anlaß gibt, wobei frische Luft durch untere Zuglöcher eintreten kann. Von Zeit zu Zeit wird Maische aufgegossen, so daß das Verfahren besser als *Aufgußverfahren* zu bezeichnen wäre; das Begießen der Apparate mit Maische erfolgt zumeist automatisch, nach verschiedenen Systemen. Die Höchstausbeuten betragen 80—90%, in normal guten Fällen etwa 70% der Theorie.

Ähnlich dem Schnellessigverfahren sind die *Verfahren von Boerhaave sowie Michaelis*, die insbesondere zur Gewinnung von Qualitätsessigen Verwendung finden. Beim erstgenannten werden immer je zwei Fässer, die mit Füllmaterial versehen sind, abwechselnd mit Maische gefüllt und wieder entleert; in dem jeweilig leeren Faß findet die Essiggärung statt, die beim Anfüllen stets wieder eine periodische Unterbrechung erfährt. Nach dem *Michaelis*-Verfahren wird entweder ein *Eintauchessigbildner* verwendet, wobei das in korbartigen Behältern befindliche Füllmaterial von Zeit zu Zeit in die Maische eintaucht, oder aber ein *Drehessigbildner*, der im Prinzip ein liegendes Faß vorstellt, das in einen größeren, den Füllstoff enthaltenden, und einen kleineren, die Maische enthaltenden Raum geteilt ist. Das Faß wird von Zeit zu Zeit gedreht. Die Ausbeuten sind bei diesem Verfahren sehr gut, der Essig wird stark aromatisch, nachteilig ist jedoch die relativ geringe Leistungsfähigkeit und der große Aufwand an mechanischer Kraft.

2. Sonstige Gärungsvorgänge. *d-Gluconsäure* soll nach einem Patent von S. HERMANN und der Pharmazeutischen Werke NORGINE A.-G. (Prag)[1] durch Einwirkung von Kulturen, die aus der japanischen Kombuche entwickelt werden, auf glucose- oder rohrzuckerhaltige Nährlösungen erzeugt werden. Die gebildete Gluconsäure wird nach Entfernung von eventuell zugleich entstandener Essigsäure in üblicher Weise mit $CaCO_3$ neutralisiert und durch Eindampfen und Krystallisierenlassen gewonnen. Aus einer 7,5proz. Rohrzuckerlösung waren z. B. nach 20 Tagen 50% des angewendeten Rohrzuckers in Gluconsäure übergeführt.

Dioxyaceton wird nach den Patenten der I. G. Farben[2] mittels der bekannten Bakterien oder mittels Wurzelbakterien, die aus Heu oder ähnlichen Pflanzenstoffen, die eine Gärung durchgemacht haben, gewonnen werden, hergestellt, indem man diese Bakterien auf Nährböden züchtet, die Extraktivstoffe aus pflanzlichen Materialien, wie Heu, Stroh usw., enthalten, denen das umzusetzende Glycerin zugesetzt wird. Ferner kann auch ein Nährboden zur Verwendung kommen, der Extraktivstoffe aus Biertrebern neben dem umzusetzenden Glycerin enthält.

[1] HERMANN, S. u. NORGINE A.-G.: DRP. 522147, 1931.
[2] C. **1928 I**, 2456; **II**, 184; **1930 II**, 3461.

b) Schimmelpilzgärungen.

In Ostasien sind Schimmelpilze bereits seit langem für die technische Erzeugung verschiedener Produkte in Verwendung. Jedoch handelt es sich dabei zum Teil um Mischgärungen usw., andererseits nicht um die Darstellung bestimmter chemisch reiner Stoffe, sondern um Rohprodukte, die als Nahrungsmittel usw. Verwendung finden.

Weiterhin wurden Schimmelpilze (Asp. orycae) auch für die Erzeugung von Diastase (TAKAMINE) mit gutem Erfolg herangezogen. Hierbei handelt es sich jedoch um eine andere Gärungstechnik als bei der Durchführung der oxydativen Gärungsvorgänge, die uns hier zu beschäftigen haben.

Die Bestrebungen, Schimmelpilze zur Erzeugung organischer Säuren aus Zucker zu verwerten, gehen bis in die 90er Jahre des vorigen Jahrhunderts zurück, und zwar richteten sich die Bemühungen zunächst vornehmlich auf die Erzeugung von Citronensäure. Die damaligen Versuche der Chem. Fabrik in Mülhausen im Elsaß führten zwar, wohl wegen der Kompliziertheit des Prozesses und der Schwierigkeit, aller einzelnen Faktoren Herr zu werden, noch zu keinem Erfolg, doch wurde im Laufe der Jahre an verschiedenen Orten an der technischen Durchführung von Pilzgärungen und der Ausgestaltung der diesbezüglichen Gärungstechnik weiter gearbeitet, so daß heute bereits mit Erfolg die fabrikatorische Erzeugung von Citronensäure auf dem Gärungswege in Anwendung ist. Zweifellos befindet sich die diesbezügliche Gärungstechnik noch im Anfang, und es wird noch die Sammlung reichlicher weiterer Erfahrungen erforderlich sein, bis wir zu einem abschließenden Urteil über die technische Bedeutung der Schimmelpilzgärungen gelangen bzw. bis dieselben großtechnisch allgemeinere Anwendung finden werden können.

1. Die technischen Verfahren der Citronensäuredarstellung.

Bereits in der früheren Besprechung der prinzipiellen Bedeutung der Art der Pilzentwicklung für die Säurebildung sind die Möglichkeiten, die für die technische Durchführung von Pilzgärungen bestehen, enthalten. Diese Möglichkeiten sollen nun an Hand der bisher vorliegenden Patente näher besprochen werden (Zusammenfassungen siehe auch SALMONY[1] sowie FREY[2]).

1. Oberflächengärung auf Flüssigkeiten. a) Die ruhige Vergärung (in dünner Schichthöhe und saurer Lösung) kommt bereits im ersten Patent von C. WEHMER[3] zur Anwendung. Dabei werden die Pilzsporen, insbesondere von Citromycesarten, auf 3—30proz. Zuckerlösungen, die die erforderlichen Nährsalze enthalten, geimpft und sodann die Flüssigkeit 8—14 Tage bei Zimmertemperatur sich selbst überlassen; für die Gegenwart von sterilisierter Luft wird dabei Sorge getragen. Freie Citronensäure sammelt sich bis zu einem Gehalt von 10% und darüber an. Zur Vermeidung der Zersetzung der freien Säure durch den Pilz muß der Prozeß zu geeigneter Zeit unterbrochen werden. Die Gewinnung der Säure wird mit Hilfe des Ca-Salzes vorgenommen. In analoger Weise wird nach dem Patent der Fabriques de Produits chimiques de Thann et de Mulhouse i. Elsaß[4] vorgegangen, dabei jedoch als Gärungserreger Mucor piriformis verwendet. Ebenso werden nach weiteren Patenten Flüssigkeiten in relativ dünnen Schichten vergoren, so in einem amerikanischen Patent[5] und einer weiteren Patentschrift von ZAHORSKY[6], der dabei Sterigmatocystis nigra verwendet. In den Patenten von SZÜCS (Wien)[7] sowie der Montan- und Industrialwerke vorm. J. D. STARCK[8] werden gleichfalls Flüssigkeiten der ruhigen

---

[1] SALMONY: Ch. Ztg. **51**, 902 (1927).   [2] FREY: Ch. Ztg. **55**, 40 (1931).
[3] WEHMER, C.: DRP. 72957, 1893.   [4] DRP. 91891, 1896.   [5] A.P. 515033.
[6] ZAHORSKY: A.P. 1066358, 1913.   [7] SZÜCS: Oe.P. 101009 — A.P. 1679186, 1923.
[8] STARCK, J. D.: DRP. 461356, Prior. 1923, erteilt Mai 1928.

Vergärung unterzogen, und zwar mit Fadenpilzen der Gattungen Citromyces, Mucor, Aspergillus und Penicillium, insbesondere unter Anwendung von Aspergillus niger, wobei Melasse als Substrat zur Verwendung kommt. Geeignete Pilze müssen durch systematische experimentelle Vergleichung ausgewählt und sodann an Melasse gewöhnt werden. Die Gärung wird bei etwa 20° durchgeführt, geht aber bei höherer Temperatur in kürzerer Zeit vor sich, doch muß dann für strenge Sterilität gesorgt werden. Die Säurebildung wird in flachen, offenen Schalen vorgenommen, so daß für die Pilzentwicklung eine große Oberfläche zur Verfügung steht. Es wurden z. B. aus 309,9 kg Melasse (154,6 kg Zucker enthaltend) bei 25° nach 15 tägiger Gärdauer 84,5 kg Ca-Citrat (entsprechend 52,7 kg reiner Citronensäure = 34,1% des Zuckers) gewonnen, ohne daß Oxalsäure gebildet worden wäre.

In einem weiteren Patent der Montan- und Industrialwerke vorm. J. D. STARCK[1] wird so vorgegangen, daß die Schimmelpilze, z. B. Asp. niger, zunächst auf Gelatine, Agar oder einem sonstigen festen Nährboden gezüchtet werden, um Sporen zu gewinnen, die sodann in Kulturflüssigkeiten, die den technischen Gärlösungen entsprechen, zum Wachsen gebracht werden. Sowohl den festen als auch den flüssigen Nährböden werden von vornherein Früchte oder Fruchtsäfte zugesetzt, die organische Säuren, wie Citronen- oder Gerbsäure, enthalten, um die Kulturen gegen die organischen Säuren widerstandsfähig zu machen. So wurden bei der Impfung solcher Sporen eines frisch gewonnenen, nicht kultivierten Aspergillus niger auf eine Zuckerlösung (15% Zucker, 0,2% Ammonnitrat, 0,1% Kaliumdihydrophosphat und 0,02% Magnesiumsulfat) nach 15 Tagen bei 25° 28% des Zuckers zu Citronensäure umgesetzt; dagegen wurden bei der Impfung der Sporen dieser Kultur auf eine neue analoge Nährlösung unter gleichen sonstigen Bedingungen bereits 46,6% des Zuckers an Citronensäure erhalten, wobei noch 8% des angewandten Zuckers unverändert vorhanden waren.

b) Oberflächengärung auf bewegten Flüssigkeiten. Da die Oberflächenentwicklung der Pilze den Nachteil mit sich bringt, daß nur relativ geringe Schichthöhen gut verarbeitet werden können, wird zur Vermeidung dieses Nachteiles in einem Patent von FERNBACH (Paris), J. L. YUILL (York) und der ROWNTREE & Co. (York)[2] die zu vergärende Flüssigkeit dauernd oder zeitweise in Bewegung gehalten, wodurch eine Durchmischung erreicht wird und stets neuer Zucker an die Pilzdecke gelangen kann. Die Durchmischung der Flüssigkeit wird entweder durch Anwendung verschiedener Temperaturen an entgegengesetzten Stellen des Gärgefäßes erzielt, oder durch einfaches Rühren, oder mittels Durchpumpens der Flüssigkeit unterhalb der Pilzdecke, oder schließlich durch Bewegung des Gärgefäßes. Insbesondere mit Hilfe des Durchlaufverfahrens soll der Prozeß zu einem kontinuierlichen gestaltet werden, indem stets neuer Zucker zugesetzt und die Citronensäure der Lösung durch Abscheidung als Ca-Salz entzogen werden kann, bis das Gärvermögen des Pilzmycels erschöpft ist. Weiterhin wird in dem genannten Patent die Sterilisierung der Kulturflüssigkeiten nicht durch Hitze vorgenommen, sondern durch Zusatz starker Mineralsäuren, so insbesondere Salzsäure (bis zum p_H-Wert 1,8); dabei vermögen die entsprechend ausgewählten Pilze noch gut zu gedeihen, während andere Organismen nicht aufkommen können. Erhitzen in Gegenwart von Salzsäure ist unzweckmäßig, da die Ausbeute aus Rohrzucker höher ist als aus Invertzucker. Die Vergärung kann bei Temperaturen zwischen 10 und 40°

---

[1] STARCK, J. D.: F.P. 620072, Februar 1928.
[2] FERNBACH, J. L. YUILL u. ROWNTREE & Co.: E.P. 266415, Prior. 1925, erteilt Februar 1927.

vorgenommen werden; bei höherer Temperatur verläuft der Prozeß rascher, doch ist die Ausbeute geringer. Als Organismen sind dunkelgefärbte Aspergillus-arten am geeignetsten, die aus Rohrzucker (anscheinend in Kleinversuchen) bis 65% an reiner Citronensäure zu bilden vermögen.

Einer französischen Patentschrift[1] zur Darstellung von Citronensäure liegt im wesentlichen der gleiche Gedanke wie der Schnellessigfabrikation zugrunde. Das Verfahren besteht darin, daß die zu vergärende Flüssigkeit durch eine Reihe von miteinander in Verbindung stehenden Gefäßen oder durch ein einziges geschlossenes Gefäß mit Wechsel der Durchlaufsrichtung geleitet wird.

2. Oberflächengärung auf festen Substraten. Nach einem Patent von R. FALCK[2] werden feste Substrate auf Citronensäure verarbeitet, und zwar wird ein stärkehaltiges Rohmaterial (Mehl aus Weizen und anderen Getreidearten, auch aus Roßkastanien, Lupinen usw.) mit Wasser nach Zusatz von Calcium-carbonat und Ammonnitrat bis zur Pastenkonsistenz verkleistert und nach dem Aufstreichen in dünnen Schichten und Abkühlen mit Pilzsporen beimpft. Nach 11 Tagen, bei 13°, sollen die gebildeten Säuren 25% des angewendeten Ausgangsmaterials betragen; dabei soll eine Mischung verschiedener Säuren entstehen, wie Bernsteinsäure, Äpfelsäure, Weinsäure und Citronensäure; bei manchen Ansätzen entstand auch ziemlich viel Oxalsäure. Feste Substrate werden auch gemäß einer englischen Patentschrift[3] verarbeitet.

Nach einem weiteren Patent von R. FALCK[4] werden die zu verarbeitenden festen Substrate mit säurebindenden Stoffen vermischt, die durch die Einwirkung der entstehenden Säuren Gas entwickeln, wodurch das Substrat in ein zell-gewebeartiges Gebilde übergeführt wird. Als säurebindende und gasentwickelnde Stoffe sollen außer den Carbonaten und Bicarbonaten der Endalkalien auch Percarbonate oder Magnesium-Peroxyde in Frage kommen, ferner Zusatz von Wasserstoffsuperoxyd oder Backpulver. Weiterhin kann zur Bildung des Zell-gewebes dem Substrat (z. B. Mehl) auch Hefe zugesetzt werden, worauf die Masse erhitzt oder (bei 110—120°) gebacken und sodann mit säurebildenden Fadenpilzen geimpft wird. 56% der im Mehl vorhandenen Stärke soll in orga-nische Säuren umgewandelt, und 25% an Citronensäure gewonnen werden können.

Nach einem amerikanischen Patent von CAHN[5] wird Citronensäure durch Vergärung von Rübenschnitzeln oder anderen zuckerhaltigen Materialien erzeugt, wobei zugleich Luft oder Sauerstoff zugeführt wird. Die Ausbeuten sollen bis 66% des Zuckers betragen. Als Trägermaterial für die Pilzdecken können auch Gewebe, z. B. aus Zellstoff, die mit einer 10—15proz. Zuckerlösung getränkt sind, Verwendung finden.

3. Submerse Gärverfahren mit Luftdurchleitung. Da bei der natürlichen Ent-wicklung der Pilze auf Oberflächen die erforderlichen großen flachen Gärgefäße (Schalen) sehr viel Raum einnehmen und die Säurebildung außerdem relativ langsam vor sich geht, suchte man dadurch eine Verbesserung zu erzielen, daß die Pilze unter Rühren und Luftdurchleiten zur Entwicklung gebracht werden, und zwar im Innern der Flüssigkeit, um so durch die relativ große Pilzmasse auch eine entsprechend rasche Verarbeitung des Zuckers auf Citronensäure zu bewirken und andererseits eine bessere Raumausnützung durch Verwendung von Gärbottichen zu erzielen. So geht B. BLEYER[6] in der Weise vor, daß die

[1] F.P. 23248/519815.   [2] FALCK, R.: DRP. 426926, Pr. 1921, erteilt März 1926.
[3] E.P. 161870.   [4] FALCK, R.: DRP. 473727, Januar 1924, ausgel. März 1929.
[5] CAHN: C. **1930 I**, 2646.
[6] BLEYER, B.: DRP. 434729, Pr. Oktober 1924, erteilt September 1926; übertragen an die Montan- und Industriewerke vorm. J. D. Starck, Prag, Oktober 1927. Frdl. **15**, 149.

Vergärung in einem der beim Reingärungsspiritusverfahren üblichen Bildner (z. B. Amylogärbottich) vorgenommen wird. Dabei wird die Nährlösung, die durch Zusatz von Salz- oder Citronensäure auf p_H 3,3 bis 3,6 gebracht wird, in der Apparatur durch Erwärmen sterilisiert und dann mit Fadenpilzkulturen der Gattungen Aspergillus, Penicillium usw. geimpft; sobald die Auskeimung erfolgt ist, wird die Gärung bei gleichzeitiger Zufuhr von steriler Luft unter gelegentlichem Umrühren der Flüssigkeit und gleichzeitiger Abpumpung der Kohlensäure durchgeführt. Dabei soll die optimale Temperatur bei Verwendung von Aspergillus bei 15—20° liegen. In günstigen Fällen soll nach 5—8 Tagen die Maximalmenge an Citronensäure erreicht sein und die Ausbeute durchschnittlich 60% des dargebotenen Zuckers betragen, in besonders günstigen Fällen auch 70—75%. (Aus 125—150 g Zucker, 2,0 bis 2,5 g Ammoniumnitrat, 0,7 bis 1,0 g Kaliumphosphat und 0,2 bis 0,25 g Magnesiumsulfat in 1 l Wasser wurden nach 5—8 Tagen rund 65—70 g krystallisierte Citronensäure gewonnen.) Die Versäuerung im Gärbottich soll durch geeignete Luftzufuhr und Rühren so geleitet werden, daß der Pilz nicht oder nicht übermäßig zur Hautbildung und Sporung gelangt; die Entwicklung des Pilzmycels geht demnach anscheinend im Inneren der Flüssigkeit vor sich. Die Säurebildung kann dabei in Abwesenheit sowie in Gegenwart von Neutralisationsmittel, wie Schlämmkreide, vorgenommen werden. Im letzteren Falle wird die Schlämmkreide durch das Rührwerk ständig mit in Bewegung gehalten und die entstehende Kohlensäure dauernd durch den passierenden Luftstrom weggeführt.

In einer Patentanmeldung der Königsberger Zellstoffabriken und der Chemischen Werke KOHOLYT A.-G.[1] werden die Pilze vollständig im Inneren der Flüssigkeit zur Entwicklung gebracht, indem dauernd ein ausreichender Luftoder Sauerstoffstrom durch die Flüssigkeit geleitet wird, wobei die Pilzfäden mit sowie ohne Trägermaterial zur Entwicklung gelangen. Der Gärprozeß läßt sich kontinuierlich gestalten, indem stets frische Flüssigkeit zugeführt werden kann und die vergorene Maische ablaufen gelassen wird. Als Ausgangsmaterialien können nicht nur die gewöhnlichen Zuckerarten verwendet werden, sondern auch Sulfitablauge, doch müssen in diesem Falle die Pilze vorher an dieses Substrat gewöhnt werden, was in der Weise geschieht, daß zunächst in Züchtungsversuchen der Gehalt an Sulfitlauge neben Bierwürze systematisch von Züchtung zu Züchtung erhöht wird, bis die Bierwürze ganz weggelassen werden kann. Der Gärprozeß wird in der Weise durchgeführt, daß z. B. in 200 l Sulfitablauge die Pilze nach reichlicher Beimpfung und dauerndem Durchleiten eines Luftstromes zur Entwicklung gebracht werden; dabei soll sich die Flüssigkeit in schwacher Bewegung befinden. Bei 25° hat nach 2—3 Tagen Auskeimung stattgefunden, und nach weiteren 4—5 Tagen ist das ganze Gefäß von Pilzmycel durchwuchert und nach etwa 12 Tagen der Prozeß beendet.

2. Die Gluconsäuredarstellung auf gärungstechnischem Wege.

Die bei der Citronensäuredarstellung gewonnenen allgemeinen Erfahrungen über die technische Durchführung von Schimmelpilzgärungen sind auch für die Durchführung sonstiger Schimmelpilzgärungen von Bedeutung geworden, so auch für die Erzeugung von Gluconsäure.

Nach einem Patent von HERRICK und MAY[2] wird die Gluconsäuregärung ohne Zusatz von Säurebindungsmitteln durch Oxydation von Glucose mittels Pen. citricum, divaricatum oder luteum purpurogenum in Gegenwart von

---

[1] KOHOLYT A.-G.: K. 90576, August 1924, versagt Februar 1928.
[2] HERRICK u. MAY: C. **1929 II**, 2261.

Nährsalzen (0,1% Natriumnitrat, 0,05% Magnesiumsulfat, 0,01% Kaliumchlorid und 0,01% Phosphorsäure) vorgenommen. Über die halbtechnische Darstellung von Gluconsäure mittels Schimmelpilzen machten sodann MAY, HERRICK,
MOYER und HELLBACH[1] eingehende Mitteilung. Sie führten die Vergärung in
20proz. Glusoselösung in übereinander befindlichen flachen Aluminiumpfannen
von je etwa 1 qm Fläche mittels Pen. luteum purpurogenum durch, ohne Säurebindungsmittel zuzusetzen. Nach 11tägiger Gärung bei 25° können so nach dem
Abneutralisieren mittels $CaCO_3$ über 57% der Theorie an gluconsaurem Calcium
erhalten werden. Auf die dabei eingehaltene Gärungstechnik wird im methodischen Teil eingehender zurückzukommen sein.

Nach BERNHAUER[2] wird der Prozeß der Gluconsäuregärung in der Weise
durchgeführt, daß die Pilzdecken von Zeit zu Zeit aufgehoben werden und die
Gärlösung umgerührt wird, um das Entweichen der Kohlensäure zu befördern,
was insbesondere bei Durchführung der Gärung in Gegenwart von $CaCO_3$ oder
anderer unlöslicher Säurebindungsmittel von Wichtigkeit erscheint. Die Gärung
kann dabei in wesentlich größeren Schichthöhen durchgeführt werden als beim
ausschließlich ruhigen Gärverfahren. Um das Aufkommen fremder Organismen
zu verhindern, werden zugleich Giftstoffe zugesetzt.

Nach einer Patentanmeldung von FALCK[3] werden zwecks Gluconsäure-
erzeugung feste Substrate (Stärke usw.) verarbeitet, ebenso nach einer Patentanmeldung der SCHERING-KAHLBAUM A.-G., wobei neben Gluconsäure auch
Ca-Citrat und Ca-Oxalat erzeugt werden.

C. Sonstige Oxydationswirkungen niederer Organismen.

1. Die Oxydation aliphatischer Kohlenwasserstoffe.

Über die Ausnützung von Paraffinkohlenwasserstoffen durch Schimmelpilze berichteten RAHN[4] und KÜHL[5]. Der von RAHN untersuchte Pilz war
ein Penicillium, das sich auch auf gereinigtem Paraffin zu entwickeln vermochte, wobei Paraffinblättchen auf mineralische Nährlösung aufgelegt wurden.
Nach GOLA[6] wächst Macrosporium sowie Trichaegum sehr gut in flüssigem
Vaselinöl.

Ferner werden auch einfachere Kohlenwasserstoffe angegriffen: so wird
Methan vom Methanbacillus als einzige Kohlenstoff- und Energiequelle verwertet[7]. Nach SÖHNGEN[8] können Paraffine, Benzin, Petroleum und Paraffinöl
von verschiedenen Mikroben assimiliert werden. TAUSZ[9] beobachtete Zersetzung
von Petroleumrohölen durch Bakterien. Weiterhin konnten TAUSZ und PETER[10]
zeigen, daß durch bestimmte, aus Gartenerde isolierte Bakterien (B. aliphaticum,
B. aliph. liquef. und ein Paraffinbacterium) Paraffinkohlenwasserstoffe völlig
zersetzt werden können, wogegen sich cyclische Kohlenwasserstoffe als resistent

---

[1] MAY, HERRICK, MOYER u. HELLBACH: Ind. Chem. **21**, 1198 (1929).
[2] BERNHAUER: F.P. 707614 (1931).
[3] FALCK: C. **39**883, Kl. IVa/12o 11. (ausgel. 12. Juni 1930).
[4] RAHN: C. Bact. II **16**, 382 (1906).   [5] KÜHL: Pharm. Ztg **52**, 487 (1907).
[6] GOLA: Bull. Soc. Bot. Ital. **1912.**
[7] KASERER: C. Bact. II **15**, 573 (1905). — SÖHNGEN: C. Bact. II **15**, 513 (1905) — C.
1906 I 949; **II** 622.
[8] SÖHNGEN: C. Bact. II **37**, 595 (1913).   [9] TAUSZ: Z. f. Petrol. **14**, 553 (1919).
[10] TAUSZ u. PETER: C. Bact. II **49**, 497 (1919).

erwiesen. Die betreffenden Bakterien ließen sich sogar als Reagens auf die Gegenwart von Paraffinkohlenwasserstoffen und zur Entfernung derselben aus Mischungen verwenden. B. aliphaticum zersetzte n-Hexan, n-Octan, Decan, Di-iso-Amyl, Hexadecan, Triakontan, Tetratriakontan, Caprylen, Hexadecylen quantitativ. B. aliphaticum und B. aliph., liquef. zersetzten in Mischungen von n-Hexan mit Cyclohexan oder Methylcyclohexan, n-Octan, Decan oder Di-iso-amyl mit 1, 3-Dimethylcyclohexan oder 1, 3, 4-Trimethylcyclohexan stets den aliphatischen Bestandteil ohne den cyclischen anzugreifen. Dabei wurde die Reaktion durch Messen der Sauerstoffabsorption und Destillation der unzersetzten Kohlenwasserstoffe verfolgt. Weiterhin ist auch noch die Untersuchung von TAUSSON[1] über die Assimilation von Paraffin durch Mikroorganismen zu erwähnen.

Anhangsweise sei in diesem Zusammenhang auch auf die *Oxydation anorganischer Materialien* durch Bakterien kurz hingewiesen (s. CZAPEK[2]). So wird bekanntlich Schwefelwasserstoff durch eine Reihe von Bakterien zu Schwefel und dieser weiterhin zu Sulfat oxydiert, ferner Wasserstoff durch Bodenbakterien zu Wasser, Ammoniak zu Nitrit durch Bakterien aus der Gruppe Nitrosomonas und Nitrosococcus, Nitrite durch Nitrobacter zu Nitraten. In diesen Fällen vermögen die betreffenden Organismen Kohlensäure aus Bicarbonaten usw. zu assimillieren, wobei sie die durch die Oxydation gewonnene Energie verwenden. Ferroverbindungen werden von den Eisenbakterien unter Bildung von Ferriverbindungen oxydiert; diese Organismen können allerdings organische Nährstoffe nicht entbehren. Weiterhin scheint auch Kohlenstoff von Bakterien direkt angegriffen werden zu können.

2. Die Umwandlung hydroaromatischer in aromatische Verbindungen.

Der Abbau der Chinasäure.

Die Chinasäure findet sich im Pflanzenreich weit verbreitet, und tritt hierbei meist zusammen mit Protocatechusäure, Brenzcatechin, Hydrochinon und anderen Benzolderivaten auf. CZAPEK[3] vermutet, daß die Chinasäure aus Zucker hervorgehen könnte, ohne bestimmtere Vorstellungen hierüber zu entwickeln. KIESEL[4] stellte Chinasäure als Stoffwechselprodukt junger Zweigtriebe fest und meinte, daß sie sich vielleicht aus Zucker und Formaldehyd gemäß folgender Reaktionsgleichung bilden könnte:

$$C_6H_{12}O_6 + H \cdot CHO - H_2O \rightarrow C_7H_{12}O_6.$$

In diesem Zusammenhang sei auch noch auf die der Chinasäure sehr nahestehenden *Shikimisäure*, die auch vielfach in Pflanzen vorkommt, hingewiesen:

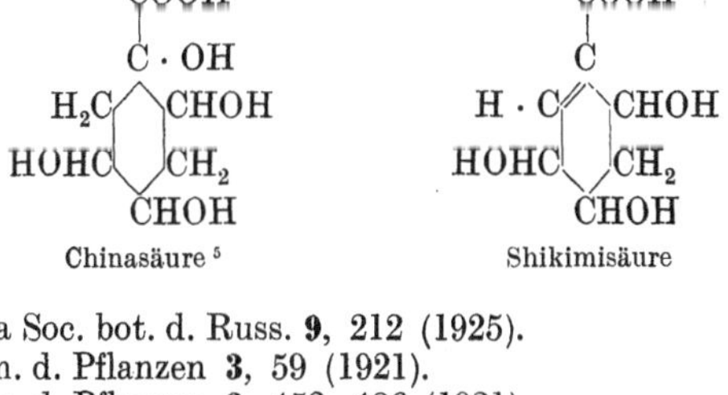

<table>
<tr><td align="center">COOH
|
C · OH
H₂C⟋⟍CHOH
HOHC⟍⟋CH₂
CHOH

Chinasäure[5]</td><td align="center">COOH
|
C
H · C⟋⟍CHOH
HOHC⟍⟋CH₂
CHOH

Shikimisäure</td></tr>
</table>

[1] TAUSSON: J. de la Soc. bot. d. Russ. **9**, 212 (1925).
[2] CZAPEK: Biochem. d. Pflanzen **3**, 59 (1921).
[3] CZAPEK: Biochem. d. Pflanzen **3**, 452, 486 (1921).
[4] KIESEL: Planta **6**, 519 (1928).
[5] Nach KARRER, WIDMER u. RISO: Helv. **8**, 195 (1925).

Die Bildung der Chinasäure könnte man sich durch Kondensation zweier Moleküle Methylglyoxal mit einem Molekül Formaldehyd vorstellen:

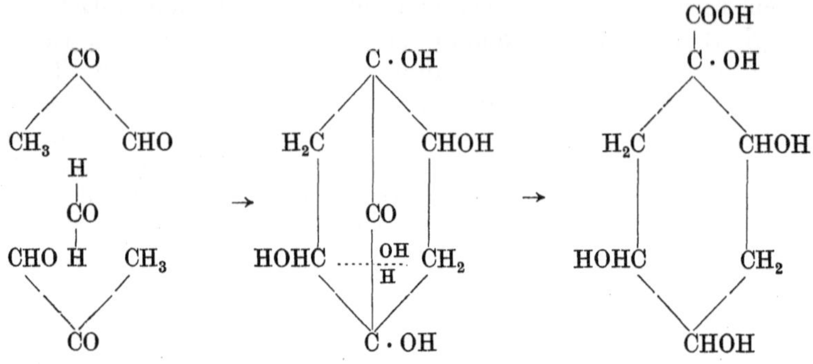

$$
\begin{array}{ccccc}
 & & & & COOH \\
 & & & & | \\
CO & & C\cdot OH & & C\cdot OH \\
CH_3\quad CHO & & H_2C\quad CHOH & & H_2C\quad CHOH \\
\;H & \rightarrow & & \rightarrow & \\
CO & & CO & & \\
CHO\;H\;CH_3 & & HOHC\cdots\overset{OH}{\underset{H}{\cdots}}CH_2 & & HOHC\quad CH_2 \\
CO & & C\cdot OH & & CHOH
\end{array}
$$

Andererseits erscheint die Shikimisäure durch Wasserabspaltung aus Chinasäure hervorgegangen.

Bei der *Verarbeitung der Chinasäure durch Bakterien* fand LOEW[1] Protocatechusäure, und EMMERLING und ABDERHALDEN[2] konnten später feststellen, daß insbesondere dem Mikrococcus chinicus das Vermögen zukommt, diesen Oxydationsvorgang zu veranlassen. Weiterhin berichtete auch BEYERINCK[3] über die Umwandlung von Chinasäure in Protocatechusäure mittels Bakterien.

Daß dieser Umwandlungsvorgang auch bei *Pilzen* eine recht verbreitete Erscheinung ist, konnte sodann BUTKEWITSCH[4] bei Aspergillus niger, Asp. orycae, Citromyces glaber und Penicillium glaucum zeigen. Dagegen erwies sich Mucor racemosus, der im Gegensatz zu den genannten Pilzen auf Chinasäure oder derem Na-Salz nicht zu wachsen vermag, zur Bildung von Phenolderivaten aus Chinasäure als unfähig. BUTKEWITSCH[4] weist auch auf eine gewisse Parallele zwischen dem Vermögen zur Durchführung der erwähnten Reaktion und dem Vermögen zur Glucon- und Citronensäurebildung aus Zucker hin. Hinsichtlich der Bedingungen für die Umwandlung der Chinasäure in Phenolderivate stellte der genannte Autor fest, daß alkalische Reaktion günstig ist; jedoch gelang die Umwandlung auch in Pilzkulturen auf freier Chinasäure, wobei der Prozeß durch Zinksulfat günstig beeinflußt wurde. Weiterhin beschrieben BUTKEWITSCH und PERWOZWANSKY[5] auch zwei Bakterien, die chinasaures Natrium zu Phenolen abbauten. Ferner stellte PERWOZWANSKY[6] fest, daß auch bei Einwirkung von Saccharomyces Hansen, Torulaarten, Dematium pullulans und Fusarium aquaeductum Benzolderivate gebildet werden, wobei im Falle des Saccharomyces Hansen und zweier Torulaarten die Gegenwart von Protocatechusäure sichergestellt werden konnte.

Zum Chemismus der Chinasäureumwandlung. Als Abbauprodukte der Chinasäure wurden bisher Protocatechusäure, Brenzcatechin und Oxalsäure aufgefunden, nach BUTKEWITSCH[5] treten vielleicht auch Chinhydron und eventuell Kondensationsprodukte auf. Zur Erklärung der Bildung dieser Substanzen können wir uns folgende Vorstellungen bilden:

a) Primäre völlige Dehydratation und nachfolgende Oxydation gemäß dem folgenden Schema:

[1] LOEW: B. **14**, 451 (1881).
[2] EMMERLING u. ABDERHALDEN: C. Bact. II **10**, 337 (1903).
[3] BEYERINCK: Folia mikrobiol. **1**, 13 (1912).
[4] BUTKEWITSCH: Bio. Z. **145**, 442 (1924).
[5] BUTKEWITSCH u. PERWOZWANSKY: Bio. Z. **159**, 408 (1925).
[6] PERWOZWANSKY: C. Bact. II **81**, 372 (1930).

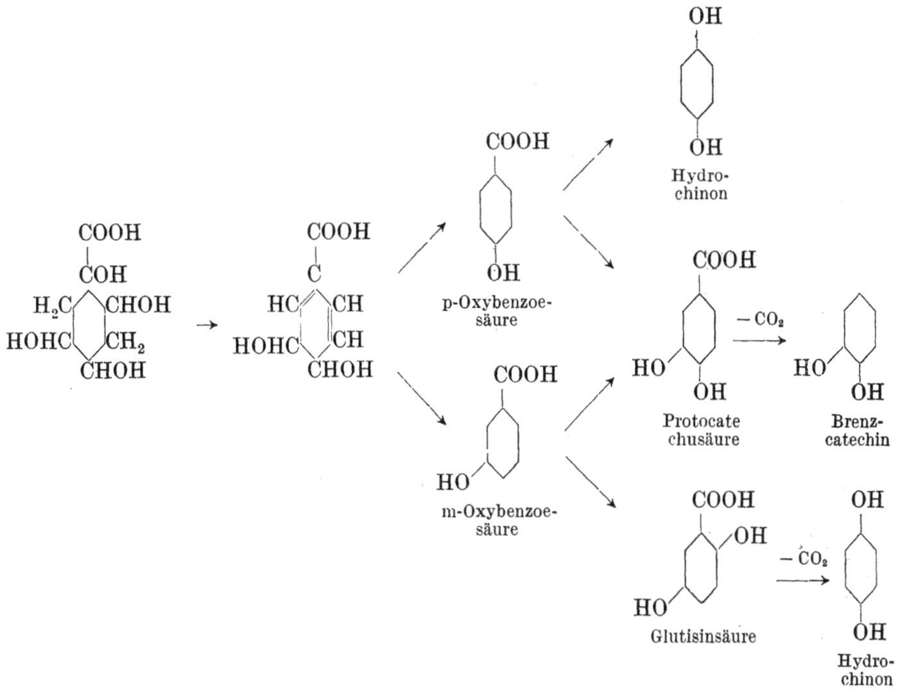

COOH
COH
H₂C   CHOH
HOHC   CH₂
CHOH
→
COOH
C
HC   CH
HOHC   CH
CHOH

COOH
OH
p-Oxybenzoe-
säure

OH
OH
Hydro-
chinon

COOH
HO   OH
Protocate-
chusäure

$- CO_2$
→

HO   OH
Brenz-
catechin

COOH
HO
m-Oxybenzoe-
säure

COOH
OH
HO
Glutisinsäure

$- CO_2$
→

OH
OH
Hydro-
chinon

b) Der Oxydationsvorgang könnte auch vor der Endhydratation einsetzen:

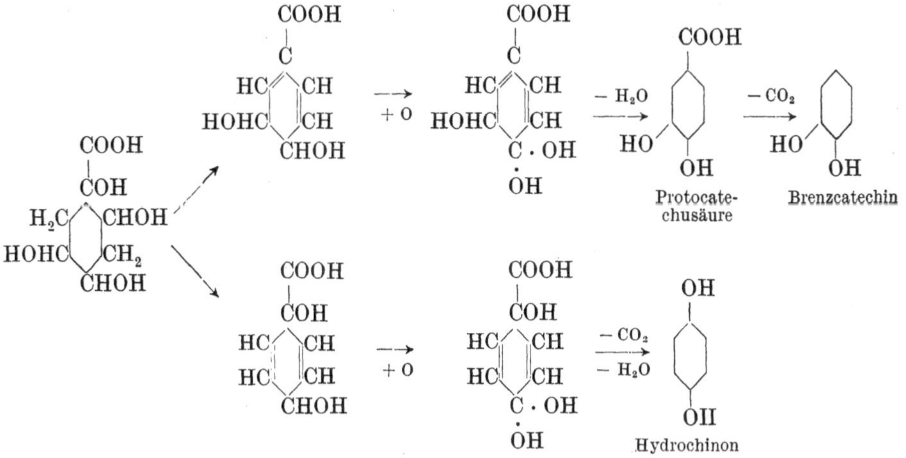

COOH
COH
H₂C   CHOH
HOHC   CH₂
CHOH

COOH
C
HC   CH
HOHC   CH
CHOH
$+ O$
→
COOH
C
HC   CH
HOHC   CH
C · OH
OH

$- H_2O$
→
COOH
HO   OH
Protocate-
chusäure

$- CO_2$
→
HO   OH
Brenzcatechin

COOH
COH
HC   CH
HC   CH
CHOH
$+ O$
→
COOH
COH
HC   CH
HC   CH
C · OH
OH
$- CO_2$
$- H_2O$
→
OH
OH
Hydrochinon

Die als weiteres Abbauprodukt auftretende Oxalsäure entsteht allem Anschein nach erst nach Ringsprengung der phenolartigen Körper; dieser Vorgang gelangt daher erst später zur Besprechung.

3. Der Abbau aromatischer Substanzen.

Beim Abbau aromatischer Substanzen werden wir zunächst eine prinzipielle
Scheidung vorzunehmen haben, und zwar je nachdem, ob wir es mit Vorgängen
zu tun haben, bei denen der Angriff auf Seitenketten erfolgt, oder mit solchen,
bei denen der aromatische Kern selbst angegriffen wird. Bei der ersten Gruppe
handelt es sich demnach nur um prinzipiell analoge Prozesse wie in der alipha-

tischen Reihe. Hierher gehört z. B. der Abbau aromatischer Aminosäuren, die Oxydation von Phenylpropionsäure sowie Phenylvaleriansäure im Tierkörper unter Bildung von Acetophenon (DAKIN[1]), ferner die Decarboxylierung von Zimtsäure durch Pen. glaucum unter Bildung von Styrol (HERZOG und RIPKE[2]) usw. Im folgenden wollen wir uns vornehmlich mit der zweiten Gruppe von Oxydationsvorgängen beschäftigen, bei denen demnach die aromatischen Ringe selbst angegriffen werden.

a) Verwertung aromatischer Kohlenwasserstoffe durch Bakterien.

Die Assimilation der Kohlenwasserstoffe setzt zweifellos zunächst einen oxydativen Angriff derselben voraus, doch wurden bisher noch keine Zwischenprodukte isoliert; wahrscheinlich sind solche auch leichter angreifbar als die Kohlenwasserstoffe selbst, und werden daher nicht angehäuft.

1. Benzol und Homologe.

STÖRMER[3] berichtete als erster über Bakterien, die Toluol und Xylol zu assimilieren vermögen. Weiterhin wird durch ein von WAGNER[4] aus Erde isoliertes, sogenanntes Benzolbacterium außer Toluol und Xylol auch Benzol als Kohlenstoffquelle verwertet. In jüngster Zeit beschrieben GREY und THORNTON[5] Bakterienarten, die unter anderem auch Toluol zu verarbeiten vermochten. Insbesondere TAUSSON[6] studierte sodann eingehend die Verwertbarkeit von Benzolkohlenwasserstoffen durch Bakterien, die aus Erdölböden isoliert worden waren. Dabei wurde mit wäßrigen Lösungen der betreffenden Kohlenwasserstoffe gearbeitet und zugleich für dauernde weitere Zufuhr derselben Sorge getragen. Dabei entwickelten sich vielfach kräftige Bakterienhäutchen. Insbesondere Toluol konnten die Bakterien gut ausnützen (B. toluolicum a, b, c und d), fast ebensogut Äthylbenzol, dagegen o- und m-Xylol nur wenig. B. toluolicum c vermochte auch Benzol und p-Xylol auszunützen, ferner in geringem Maße auch Cumol, Pseudocumol und p-Cymol, die anderen drei Bakterienarten dagegen nicht. Diphenyl wurde von B. toluolicum a und b ausgenützt, Stilben von B. toluolicum c (ebenso Phenanthren). Diphenylmethan, Dibenzyl, Naphthalin und Anthracen konnten von diesen Bakterien nicht verwertet werden.

2. Kondensierte Benzolringe.

Naphthalin. TAUSSON[7] fand, daß Naphthalin von einigen Bakterienarten (B. naphthalinicum, B. naphthalinicum liquef. usw.), die aus Erdölböden isoliert waren, als einzige Kohlenstoff- und Energiequelle verwertet wird. Bei Versuchen, den Chemismus des Naphthalinabbaues zu klären, zeigte sich, daß weder α- oder β-Naphthol noch Salze der Phthalsäure durch die Bakterien verwertet werden konnten, indem hierbei keine Entwicklung derselben stattfand. Weiterhin vermochten diese Bakterien auch Di- und Triphenole nicht zu verwerten. Irgendwelche Abbauprodukte des Naphthalins konnten gleichfalls nicht nachgewiesen werden. Der Autor gelangte zur Annahme, daß wohl beide Ringe des Naphthalins gleichzeitig gesprengt werden, also ohne daß es intermediär zur Bildung von Benzolderivaten käme.

[1] DAKIN: J. biol. chem. **5**, 409; **6**, 203, 221, 235 (1909).
[2] HERZOG u. RIPKE: H. **57**, 43 (1908).
[3] STÖRMER: C. Bact. II **20**, 282, 107.
[4] WAGNER: Z. f. Gärungsphysiol. **4**, 289 (1914).
[5] GREY u. THORNTON: C. Bact. II **73**, 74 (1928).
[6] TAUSSON: Planta **7**, 735 (1929).
[7] TAUSSON: Planta **4**, 214 (1927).

Phenanthren. TAUSSON[1] gelang auch die Isolierung von Bakterien aus Erdölböden, die Phenanthren und Anthracen zu verwerten imstande waren. Während jedoch Anthracen durch bestimmte Bakterienarten nur sehr langsam angegriffen werden konnte und der Vorgang nicht näher untersucht wurde, war die Einwirkung der Bakterien (Bac. phenanthrenicus bakiensis, Bac. phenanthrenicus guricus, B. phenanthrenicum) auf Phenanthren recht intensiv. Von Interesse ist hierbei, daß die betreffenden Bakterien andere Kohlenwasserstoffe nur schwer oder überhaupt nicht anzugreifen vermochten. Bei Versuchen zur Klärung des Chemismus dieses Vorganges zeigte sich, daß Brenzcatechin von den Bakterien recht gut assimiliert wurde (bei geeignetem p_H-Wert der Nährlösung); unter entsprechenden Bedingungen fand dabei auch Ansammlung von freier Säure statt. Resorcin sowie Phenol erwiesen sich als ungeeignet, obwohl sie in den angewendeten Konzentrationen nicht giftig waren. Hydrochinon wurde von zwei Bakterien assimiliert, Phloroglucin und Pyrogallol überhaupt nicht. TAUSSON nahm auf Grund dieser Versuche an, daß Brenzcatechin als Zwischenprodukt bei der Oxydation des Phenanthrens in Frage komme. Ebenso konnten Salicylsäure sowie Saligenin gut verwertet werden; im letzteren Falle verlief die Oxydation über Salicylsäure. Phthalsäure erwies sich als ungeeignet, Chinasäure bewirkte gute Entwicklung. Auf Grund dieser Ergebnisse wird angenommen, daß die Oxydation des Phenanthrens folgendermaßen vor sich geht:

Für das intermediäre Auftreten dieser Zwischenprodukte wurden nur geringe Anhaltspunkte aufgefunden. Die betreffenden Substanzen werden wohl rascher verbraucht als Phenanthren selbst und kommen daher nicht zur Ansammlung.

Von allgemeiner Wichtigkeit erscheint hierbei, daß die einzelnen Bakterienarten recht spezifisch auf die Verwertung und Umsetzung nur ganz bestimmter Substrate eingestellt sind, da z. B. die Phenanthrenbakterien Anthracen sowie Paraffinkohlenwasserstoffe nicht anzugreifen vermochten.

b) Der Abbau phenolartiger Körper und die Sprengung des Benzolringes.

VAN TIEGHEM[2] berichtete bereits über die völlige Oxydation des Tannins durch Schimmelpilze. STÖRMER (3, S. 132) fand Bakterien, die Phenol und Kresol zu oxydieren vermochten. Weiterhin beschrieben FOWLER, ARDEN und LOCKETT[3] einige Bakterien, darunter B. fluorescens liquef. und B. helvolus, die in Reinkultur Phenol oxydierten. WAGNER (4, S. 132) isolierte aus Erdboden und Faeces Bakterien, die Phenol, Brenzcatechin und Phloroglucin anzugreifen vermochten Nach WATERMAN[4] erwiesen sich p- und m-Oxybenzoesäure, Protocatechusäure sowie Gallussäure als einzige Kohlenstoffnahrung für Pen. glaucum als geeignet; fast ungeeignet waren Salicylsäure und Pyrogallolcarbonsäure. Methylhaltige Verbindungen erwiesen sich gleichfalls als weniger geeignet. Die Erhöhung der Anzahl der Hydroxyl- und Carboxylgruppen setzte im allgemeinen die schädigende Wirkung der betreffenden Verbindungen herab. Stark schädigend

[1] TAUSSON: Planta **5**, 239 (1928).
[2] VAN TIEGHEM: C. r. **65**, 1091 (1867).
[3] FOWLER, ARDEN u. LOCKETT: Proc. Roy. Soc. B **83**, 149 (1911).
[4] WATERMAN: C. Bact. II **42**, 639 (1915).

wirkte Phenol, auch in Gegenwart günstiger Kohlenstoffquellen. Waterman suchte die physiologische Wirkung der verschiedenen Verbindungen mit Hilfe der Overtonschen Theorie über die Beziehung zwischen der Geschwindigkeit des Eindringens der Verbindungen in die Zelle und der Verteilung zwischen Öl und Wasser zu erklären, indem Verbindungen mit großer Teilungszahl, wie Salicylsäure und Benzoesäure, rasch eindringen und daher stark schädigend wirken, während solche mit niedriger Teilungszahl, die also mehr in der wäßrigen Phase bleiben, weniger schädlich sind, wie z. B. p- und m-Oxybenzoesäure; noch weniger schädlich waren Protocatechusäure und Gallussäure. Die verschiedene Größe der Oberflächenspannung reicht dagegen zur Erklärung der Unterschiede in der physiologischen Wirkung der einzelnen Stoffe nicht aus. Weiterhin isolierten Grey und Thornton (5, S. 132) aus Erdboden eine sehr große Reihe von Bakterien, die Phenol- und m-Kresol verwerten konnten. Dieselben wurden eingehend beschrieben und klassifiziert.

Die bei diesen Prozessen stattfindenden Vorgänge sind bisher erst in relativ wenigen Fällen eingehender untersucht bzw. geklärt, und ermöglichen daher noch keinen tieferen Einblick in die stattfindenden Reaktionen. Aus höheren Pflanzen sowie aus dem Tierkörper wurden vielfach Enzyme bzw. wirksame Extrakte erhalten, die an den hierher gehörigen Reaktionen beteiligt sind, so daß auch auf diese im folgenden jeweils hinzuweisen sein wird.

1. Oxydative Kondensationen phenolartiger Körper.

Dieser Vorgang findet sich recht häufig bei der Einwirkung von Phenolasen auf geeignete Phenole realisiert, so bei der Bildung von Dehydrodithymol aus Thymol, Dehydrodieugenol aus Eugenol, Dehydrodicarvacrol aus Carvacrol, Dehydrodivanillin aus Vanillin usf. Diese Vorgänge sind teilweise sogar zur Messung der Phenolasewirkung verwendbar. (Siehe Czapek[1] sowie Oppenheimer[2].)

2. Die Einführung neuer Hydroxyle.

Während wir über die Bildung des ersten Hydroxyls im Benzolring so gut wie noch gar nicht orientiert sind, ergeben sich für die Einführung weiterer Hydroxylgruppen doch bereits einige Anhaltspunkte. So wird nach Waterman (4, S. 133) durch Pen. glaucum Salicylsäure zu Glutisinsäure und (wahrscheinlich) Brenzcatechincarbonsäure oxydiert, wobei wir o- sowie p-Oxydation (bezogen auf die bereits vorhandene Hydroxylgruppe) verwirklicht hätten.

$$
\underset{\text{Brenzcatechincarbonsäure}}{\overset{\text{COOH}}{\diagdown}\text{—OH}\text{—OH}}
\quad\longleftarrow\quad
\overset{\text{COOH}}{\diagdown}\text{—OH}
\quad\longrightarrow\quad
\underset{\text{Glutisinsäure}}{\overset{\text{COOH}}{\text{HO—}\diagdown}\text{—OH}}
$$

Diese Ergebnisse bedürfen jedoch noch der weiteren Bestätigung. Salicylsäure erwies sich in geringen Konzentrationen als Kohlenstoffquelle geeignet, Glutisinsäure wurde nicht oder nur sehr langsam verarbeitet, Brenzcatechincarbonsäure erwies sich dagegen als einzige C-Quelle für Pen. glaucum als verwertbar. Ferner stellte der gleiche Autor fest, daß p-Oxybenzoesäure bei mäßiger Pilzentwicklung positive Eisenchloridreaktion auf Brenzcatechinderivate gab, in anderen Fällen blieb die Reaktion aus, fand dann jedoch bei gleichzeitigem Zusatz geringer Mengen o-Toluylsäure oder o-Phthalsäure statt.

---

[1] Czapek: Biochem. d. Pflanzen **3**, 142 (1921).
[2] Oppenheimer: Die Fermente **2**, 1736 (1926).

In diesem Zusammenhange ist auch auf die *Tyrosinase* hinzuweisen, deren Wirkung nach allem darin besteht, aus dem Tyrosin und anderen p-substituierten Monophenolen ein o-Chinon zu erzeugen, wobei der Weg wohl zunächst über ein Brenzcatechinderivat führt („Dopa"; s. WHELDALE-ONSLOW und ROBINSON[1]). Im Anschluß an die o-Chinonbildung finden weiterhin Kondensationsreaktionen, wohl rein chemischer Natur, unter Beteiligung der Seitenkette des Tyrosins mit der Aminogruppe statt. Zunächst scheint die Aminogruppe dabei als Wasserstoffdonator zu fungieren. Bei anderen Verbindungen, wie p-Kresol, wirkt daher die Gegenwart von Aminosäuren günstig für die weitere Sauerstoffaufnahme. (Siehe im übrigen OPPENHEIMER (3, S. 134).

3. Chinonbildung.

MARCHANDIER[2] berichtete über die fermentative Oxydation von Hydrochinon zu Chinon, das mit unverändertem Hydrochinon zum Teil Chinhydron bildet. Weiterhin beobachtete auch BUTKEWITSCH (4, S. 130) unter den Umwandlungsprodukten der Chinasäure Chinhydron (wahrscheinlich), was auf einen analogen Reaktionsverlauf hindeutet. Aus höheren Pflanzen usw. sind bereits vielfach Fermente isoliert worden, die die Oxydation phenolartiger Körper zu katalysieren vermögen, die *Phenolasen* (Phenoldehydrasen), die peroxydatisch, also unter Mitwirkung von Wasserstoffsuperoxyd wirken. Dabei sind weiterhin im wesentlichen anscheinend die Polyphenolasen von den Monophenolasen (Tyrosinase) zu unterscheiden. Ferner sind wohl auch noch neben diesen Dehydrasen eigentliche Oxydasen vorhanden. Enzymchemisch sind die Verhältnisse noch sehr verwirrend, es soll daher hierauf nicht näher eingegangen werden. Nach OPPENHEIMER (3, S. 134) soll die Wirkung der wahren Phenolasen darin bestehen, daß ihr erster Akt stets die Ausbildung einer chinoiden Bindung ist, gleichgültig ob o- oder p-Diketochinone, Chinonmonoimine oder Diimine. Der Einwirkung werden daher insbesondere die o- und p-Polyphenole unterliegen, also vornehmlich Brenzcatechin und Hydrochinonderivate. Aus den primär entstehenden Chinonen können sich sodann weitere Oxydations- und Kondensationsprodukte bilden, deren Entstehung gar nicht enzymatisch bedingt sein muß. Weiterhin ist von Wichtigkeit, daß die Wirkung dieser Phenolasen nur gruppenspezifisch ist, im übrigen sich aber auf eine große Anzahl von Verbindungen erstreckt. Zur Prüfung und quantitativen Bestimmung der Wirkung der Phenolasen wurden z. B. Pyrogallol, Guajacol, Vanillin und viele andere verwendet, wobei oxydative Kondensationsvorgänge stattfinden, ferner die Bildung von Malachitgrün oder Brillantgrün aus der Leukobase, sowie eine große Reihe von Farbreaktionen, die in ihrem Chemismus noch gar nicht geklärt sind.

4. Die Sprengung des Benzolringes.

Dieser Vorgang kommt wohl am ehesten bei der weiteren Oxydation von o-Chinonen zustande, doch sind wir hierüber noch fast gar nicht orientiert. Bei der Verarbeitung verschiedener Benzolderivate durch Pilze wurde als weiteres Abbauprodukt vielfach Oxalsäure beobachtet, doch ist der Weg, der bis zu dieser führt, noch nicht geklärt. So erhielt BUTKEWITSCH (4, S. 130) bei der Verarbeitung von Chinasäure insbesondere bei Anwendung des Na-Salzes reichliche Mengen Oxalsäure, wobei der Weg wohl über Brenzcatechin führt. Ebenso erhielten BERNHAUER und SCHLEISSNER[3] bei Verarbeitung von Chinasäure, Salicylsäure und Gallussäure durch Aspergillus niger-Arten Oxalsäure. Zum

[1] WHELDALE-ONSLOW u. ROBINSON: Bioch. J. **19**, 420 (1925).
[2] MARCHANDIER: J. Pharm. et Chim. (6) **21**, 299 (1905).
[3] BERNHAUER u. SCHLEISSNER: Nicht publiziert.

Verständnis der Ringsprengung erscheint der Befund von Jaffé[1] von großer Bedeutung, daß Benzol im Tierkörper nach Verfütterung an Hunde und Kaninchen zu Muconsäure abgebaut wird, die aus dem Harn isoliert werden konnte. Der Abbau könnte dabei über Brenzcatechin und o-Chinon verlaufen, doch weisen andererseits Boeseken und Sloof[2] darauf hin, daß die nach Benzolverfütterung entstehende trans-trans-Muconsäure nicht durch direkte Oxydation des Benzols entstanden sein kann, da hierbei die cis-cis-Muconsäure zu erwarten wäre, wie sie bei der Oxydation von o-Benzophenon mittels Peressigsäure entsteht.

Im Hinblick auf den Chemismus der Ringsprengung ist auch die Umwandlung des Pyrogallols in Purpurogallin unter der Einwirkung von Phenolasen von großem Interesse, wobei der bei Anwendung rein chemischer Oxydationsmittel stattfindende Reaktionsmechanismus durch Willstätter und Heiss[3] folgendermaßen geklärt wurde:

Purpurogallin

D. Systematik der biologischen Oxydationsvorgänge.

Es soll hier noch versucht werden, die Oxydation einiger chemischer Gruppen durch Organismen zusammenfassend zu betrachten und so eine Systematik der betreffenden Vorgänge zu entwickeln. Im Zusammenhang damit soll auch auf die diesbezüglichen enzymchemischen Erfahrungen kurz verwiesen werden.

1. Die Oxydation der Methyl- und Methylengruppe.

a) Die Oxydation der Methylgruppe finden wir vor allem beim Abbau der Essigsäure vor. Dabei sind, wie bereits aus dem früher Dargelegten hervorgeht, zwei prinzipiell verschiedene Abbauwege zu unterscheiden, nämlich einerseits die oxydative Kondensation zu Bernsteinsäure (unter Verbrauch von einem Atom O für 2 Mol Essigsäure) und andererseits die Oxydation unter Hydroxylbildung (unter Verbrauch von 1 Atom O für 1 Molekül). Über die Enzymchemie dieser Vorgänge wurden bisher noch keinerlei Erfahrungen gewonnen. Außer im Falle der Essigsäure konnte bisher nur noch bei der Brenztraubensäure ein gewisser Anhaltspunkt für einen analogen Oxydationsvorgang aufgefunden werden. Möglicherweise ist die Aktivierung der Methylgruppe durch ein benachbartes C-Atom, das eine Doppelbindung trägt (an O bzw. eventuell an C) die Voraussetzung für eine derartige Oxydation der Methylgruppe.

b) Oxydationsvorgänge an der Methylengruppe finden sich anscheinend in zweifacher Weise realisiert, und zwar:

1. Durch Dehydrierung zweier benachbarter Methylengruppen können wir zu Körpern mit einer Doppelbindung gelangen, wie beispielsweise bei der Um-

---

[1] Jaffé: H. **62**, 58 (1909).   [2] Boeseken u. Sloof: C. **1930 I**, 1286.
[3] Willstätter u. Heiss: Ann. **433**, 17 (1923).

wandlung von Bernsteinsäure in Fumarsäure. Der Prozeß ist als Enzymvorgang charakterisiert und wird durch die Succinodehydrase bewirkt.

2. Ferner haben wir anscheinend auch in anderen Fällen eine direkte Sauerstoffanlagerung vor uns, wie bei der Oxydation von Fettsäuren, wobei wir es im Falle der Propionsäure mit einer α-Oxydation zu tun haben (Bildung von Milchsäure), bei den höheren Homologen dagegen mit einer β-Oxydation.

2. Die Oxydation der Carbinolgruppen.

a) Primäre Carbinolgruppen werden zu Aldehydgruppen oxydiert. Dieser Vorgang findet sich z. B. bei der Bildung von Essigsäure verwirklicht, wobei zunächst Acetaldehyd auftritt. Auch die Oxydation der sonstigen Alkohole erfolgt wohl im Prinzip in analoger Weise. Unter den aromatischen Alkoholen ist am bekanntesten die Oxydation des Salicylalkohols zu Salicylaldehyd. Bei diesen Vorgängen sind Enzyme beteiligt, die wohl spezifisch auf die verschiedenen Alkohole wirken, die Alkoholdehydrasen. Wie aus dieser Bezeichnung hervorgeht, handelt es sich demnach hierbei um die Abspaltung von Wasserstoff, der von verschiedenen Acceptoren aufgenommen werden kann, wobei im Falle der eigentlichen oxydativen Gärungen der Luftsauerstoff die Acceptorfunktion übernimmt. Bei enzymatischen Versuchen kann vielfach Methylenblau, das dabei in die Leukoverbindung übergeht, die Acceptorrolle übernehmen.

Auch im Fall von Polyoxyverbindungen haben wir es vielfach mit Oxydationen von primären Carbinolgruppen zu Aldehydgruppen zu tun, wie aus den Darlegungen in früheren Kapiteln zur Genüge ersichtlich ist.

b) Sekundäre Carbinolgruppen werden zur Ketogruppe oxydiert. Der Reaktionsmechanismus bzw. die dabei angreifenden Enzyme dürften möglicherweise auch hier verschieden sein, je nachdem was für Gruppen der zu oxydierenden Carbinolgruppe benachbart sind. Demnach haben wir wohl einige Typen zu unterscheiden:

1. Benachbarte Methyl- bzw. Methylengruppe: Z. B. Oxydation von Isopropylalkohol zu Aceton oder von β-Oxybuttersäure zu Acetessigsäure.

2. Benachbarte Carbinolgruppen: Z. B. Oxydation von Glycerin zu Dioxyaceton, Gluconsäure zu 5-Ketogluconsäure, d-Mannit zu d-Fructose usw. Für den Eintritt des Oxydationsvorganges sind stereochemische Verhältnisse maßgebend, worauf bereits hingewiesen wurde.

3. Sonstige Gruppen: Z. B. Oxydation von Milchsäure zu Brenztraubensäure usw.

c) Tertiäre Carbinolgruppen. Entweder handelt es sich dabei um tertiäre Alkohole oder Phenole.

1. Tertiäre Alkohole müssen bei der weiteren Oxydation einem Zerfall unterliegen, wie vielleicht im Falle der Isovaleriansäure, wobei als Zwischenprodukt β-Oxyisovaleriansäure entstehen könnte, die durch hydrolytische Spaltung Essigsäure und Aceton ergeben würde.

2. Phenolartige Hydroxylgruppen werden anscheinend unter Chinonbildung oxydiert bzw. dehydriert.

3. Die Oxydation der Aldehydgruppe.

Auch hier haben wir je nach der Art der benachbarten Gruppen einige Typen zu unterscheiden:

1. Benachbarte Methyl- und Methylengruppe: Z. B. Oxydation von Acetaldehyd zu Essigsäure usw.

2. Benachbarte Carbinolgruppen: Z. B. Oxydation von Glucose zu Gluconsäure usw.

3. Benachbarte Carbonylgruppen bedingen allem Anschein nach einen anderen Reaktionsverlauf, nämlich eine Dismutation.

4. Benachbarte Carboxylgruppen: Z. B. bei der Oxydation von Glyoxylsäure zu Oxalsäure, doch ist die Realisierung und der Reaktionsmechanismus dieses Prozesses noch fraglich.

4. Anhang: Spaltungsvorgänge und Sonstiges.

a) Dismutative Vorgänge.

Dieselben werden hier nur kurz gestreift, da sie allem Anschein nach nur in eingeschränktem Ausmaße in den Rahmen der oxydativen Gärungen gehören. Die Systematik dieser Prozesse soll daher nur kurz angedeutet werden:

1. Monomolekulare Dismutationen, die also innerhalb eines Moleküls erfolgen: Z. B. die Umwandlung von Methylglyoxal in Milchsäure, von Phenylglyoxal in Phenyloxyessigsäure usw. Diese Vorgänge sind enzymatischer Natur und werden durch die Ketoaldehydmutase katalysiert.

2. Dimolekulare Dismutationen, und zwar entweder zwischen gleichen Molekülen, wie bei der Umwandlung von Acetaldehyd in Essigsäure und Alkohol, oder zwischen verschiedenen Molekülen (gemischte Dismutationen), wie z. B. möglicherweise die Dismutation zwischen Methylglyoxal und Acetaldehyd unter Bildung von Brenztraubensäure und Alkohol.

b) Hydratationen und Dehydratationen.

Es handelt sich dabei zumeist um Gleichgewichtsvorgänge, wie sie z. B. durch die Fumarase bedingt werden, gemäß folgendem Schema:

$$
\begin{array}{c}
COOH \\ | \\ CH \\ \| \\ CH \\ | \\ COOH
\end{array}
\;+\;
\begin{array}{c}
OH \\ | \\ H
\end{array}
\;\rightleftarrows\;
\begin{array}{c}
COOH \\ | \\ CHOH \\ | \\ CH_2 \\ | \\ COOH
\end{array}
\qquad \text{und} \qquad
\begin{array}{c}
COOH \\ | \\ CH \\ \| \\ CH \\ | \\ COOH
\end{array}
\;+\;
\begin{array}{c}
NH_2 \\ | \\ H
\end{array}
\;\rightleftarrows\;
\begin{array}{c}
COOH \\ | \\ CH\cdot NH_2 \\ | \\ CH_2 \\ | \\ COOH
\end{array}
$$

c) Decarboxylierungen und hydrolytische Spaltungen.

Dieselben spielen auch bei oxydativen Gärungsvorgängen eine wesentliche Rolle; im Prinzip handelt es sich dabei um folgende Vorgänge:

$$
\begin{array}{c}
COOH \\ | \\ CO \\ | \\ R
\end{array}
\rightarrow
\begin{array}{c}
CO_2 \\ + \\ CHO \\ | \\ R
\end{array}
\;\text{oder}\;
\begin{array}{c}
COOH \\ | \\ CO \\ | \\ R
\end{array}
+
\begin{array}{c}
H \\ | \\ OH
\end{array}
\rightarrow
\begin{array}{c}
H\cdot COOH \\ + \\ COOH \\ | \\ R
\end{array}
\;\text{oder}\;
\begin{array}{c}
COOH \\ | \\ CH_2 \\ | \\ CO \\ | \\ R
\end{array}
+
\begin{array}{c}
H \\ | \\ OH
\end{array}
\rightarrow
\begin{array}{c}
COOH \\ | \\ CH_3 \\ + \\ COOH \\ | \\ R
\end{array}
$$

usw. ←

Bei der Aufspaltung des Benzolringes handelt es sich vielleicht primär auch um eine hydrolytische Spaltung. Exakt realisiert und enzymchemisch bewiesen ist bei allen diesen Vorgängen allerdings erst die eigentliche Decarboxylierung, also z. B. die Spaltung der Brenztraubensäure in Kohlensäure und Acetaldehyd.

VI. Methodik.

Da die Untersuchung und Aufklärung der oxydativen Gärungen noch in vollem Flusse befindlich ist, scheint es nicht unerwünscht zu sein, der Methodik, die für die Durchführung oxydativer Gärungen in Frage kommt, einen eigenen Abschnitt zu widmen. Es sollen dabei in übersichtlicher Form jene methodischen Erfahrungen zusammengestellt werden, die insbesondere jenem, der erst beginnt, sich auf diesem Gebiete zu betätigen, durch allgemeine Hinweise und Richtlinien die Einarbeitung erleichtern können.

Naturgemäß werden wir dabei einerseits biologische Methoden zu berücksichtigen haben, wobei insbesondere die allgemeine Beschreibung der bei Durchführung von Gäransätzen anzuwendenden Methodik von Wichtigkeit erscheint. Andererseits sollen in einem zweiten Kapitel die chemischen Methoden kurz zusammengefaßt werden, also die Art der Aufarbeitung der Gäransätze sowie die Hervorhebung jener Methoden, die für den Nachweis, die Isolierung und Identifizierung sowie weiterhin die quantitative Bestimmung der in Betracht kommenden Gärprodukte vor allem zu berücksichtigen sein werden.

A. Biologischer Teil.

1. Züchtung der Gärungsorganismen.

a) Nährböden.

Zur *Züchtung von Essigbakterien* empfiehlt JANKE[1] im allgemeinen eine Nährlösung von folgender Zusammensetzung: 0,5% Glycerin, 0,1% Bernsteinsäure (bzw. Phosphorsäure oder Essigsäure), 0,1% Ammoniumhydrophosphat, 0,04% Kaliumhydrophosphat und 0,04% Magnesiumsulfat. Nach HENNEBERG ist zur Fortzüchtung von Schnellessigbakterien folgende Nährlösung geeignet: 3% Glucose, 1% Pepton, 0,1% Kaliumdihydrophosphat, 0,1% Calciumhydrophosphat, 0,1% Magnesiumsulfat, 1% Essigsäure und 4 Vol.-% Alkohol.

Sehr geeignet und vielfach verwendet, insbesondere für anspruchsvollere Essigbakterien, ist *Hefewasser*, das durch Extraktion von Hefe hergestellt wird, indem 1 Teil Preßhefe mit 10 Teilen Wasser 2—3 Stunden im Dampfsterilisator behandelt oder 10—20 Minuten lang aufgekocht wird. Nach dem Sedimentieren der Hefe (am besten über Nacht, an kühlem Orte, eventuell nach Zusatz von Kieselgur) wird durch ein Kieselgurpapierfilter filtriert. Für größere Flüssigkeitsmengen sind auch entsprechende engporige Tücher geeignet, deren Poren sich nach öfterem Aufgießen verstopfen. Noch besser erscheint die Abtrennung der festen Bestandteile mittels einer Sedimentierungszentrifuge, vielfach genügt auch Absitzenlassen in hohen Standgefäßen an kühlem Orte. Am besten bewährte sich nach BERNHAUER und IRRGANG kurzes Aufkochen unter Zusatz von Bolus alba, worauf die festen Bestandteile bequem abgesaugt werden können.

Zur *Züchtung von Schimmelpilzen* werden zumeist feste Nährböden bevorzugt. Für die Festigung des Nährbodens kommt neben Agar auch Brot, Torf, Reis usw. in Frage. Gelatine erscheint für Schimmelpilze meist weniger geeignet bzw. üblich.

Brot- oder Reisnährböden können in der Weise hergestellt werden, daß das gut getrocknete und zerkleinerte Material nach dem Pulverisieren bzw. Vermahlen trocken in Eprouvetten bzw. Kolben eingefüllt und nach entsprechender

---

[1] JANKE, A., u. H. ZIKES: Arbeitsmethoden der Mikrobiologie. Dresden u. Leipzig: Th. Steinkopf 1928.

Durchfeuchtung mit Wasser fraktioniert sterilisiert wird (an 3—4 aufeinanderfolgenden Tagen, je $1/_2$—1 Stunde), und zwar nicht im Autoklav, da sonst zu
starke Verkleisterung stattfindet. Vielfach ist auch eine Vermengung der
Trockensubstanz mit *Torf* von Vorteil, insbesondere, da auf diese Weise ein
Zusammenbacken des Nährbodens verhindert wird.

Agarnährböden enthalten zumeist 1—3% Agar, der durch etwa zweistündige
Digestion im Dampfsterilisator in Lösung gebracht werden kann. Sehr viel
wird hierbei als Nährlösung gehopfte oder ungehopfte *Bierwürze* verwendet, die
etwa im Verhältnis 1:4 oder 1:5 mit Wasser verdünnt werden kann. An Stelle
derselben ist vielfach der Zusatz von etwa 3—5% Malzextrakt bequemer und
daher empfehlenswert. Der Zusatz von Agar muß manchmal bis etwa 5%
gesteigert werden, wenn der Nährboden stark sauer ist, da er sonst beim Erkalten nicht genügend erstarrt. Von einer Filtration des Agars kann in der
Regel abgesehen werden, doch empfiehlt es sich, die suspendierten unlöslichen
Anteile in der Wärme sedimentieren zu lassen. Diese Agarnährböden können
natürlich nach Wunsch z. B. stickstoffreicher gemacht werden durch Zusatz
einer geeigneten Stickstoffquelle usw.

Während für die Züchtung der Pilze (also insbesondere zwecks Sporenbildung) feste Nährböden bevorzugt werden, kommen für die Durchführung von
Gärversuchen vor allem *flüssige Nährlösungen* in Betracht, auf die im einzelnen
bereits eingegangen worden ist. Von *mineralischen Nährlösungen* wird im allgemeinen folgende den meisten Ansprüchen entsprechen: 10% Rohrzucker, 0,1 bis
0,2% Ammonnitrat (bzw. entsprechend 0,25 bis 0,5% Ammonsulfat), 0,1%
Kaliumhydrophosphat, 0,025% Magnesiumsulfat. Falls hierbei Leitungswasser
verwendet wird, erübrigen sich alle sonstigen Zusätze. Als organische Stickstoffquelle wird vor allem Pepton (0,2 bis 1%) gern verwendet. Anstatt Rohrzucker
kann vielfach mit Vorteil auch Glucose verwendet werden, wobei die Anwendung
des technischen Produktes nur noch den Zusatz einer Stickstoffquelle erforderlich macht, während alle sonstigen Nährsalze in ausreichendem Maße bereits
vorhanden sind. Die Anwendung der vielfach vorgeschlagenen, kompliziert
zusammengesetzten Nährlösungen erübrigt sich zumeist.

Es sei hier nur noch die MOLLIARDsche Nährlösung angeführt, da dieselbe
in manchen Fällen von Vorteil sein kann: 0,0356% Ammoniumnitrat, 0,008%
Kaliumdihydrophosphat, 0,008% Magnesiumsulfat, 0,00046% Eisensulfat,
0,00046% Zinksulfat.

b) Isolierung und Reinzüchtung der Organismen.

Für die Isolierung einzelner Organismen werden im allgemeinen folgende
Gesichtspunkte von Bedeutung sein:

Bei *Bakterien* erscheint insbesondere die Anreicherung von Wichtigkeit durch
Wahl von Lebensbedingungen, die den gewünschten Organismen ein rascheres
Wachstum ermöglichen als den Begleitorganismen, wodurch diese zurückgedrängt
werden können. So wird man z. B. durch Verwendung von mineralischen Nährlösungen Organismen, die auf solchen nicht zu gedeihen vermögen, zum Verschwinden bringen, wobei des öfteren überimpft werden muß. Ferner wird man
durch reichliche Versorgung der Kulturen mit Luft anoxybiontische Organismen in ihrem Fortkommen hemmen und oxydative Gärungserreger fördern.

Bei *Schimmelpilzen* wird insbesondere die Aussaat auf breite Oberflächen
(Agarnährböden in Petrischalen) für deren Reingewinnung von Bedeutung sein.
Im übrigen müssen Bedingungen gewählt werden, die eine reichliche Sporenentwicklung ermöglichen (z. B. vielfach durch Zusatz von Pepton). Dabei ist
die Isolierung insbesondere auf Grund der Farbe und Größe der Sporen durch-

zuführen. Für die Auffindung und Isolierung säurebildender Organismen wird insbesondere von Bedeutung sein, den Nährboden auf einen entsprechenden p_H-Wert zu bringen, der das Aufkommen bzw. die Fortentwicklung säureempfindlicher Organismen hemmt. Ferner kann bei sporenbildenden Organismen, also besonders bei Schimmelpilzen, das Erhitzen der Kulturen von Vorteil sein, indem dadurch nichtsporenbildende Begleitorganismen vernichtet werden können, während die Sporen zumeist höhere Temperaturen ohne Schädigung vertragen.

Für die Isolierung bestimmter Organismen (wie z. B. der Bier- oder Weinessigbakterien usw.) wurden genaue Methoden ausgearbeitet, auf die hier jedoch nicht näher eingegangen werden kann. Für Schimmelpilze bieten in der Natur insbesondere Früchte eine gute Fundquelle, so z. B. Kirschen, Pflaumen, Kaffee- und Kakaobohnen, Citronen, Pflanzengallen usw.

2. Die Durchführung von Gäransätzen.

a) Die Technik der oxydativen Bakteriengärungen.

Die diesbezügliche Gärungstechnik ist insbesondere durch die bei der Essiggärung gewonnenen Erfahrungen gegeben. Hierüber liegen bereits ausführliche Werke vor, so daß hier nicht näher darauf eingegangen zu werden braucht. Nur hinsichtlich der Impfung bei Bakterienarten, die feste Häute bilden, sei erwähnt, daß diese in der Weise bewerkstelligt werden kann, daß Stückchen der Haut durch ein geeignetes Instrument (am besten eine lange Schere usw.) entnommen werden und hiermit die Impfung vorgenommen wird. Man kann auch so vorgehen, daß mittels einer Pinzette die Bakterienhaut emporgehoben wird und sodann Stückchen derselben mittels einer Schere abgeschnitten werden. Vielfach gelingt es auch durch entsprechende Wahl des Nährbodens die Ausbildung von Bakterienhäuten zu erzielen, die keinen so festen Zusammenhang haben und unter geringerer mechanischer Nachhilfe zerkleinert werden können[1].

b) Die Technik der Pilzgärungen.

Wie bereits gelegentlich der Besprechung der technischen Verfahren bzw. Patente der Citronensäuredarstellung auseinandergesetzt wurde, haben wir bei der Durchführung von Pilzgärungen insbesondere zwei Methoden zu unterscheiden, und zwar je nach der Art, in der das Pilzmycel mit der zu verarbeitenden Flüssigkeit in Berührung gebracht wird.

1. Oberflächengärung. Bei der ruhigen Vergärung auf Oberflächen kommen entweder feste Substrate oder Flüssigkeiten in Betracht. Die Anwendung von Flüssigkeiten ermöglicht eine wesentlich mannigfaltigere Versuchsanordnung und soll hier vornehmlich besprochen werden. Die Pilzdecken kommen dabei an der Oberfläche zur Entwicklung und durchsetzen das Substrat mehr oder weniger tief durch Faltenbildung.

Kulturgefäße. Für Kleinversuche erscheinen im Prinzip geradwandige Flaschen am geeignetsten, doch sind dieselben wegen der schwierigeren Sterilisierung (meist nicht sehr hitzebeständig, daher mit Sublimatlösungen usw. zu sterilisieren) weniger beliebt als Erlenmeyerkolben. Diese werden zweckmäßigerweise nur bis knapp unterhalb der größten Weite gefüllt, so daß den Pilzdecken genügend Raum zur Entwicklung bleibt, da sonst vielfach die Pilzdecken von oben benetzt werden können und dann unregelmäßig arbeiten. Die Sterilisierung der Flüssigkeit erfolgt unter den üblichen Vorsichtsmaßregeln.

---

[1] BERNHAUER u. SCHÖN: H. **177**, 110 (1928).

Die zu verwendenden Kulturgefäße müssen vor Benutzung in möglichst gleichmäßiger Weise gereinigt und vorbehandelt werden, was insbesondere bei der Durchführung von Parallelversuchen von grundlegender Bedeutung ist. Vor allem frische Glasgefäße, die noch zu keinen Versuchen verwendet worden waren, bewirken in der Regel ein weitaus üppigeres Wachstum als bereits oft verwendete Gefäße. Daß die für Parallelversuche zu benutzenden Gefäße aus der gleichen Glassorte hergestellt sein sollen, ist selbstverständlich. Insbesondere Gefäße aus Jenenser Glas verursachen meist üppigeres Wachstum als andere (Zinkgehalt).

Impfung. Dieselbe soll reichlich sein, denn nur dann ist Gewähr für ein regelmäßiges und rasches Wachstum und die sofortige Bildung geschlossener Pilzdecken vorhanden. Impfung mit der Nadel erscheint daher fast stets ganz unzureichend, sondern es wird entweder mittels *Sporensuspensionen*, durch Einblasen der Sporen oder mittels Pinsel zu impfen sein. Im ersten Falle kann in der Weise vorgegangen werden, daß die etwa in einem Proberohr befindliche Impfkultur mit sterilem Wasser versetzt, die Sporen mittels der Impfnadel zu einer homogenen Suspension aufgerührt, sodann mittels einer sterilen Pipette gleiche Mengen der Suspension entnommen und auf die einzelnen Versuche aufgeteilt werden. Die Sporen werden sodann noch durch Umschwenken auf der Oberfläche der Flüssigkeit gleichmäßig verteilt. Die Impfung durch *Einblasen der Sporen* erscheint für die Durchführung von Kleinversuchen, insbesondere wegen der schwierigeren Dosierung der Sporenmenge weniger geeignet. Vielfach kann auch so vorgegangen werden, daß die Nährlösung im ganzen geimpft und sodann auf die einzelnen, vorher sterilisierten Kolben unter sterilen Bedingungen aufgeteilt wird. Dies empfiehlt sich jedoch zumeist nur dann, wenn auf die genaue Messung der Flüssigkeit kein besonderer Wert gelegt zu werden braucht.

Verwendung „fertiger Pilzdecken“. Die Untersuchung der Gärungsbzw. Oxydationsvorgänge kann entweder in der ersten Kulturflüssigkeit vorgenommen werden oder es können fertige Pilzdecken für die Durchführung der Gärung verwendet werden. In diesem Falle wird in der Weise vorgegangen, daß die Pilzdecken zunächst auf einer geeigneten Nährlösung zur Entwicklung gebracht werden. Sodann wird diese Nährlösung abgegossen, die im Kulturgefäß verbleibende Pilzdecke vorsichtig mit sterilem Wasser gespült, und zwar unter Vermeidung einer Benetzung der Oberfläche. Nachdem auf diese Weise das ursprüngliche Substrat möglichst vollständig entfernt ist, wird gleichfalls, ohne die Pilzdecken von oben zu benetzen, die zu untersuchende Lösung eingefüllt. Dabei ist es vielfach zweckmäßig, das Volumen dieser zweiten Lösung geringer als das der ursprünglichen Nährlösung zu wählen (also z. B. im Verhältnis 5:4), falls man mit Erlenmeyerkolben arbeitet. Insbesondere dann wird dies anzuwenden sein, wenn die Pilzdecken sehr üppig entwickelt und stark gefaltet sind. Ferner können natürlich auch von vornherein die Kulturgefäße in sinngemäßer Weise mit Glasröhren versehen werden, die ein Aussaugen und Einfüllen von Flüssigkeit gestatten.

Einfüllen fester Substanzen nach Entwicklung geschlossener Pilzdecken. Vielfach ist es weiterhin erforderlich, nach Entwicklung der Pilze feste Substanzen zuzusetzen, wie beispielsweise Calciumcarbonat zwecks Neutralisierung der gebildeten oder entstehenden Säuren. Dies erfolgt, falls keine Infektionsgefahr besteht, am einfachsten entweder in der Weise, daß das Kulturgefäß schräg gehalten und nun die vorher sterilisierte Substanz in die Kulturflüssigkeit hineingebracht wird, oder so, daß die betreffende Substanz mittels eines weiten langhalsigen Einfülltrichters, der am unteren Ende einen entsprechenden Haken zum Aufheben der Pilzdecke trägt, eingefüllt wird.

Falls die Infektionsgefahr durch fremde Organismen sehr erheblich ist, geht man am besten in der Weise vor, daß die Kulturgefäße von vornherein mit einem bis in die Flüssigkeit reichenden, oben durch den Watteverschluß des Kolbens fixierten Einfülltrichter versehen werden; derselbe ist am unteren Ende entsprechend aufgerandet. Zwecks Einfüllung wird der Trichter und dadurch die Pilzdecke etwas hochgehoben, so daß die einzufüllende Substanz, ohne den Trichter durch ihre Benetzung verstopfen zu können, auf den Boden des Kolbens gelangt. Vor dem Einfüllen ist das im Inneren des Trichters gewachsene Mycel leicht zu entfernen.

Die Entlüftung der Kulturen ist vielfach ein wichtiger Punkt bei der Durchführung oxydativer Gärungen, da bei diesen die vorhandene Sauerstoffkonzentration von Bedeutung erscheint. Insbesondere für den Vergleich von Versuchen in geschlossenen Gefäßen (Erlenmeyerkolben usw.) mit solchen in offenen Schalen ist dies von Bedeutung; denn in den mit Wattepropfen versehenen Kulturkolben kann weit mehr Kohlendioxyd oberhalb der Pilzdecken angesammelt werden als in den, Luftströmungen sehr ausgesetzten, offenen Schalen. Zwecks Durchlüftung der Kulturgefäße kann Luft usw. entweder durchgeblasen oder hindurchgesaugt werden. Die *Sterilisierung der Luft* erfolgt am besten in der Weise, daß dieselbe nach einer ersten Filtration durch Watte, sodann z. B. durch eine Sublimatlösung geleitet wird, und zwar in der Weise, daß sie dabei einerseits einen möglichst weiten Weg machen muß und andererseits in kleine Blasen verteilt wird; dies kann dadurch erzielt werden, daß ein entsprechendes, mit Glasperlen, Glaswolle usw. gefülltes Waschgefäß verwendet wird. Vor Eintritt der Luft in das Kulturgefäß wird dieselbe nochmals durch Watte hindurchgeleitet. Das Hindurchblasen der Luft ist im allgemeinen einfacher durchführbar, da dabei die Gefäße den üblichen Watteverschluß behalten können, der im Falle des Luftdurchsaugens durch Gummistopfen ersetzt werden muß.

Das Durchleiten von Luft durch die Gärgefäße kann zweckmäßigerweise auch mit einer *Vorrichtung zur Bestimmung des entstehenden Kohlendioxyds* verbunden werden. Dabei müssen die Kulturgefäße natürlicherweise mit einem doppelt durchbohrten Gummistopfen verschlossen werden. Die Luft wird vor Eintritt in den Kolben zunächst von Kohlendioxyd befreit, indem ein langes, mit Natronkalk gefülltes Rohr vorgeschaltet wird. Ebenso wird die aus den Kulturgefäßen entweichende Luft in zweckmäßiger Weise durch Absorptionsgefäße geleitet, und zwar entweder Kaliapparate oder mit Natronkalk gefüllte Absorptionsrohre, die sodann zur Wägung gelangen, oder mit Barytwasser gefüllte Vorlagen, zur maßanalytischen Bestimmung der Kohlensäure durch Zurücktitrieren der Lauge. Es kann dabei zweckmäßig in Anlehnung an die von MEYERHOF u. a.[1] zur Bestimmung der Atmungsintensität von Mikroorganismen ausgearbeitete Methodik vorgegangen werden. Die Luftdurchleitung erfolgt am besten in bestimmten Zeitintervallen. Als *Respirationswert* kann der Quotient aus dem Gewichte des Kohlendioxyds und dem der atmenden Organismen angesehen werden:

$$\text{R.W.} = \frac{CO_2 \text{ in } g}{\text{Pilzmasse in } g}.$$

Falls man, wie es exakter erscheint, eine Beziehung zum aufgenommenen Sauerstoff herstellen will, muß die zugeführte O-Menge bekannt sein und das abgehende Gas analysiert werden. Man erhält dann den Atmungsquotienten $= \dfrac{CO_2}{O_2}$.

---

[1] MEYERHOF: Arch. ges. Phys. **1916**, 353. — WAKSMANN u. STARKLEY: J. of Gen. Phys. **5**, 289 (1923).

Hinsichtlich einer Versuchsanordnung für die Untersuchung der Pilzatmung in verschiedenen Gasgemischen sei auf TAMIYA[1] verwiesen.

Bewegung der Flüssigkeit. Bei der ruhigen Gärführung erscheint es vielfach nachteilig, daß nur relativ langsam frische Lösung mit der Pilzdecke in Kontakt kommt und daß andererseits nur relativ niedrige Schichthöhen angewendet werden können. Zur Beschleunigung dieses Vorganges kann eine Durchmischung der Flüssigkeit vorgenommen werden. Im einfachsten Fall hilft man sich in der Weise, daß man die Kulturgefäße ein oder zweimal täglich stets in bestimmten Zeitintervallen vorsichtig umschwenkt, bis die Schlieren in der Flüssigkeit verschwunden sind. Bei größeren Versuchen kann auch in sinngemäßer Weise in den Kulturgefäßen ein Rührer eingebaut werden, der dauernd oder zeitweise eine Homogenisierung der Flüssigkeit unter Schonung der Pilzdecken bewirkt (s. MAY, HERRICK, MOYER und HELLBACH[2]). Bei Verwendung größerer Schalen können entsprechende Vorrichtungen in sinngemäßer Weise angebracht werden. Wie gelegentlich der Besprechung der Patentliteratur über Citronensäuregärung erwähnt wurde, ermöglicht technisch auch das Durchlaufverfahren eine zeitweise Homogenisierung der Flüssigkeiten.

Als *Beispiel für die Handhabung der Technik von Pilzgärungen* und zugleich als Beispiel für die Durchführung von Pilzgärungen in größerem Maßstabe sei hier die halbtechnische Darstellung von Gluconsäure nach MAY, HERRICK, MOYER und HELLBACH[2] näher beschrieben. Die genannten Autoren führten die Vergärung von 20proz. Glucoselösung in sieben übereinander befindlichen, flachen Aluminiumpfannen ($108 \times 108 \times 5$ cm) mittels Pen. luteum purpurogenum durch; sie weisen auf die Wichtigkeit einer richtigen Beziehung zwischen dem Volumen der zu vergärenden Lösung und der Oberfläche hin. Wenn der Quotient $\frac{\text{Fläche (qcm)}}{\text{Volumen (ccm)}}$ nahe $= 1$ ist (also z. B. bei 1000 qcm Fläche 1000 ccm Flüssigkeitsvolumen, gemäß 1 cm Schichthöhe), betrug die Ausbeute an Gluconsäure 82% d. Th., dagegen nur 30% d. Th., wenn der Quotient 0,16 betrug (also entsprechend $\frac{1}{0,16} = 6{,}25$ cm Schichthöhe). Für praktische Zwecke wurde als geeignetstes Verhältnis 0,25 bis 0,30 gefunden (Schichthöhe $= 4{-}3{,}3$ cm). Bei Anwendung einer 20—25proz. Glucoselösung konnten unter diesen Bedingungen 55—65% d. Th. an Gluconsäure erhalten werden. Jeder Quadratmeter Pilzmycel war hierbei imstande, 4—4,5 kg Gluconsäure innerhalb 14 Tagen zu bilden. Zur Ermittlung der Bedeutung des Rührens unterhalb den Pilzdecken wurden Versuche mit verschiedenen Zuckerkonzentrationen vorgenommen. Bei dem Flächen-Volumenverhältnis 0,28 (= etwa 3,5 cm Schichthöhe) und 1 l Lösung zeigte sich, daß nur bei niedrigeren Zuckerkonzentrationen (10—15%) ein ausgesprochen günstiger Effekt durch das Rühren erzielt wird (27,8 bzw. 49,2% Ausbeute gegenüber 40,5 bzw. 65,3%), wogegen bei höheren Zuckerkonzentrationen (20—25%) kein ausgesprochener Erfolg mehr zu verzeichnen war (55,0 bzw. 44,7% gegenüber 60,5 bzw. 44,7%).

Hinsichtlich des für die Durchführung der Gärung zu verwendenden Schalenmateriales stellten die gleichen Autoren fest, daß Ni, Pb und Cu, die der Säure standhalten, deutlich toxisch wirken, während Zn, Fe und gewöhnliches Al angegriffen wurden. Sn und Bakelit kamen wegen des hohen Preises nicht in Frage. Beim Abneutralisieren der Säure mittels Ca-Carbonat erschien andererseits der Gärprozeß infolge des dabei erforderlichen Rührens zu kompliziert. Gute Resultate wurden erhalten bei Verwendung von Eisenschalen, die mit

[1] TAMIYA: Acta phytochim. **4**, 227 (1931) — C. **1931 I**, 3249.
[2] MAY, HERRICK, MOYER u. HELLBACH: Ind. Chem. **21**, 1198 (1929).

hochgradig säurebeständigem Email ausgekleidet waren, doch erwiesen sich derartige Schalen als zu teuer. Bei Verwendung von Eisenschalen, die mit einem Eisenlack versehen waren, wurden gleichfalls befriedigende Ausbeuten an Gluconsäure erhalten, doch begann nach wiederholter Benutzung der Lack sich dunkel zu färben, wobei zugleich die Ausbeuten bis gegen 30% d. Th. heruntergingen. Dagegen erwiesen sich Gärpfannen aus Al, das neben 99,45% Al weniger als 0,1% Cu und Mn enthielt, als sehr geeignet, nachdem sie zuvor mit heißer verdünnter Gluconsäurelösung behandelt worden waren. Bei wiederholter Verwendung derartiger Schalen stieg die Ausbeute auf 52—61% d. Th.

In einem Gärraum wurden 7 derartige Pfannen übereinander aufgestellt und die Anlage mit Vorrichtungen zur Zuleitung der Zuckerlösungen, Zufuhr von steriler Luft, Schaufenstern usw. versehen. Drei Tage vor dem Gäransatz wurden 21 Kolben mit je 400 ccm Lösung als Impfkulturen vorbereitet, indem jeder Kolben mit Sporen einer etwa 10 Tage alten Agar-Pepton-Glucosekultur eines geprüften Pilzstammes geimpft wurden. Am 4. Tage wurde die Zuckerlösung für den Gäransatz vorbereitet. Für einen 7 Schalenansatz wurden 63 kg Glucose (etwa 91,5proz) 0,315 kg Na-Nitrat, 0,079 kg Mg-Sulfat, 0,016 kg K-Chlorid und 0,009 kg Phosphorsäure in Wasser gelöst und auf 315 l aufgefüllt. Diese Lösung wurde in einem Autoklav sterilisiert (100°). Die Zuleitung zum Behälter für die Lösung, dieser selbst, die Zuleitung zu den einzelnen Pfannen wurden 45 Minuten lang durch Dampf sterilisiert, die Schalen sowie der Gärraum 4 bis 5 Stunden. Nach dem Abkühlen auf 25° wurde die 30° warme Zuckerlösung durch sterile Preßluft in das Reservoir gedrückt, und nachdem jede Pfanne mit je drei der Impfkulturen versehen war, wurden je 45 l der Gärlösung zugesetzt. Nach 2 Tagen war ein geschlossenes, dünnes Mycel gebildet; am 4. Tage begann infolge intensiven Einsetzens der Gluconsäurebildung eine Temperaturerhöhung, manchmal um mehr als 5°. In diesem Zeitpunkt wurde auch mit dem Einblasen von 23° warmer Luft begonnen, und zwar in einer Menge von etwa 100 l per Minute. Am 11. Tage wurde die Gärung unterbrochen und die vergorene Lösung in üblicher Weise auf Ca-Gluconat verarbeitet.

2. Submerse Vergärung unter Luftdurchleitung. Es kommt hierbei nicht zur Bildung einer geschlossenen Pilzdecke, sondern zur Entwicklung eines submersen Mycels. Die zu verarbeitende Flüssigkeit braucht daher nicht in dünner Schichthöhe ausgebreitet zu sein, sondern ermöglicht die Anwendung hoher Flüssigkeitsschichten. Damit steht auch in Zusammenhang, daß die Form der Kulturgefäße in diesem Falle entsprechend sinngemäß zu wählen ist. Nach der üblichen Impfung erfolgt die Mycelentwicklung während des Durchleitens von Luft usw. durch die Flüssigkeit, die dadurch in dauernder Bewegung gehalten wird. Es kommt dabei zunächst zur Ausbildung kugelförmiger Mycelgebilde oder von Mycelflocken, die dann vielfach zu größeren Aggregaten zusammenwachsen. Für die Gärführung selbst erscheint dabei die Menge des zugeführten Sauerstoffs von Wichtigkeit, da dadurch die Menge der sich ansammelnden Gärprodukte wesentlich beeinflußt werden kann. Die durchzuleitende Luft wird daher je nach Wunsch mit Sauerstoff oder Kohlensäure bzw. Stickstoff zu mischen sein. Hinsichtlich der Gasdurchleitung selbst gilt das bereits oben Gesagte; besonders auf gute Sterilisierung der Luft muß Wert gelegt werden. Diese Methode zur Entwicklung submersen Pilzmycels scheint auch insbesondere für die Durchführung und Untersuchung anoxybiontischer Gärungsvorgänge bei Pilzen von Bedeutung zu sein, indem nach Entwicklung des submersen Pilzmycels die Kulturkolben mit Stickstoff oder Kohlensäure gefüllt, die weitere Gasdurchleitung eingestellt und die Gefäße in der für anoxybiontische Gärführungen üblichen Weise verschlossen werden. Mit derartigen Mycelien kann auch nach Entfernung der zur Entwicklung dienenden Nährlösung gearbeitet werden, indem diese durch ein entsprechend angebrachtes Filter herausgesaugt wird, durch das auch die Gaszuführung erfolgt. Hierzu sind durchlochte Porzellanplatten oder die zweckentsprechende Anbringung von Glaswolle recht geeignet. In sinngemäßer Weise kann dann auch das Auswaschen des Mycels und der Zusatz der zu vergärenden Flüssigkeit erfolgen. Derartiges Mycel erscheint auch für die Durchführung von Enzymversuchen sehr gut geeignet.

c) Enzymversuche[1].

Um bis zur rein enzymchemischen Durchführung eines Gärvorganges zu gelangen, wird man in systematischer Weise so vorgehen können, daß man zunächst die zu untersuchende Reaktion mit Präparaten der betreffenden in Frage kommenden Organismen durchzuführen sucht. Bei Pilzen kann man dabei vorerst nicht abgetötetes, aber durch feines Verreiben oder Vermahlen gut zerkleinertes Mycel verwenden, wobei vielfach ein submers unter Luftdurchleitung zur Entwicklung gebrachtes Mycel mit Vorteil Verwendung finden kann. Es empfiehlt sich bei einem derart erhaltenen Mycelbrei der Zusatz geeigneter antiseptischer Stoffe zwecks Wahrung der Sterilität. Da es sich hierbei um oxydative Enzymreaktionen handelt, ist bei der Durchführung der Versuche die Zuführung von Sauerstoff erforderlich. Man wird daher unter gleichzeitiger Luftdurchleitung oder unter Rühren, am zweckmäßigsten aber wohl unter gleichzeitigem Schütteln der Versuchslösungen arbeiten, wodurch dieselben stets mit Sauerstoff in Berührung gebracht werden. Eine geeignete Vorrichtung hierfür ist leicht in Anlehnung an die bekannten Hydrierungsapparaturen herstellbar. Am bequemsten verwendet man dabei langhalsige Kjeldahlkolben, die durch die Schüttelvorrichtung in Bewegung gesetzt werden. Die Kolben können entweder einfach mit einem Wattebausch versehen sein, falls die Feststellung der Reaktion nur in der Flüssigkeit erfolgen soll, oder mit einem doppelt durchbohrten Gummistöpsel für die Gaszu- und -ableitung, falls Sauerstoffaufnahme usw. gemessen werden sollen. Die Sauerstoffaufnahme kann natürlich auch in sinngemäß analoger Weise gemessen werden wie bei den Hydrierungsapparaten oder auch manometrisch in Atmungströgen.

1. **Gewinnung von Roh-Trockenpräparaten.** Der nächste Schritt zur Feststellung einer enzymatischen Reaktion wird der sein, daß man Trocken- bzw. Dauerpräparate aus den betreffenden Organismen herstellt und mit diesen die beabsichtigten Reaktionen durchzuführen sucht. Derartige Präparate enthalten demnach die ganzen Organismen in abgetötetem und trockenem Zustand; die mit diesen erzielten Reaktionen werden daher bereits als eigentliche enzymatische Vorgänge anzusprechen sein, die durch die in dem Trockenmaterial, neben allen sonstigen Begleitstoffen, vorhandenen Enzyme ausgelöst werden.

Zwecks *Herstellung von Trockenpräparaten* (in rohem Zustande) wird das betreffende Material mittels Leitungswasser abgespült und so von anhaftendem Substrat möglichst befreit. Vielfach ist es auch zweckmäßig, die zu verarbeitenden Organismen vor Verwendung auf Leitungswasser hungern zu lassen. Aus dem so erhaltenen Material wird sodann die anhaftende Flüssigkeit durch Abpressen in einer geeigneten Handpresse entfernt, der Preßrückstand möglichst gut zerkleinert und nun entweder durch Aufbewahren über Schwefelsäure im Vakuum oder durch Eintragen in geeignete organische Lösungsmittel völlig entwässert. Hierzu verwendet man entweder ein Alkohol-Äther-Gemisch (2 Vol. 96proz. Alkohol, 1 Vol. Äther), Aceton oder Methylalkohol. Für 100 g Preßrückstand

---

[1] Siehe auch M ÜLLER in O PPENHEIMER und P INKUSSEN: Methodik der Fermente, 486 (1929).

kommen 2—2,5 l Flüssigkeit zur Anwendung. Nach 3—5 Minuten währender Einwirkung (eventuell auf der Schüttelmaschine) wird die überstehende Flüssigkeit entfernt, sofort etwa 200 ccm Äther zugesetzt, nach 1—2 Minuten derselbe entfernt und das Material nochmals mit der gleichen Menge Äther in analoger Weise behandelt. Die Masse wird sodann zur Entfernung des Äthers im Vakuum, am besten über Schwefelsäure oder Chlorcalcium 1—2 Tage aufbewahrt. Nach dem Pulverisieren sind die Präparate für die Durchführung von Enzymversuchen geeignet.

2. Gewinnung von Rohenzymlösungen. Ein weiterer Schritt wird nun der sein, das betreffende Enzym von den sonstigen Körpersubstanzen der Pilze usw. zu befreien. Hierzu ist die Lockerung bzw. Zerstörung der Zellstruktur erforderlich, um die Enzyme herauslösen zu können. Im allgemeinen stehen hierbei folgende Methoden zur Verfügung:

1. Entwässerung des Materials wie bei der Herstellung der rohen Trockenpräparate beschrieben, durch Trocknen im Vakuum über wasserentziehenden Mitteln, oder rascher und daher besser mittels wasserentziehender organischer Lösungsmittel. Aus der erhaltenen Trockensubstanz kann sodann mittels Wasser usw. ein Enzymauszug hergestellt werden.

2. Zwecks *Herstellung von Preßsaft* (nach BUCHNER) wird das in üblicher Weise vom anhaftenden Substrat befreite Material zunächst in einer Handpresse von der anhaftenden Flüssigkeit befreit und sodann unter Zusatz von reinem Quarzsand (1 Teil) und Kieselgur (0,3 Teile) innig verrieben (10—20 Minuten), bis man eine homogene knetbare Masse erhält. Dieselbe wird sodann in einer Buchnerpresse bei etwa 300 Atmosphären während etwa 10 Minuten abgepreßt. Der Preßsaft kann zu Enzymversuchen verwendet werden.

3. Die Zerstörung der Zellstruktur kann weiterhin entweder durch *Plasmolyse* bewerkstelligt werden, wobei man mittels Lösungen von hohem osmotischen Druck ein Austreten des Zellinhaltes herbeizuführen sucht, oder durch *Gefrieren* des Materials, indem man dasselbe in flüssige Luft einträgt, wobei es zur Sprengung der Zellwand und damit zum Austritt des Zellinhaltes kommt (bei Pilzen s. z. B. HERZOG und MEIER[1]).

4. Weiterhin kann eine Auflockerung des Zellgefüges auch auf enzymchemischem Wege, und zwar durch *Autolyse* herbeigeführt werden, wobei zumeist unter Zusatz von narkotischen Zellgiften gearbeitet wird, die zugleich bactericide Wirkung haben. Die Organismen werden dabei zunächst durch Trocknen, wie bereits beschrieben, abgetötet und dann das Trockenmaterial pulverisiert, oder wird durch Verreiben mit Seesand die Zellstruktur zerstört. Das so erhaltene Material wird nun mit Glycerin oder Wasser nach Zusatz von Toluol, Chloroform oder Essigester usw. der Autolyse unterworfen, wobei die Enzyme freigelegt werden und in Lösung gehen. (Hinsichtlich Gewinnung verschiedener Enzyme aus Pilzen s. z. B. PRINGSHEIM und ZEMPLÉN[2], derselbe und COHN[3], FREUDENBERG und VOLBRECHT[4], TAKAMINE[5].)

3. Herstellung von Dauerpräparaten aus den Rohenzymlösungen. Die in der geschilderten Weise erhaltenen Preßsäfte, Extrakte usw. sind zumeist nicht sehr haltbar, und daher empfiehlt sich vielfach die Ausfällung der darin enthaltenen Enzyme, also die Verarbeitung der Rohenzymlösungen auf Dauerpräparate. Die erhaltene Lösung wird zu diesem Zweck entweder mit einem Alkohol-Äther-

---

[1] HERZOG u. MEIER: H. **57**, 41 (1908); **59**, 57 (1909).
[2] PRINGSHEIM u. ZEMPLÉN: H. **62**, 367 (1909).
[3] PRINGSHEIM u. COHN: H. **133**, 80 (1924).
[4] FREUDENBERG u. VOLBRECHT: H. **116**, 227 (1921).
[5] TAKAMINE: J. of Soc. Chem. Ind. **17**, 118 (1898).

Gemisch (2:1, Vol.), mit 96proz. Alkohol oder mit Aceton versetzt. Für je 10 ccm Preßsaft kann man etwa 120 ccm Alkohol-Äther-Gemisch oder Alkohol bzw. etwa 100 ccm Aceton anwenden, indem man den Preßsaft tropfenweise in das, am besten mittels Rührwerk in kräftiger Bewegung gehaltene Fällungsmittel einlaufen läßt. Nach kurzem Absetzen des Niederschlages wird die Flüssigkeit abgegossen oder abgehebert, der Rest rasch abgesaugt, auf der Nutsche mit absolutem Alkohol und sodann mit absolutem Äther gut gewaschen. Vorteilhafterweise können diese Operationen auch auf einer entsprechenden Zentrifuge vorgenommen werden. Die Masse wird dann sogleich über Schwefelsäure ins Vakuum gebracht, wo sie etwa 24 Stunden verbleibt. Die Aufbewahrung der Präparate erfolgt am besten im Chlorcalciumexsiccator.

Vielfach ist durch *fraktionierte Fällung* eine Anreicherung bestimmter Enzyme erzielbar (s. z. B. WIELAND und G. FISCHER, bei Gewinnung der Phenoloxydase[1]).

4. Reinigung der Rohenzymlösungen. Zunächst ist oftmals eine *Klärung* der Enzymlösungen mittels Kieselgur und Abzentrifugieren derselben erforderlich. Weiterhin kann auch durch *Umfällen* mit geeigneten Fällungsmitteln eine Reinigung erzielt werden. Allgemein anwendbare Vorschriften lassen sich hierbei nicht geben. Sodann kann die Enzymlösung durch *Dialyse* von manchen Begleitstoffen befreit werden, so insbesondere unter anderem von FEHLINGsche Lösung reduzierenden Bestandteilen. Als Membran ist meist Pergamentpapier verwendbar, wobei die Dialyse gegen strömendes Wasser vorgenommen werden kann. Schließlich hat sich insbesondere die *Adsorption* mit anschließender *Elution* zur Anreicherung und Reinigung von Enzymen bewährt, worauf hier nicht näher eingegangen werden soll.

5. Beispiele für die Darstellung einiger Oxydationsfermente. *a) Alkoholdehydrase.* Derartige Enzympräparate können nach BUCHNER und MEISENHEIMER[2] sowie BUCHNER und GAUNT[3] nur in Form der gesamten, mit Aceton abgetöteten Bakterien erhalten werden.

B. aceti, das man durch Stehenlassen von Bier an der Luft erhalten kann, wird auf Bierwürze, die mit 4% Alkohol und 1% Essigsäure versetzt ist, in großen flachen Schalen zur Entwicklung gebracht; durch Auflegen von Filtrierpapier können die Kulturen vor fremden Keimen etwas geschützt werden. Nach dem Animpfen bilden sich innerhalb 4—5 Tagen kräftige Bakteriendecken auf der Oberfläche der Nährlösung. Die unterhalb der Bakterienhäute befindliche klare Flüssigkeit wird nun abgehebert, die Bakterienhäute mit Wasser ausgewaschen und zwischen Tonplatten getrocknet. Nach etwa 24 Stunden wird die Bakterienmasse in das 10—20fache Gewicht Aceton eingetragen, zu einem feinen Pulver verrieben, nach 10 Minuten abfiltriert, mit Äther nachgewaschen und im Vakuum über Schwefelsäure getrocknet. Man erhält so ein gelbliches staubiges Pulver, durch das 4proz. Lösungen von Äthylalkohol in Gegenwart antiseptischer Mittel (Toluol) und Durchleiten eines Luftstromes oder unter Schütteln in geringem Maße in Essigsäure übergeführt werden.

b) Glucose-Oxydase. Nach MÜLLER[4] wird 1 Teil der trocken gepreßten Pilzmasse (Aspergillus niger) mit 1 Teil reinem Quarzsand und 0,35 Teilen Kieselgur im Mörser angerührt, bis die Mischung eine feuchtklebrige Konsistenz besitzt. Dieselbe wird dann mittels einer Buchnerpresse (300 Atm.) ausgepreßt. Es resultieren 0,5 Teile Preßsaft. Dieser wird in 96proz. Alkohol, Alkohol-

[1] WIELAND u. G. FISCHER: B. **59**, 1180 (1926).
[2] BUCHNER u. MEISENHEIMER: B. **36**, 637 (1903).
[3] BUCHNER u. GAUNT: A. **349**, 140 (1906).
[4] MÜLLER: Bio. Z. **199**, 136 (1928).

Äther-Mischung oder Aceton tropfenweise unter kräftigem Rühren eingetragen, der Niederschlag abgesaugt, und bevor die Mutterlauge völlig entfernt ist, mit absolutem Alkohol wiederholt gewaschen, schließlich mit Äther gespült und sodann das Präparat im Vakuumexsiccator belassen. Zwecks weiterer Reinigung (MÜLLER[1]) wird dasselbe 3 Tage gegen strömendes Wasser dialysiert und die Innenflüssigkeit wieder durch Eintröpfeln in ein Alkohol-Äther-Gemisch (2:1) gefällt.

c) Peroxydase. Dieselbe wird nach WILSTÄTTER und STOLL[2] sowie WIL-STÄTTER[3] in hochgereinigtem Zustande in folgender Weise erhalten: 5 kg Meerrettich werden nach entsprechender Vorreinigung 24 Stunden in Wasser eingelegt, sodann in dünne Scheiben geschnitten, 7—9 Tage durch fließendes Leitungswasser dialysiert und sodann möglichst trocken gesaugt. Durch dreistündige Digestion in 15 l Wasser, die 30 g Oxalsäure enthalten, wird das Enzym niedergeschlagen, die Schnitzel abgesaugt und abgepreßt und in einer geeigneten Mühle zu einem dünnen Brei zerkleinert. Nach Vermischen dieses mit 6—8 l Wasser, Abfiltrieren, Nachwaschen mit etwa 0,1 proz. Oxalsäurelösung und Auspressen wird der Rückstand fein verrieben und unter kräftigem Umrühren mit Bariumhydroxydlösung versetzt. Nach $^1/_2$ stündigem Durchkneten wird die Masse mittels einer Buchnerpresse abgepreßt, wodurch ein mäßig wirksamer Extrakt erhalten wird. Bei nochmaliger analoger Behandlung des Rückstandes mit kalt gesättigter Bariumhydroxydlösung und Abpressen erhält man einen sehr wirksamen Enzymextrakt, der sogleich mit Kohlensäure behandelt wird. Aus dem Preßkuchen können bei Wiederholung der gleichen Operationen weitere schwächer wirksame Extrakte erhalten werden. Aus den mit CO_2 behandelten Extrakten können sodann durch Zusatz von Alkohol ($^9/_{10}$ des Volumens) schleimartige Körper niedergeschlagen werden. Aus der Lösung wird nun das Rohenzym durch Zusatz der fünffachen Menge absoluten Alkohols ausgefällt. Dasselbe wird beim Anreiben mit Alkohol pulverig und kann auf gehärtetem Filter mit Alkohol gewaschen werden. Die weitere Reinigung erfolgt am besten durch Adsorption, wobei sich besonders Aluminiumhydroxyd und Kaolin bewährten; die Lösung des Rohproduktes in 50 proz. Alkohol wird dabei in eine Aufschwemmung von sulfathaltigem Aluminiumhydroxyd in kleinen Mengen eingetragen, sodann das Adsorbat durch Alkohol niedergeschlagen, absitzen gelassen und abzentrifugiert. Durch Anrühren mit eiskaltem Wasser und Einleiten von Kohlensäure wird das Ferment eluiert, die Elution durch Hartfilter abgesaugt bzw. zentrifugiert und bei 10—15° eingeengt. Durch Wiederholung dieser Operationen und schließliche Adsorption an Kaolin gelingt eine weitere Reinigung.

B. Chemischer Teil.

Hinsichtlich der Aufarbeitung der Göransätze im allgemeinen ist zu sagen, daß die Gärprodukte zumeist in Form geeigneter Salze aus den verarbeiteten Lösungen zu isolieren sein werden, da wir es bei den oxydativen Gärungen vornehmlich mit der Bildung von Säuren zu tun haben. Im speziellen Teil wird ersichtlich gemacht, welche Salze oder sonstigen Derivate für die Isolierung der Gärprodukte jeweils in Frage kommen.

Weiterhin ist vielfach insbesondere für die Feststellung von Zwischenprodukten oder bestimmter Umwandlungsprodukte usw. die Probeentnahme und Prüfung der Proben von Wichtigkeit. Auch hierfür sind im speziellen Teil

---

[1] MÜLLER: Bio. Z. **232**, 423 (1931).   [2] WILSTÄTTER u. STOLL: A. **416**, 28 (1918).
[3] WILSTÄTTER: A. **422**, 55 (1921).

Tabelle 8.

Abkürzungen und Bemerkungen zu den Tabellen: l. l. = leicht löslich; s. l. l. = sehr leicht löslich;
Wenn bei Angabe der Löslichkeit nichts weiter bemerkt

	a	b	c
1. d-Gluconsäure, $C_6H_{12}O_7$ CH_2OH—$\overset{H}{\underset{OH}{\mid}}$—$\overset{H}{\underset{OH}{\mid}}$—$\overset{OH}{\underset{H}{\mid}}$—$\overset{H}{\underset{OH}{\mid}}$—$COOH$	Nadeln, Fp. 132 bis 133° (Sintern ab 125°)[1], l. l. W., l. A., unl. Ae. $[\alpha]_D^{22} = -0{,}28$ (sofort), γ- und δ-Lacton.	Eisenchloridreaktion[2], Orcinreaktion[3] (nach Einwirkung von NaOCl).	Oxydation zu Zuckersäure. CO_2-Abspaltung gibt Arabinose.
2. d-Mannonsäure, $C_6H_{12}O_7$ CH_2OH—$\overset{H}{\underset{OH}{\mid}}$—$\overset{H}{\underset{OH}{\mid}}$—$\overset{OH}{\underset{H}{\mid}}$—$\overset{OH}{\underset{H}{\mid}}$—$COOH$	Sirup, lactonisiert leicht. γ-Lacton, δ-Lacton.	Analog wie 1.	Oxydation zu Mannozuckersäure[7].
3. d-Galaktonsäure, $C_6H_{12}O_7$ CH_2OH—$\overset{H}{\underset{OH}{\mid}}$—$\overset{OH}{\underset{H}{\mid}}$—$\overset{OH}{\underset{H}{\mid}}$—$\overset{H}{\underset{OH}{\mid}}$—$COOH$	Nadeln (aus A.) Fp. 140—141°, $[\alpha]_D^{20} = -12{,}23°$ (sofort). γ-Lacton.	Analog wie 1.	Oxydation zu Schleimsäure[10].
4. l-Arabonsäure, $C_5H_{10}O_6$ CH_2OH—$\overset{OH}{\underset{H}{\mid}}$—$\overset{OH}{\underset{H}{\mid}}$—$\overset{H}{\underset{OH}{\mid}}$—$COOH$	Fp. 118—119° (bei 110° erweichend, bei 110—111° sinternd), aus A., $[\alpha]_D^{20} = -0{,}47°$ (sofort)[1]. γ-Lacton.	Isatinreaktion.	—
5. l-Xylonsäure, $C_5H_{10}O_6$ CH_2OH—$\overset{H}{\underset{OH}{\mid}}$—$\overset{OH}{\underset{H}{\mid}}$—$\overset{H}{\underset{OH}{\mid}}$—$COOH$	Sirup, leicht lactonisierend.	—	—
6. Glucuronsäure, $C_6H_{10}O_7$ CHO—$\overset{OH}{\underset{H}{\mid}}$—$\overset{H}{\underset{OH}{\mid}}$—$\overset{OH}{\underset{H}{\mid}}$—$\overset{OH}{\underset{H}{\mid}}$—$COOH$	Fp. 156°, $[\alpha]_D^{20} = 35{,}2$[19], Lacton (Glucuron). Fp. 175—176°, $[\alpha]_D^{23} = 18{,}9°$.	Phloroglucinreaktion. Orcinreaktion. Naphthoresorcinreaktion[20].	Oxydation zu Zuckersäure, Reduktion von FEHLINGscher Lösung.
7. 5-Ketogluconsäure, $C_6H_{10}O_7$ CH_2OH—$\overset{H}{\underset{O}{\mid\mid}}$—$\overset{OH}{\underset{OH}{\mid}}$—$\overset{H}{\underset{H}{\mid}}$—$\overset{H}{\underset{OH}{\mid}}$—$COOH$	Sirup.	α-Naphthol-, Resorcin-, Phloroglucin und Orcinreaktion[26].	Reduktion von FEHLINGscher Lösung und ammon. Ag-Lösung.
8. d-Zuckersäure, $C_6H_{10}O_8$ $COOH$—$\overset{H}{\underset{OH}{\mid}}$—$\overset{H}{\underset{OH}{\mid}}$—$\overset{OH}{\underset{H}{\mid}}$—$\overset{H}{\underset{OH}{\mid}}$—$COOH$	Fp. 125—126°, $[\alpha]_D = 6{,}9°$[30], Zuckerlactonsäure, Fp. 130—132°[31].	Isatinreaktion[32].	Reduktion von ammon. $AgNO_3$.
9. Kojisäure, $C_6H_6O_4$	Fp. 152° (154°).	$FeCl_3$-Reaktion (Rotfärbung).	Reduktion von FEHLINGscher Lösung[34].

[1] REHORST: B. **63**, 2279 (1930).   [2] BERG: Bl. (3) **11**, 883 (1894).   [3] MANDEL u. NEUBERG: Bio. Z. **71**, 218 (1915).   [4] FISCHER, E.: B. **23**, 803 (1890).   [5] FISCHER, E. u. PASSMORE: B. **22**, 2731 (1889).   [6] BERNHAUER: Bio. Z. **172**, 305 (1926).   [7] KILIANI: B. **63**, 369 (1927).   [8] NEF: A. **403**, 306 (1914). — LEVENE u. MEYER: J. biol. Chem. **26**, 359 (1916). [9] FISCHER: B. **22**, 3219 (1886).   [10] TOLLENS u. KENT: A. **227**, 222 (1885).   [11] KILIANI: B. **18**, 1552 (1885).   [12] KILIANI: B. **19**, 3031 (1886); **21**, 3007 (1888).   [13] BAUER: J. pr. (2) **30**, 380 (1884).   [14] NEF: A. **357**, 227 (1907). — GLATTFELD: Am. Soc. **50**, 147 (1928).   [15] KILIANI: B **19**, 3031 (1886). — KILIANI u. SCHÄFER: B. **29**, 1765 (1896).   [16] BERTRAND: Bl. (3) **5**, 556 (1891); **7**, 501 (1892); **15**, 592 (1896). — Vgl. WIDTSOE: B. **33**, 136, Anm. (1900).   [17] NEUBERG: B. **35**, 1473 (1902). — NEF: A. **403**, 254 (1914).

Tabelle 8 (Fortsetzung).

schw. l. = schwer löslich; unl. = unlöslich; W. = Wasser; A. = Alkohol; Ae. = Äther.
ist, so bedeutet dies die Löslichkeit in Wasser.

d	f	g
Ca-Salz, blumenkohlartig, Cinchoninsalz, Fp. 187° [4], Phenylhydrazid, Fp. 198—200° [5], Amid, Fp. 143 bis 144°.	Annähernd als Ca-Salz [6].	—
Ca-Salz, Prismen, Brucinsalz, Nadeln, Fp. 212° (aus W. oder aus A.) [8], Amid, Fp. 172—173°.	—	Aus Steinnuß- spänen [9].
Ca-Salz ($+ 4\,H_2O$), Cd-Salz ($+ 2\,H_2O$), kleine Na- deln aus heiß konz. Lösung.	—	Aus Milchzucker [11].
Ca-Salz ($+ 5\,H_2O$), Nadeln oder Prismen [12], Cd-Salz (mittels A. aus wäßriger Lösung), seideglänzende Nadeln [13], Strychninsalz 117° (164° ohne H_2O) [14].	—	Mittels Brom [15].
Cd-Xylono-bromid $(C_5H_9O_6)_2$ Cd $+$ CdBr $+ 2\,H_2O$, prism. Nadeln, charakt. [16], Brucinsalz, Fp. 172—174°, 176° [17], Cinchoninsalz, Fp. 180° [17], Amid, Fp. 81 bis 82°.	—	Mittels Brom [18].
Ba-Salz amorph., Cinchoninsalz, Nadeln, Fp. 204° [21], Brucinsalz (H_2O) Fp. 156—157° [11], Phenylosazon, Nadeln, Fp. 200—202°, p-Bromphenylosazon, Fp. 236 [21], Ba-Salz des p-Bromphenylosazons, Fp. 216° [22].	Colorimetrisch mit- tels der Naphthore- sorcinreaktion [23].	Aus Mentholglucu- ronsäure [24] aus ara- bischem Gummi [25].
Ca-Salz, schw. l.	Mittels FEHLING- scher Lösung [27].	Aus Ca-Gluconat mit bas. Ferriacetat und H_2O_2 [28], aus Glucose mittels HNO_3 [29].
Mono-K-Salz, schw. l.; zur Abscheidung geeignet. Ca-Salz, schw. l., Phenylhydrazid, Fp. 210°, Th-Salz.	—	Durch Oxydation von Stärke [33].
Monobrom-Kojisäure Fp. 159—160°. Cu-Salz, unl. W.	Als Cu-Salz [34], Ti- tration (Alizarin- Orange) [34].	Am besten biologisch (rein chemisch [35])

[18] BERTRAND: Bl. (3) **5**, 556 (1891); **15**, 593 (1896). — CLOWES u. TOLLENS: A. **310**, 175 (1900). [19] EHRLICH u. REHORST: B. **58**, 1989 (1925); **62**, 628 (1929). [20] TOLLENS u. RO- DIVE: B. **41**, 1786 (1908). [21] NEUBERG: B. **32**, 2395, 3386, 3388 (1899); **33**, 3320 (1900). [22] GOLDSCHMIDT u. ZERNER: M. **33**, 1229 (1912). — ASAHIMA u. MOYOMA: A. Pharm. **252**, 66 (1914). [23] TOLLENS: H. **61**, 109 (1909). [24] NEUBERG u. LACHMANN: Bio. Z. **24**, 416 (1910). — BANG: Bio. Z. **32**, 443 (1911). [25] WEINMANN: B. **62**, 1637 (1929). [26] NEUBERG: H. **31**, 564, 573 (1900). [27] BERNHAUER u. SCHÖN: H. **180**, 232 (1929). [28] RUFF: B. **32**, 550, 2270 (1899). [29] KILIANI: B. **55**, 2820 (1922). [30] REHORST: B. **61**, 163 (1928). [31] SOHST u. TOLLENS: A. **245**, 1 (1888). [32] YODER u. TOLLENS: B. **34**, 3461 (1901). [33] KILIANI: B. **58**, 2345 (1925). [34] MAY, MOYER, WELLS u. HERRICK: Am. Soc. **53**, 774 (1931). [35] MAURER: B. **63**, 25 (1930).

die jeweils geeignetsten Proben angeführt, die zur Erkennung der einzelnen Säuren in Betracht zu ziehen sind. Im Hinblick auf den Nachweis sowie die Isolierung und Identifizierung der einzelnen Substanzen soll jedoch auf die verschiedenen Methoden und Möglichkeiten nicht erschöpfend eingegangen werden, sondern es sollen nur die praktisch in Frage kommenden Reaktionen, Derivate usw. Berücksichtigung finden.

Die Anordnung des Stoffes erfolgt in enger Anlehnung an die Hauptkapitel, und zwar:

1. Produkte der primären Oxydationsvorgänge: Zuckercarbonsäuren.
2. C_2-Säuren: Essigsäure, Glykol-, Glyoxyl- und Oxalsäure.
3. Die zweibasischen C_4-Säuren: Bernstein-, Fumar-, Äpfel-, Trauben-, Weinsäure und Oxalessigsäure.
4. Citronensäure und deren Abbauprodukte: Aconitsäure, Acetondicarbonsäure, Acetessigsäure.
5. Sonstige Säuren: Milch-, Brenztrauben-, Malon- und Ameisensäure.
6. Einige Zwischen- und Nebenprodukte: Alkohol, Acetaldehyd, Aceton, Glycerin, Methylglyoxal.
7. Einige Zuckerarten: Glycerinaldehyd, Dioxyaceton, Arabinose, Xylose, Glucose, Fructose.

Die Stoffanordnung in jedem Einzelkapitel wurde so gewählt, daß zunächst durch eine Tabelle eine Übersicht der einzelnen Reaktionen geschaffen und sodann die Durchführung einzelner Reaktionen beschrieben wird, woran einige Beispiele für die Isolierung und Identifizierung usw. angeschlossen werden.

Die einzelnen Tabellen beinhalten jeweils unter

a) Eigenschaften der betreffenden Substanz (insbesondere physikalische);
b) qualitative, orientierende Reaktionen: Farbreaktionen usw.;
c) Abbaureaktionen: Oxydationen, Spaltungen usw.;
d) Salze und Derivate, die zur Isolierung und Identifizierung dienen können;
e) mikrochemischer Nachweis;
f) quantitative Bestimmungsmethoden;
g) Darstellungsmethoden, in Fällen, bei denen es sich um schwieriger zugängliche Substanzen handelt und die Heranziehung von Vergleichspräparaten zwecks Identifizierung ratsam erscheint.

1. Produkte der primären Oxydationsvorgänge.

a) Allgemeine Übersicht (s. Tabelle 8).

b) Durchführung einzelner Reaktionen.

1. **Zuckermonocarbonsäuren.** *Eisenchloridreaktion*[1]. Die Lösung von Oxysäuren gibt auf Zusatz verdünnter Eisenchloridlösung eine intensive Gelbfärbung.

Orcinreaktion (bei *Hexonsäuren*) (3, S. 150): Die Probe (enthaltend die freien Säuren oder deren Salze) wird mit 3 Tropfen n-NaOCl-Lösung versetzt und 1 Minute gekocht. Nach weiterem Zusatz von 3 Tropfen wird die Operation wiederholt; die noch heiße Flüssigkeit wird mit 3 Tropfen konzentrierter Salzsäure versetzt und $^1/_2$–1 Minute zur Zerstörung des Hypochlorits und Austreibung des Chlors gekocht, wobei eine völlig farblose Flüssigkeit entstehen muß. Sodann wird mit der gleichen Menge rauchender Salzsäure und einer Messerspitze Orcin versetzt und aufgekocht: violette oder grünblaue Färbung; mit Amylalkohol ausschüttelbar, manchmal mit mehr olivbrauner Färbung. Die Reaktion beruht wohl auf einen Abbau der Hexonsäuren zu Pentosen.

---

[1] BERG: Bl. (3) **11**, 883 (1894).

Isatinreaktion (bei *Pentonsäuren:* Arabonsäure): Etwa 2 ccm konz. Schwefelsäure wird mit 1—2 mg Substanz und etwa der gleichen Menge Isatin langsam erhitzt, bei 150—160° findet Violettfärbung statt. Die Reaktion beruht wahrscheinlich auf der Bildung von Furanderivaten.

Dicarbonsäuren (Zuckersäure) geben in analoger Weise bei 140—150° Grünfärbung.

2. Oxocarbonsäuren (26, S. 151). *α-Naphtholreaktion* (MOLISCH - UDRANSKY): Die Probe ($^1/_2$ ccm) wird mit einem Tropfen kalt gesättigter, alkoholischer α-Naphthollösung versetzt und vorsichtig mit 1 ccm konz. Schwefelsäure unterschichtet: violetter Ring, beim Mischen (unter Kühlung) rote bis blauviolette Farbe.

Phloroglucinreaktion (TOLLENS): Zu einigen ccm rauchender Salzsäure wird so viel der Probe hinzugefügt, daß die Mischung etwa 18proz. an Salzsäure ist ($d = 1,09$), und so viel Phloroglucin, daß in der Wärme etwas ungelöst bleibt; beim Erhitzen findet kirschrote Färbung statt, allmähliche Abscheidung eines roten Farbstoffes; nach dem Erkalten mit Amylalkohol ausschütteln: rote Lösung.

Orcinreaktion (TOLLENS): Die Probe wird mit Salzsäure und Orcin versetzt (etwa 18proz. an Salzsäure) und erwärmt: Rote, violette und schließlich blaugrüne Färbung, Abscheidung grünblauer Flocken, die von Amylalkohol mit blaugrüner Farbe aufgenommen werden.

Resorcinreaktion (SELIWANOFF; Ketosenreaktion): Die Probe (sehr geringe Menge) wird mit 2 ccm eines Gemisches gleicher Teile rauchender Salzsäure und Wasser versetzt und nach Zusatz einiger Krystalle Resorcin erhitzt: Tiefrote Färbung, Ausfällung eines braunroten Farbstoffes, in Alkohol mit tiefroter Farbe löslich.

Naphthoresorcinreaktion (20, S. 151): Die Probe wird mit Naphthoresorcin und Salzsäure gekocht: Niederschlag, nach dem Erkalten mit Äther ausgeschüttelt: Blaue bis rotviolette Färbung. Zum Nachweis von Glucuronsäure neben Pentosen geeignet.

2. C_2-Säuren.

a) Allgemeine Übersicht (s. Tabelle 9).

b) Durchführung einzelner Reaktionen.

Essigsäure.

Ferriacetatreaktion: Anorganische Ferrisalze geben in neutraler Lösung in der Kälte eine blutrote Färbung, unter Bildung der Hexa-acetato-ferri-Base:

$$\mathrm{CH_3 \cdot COO} \left[\mathrm{Fe_3} \begin{array}{c} \mathrm{(CH_3 \cdot COO)_6} \\ \mathrm{(OH)_2} \end{array} \right]$$

Erwärmen der Probe bewirkt Abscheidung eines basischen Salzes, unter Verschwinden der Rotfärbung.

Essigsäureäthylester: Geruchsreaktion beim Erwärmen der Probe mit konz. Schwefelsäure und Äthylalkohol.

Kakodylreaktion: Das trockene Alkaliacetat wird mit Arseniksäureanhydrid im Reagensrohr erhitzt; die Bildung von Kakodyl $As_2(CH_3)_4$ und Kakodyloxyd $As_2(CH_3)_4O$ ist am üblen Geruch erkennbar. Die nächsthöheren Homologen der Essigsäure geben die gleiche Reaktion.

Acetonbildung: Ca-Acetat gibt beim trockenen Destillieren Aceton, dessen Dämpfe zweckmäßigerweise in Wasser aufgefangen werden, mit dem nun die Acetonreaktionen vorgenommen werden können.

Tabelle 9.

	a	b	c
Essigsäure $CH_3 \cdot COOH$	Kp. 117,9°, Fp. 16,6° mit Wasserdampf flüchtig; mischbar mit W., A., Ae., nicht mit CS_2.	Ferriacetat-Reakt., geringe Empfindlichkeit[1]. Essigsäureäthylester; Kakodylreaktion.	Acetonbildung[2]
Glykolsäure $CH_2OH \cdot COOH$	Nadeln (aus Wasser), Fp. 78—79°; Blätter (aus Ae.) l. l. W., A., Ae.	Kodeinreaktion: Gelbfärbung, in Violett übergehend. p-Kresol-Reaktion: grüne bis grünbraune Färbung[3]. Guajacolreaktion: Violettfärbung.	Oxydation mit HNO_3 gibt Oxalsäure. Erhitzen mit H_2SO_4 gibt Formaldehyd u. Ameisensäure.
Glyoxylsäure $CHO \cdot COOH$	Sirup, schwer krystallisierbar, l. l. W. und A., mit Wasserdampf flüchtig (aus konzentrierter Lösung).	Naphthoresorcinreaktion: Violettfärbung[4]. Pyrogallolreaktion: Blaufärbung (bis Carminrot)[5].	Oxydation gibt Oxalsäure; beim Eindampfen von Glyoxylsäure mit Harnstoff und konzentrierter HCl entsteht Allantoin[6].
Oxalsäure $COOH \cdot COOH$	Fp. ($+2\,H_2O$) 102—103°, Fp. (ohne H_2O) 189,5°, sublimierbar (150 bis 160°). Bei höherer Temperatur Zerfall in CO_2 und $H \cdot COOH$ bzw. CO und H_2O. l. W. (daraus umkryst.), l. A. (teilw. veresternd) schw. l. Ae.	Resorcinreaktion: Grün- bis Blaufärbung[7].	Zersetzung mit H_2SO_4 in CO_2, CO und H_2O. Oxydation mit $KMnO_4$ zu $2\,CO_2$ und H_2O.

Silberacetat, durch Neutralisieren der freien Säure mittels Silbercarbonat und Eindampfen bis zur Krystallisation, oder durch Fällen der konzentrierten Alkaliacetatlösung mit Silbernitrat. Umkrystallisieren aus heißem Wasser. In Gegenwart von Ameisensäure wird die Lösung zunächst mit Bleicarbonat behandelt, aus dem Filtrat das Bleiformiat durch Krystallisation möglichst entfernt, die letzten Reste durch Behandlung mit Alkohol, in dem Bleiacetat löslich ist. Das Filtrat wird mit Schwefelwasserstoff entbleit, derselbe aus dem Filtrat durch einen Luftstrom vertrieben, das Filtrat mit Silbercarbonat umgesetzt, und zur Entfernung der letzten Spuren Ameisensäure, eine Zeitlang gekocht. Silberacetat krystallisiert dann aus.

Glykolsäure.

Farbreaktionen sind zurückzuführen auf Formaldehyd, der aus Glykolsäure beim Erhitzen mit Schwefelsäure entsteht.

[1] CURTMAN u. HARRIS: Am. Soc. **39**, 1315 (1917). — WEINLAND u. GUSSMANN: Z. f. anorg. Ch. **66**, 157 (1910).

[2] BONNES: C. **1913 I**, 1364. — ROSENTHALER: Z. f. anal. Ch. **44**, 292 (1905).

[3] DENIGÈS: Bull. (4) **5**, 647 (1909) — A. ch. (8) **18**, 178 (1909).

[4] NEUBERG: Bio. Z. **23**, 148 (1910); **24**, 436 (1910). — BAUR: B. **46**, 856 (1913).

[5] FEARON: Bioch. J. **14**, 548 (1920) — C. **1921 II**, 6.

[6] BÖTTINGER: B. **11**, 1783 (1878).   [7] ROSENTHALER: Nachw. org. Verb., S. 327 (1923).

Tabelle 9 (Fortsetzung).

d	e	f	g
Ag-Salz, perlmutterglänzende Blättchen, Hg-Salz, fällt bei Zusatz von $HgNO_3$ auch aus ziemlich verdünnter Lösung. Amid, Fp. 82—83°, l.l.W., Anilid, Fp. 112°, schw. l. W., p-Toluidid, Fp. 153°, schw. l.W., Tetrachlorhydrochinondiacetat, Fp. 245°.	Uranylformiat und Na-Formiat geben Tetraeder d. Na-Uranylacetates. Hg-Salz, Blättchen und Nadeln, zu Sternen und Büscheln vereinigt.	Titration im Wasserdampfdestillat (Phenolphthalein[1]). Potentiometrische Titration[2]. Titration neben HCl oder H_2SO_4[3].	
Ca-Salz, schw. l. W., Pb-Salz, Niederschlag aus konzentrierter Lösung, Ag-Salz, aus W. umkrystallisiert, Phenylhydrazid, Nadeln, Fp. 115—120°[4].	Ca-, Cu- und Ag-Salz[5].		Aus Chloressigsäure, mittels Wasser[6], mittels $CaCO_3$[7], mittels $BaCO_3$[8].
Ca-Salz ($+2 H_2O$), schw. l. W., Phenylhydrazon, gelbe Nadeln, Fp. 143—145°[9], p-Nitrophenylhydrazon[10], Fp. ca. 200° (Zers.), Kondensationsprodukt mit Aminoguanidin[11]; Dixanthylhydrazin[12].	Phenylhydrazon, Ca-Salz.		Aus Oxalsäure durch elektrolyt. Red.[13]. Herstellg. wäßr. Lösung durch Red. von Oxalsäure mit Mg-Pulver[14].
Ca-Salz ($+H_2O$), l. HCl und HNO_3, unlöslich Essigsäure. $KHC_2O_4 \cdot H_2O$, schw. l. W., Pb-Salz, mikrokrystallinischer Niederschlag, Mercuro- und Mercurisalz, unl. W., Dihydrazid, Blättchen, Fp. 243—244° s. schw. l. A., Diphenylhydrazid, Fp. 184° (Zers.)[15].	Ferrooxalat, K-Bioxalat.	Fällung als Ca-Salz und Titration mit $KMnO_4$.	

Kodeinreaktion: Erhitzen der Probe nach Zusatz von konz. Schwefelsäure bis zum Entweichen kleiner Gasblasen. Zusatz eines Tropfens einer 5proz. alkoholischen Kodeinlösung, nach Erkalten der Probe findet Gelbfärbung statt, in Violett übergehend.

p-Kresolreaktion: Erhitzen der Probe mit Eisessig, Schwefelsäure und einem Tropfen p-Kresol: Grüne bis grünblaue Färbung; in analoger Weise gibt *Guajacol* violette Färbung.

Bleisalz: Zur Abscheidung der Glykolsäure geeignet, bei Fällung mit basischem Bleiacetat und Ammoniak. Zerlegung des Niederschlages mittels Schwefelwasserstoff, Eindampfen, Krystallisation.

[1] Siehe auch HEUSER: Ch. Ztg **39**, 57 (1915).   [2] HILDEBRAND: Am. Soc. **35**, 854 (1913).
[3] CLARK u. LUBBS: Am. Soc. **40**, 1445 (1918).
[4] MAYER: H. **38**, 141 (1903).   [5] EMICH: Lehrb. d. Mikrochemie.
[6] FITTIG u. THOMSON: A. **200**, 76 (1880).   [7] HÖLZER, B. **16**, 2955 (1883).
[8] WITZEMANN: Am. Soc. **39**, 110 (1917).
[9] FISCHER, E.: B. **17**, 577 (1884). — YAY u. CURTIUS: B. **27**, 778 (1894).
[10] DAKIN: J. biol. Chem. **4**, 237 (1908); **15**, 137 (1914).
[11] BÖTTINGER: B. **11**, 1783 (1878).   [12] FOSSE u. HIEULLE: C. r. **181**, 286 (1925).
[13] MEYER, H.: B. **37**, 3592 (1904). — DARAPSKI u. PRABHAKAR: B. **45**, 2623 (1912).
[14] BENEDIKT: C. **1909 I**, 1645.
[15] BAMBERGER u. SUZUKI: B. **45**, 2752, Anm. (1912).

Phenylhydrazid Darstellung (4, S. 155): 1 g Glykolsäure in 20 ccm Wasser gelöst, mit 2 g Phenylhydrazin versetzt, auf dem Wasserbad zum Sirup verdampft, Rückstand mit Äther behandelt, Krystallbrei abgesaugt, aus Essigester umkrystallisiert; schneeweiße, prismatische Nadeln, Fp. 115—120°; die Mutterlauge gibt auf Zusatz von Ligroin ($^1/_3$ Volumen) eine weitere Menge. Gibt die Hydrazinreaktion von Bülow[1]: Rotviolette Färbung auf Zusatz eines Tropfens Eisenchloridlösung und konz. Schwefelsäure.

Trennung der Glykolsäure von Milchsäure, Äpfelsäure und Citronensäure s. Pinnow[2].

Glyoxylsäure.

Naphthoresorcinreaktion: Die stark verdünnte Probe wird nach Zusatz einer Messerspitze des Reagens und etwa 5 ccm rauchender Salzsäure zum Sieden erhitzt, nach dem Erkalten mit etwas Wasser verdünnt und mit Äther ausgeschüttelt: Violette bis tiefrote Färbung.

Pyrogallolreaktion: Die Probe wird mit einer 1 proz. Pyrogallollösung in konz. Schwefelsäure mäßig erwärmt: Die tiefblaue Färbung schlägt bei Zusatz von Wasser in Tiefcarminrot um; Schwefelsäure bewirkt wieder Blaufärbung.

Aminoguanidylglyoxylsäure (11, S. 155): Geeignet zur Abscheidung auch aus verdünntesten Lösungen (auch neben anderen Säuren): $H_2N \cdot C(:NH) \cdot N:CH \cdot COOH$. Durch Zusatz einer Lösung von Aminoguanidinacetat in Eisessig und Stehenlassen bis zur Abscheidung des Kondensationsproduktes. Umkrystallisieren aus viel heißem Wasser. Fp. 155°.

Dixanthylhydrazin (12, S. 155): Durch Zusatz von Hydrazinhydrat (50 proz. Lösung) und Xanthinlösung in Eisessig (etwa $^1/_2$ proz.) unter Schütteln; Niederschlag mit normaler alkoholischer Natronlauge und dann mit Essigsäure auswaschen. Umkrystallisieren aus Chloroform-Petroläther, Fp. 147°.

Trennung der Glyoxylsäure von Weinsäure und Oxalsäure durch Behandlung der Ca-Salze mit 50 proz. Alkohol, in dem sich glyoxylsaures Calcium am leichtesten löst.

Oxalsäure.

Resorcinreaktion (7, S. 154): Beim Überschichten einer Lösung von Resorcin in konz. Schwefelsäure mit Oxalsäurelösung entsteht ein grüner, bald blau werdender Ring.

Ca-Oxalat gibt (zum Unterschied von sonstigen schwer löslichen Ca-Salzen) in wenig Salzsäure gelöst, auf Zusatz von Kupferacetat, eine Fällung von Cu-Oxalat; analog in salpetersaurer Lösung mit Silbernitrat: Ag_2-Oxalat; mit Mercuro- und Mercurinitrat in salpetersaurer Lösung: Hg_2- und Hg-Oxalat. Reinigung von Ca-Oxalat durch Umfällen der salzsauren Lösung mit Ammoniak.

c) Beispiele.

Essigsäure.

(In einem Gärsatz mit Citronensäure[3].) Nachweis durch Dampfdestillation und Titration. *Isolierung und Identifizierung:* Dampfdestillation, Darstellung des Na-Salzes, Verdampfungsrückstand in 95 proz. Alkohol aufgenommen, verdampft, Rückstand in das Silbersalz verwandelt bzw. Säure mit Phosphorsäure freigemacht, destilliert, Destillat ins Ca-Salz verwandelt, trocken destilliert gibt Aceton, Identifizierung dieses.

---

[1] Bülow: A. **236**, 195 (1886).   [2] Pinnow: C. **1916 II**, 954; **1919 IV**, 441.
[3] Walker: Subramaniam u. Challenger: Soc. **1927**, 3051.

Glykolsäure.

(In Gäransätzen mit Ca-Acetat[1].) Nachweis durch Farbreaktion mit p-Kresol bzw. Kodein. Isolierung in Substanz, nach Ausfällung des Calciums mittels Oxalsäure, der überschüssigen Oxalsäure mit Bleiacetat, Entfernung des Bleis aus dem Filtrat mittels Schwefelwasserstoff und Verdampfung zur Krystallisation.

Glyoxylsäure.

(In Gäransätzen mit Citronensäure, Malonsäure bzw. Ca-Acetat[1].) *Nachweis* durch Farbreaktion mit Naphthoresorcin und Salzsäure. *Isolierung* und *Identifizierung* als Aminoguanidinderivat sowie als Dixanthylhydrazin der Glyoxylsäure.

3. Die zweibasischen C$_4$-Säuren.

a) Allgemeine Übersicht (s. Tabelle 10 u. 11).

b) Durchführung einzelner Reaktionen.

Bernsteinsäure.

Resorcinreaktion: Erwärmen von Bernsteinsäure mit konz. Schwefelsäure auf 190—195°; Erkalten lassen, Verdünnen, Aufkochen, Erkalten, Ammoniak zusetzen: Rotfärbung mit grüner Fluorescenz.

Pyrrolreaktion (nicht spezifisch): Eindampfen von Bernsteinsäure mit Ammoniak zur Trockne, Rückstand erhitzen (besonders mit Zinkstaub). Bildung von Pyrrol, nachweisbar durch Rotfärbung eines mit Salzsäure befeuchteten Fichtenspans.

Isolierung aus wäßriger Lösung durch Extraktion mit Äther oder Fällung mit Bleiacetat (aus konzentrierter Lösung).

Trennung von Fumarsäure s. d.

Fumarsäure.

Ca-Salz, in Wasser sehr schwer löslich; zwecks Umwandlung desselben in die freie Säure wird es am besten in Salzsäure gelöst. Beim Erkalten krystallisiert die freie Säure aus.

Zur *Trennung* der Fumarsäure von Bernsteinsäure und Äpfelsäure wird nach HAHN und HAARMANN (12, S. 159) in salpetersaurer Lösung mittels Mercuronitrat gefällt; als Fällungsmittel dient eine Lösung von 10% krystallisiertem Mercuronitrat in 5proz. Salpetersäure. Die Probe wird salpetersauer gemacht (5%) und pro Gramm Fumarsäure mit 50 ccm des Fällungsmittels versetzt, über Nacht stehengelassen, abgesaugt und mit 5proz. Salpetersäure und Wasser gewaschen. Ausbeute etwa 95%. Es fällt dabei ein komplexes fumarsaures Hg-Salz. Zur Abscheidung der anderen Säuren kann mit Bleiacetat und Ammoniak versetzt und mit dem doppelten Volumen Alkohol gefällt werden.

Quantitative Bestimmung der Bernsteinsäure und Fumarsäure (nach BUTKEWITSCH und FEDOROFF[2]). Extraktion beider Säuren mittels Äther (z. B. im Apparat von KUTSCHER und STEUDEL), und Ermittlung der Gesamtmenge durch Wägung. Bei Titration des Gemenges mit Kaliumpermanganat wird nur die Fumarsäure zerstört. Die abgewogene Menge (enthaltend etwa 0,02 bis 0,05 g Fumarsäure) wird in Wasser gelöst, mit Schwefelsäure versetzt, erhitzt und mit $^{m}/_{30}$ Kaliumpermanganat titriert; als Endpunkt wird jener Moment angenommen, in dem sich die durch einen Tropfen Permanganatlösung hervorgerufene Fär-

---

[1] WALKER, SUBRAMANIAM u. CHALLENGER: Soc. **1927**, 207.
[2] BUTKEWITSCH u. FEDOROFF: Bio. Z. **206**, 442 (1929).

Tabelle 10.

	a	b	c
Bernsteinsäure $CH_2 \cdot COOH$ $\mid$ $CH_2 \cdot COOH$	Fp. 185°, monokline Säulen; sublimierbar (besonders im Vakuum), Kp. 235° (unter Anhydridbildung), l. W. (1:20, bei 15°), l. A. (1:10), l. Ae. (1:82), Extraktion aus wäßriger Lösung, l. Aceton (1:18).	Resorcinreaktion [1] $FeCl_3$ gibt Fällung.	Pyrrolreaktion [2].
Fumarsäure $COOH \cdot CH$ $\parallel$ $CH \cdot COOH$	Fp. 286—287° (im geschlossenen Rohr); aus Wasser krystallisierbar, sublimiert über 200° und gibt dann Maleïnsäureanhydrid (Fp. 60°), l. W. (1:150, bei 16,5°), l. l. in heißem W., l. l. A. und Ae.	BAYERsche Reaktion (Doppelbindung), $HgNO_3$-Reaktion.	$KMnO_4$ gibt Traubensäure, Na-Amalgam gibt Bernsteinsäure, Erhitzen mit Wasser auf 150—170° gibt d, l-Äpfelsäure [3], ebenfalls mit wäßr. NaOH im Wasserbad [4].
l-Äpfelsäure $CH_2 \cdot COOH$ $\mid$ $CHOH \cdot COOH$	Fp. 100°, hygroskopisch, $[\alpha]_D = -5{,}7$, ziemlich konstant in Aceton. $[\alpha]_D^{20°} = -501°$ in 1 proz. Lösung mit Uranylacetat [5], l. l. W. und A., schw. l. Ae.	DENIGÈS' Reaktion [6], Diazoreaktion [7], Co-Reakt. [8].	Zersetzt sich beim Erhitzen in Fumarsäure und H_2O; gibt beim Erhitzen mit Schwefelsäure (oder Chlorzink) Malonsäurehalbaldehyd und weiter Cumalinsäure. JH gibt Bernsteinsäure; $KMnO_4$ (sauer) gibt Acetaldehyd und CO_2.
d, l-Äpfelsäure	Fp. 133° (nicht zerfließlich), l. l. W.	Wie zuvor.	Wie zuvor.

bung etwa während einer halben Minute erhält. 2 Mol Permanganat zeigen 1 Mol Fumarsäure an; 1 ccm $^m/_{30}$-$KMnO_4$ = 0,001853 g Fumarsäure, gemäß der Gleichung:

$$C_4H_4O_4 + 2\,KMnO_4 + 3\,H_2SO_4 = 3\,CO_2 + CH_2O_2 + 4\,H_2O + K_2SO_4 + 2\,MnSO_4\,.$$

l-Äpfelsäure.

Denigès' Reaktion: Die Probe wird mit einer Lösung von Mercuriacetat und etwas Essigsäure versetzt, wenn nötig filtriert und $^n/_{10}$-$KMnO_4$ zutropfen gelassen: Weißer Niederschlag (basisches Quecksilbersalz der Oxalessigsäure). Citronensäure gibt gleichfalls einen weißen Niederschlag.

Diazoreaktion: Bei Zusatz einer Äpfelsäurelösung zu dem alkalisch gemachten, aus Sulfanilsäure und Natriumnitrit hergestellten Diazoreagens tritt in der Kälte, bei Aufrechterhaltung der alkalischen Reaktion, allmählich rotviolette Färbung ein.

---

[1] ROSENTHALER: Nachw. org. Verb., S. 331 (1923).

[2] NEUBERG: H. **31**, 574 (1901).

[3] JUNGFLEISCH: Bl. (2) **30**, 147 (1878). — SKRAUP: M. **12**, 116 (1869). — JAMES u. JONES: Soc. **101**, 1160 (1912).

[4] LLOYD: A. **192**, 81 (1878). — WEISS u. DOWNS: Am. Soc. **44**, 1118 (1922).

[5] YODER: Z. f. Unt. d. Nahrungs- und Genußmittel **22**, 329 (1911) — C. **1911 II**, 905. — OTHA, Bio. Z. **44**, 484 (1912). — DAKIN: J. Biol. Chem. **59**, 11 (1924).

[6] DENIGÈS: C. r. **130**, 32 (1900).   [7] ROSENTHALER: Chem. Ztg **36**, 830 (1912).

[8] TOCHER: C. **1906 II**, 823.

Tabelle 10 (Fortsetzung).

d	e	f	g
Ca-Salz (aus konzentrierter Lösung), Pb-Salz (Niederschlag mit Pb-Acetat), in Essigsäure l., Ag-Salz (Niederschlag mit $AgNO_3$), Fe-Salz, brauner Niederschlag, Dihydrazid, Nadeln, Fp. 167—168°, schw. l. A.[1], Amid, Nadeln, Fp. 260°[2], p-Nitrobenzylester, Fp. 88,4°[3].	Krystallform der frei gemachten Säure, Pb-Salz.	Als Ba-Salz aus neutraler Lösung[4], als Ag-Salz aus neutraler Lösung[5], als Ca-Salz (unlöslich in 85proz. Alkohol)[6], als basisches Fe-Salz[7].	
Ca-Salz ($+ 3 H_2O$), schw. l. W., Pb-Salz ($+ 2 H_2O$), in heißem W. besser l., Ag-Salz, unl. W., saures Anilinsalz[8], p-Nitrobenzylester, Fp. 150,8°[9], Phenacylester, Fp. 197,5°[10].	Sublimation.	Ätherextraktion und Titration mit $KMnO_4$[11], als komplexes Hg-Salz[12].	Durch Erhitzen v. Äpfelsäure auf 140—150°[13].
Ca-Salz ($+ 2 H_2O$), l. l. W.[14], Pb-Salz ($+ 3 H_2O$), Ag-Salz, aus konzentrierter Lösung Späroide, Fe-Salz[15], Diphenylhydrazid, Fp. 220—223°, Di-p-Nitrobenzylester, Fp. 125°[16], Cinchoninsalz, Fp. 197° (aus Wasser), in Menthanol schw. l.[17].	Überführung in Fumarsäure und Maleinsäureanhydrid, durch Erhitzen und Sublimation.	Durch Überführung in Fumarsäure[18]; als Ca-Salz[19], als Ba-Salz[20] (Kritisches[21]).	Aus Vogelbeeren[22].
Pb-Salz, amorph, Cinchoninsalz[23], Fp. 135—140°, Di-p-Nitrobenzylester, Fp. 109°[24].			

Bleisalz, mittels Pb-Acetat als amorpher, später krystallinisch werdender Niederschlag (beim Erhitzen in der Füllungsflüssigkeit zum Teil harzartig schmelzend, zum Teil in Lösung gehend und daraus in Nadeln krystallisierend. Vervollständigung der Fällung durch Zusatz von 4 Volumteilen 96proz. Alkohols.

[1] BÜLOW u. WEIDLICH: B. **39**, 3376 (1906).
[2] MORRELL: Soc. **105**, 1737, 2705 (1914).
[3] LYMAN u. REID: Am. Soc. **39**, 707 (1917).
[4] SCHMITT u. HIEPE: Fr. **21**, 536 (1882). [5] RAU: Fr. **32**, 484 (1893).
[6] GREY: Bl. (4) **21**, 136 (1925). [7] ALBAHARY: C. **1912 I**, 1503.
[8] TINGLE u. BATES: Am. Soc. **31**, 1238 (1909).
[9] LYMAN u. REID: Am. Soc. **39**, 708 (1917).
[10] RATHER u. REID: Am. Soc. **41**, 80 (1919).
[11] BUTKEWITSCH u. FEDOROFF: Bio. Z. **207**, 311 (1929).
[12] HAHN u. HAARMANN: Z. f. Biol. **87**, 107 (1927) — C. **1928 I**, 2076.
[13] BAYER: B. **18**, 676 (1885). [14] BARFOED: Fr. **7**, 405 (1868).
[15] ROSENTHALER: Arch. Pharm. **241**, 479 (1903); **246**, 51 (1908).
[16] LYMAN u. REID: Am. Soc. **39**, 708 (1917).
[17] LINDET: Bl. (3) **15**, 1161 (1896). — Vgl. DAKIN: J. biol. Chem. **59**, 7 (1924); **61**, 139 (1924).
[18] KUNZ: C. **1903 II**, 855. [19] COWLES: Am. Soc. **30**, 1285 (1908).
[20] JÖRGENSEN: C. **1907 I**, 1225; **1909 I**, 1607.
[21] POZZI-ESCOT: C. **1909 I**, 106, 402. — VON DER HEIDE u. STEINER: C. **1909 I**, 1611.
[22] LIEBIG: A. **38**, 259 (1843). — MÜLLER: J. pr. (1) **60**, 477 (1853).
[23] PICTET: B. **14**, 2649 (1881). — BRENNER: B. **13**, 352 (1880).
[24] CHALLENGER u. KLEIN: Soc. **1929**, 1647.

Tabelle 11.

	a	b	c
d-Weinsäure OH H HOOC———COOH H OH	Fp. 168—170° (Übergang in Metaweinsäure), $[\alpha]_D^{20}$ +12° (in 20 proz. Lösung), Uranylacetat bewirkt starke Erhöhung, s. l. l. W. (1 : 0,75 bei 15°), l. l. A., l. Ae. (1 : 50; in abs. Ae. 1 : 250).	Fentonsche Reaktion[1], Resorcinprobe[2], α-Naphtholprobe[3], Molybdatreaktion[4].	Zersetzung bei Erhitzen in Brenztrauben- und Brenzweinsäure wirkt reduz. Silberspiegel.
Traubensäure (d,l-Weinsäure) $C_4H_6O_6 + H_2O$	Fp. 205—206° (bei 100° krystallwasserfrei), l. l. W. (1 : 5 bei 20°).	Wie 1.	Wie 1.
Oxalessigsäure $CO \cdot COOH$ $\mid$ $CH_2 \cdot COOH$ $HO \cdot C \cdot COOH$ $\parallel$ $H \cdot C \cdot COOH$ $HOOC \cdot C \cdot OH$ $\parallel$ $H \cdot C \cdot COOH$	Oxymaleinsäure, Fp. 152° (aus Aceton-Benzol), l.l.W., A., Aceton, schw. l. Ae., unl. Bz., Chlfm., Ligroin. Oxyfumarsäure, Fp. 184° (aus Aceton-Benzol), l.l.W., A., Ae., unl. Chlfm., Bzl.	Mit $FeCl_3$ Rotfärbung[5], mit Nitrobrusid-N und NH_3 Blaufärbung.	Zersetzt sich in wäßriger Lösung allmählich in CO_2 und Brenztraubensäure.

Calciumsalz, fällt beim Kochen mit $CaCl_2$ und Ammoniak aus konzentrierter Lösung als $CaC_4H_4O \cdot H_2O$. Ammonchlorid verhindert die Fällung, die dann erst auf Zusatz von Alkohol erfolgt.

Eisensalz, basisch, mit Eisenchlorid aus neutraler, konzentrierter Lösung beim Kochen, löslich in der erkaltenden Flüssigkeit.

Trennung der l-Äpfelsäure von Oxalsäure, Weinsäure und Citronensäure nach Hartsen[6] durch Behandlung des Gemenges der Bleisalze mit verdünnter Essigsäure bei 50—70°, wobei nur Blei-l-Malat in Lösung geht und aus dem Filtrat beim Abkühlen auf 40—30° auskrystallisiert.

<h3 style="text-align:center">d-Weinsäure.</h3>

Fentonsche Reaktion[1]: Die Lösung (sauer oder neutral) wird mit sehr verdünnter Ferrosulfatlösung und 1—2 Tropfen Wasserstoffsuperoxyd versetzt: Zusatz von Alkali gibt sodann intensiv violette Färbung, infolge Bildung von Dioxymaleinsäure.

Resorcinprobe[2]: Beim Erwärmen von Weinsäure mit etwas Resorcin und konz. Schwefelsäure im Porzellanschälchen auf 125—130° findet Rotfärbung statt, infolge Abspaltung aldehydartiger Körper und Kondensation dieser mit Resorcin. Als Reagens verwendet man am besten eine Lösung von 1 g Resorcin in 100 ccm Schwefelsäure.

α-Naphthol gibt in analoger Weise eine blaue, in Grün übergehende Färbung[3].

Molybdatreaktion[4]: Die Probe wird mit 1 ccm 20proz. Ammonmolybdatlösung und 2—3 Tropfen Wasserstoffsuperoxyd (0,2proz.) 3 Minuten auf dem Wasserbad erwärmt; Umschütteln: Blaufärbung.

---

[1] Fenton: Fr. **21**, 123 (1882) — vgl. Soc. **65**, 899 (1894); **69**, 546 (1896).

[2] Mohler: Bl. (3) **4**, 728 (1890). — Denigès: Bl. (4) **5**, 19, 323 (1909).

[3] Piñerúa: Chem. News **91**, 179 — Jb. d. Pharm. **32**, 384 (1897).

[4] Crismer: Bl. (3) **6**, 23 (1891). — Bolland: M. **31**, 387 (1910).

[5] Simon: C. r. **137**, 857 (1903). — Wohl, B. **40**, 2284 (1907). — Fenton u. Jones: Soc. **77**, 78 (1900).

[6] Hartsen: Arch. Pharm. **206**, 110 — C. **1875**, 194.

Tabelle 11 (Fortsetzung).

d	e	f	g
KHC$_4$H$_4$O$_6$, schw. l. W., CaC$_4$H$_4$O$_6$ · 4 H$_2$O, schw. l. W., w. l. Essigsäure. Pb-Salz unl. Essigsäure, Diphenylhydrazid, Fp. 240° Zers. Paranitrophenylhydrazid[1].	K-Bitartrat, Ag-Bitartrat, Ca-Bitartrat[2]	Als K-Bitartrat[3]	—
CaC$_4$H$_4$O$_6$ · 4 H$_2$O, unl. W.[4], Paranitrobenzylester Fp. 147,6[5].	—	—	Durch Racemisierung von l-Weinsäure[6].
(NH$_4$)$_2$C$_4$H$_2$O$_5$, weißer Niederschlag, Fp. 75—77° (Zersetzung), Harnstoffsalz, krystall. Niederschlag (aus Alkohol). Fp. 124° (Zersetzung)[7], Phenylhydrazon[8], Oxalacetanilid.	—	—	Durch Oxydation von Äpfelsäure[9], Oxymaleinsäure[10], Oxyfumarsäure[11].

K-Bitartrat, zur Abscheidung von Weinsäure auch neben anderen Pflanzensäuren geeignet, fällt mit K-Acetat, eventuell erst auf Zusatz von Essigsäure; durch Alkohol kann die Fällung vervollständigt werden; Unterscheidung von K-Bioxalat durch Farbreaktionen oder durch Untersuchung der freien Säure, die man am besten in der Weise erhält, daß das K-Bitartrat in Kalilauge gelöst, mit Bleiacetat gefällt und das Bleisalz mit Schwefelwasserstoff zerlegt wird.

Trennung der Weinsäure von Äpfelsäure und Bernsteinsäure (FERENTZY[12]).

Unterscheidung von Traubensäure. Das *Ca-Salz*[4] der letzteren wird selbst durch Gipswasser gefällt, ist unlöslich in Essigsäure, löslich in Salzsäure, wird daraus durch Ammoniak sogleich wieder gefällt, ist unlöslich in Ammonchloridlösung.

c) Beispiele.

Fumarsäure.

(In Gäransätzen mit Na-Acetat[13]). Fällung der konzentrierten Lösung mit Bleiacetat, Niederschlag zur Abtrennung von bernsteinsaurem und äpfelsaurem Blei mit verdünnter Essigsäure bei 70° digeriert. Der unlösliche Anteil mit Schwefelwasserstoff in der Hitze zerlegt. Filtrat eingedampft, Rückstand aus Wasser umkrystallisiert. Identifizierung durch Schmelzpunkt und Titration.

Zur Umwandlung des in Kulturflüssigkeiten vielfach zur Abscheidung gelangenden Ca-Salzes in die freie Säure erwärmt man dasselbe mit Salzsäure, wobei Lösung stattfindet; im Filtrat krystallisiert die freie Fumarsäure aus.

---

[1] DAKIN: Bioch. J. **10**, 317 (1916).   [2] OETKER: Ch. Ztg **31**, 74 (1907).
[3] FLEISCHER: Fr. **13**, 329 (1874). — GOLDENBERG: Fr. **37**, 312, 382 (1898); **47**, 57 (1908).
[4] ANSCHÜTZ: A. **226**, 197 (1884).   [5] LYMAN u. REID: Am. Soc. **39**, 709 (1917).
[6] HOLLEMANN: Rec. **17**, 83 (1898).   [7] FENTON u. JONES: Soc. **79**, 96 (1901).
[8] FENTON u. JONES: Soc. **77**, 80 (1900). — FITTIG: A. **331**, 102 (1904).
[9] WOHL u. OESTERLIN: B. **34**, 1145 (1901). — DENIGÈS: C. r. **130**, 34 (1900).
[10] WOHL u. LIPS: B. **40**, 2294 (1907).
[11] WOHL u. CLAUSNER: B. **40**, 2308 (1907).
[12] FERENTZY: Ch. Ztg **31**, 1118 (1907).
[13] CHRZASZCZ u. TIUKOW: Bio. Z. **229**, 352 (1930).

Tabelle 12.

	a	b	c
Citronensäure $CH_2 \cdot COOH$ $C(OH) \cdot COOH$ $CH_2 \cdot COOH$	Fp. (H_2O - frei) 153—154° (sinternd bei 70—75°); Fp. (mit H_2O) rasch erhitzt gegen 100°, langsam erhitzt nach Abgabe von H_2O (130°) bei 153°; lösl.: 0,75 Tl. W. (kalt), ca. 1 Tl. A. (90 proz.), 1,3 Tl. A. (abs.), 50 Tl. Ae.	DENIGÈS'Reaktion[1], STAHRES Reaktion[2], Nitroprussid-Na-Reaktion[3].	Bildung von Acetondicarbonsäure unter CO-Abspaltung mittels H_2SO_4 usw.; Abbau zu Pentabromaceton (Fp. 73—75°).
Aconitsäure $CH \cdot COOH$ $\parallel$ $C \cdot COOH$ $CH_2 \cdot COOH$	Blättchen Fp. 186° (Zers.); l. l. W. (1 : 5,5 bei 13°); l. l. A. (80 proz., 1 : 2. bei 12°); l. l. Ae.; umkrystallisierbar aus konzentrierter HCl oder Eisessig.	Reaktion mit Essigsäure-Anhydrid[4].	Gibt über ihren Fp. erhitzt Itaconsäure und CO_2.
Acetondicarbonsäure $CH_2 \cdot COOH$ CO $CH_2 \cdot COOH$	Nadeln (aus Essigester), Fp. 135° (Zers.), l.l.W., A., schw. l. Ae.	Mit $FeCl_3$ violette Färbung[5].	Zersetzt sich beim Aufbewahren usw. in CO_2 und Aceton. Gibt Pentabromaceton[6].
Acetessigsäure $CH_2 \cdot COOH$ $CO \cdot CH_3$	Flüssig, mit W., A., Ae., mischbar, zersetzt sich beim Erwärmen.	$FeCl_3$ gibt rotviolette Färbung[7]; LEGALsche Probe (siehe Aceton).	Zerfällt (besonders beim Erhitzen) in CO_2 und Aceton[7].

l-Äpfelsäure.

(In Gäransätzen mit K-Fumarat[8].) Nachweis mittels DENIGÉS' Reaktion, Zerlegung des Niederschlages durch Destillation mit einer wäßrigen Lösung von Kaliumjodid, wobei Acetaldehyd ins Destillat übergeht. Identifizierung dieses als 2,4-Dinitrophenylhydrazon. Oder: Konzentrierung der wäßrigen Lösung und Fällung mit Bleiacetat, Zersetzung des Bleiniederschlages mit Schwefelwasserstoff, Konzentrierung des Filtrates, Abtrennung von auskrystallisierter Fumarsäure; Rückstand sirupartig, im Exsiccator krystallisierend. Umkrystallisieren aus trockenem Petroläther, Identifizierung durch Schmelzpunkt, Drehung nach Zusatz von Uranylacetat, Cinchoninsalz und p-Nitrobenzylester.

4. Citronensäure und deren Abbauprodukte.

a) Allgemeine Übersicht (s. Tabelle 12).

b) Durchführung einzelner Reaktionen.

Citronensäure.

Denigès' Reaktion[1]: Die Lösung wird mit etwa $1/20$ Volumen Denigès-Reagens (5 g rotes Quecksilberoxyd, gelöst in 20 ccm konz. Schwefelsäure und 100 ccm Wasser) versetzt, zum Sieden erhitzt, falls erforderlich filtriert (und zwar

---

[1] DENIGÈS: C. r. **128**, 680 (1899). — BEIER u. NEUMANN: Z. f. Unters. d. Nahr.- u. Genußmittel **29**, 410 (1915).

[2] STAHRE: Fr. **41**, 77 (1902).   [3] MERK: C. **1903 II**, 1396.

[4] TAYLOR: Soc. **115**, 886 (1920).   [5] v. PECHMANN: A. **261**, 158 (1891).

[6] BERGESIO u. SABBATANI: C. **1899 I**, 596.

[7] CERESOLE: B. **15**, 1327 (1872). — MAYER: C. **1906 I**, 406.

[8] CHALLENGER u. KLEIN: Soc. **1929**, 1646.

Tabelle 12 (Fortsetzung).

d	e	f	g
$Ca_3(C_6H_5O_7)_2 \cdot 4 H_2O$, $Pb_3(C_6H_5O_7)_2 \cdot H_2O$ unlösl. in Essigsäure, l. NH_3, Triphenacylester Fp. 104—105°[1], Trihydrazid Fp. 107°[2].	Umwandlung in Citraconsäureanhydrid, Bi-Salz.	Als Ca-Salz[3], als Ba-Salz[4], als Pentabromaceton[5].	—
Ca-Salz (bei Zusatz von A.).	—	—	Aus Citronensäure mittels H_2SO_4[6].
Reaktion mit Benzoldiazoniumchlorid[7], Reaktion mit Phenylhydrazin[8], $2 HgC_5H_4O_5 \cdot HgSO_4 \cdot 2HgO$ mittels DENIGÈS' Reagens[9].	—	Chronometrisch mittels $HgSO_4$.	Aus Citronensäure mittels Oleum[10].
—	—	Durch Überführung in Aceton und jodometrische Bestimmung dieses[11].	Durch Verseifung von Acetessigester (7, S. 162).

in Gegenwart von Oxalsäure, Aceton, Acetondicarbonsäure, eventuell Acetol[12]), und mit einigen Tropfen $^n/_{10}$-$KMnO_4$ versetzt (eventuell ausgeschiedener Braunstein kann durch H_2O_2 gelöst werden): Weiße Fällung, bestehend aus einer Doppelverbindung von acetondicarbonsaurem Hg und Mercurisulfat. Der Niederschlag gibt nach dem Auswaschen mit Wasser mit verdünnter Eisenchloridlösung himbeerrote Färbung (eventuell nach Lösen des Niederschlages in Natriumchloridlösung).

Stahres Reaktion (2, S. 162): Die Lösung wird mit einigen Tropfen $^n/_{10}$-$KMnO_4$ auf etwa 30° erwärmt, falls erforderlich durch Zusatz von Ammonoxalatlösung und 10proz. Schwefelsäure geklärt und mit einer Lösung von Brom in Bromkali versetzt: Trübung durch Ausscheidung von Pentabromaceton (charakteristischer Geruch und Reizung der Augen).

Nitroprussidnatriumreaktion (3, S. 162): Nach Erwärmen der Substanz mit konzentrierter Schwefelsäure auf 90—95° während 5—10 Minuten wird mit Wasser verdünnt, alkalisch gemacht und Nitroprussidnatriumlösung hinzugefügt: Rubinrote Färbung, Essigsäure bewirkt Umschlag in Violett.

[1] KREMERS u. HALL: J. Biol. Chem. **41**, 15 (1920) — C. **1920 III**, 96.

[2] CURTIUS: J. pr. (2) **95**, 246 (1917).

[3] BUTKEWITSCH: Bio. Z. **136**, 226 (1923).   [4] CREUSE: J. **1873**, 970.

[5] KUNZ: Arch. f. Ch. u. Mikrosk. **7**, 298 (1914). — FREY: Arch. f. Mikrobiol. **2**, 285 (1931). — Siehe auch HEIDUSCHKA u. PYRIKI: C. **1930 I**, 906.

[6] HENTSCHEL: J. pr. (2) **35**, 205 (1887). — FITTIG: A. **314**, 15 (1901).

[7] v. PECHMANN u. JENISCH: B. **24**, 3257 (1891). — Vgl. HENLE u. SCHUPP: B. **38**, 1372 (1905).

[8] v. PECHMANN u. JENISCH: B. **24**, 3254 (1891).

[9] DENIGÈS: C. r. **128**, 680 (1899); **130**, 33 (1900).

[10] WILLSTÄTTER u. PFANNENSTIEL: A. **422**, 5 (1921). — INGOLD u. NICKOLLS: Soc. **121**, 1642 (1922).

[11] FOLIN: C. **1907 II**, 431. — HART: C. **1908 II**, 985.   [12] MIGITA: C. **1930 I**, 962.

Quantitative Bestimmung als Ca-Salz: Die Lösung wird mit $CaCl_2$ versetzt, zum Sieden erhitzt und durch Zusatz von Ammoniak gefällt. Unter dauernder Erhaltung der alkalischen Reaktion wird durch Einkochen konzentriert, heiß filtriert, mit heißem Wasser ausgewaschen und im Glassintertiegel bei 130° getrocknet. Das Ca-Citrat ist dann krystallwasserfrei (3, S. 163) und enthält 33,74% CaO. Fehler etwa 5—10%, bei stark verdünnten Lösungen noch wesentlich größer. Die Fällung kann durch Alkohol vervollständigt werden, falls Substanzen, die zugleich ausfallen könnten, nicht anwesend sind[1].

Quantitative Bestimmung als Pentabromaceton (5, S. 163): Für je 10 ccm der Probe werden 2 ccm Schwefelsäure (1:1) und 1 ccm Kaliumbromidlösung (15 g in 40 ccm Wasser) hinzugefügt, auf 50° erwärmt, 10 ccm $KMnO_4$-Lösung (5 proz.) auf einmal hinzufließen gelassen; unter öfteren Umschwenken wird nun erkalten gelassen. Falls Lösung des Braunsteins erfolgt, werden weitere Mengen $KMnO_4$ hinzugefügt. Nach dem Erkalten wird der Braunstein durch Zusatz von Ferrosulfatlösung (20 g in 100 ccm Wasser) in Lösung gebracht, über Nacht bei 0° stehengelassen und dann durch einen Glassintertiegel filtriert. Nach dem Trocknen bei 35—40° über Phosphorpentoxyd bis zur Gewichtskonstanz und Wägen wird der Niederschlag mit Alkohol und Äther herausgelöst und nach nochmaligem Trocknen wieder gewogen. Die Differenz gibt die Menge Pentabromaceton an.

Aconitsäure.

Essigsäureanhydrid (4, S. 162) gibt mit der festen Substanz Rotfärbung, bald in Fuchsinrot übergehend; in der Hitze blaugrün, schließlich blau; wird die fuchsinrote Lösung mit Wasser versetzt und mit Äther ausgeschüttelt, so färbt sich die ätherische Lösung blau.

Acetondicarbonsäure.

Benzoldiazoniumchlorid und Na-Acetat geben eine Abscheidung von Mesoxaldialdehyd-bisphenylhydrazon: $CO(CH:N \cdot NH \cdot C_6H_5)_2$ (7, S. 163).

c) Beispiele.

Citronensäure.

(In Gäransätzen mit saurem zuckersaurem Kalium[2]). Verdampfung der Flüssigkeit, Auskochen der K-Salze mit 65 proz. Alkohol, in dem Kaliumcitrat leicht löslich ist. Umwandlung des K-Salzes in das Bleisalz, Zerlegung dieses mit Schwefelwasserstoff, Verdampfung zur Krystallisation, Umkrystallisieren des Produktes aus trockenem Petroläther. Darstellung des Thalliumsalzes. Oder: Überführung der Citronensäure in Acetondicarbonsäure mittels Kaliumpermanganat in schwefelsaurer Lösung und Umwandlung derselben in Aceton durch langsame Destillation. Behandlung des Destillates mit DENIGÈS' Mercurisulfatlösung; Zerlegung des Niederschlages durch Destillation nach Zusatz von Wasser und Natriumjodid. Behandlung des Destillates mit alkoholischer Lösung von Benzaldehyd in Gegenwart von Natronlauge: Dibenzylidenaceton (Fp. 113°).

Acetondicarbonsäure.

(In Gäransätzen mit Ammoncitrat[2]). Auffindung derselben mittels Denigès-Reagens (in der Kälte) sowie Rotfärbung mittels Benzoldiazoniumchlorid. Isolierung als Mesoxaldialdehyddiphenylhydrazon (Fp. 175—176°; Reaktion dieses nach BÜLOW: Tiefe Violettfärbung mit Schwefelsäure).

---

[1] BERNHAUER: Bio. Z. **172**, 303 (1926).
[2] WALKER, SUBRAMANIAM u. CHALLENGER: Soc. **1927**, 3050.

5. Sonstige Säuren.

a) Allgemeine Übersicht (s. Tabelle 13).

b) Durchführung einzelner Reaktionen.

Milchsäure.

Thiophenreaktion (2, S. 166): 5 ccm konz. Schwefelsäure, 1 Tropfen konz. Kupfersulfatlösung und einige Tropfen der Probe werden nach kräftigem Umschütteln 1 bis 2 Minuten im siedenden Wasserbad erhitzt und erkalten gelassen. Zusatz von 2—3 Tropfen einer $^1/_2$proz. alkoholischen Thiophenlösung bewirkt nach dem Erwärmen im siedenden Wasserbad kirschrote Färbung.

Guajacolreaktion (3, S. 166): Einige Tropfen der stark verdünnten Probe werden mit 2 ccm Schwefelsäure 2 Minuten im siedenden Wasserbad erhitzt, nach dem Erkalten mit 1—2 Tropfen einer 5proz. alkoholischen Guajacollösung versetzt: Rosa- bis fuchsinrote Färbung; *Kodeinlösung* gibt gelbe bis gelbrote Färbung.

Überführung in Acetaldehyd und Ameisensäure: Die zur Trockne verdampfte Probe wird nach Zusatz von 60proz. Schwefelsäure destilliert und im Destillat Acetaldehyd und Ameisensäure in üblicher Weise nachgewiesen; oder wird nach HERZOG[1] die Milchsäure in ihr Silbersalz übergeführt, dieses in einem Kölbchen mit Jod erhitzt und die Dämpfe in Wasser geleitet, in dem man den Acetaldehyd nachweist. Ferner kann durch Erwärmen der Probe (3 ccm) mit Kaliumpermanganatlösung (10 ccm, 1:1000) Acetaldehyd entwickelt werden.

Brenztraubensäure.

Diazoreaktion: Alkalische Benzoldiazoniumchloridlösung gibt in Gegenwart von Na-Acetat bei 0° Rotfärbung; bei Anwesenheit größerer Mengen einen Niederschlag von Formacylglyoxylsäure $C_6H_5 \cdot NH \cdot N:C(\cdot N:N \cdot C_6H_5) \cdot CO \cdot COOH$ und Benzolazoformacyl $C_6H_5 \cdot NH \cdot N:C(N:N \cdot C_6H_5)_2$.

Nitroprussidnatriumreaktion (5, S. 166): Die mit Kalilauge versetzte Probe gibt mit konzentrierter Nitroprussidnatriumlösung violette Färbung; bei Anwendung von Ammoniak statt Kalilauge entsteht eine charakteristische violettblaue Färbung, die mit Kalilauge in Dunkelrot, mit Essigsäure in Blau übergeht.

Guanylhydrazon der Brenztraubensäure (11, S. 167): Eine konzentrierte wäßrige Lösung von Aminoguanidinnitrat gibt mit Brenztraubensäure eine Fällung des Guanylhydrazons $CH_3 \cdot C(:N \cdot NH \cdot C[:NH] \cdot NH_2) \cdot COOH$, Fp. 206°, aus viel heißem Wasser umkrystallisiert: Trimeres Produkt (schmilzt nicht bei 350°).

Malonsäure.

Kleemanns Reaktion (8, S. 166): Beim Erwärmen der Substanz mit Essigsäureanhydrid und Eisessig entsteht eine gelbrote bis gelbgrüne Fluorescenz.

Cinnamylidon-Malonsäure (11, S. 167): Die Substanz (etwa 1 g) wird mit Eisessig (etwa 2 ccm) und Zimtaldehyd (etwa 1 ccm) im zugeschmolzenen Rohr 10 Stunden im siedenden Wasserbad erhitzt, die Probe nach Zusatz von Sodalösung filtriert, unveränderter Zimtaldehyd durch Ausäthern entfernt und aus der Lösung durch Ansäuern das Kondensationsprodukt ausgefällt. Fp. 208°. Auch geeignet zur Isolierung der Malonsäure aus Mischungen.

Formacylwasserstoff (9, S. 166): $C_6H_5 \cdot NH \cdot N:CH \cdot N:NC_6H_5$. Benzoldiazoniumchlorid gibt in Gegenwart eines Überschusses von Na-Acetat Rotfärbung, beim Stehen einen roten Niederschlag von Formacylwasserstoff; mit kaltem Wasser

---

[1] HERZOG: A. **351**, 263 (1907).

Tabelle 13.

	a	b	c
d,l-Milchsäure $C_3H_6O_3$ COOH | CHOH | CH_3	Fp. 18°, meist sirupförmig, Kp.$_{12}$ 119°, mit W. und A. mischbar; l. in Ae. sowie Amylalkohol[1], mit überhitztem W.D. im Vakuum flüchtig.	Thiophenreaktion[2], Guajacolreaktion[3], Jodoformreaktion.	Spaltung in Ameisensäure und Acetaldehyd mit H_2SO_4 oder $KMnO_4$.
Brenztraubensäure $C_3H_4O_3$ COOH | CO | CH_3	Fp. 13,6°, meist flüssig, Kp. 165—170° (unter teilweiser Zersetzung), mischbar mit A., W., Ae.	Diazoreaktion[4], Nitroprussid-Na-Reaktion[5], Pyrrolreaktion[6], Indigoreaktion[7].	Wirkt reduzierend, Silberspiegel.
Malonsäure $C_3H_4O_4$ COOH | CH_2 | COOH	Fp. 134°, Blättchen l.W. (1:0,7 bei 15°), l. A., l. Ae. (1:12,5 bei 15°).	KLEEMANNs Reaktion[8], Diazoreaktion[9].	Zerfällt bei 150° in CO_2 und Essigsäure.
Ameisensäure CH_2O_2 H · COOH	Fp. 8,6°, Kp. 100,8°, in jedem Verhältnis mit W. und A. mischbar.	Entfärbung von Methylenblau[10], Resorcinprobe[11], Ferrireaktion (wie bei Essigsäure).	Wirkt reduzierend, Ag-Spiegel, Kalomel Umwandlung in Formaldehyd[12].

waschen, trocknen, aus Methylalkohol-Wasser oder Benzol-Petroläther umkrystallisieren; Fp. 119°. BÜLOWs Reaktion mit Schwefelsäure: Grünfärbung.

Ameisensäure.

Resorcinprobe[11]: Die Probe wird mit einer schwach schwefelsauern Resorcinlösung versetzt und mit 10 ccm konz. Schwefelsäure vorsichtig unterschichtet: Orangefarbenes Band.

Entfärbung von Methylenblau[10]: Die ameisensäurehaltige Probe (einige ccm) wird mit wäßriger Methylenblaulösung (einige Tropfen, Verdünnung 1:5000) versetzt, zum Sieden erhitzt und mit der gleichen Menge Bisulfitlösung (etwa 35proz.) durchgeschüttelt: Entfärbung infolge Bildung von hydroschwefliger Säure.

Bleisalz, löslich in Wasser 1:63 (16°), aus Wasser umzukrystallisieren, unlöslich in Alkohol. Bei Fällung mit Bleiacetat wirkt ein Überschuß desselben lösend.

[1] OHLSON: C. **1916 II**, 172.
[2] FLETCHER u. HOPKINS: J. Physiol. **35**, 247 (1907) — C. **1907 I**, 1442. — PARNAS: Bio. Z. **30**, 58 (1911).
[3] DENIGÈS: Fr. **50**, 189 (1911).   [4] BAMBERGER u. MÜLLER: B. **27**, 147 (1894).
[5] SIMON: C. r. **125**, 534 (1897).   [6] NEUBERG: C. **1904 II**, 1435.
[7] BAEYER u. DREWSEN: B. **15**, 2856 (1882).   [8] KLEEMANN: B. **19**, 2030 (1886).
[9] BUSCH u. WOLBRING: J. pr. (2) **71**, 366 (1905). — v. PECHMANN: B. **25**, 3175 (1892).
[10] DENIGÈS: Fr. **51**, 685 (1912).   [11] KRAUS u. TRAMPKE: Ch. Ztg **45**, 521 (1921).
[12] ROSENTHALER: Pharm. Zentralh. **48**, 252 (1907). — FENTON u. SISSER: C. **1908 I**, 1379. — BACON: Fr. **52**, 55 (1913). — FINCKE: Bio. Z. **51**, 258 (1913).

Tabelle 13 (Fortsetzung).

d	e	f	g
$Zn(C_3H_5O_3)_2H_2O$ (l. W. 1 : 60 bei 15°), Ag-Salz (l. W. 1 : 20 bei 15°), Benzylidenmilchsäure-hydrazid, Fp. 158—159°[1], Ba-Salz, l. A., Ca-Salz, l. A., Guanidinlactat, Fp. 160°[2], Chininlactat, Fp. 166°[2], Pb-Salz, fällt mit Pb-Acetat NH_3.	Zinklactat Kobaltolactat	Durch Überführung in Acetaldehyd[3], durch Oxydation zu Essigsäure[4], neben Brenztraubensäure[5], als Zinklactat[6], neben Essigsäure[7].	—
Phenylhydrazon, Fp. 192°[8], p-Nitrophenylhydrazon (aus Alkohol), Fp. 220°[9], Oxim, Fp. 178°, Semicarbazon, Fp. 200° (Zers.)[10], Guanylhydrazon[11].	—	Als Phenyhyldrazon[12].	Aus Weinsäure[13]
$Ca(C_3H_4O_4)_2$, unl. in kaltem W., Cinnamyliden-Malonsäure, Fp. 208°[14], Formacylwasserstoff, Fp. 119° (9, S. 166).	Pb-Salz	Als Ba-Salz[15], als Pb-Salz[16], mittels Mercuriacetatlösung[17].	Aus Chloressigsäure und KCN[18].
Pb-Salz, Nadeln, schw. l. W., Anilid, Fp. 46°, p-Toluidid, Fp. 53°, l. l. W., Cu-Salz.	Pb-Formiat Ce-Formiat	Durch Reduktion von Sublimat[19].	—

Umwandlung in Formaldehyd: Nach ROSENTHALER (12, S. 166) wird die Lösung mit einem kleinen Überschuß an Calciumcarbonat zur Trockne verdampft, der Rückstand erhitzt und die Dämpfe in wenig Wasser geleitet. Destillat gibt Formaldehydreaktionen.

[1] FRANZEN u. STERN: H. **115**, 270 (1921).

[2] PHELPS u. PALMER: Am. Soc. **39**, 136 (1917).

[3] v. FÜRTH u. CHARNASS: Bio. Z. **26**, 199, 210 (1910). — Siehe OPPENHEIMER: Fermente (Methodik) **3**, 1270 (1929).

[4] SZEBERENYI: Fr. **56**, 505 (1917). — Vgl. SCHUPPLI: C. **1919 II**, 894. — GREY: Soc. **105**, 2204 (1914).

[5] CZAPSKI: Bio. Z. **71**, 167 (1915).

[6] BUCHNER u. MEISENHEIMER: B. **37**, 425 (1904). — MEISENHEIMER: B. **41**, 1415 (1908). — SUZUKI u. HART: Am. Soc. **31**, 1366 (1909).

[7] PARTHELL u. HÜBNER: Arch. f. Pharm. **241**, 432 (1903).

[8] FISCHER, E. u. JORDAN: B. **16**, 2241 (1883). — FISCHER, E.: B. **17**, 578 (1884). — CURTIUS: B. **45**, 1072 (1912).

[9] FERNBACH u. SCHOEN: C. r. **158**, 1720 (1914). [10] BACKER: Rec. **31**, 27 (1912).

[11] WEDEKIND u. BRONSTEIN: A. **307**, 298 (1899).

[12] DE JONG: Rec. **19**, 280 (1900). — MACLEAN: Bioch. J. **7**, 611 (1913).

[13] LANGENBECK u. HUTSCHENREUTER: Z. f. anorg. u. allgem. Ch. **188**, 1 (1930) — C. **1930 I**, 2551.

[14] BOUGAULT: J. Pharm. Chem. (7) **8**, 289 (1913). — RIIBER: B. **37**, 3123 (1904).

[15] CONTELLE: J. pr. (2) **73**, 76 (1906). [16] SY: C. **1906 II**, 714.

[17] DENIGÈS: A. ch. (8) **12**, 402 (1907).

[18] CONRAD: A. **204**, 126 (1881). — v. MILLER: J. pr. (2) **19**, 326 (1879).

[19] SCALA: G. **20**, 394 (1891). — LIEBEN: M. **14**, 753 (1873). — FRANZEN u. GREVE: J. pr. (2) **80**, 368 (1909). — FRANZEN u. EGGER: J. pr. (2) **83**, 323 (1911). — FINCKE: Bio. Z. **51**, 268 (1913). — RIESSER: H. **96**, 357 (1916).

Nach FENTON und SISSER (12, S. 166) findet Reduktion zu Formaldehyd durch nascierenden Wasserstoff statt, z. B. indem die Probe mit Schwefelsäure angesäuert und Magnesiumfeilspäne hinzugefügt werden, wobei lebhafte Wasserstoffentwicklung stattfindet; diese wird bei geringer Ameisensäurekonzentration etwa 1 Stunde in Gang gehalten. Das Filtrat wird auf Formaldehyd geprüft, indem z. B. 2 ccm frische Milch und 7 ccm konz. Salzsäure, die auf 100 ccm 0,2 ccm einer 10proz. Eisenchloridlösung enthält, zugesetzt und die Flüssigkeit 1 Minute lang in lebhaftem Sieden gehalten wird: Violettfärbung. Oder wird das Filtrat (bzw. Destillat) durch Zusatz eines Tropfens einer 1proz. Phenollösung und Unterschichtung mit konz. Schwefelsäure geprüft: Karmoisinroter Ring, bei höherer Konzentration weiße bis rötliche Abscheidung; mit Resorcin analog: Violette Zone.

Nachweis neben Essigsäure[1]: Neutralisierung der Probe (eventuell des Dampfdestillates) mit Calciumcarbonat, Eindampfung ohne Filtration; trockene Destillation des Rückstandes; Prüfung des in wenig Wasser aufgefangenen Destillates auf Aldehyde (Formaldehyd aus Ca-Formiat, Acetaldehyd aus Ca-Acetat und Ca-Formiat) und Aceton (aus Ca-Acetat).

c) Beispiele.

Brenztraubensäure.

(In Gäransätzen mit Bernsteinsäure[2].) Isolierung als 2,4-Dinitrophenylhydrazon, p-Nitrophenylhydrazon, Phenylhydrazon, trimeres Guanylhydrazon.

Malonsäure.

(In Gäransätzen mit Citronensäure[3].) Auffindung infolge Rotfärbung mit Benzoldiazoniumchlorid, Isolierung als Formacylwasserstoff. Oder: Einengung der Lösung, Neutralisation mit Soda, Verdampfung; Rückstand mit 60proz. Alkohol allmählich extrahiert, wobei Na-Malonat in Lösung geht; verdampft, Rückstand gibt grünlichrote Fluorescenz mit Essigsäureanhydrid und Eisessig. Identifizierung als Cinnamyliden-Malonsäure (Fp. 207°). Oder: Isolierung der Malonsäure durch Fällung des alkoholischen Extraktes (Na-Salz) mit Bleiacetat und Zerlegung des Niederschlages mit Schwefelwasserstoff. Extraktion des Verdampfungsrückstandes mit Äther gibt Malonsäure (Fp. 132—133°).

6. Einige Zwischen- und Nebenprodukte.

a) Allgemeine Übersicht (s. Tabelle 14).

b) Durchführung einzelner Reaktionen.

Äthylalkohol.

Jodoformreaktion: Die Probe (Destillat) wird mit Kalilauge im Überschuß versetzt, auf 50—60° erwärmt, Jodkaliumlösung bis zur bleibenden Gelbfärbung hinzugefügt und sodann noch etwas Kalilauge: Trübung, Kryställchen von Jodoform, Geruch. In zweifelhaften Fällen kann mit dem ausgeätherten Jodoform die Isonitrilreaktion (Geruch nach dem Erwärmen mit Anilin und Kalilauge) und Resorcinreaktion (Rotfärbung beim Erwärmen mit Resorcin und Alkali) vorgenommen werden. Nach KUNZE kann die Reaktion wesentlich

[1] BONNER: C. **1913 I**, 1364.
[2] SUBRAMANIAM, STENT u. WALKER: Soc. **1929**, 2489.
[3] CHALLENGER, SUBRAMANIAM u. WALKER: Soc. **1927**, 205.

empfindlicher gestaltet werden (1:4000), indem man zu 10 ccm der Probe 1 bis 1,5 ccm 4n-NaOH, 0,15 g KJ und 0,2 g K- oder Ammoniumpersulfat zufügt und auf 50—60° erwärmt: Jodoformniederschlag, längstens nach 10 Minuten.

Äthylbenzoatprobe: Die Probe (Destillat) wird mit einigen Tropfen Benzoylchlorid versetzt und nach gutem Durchschütteln tropfenweise konz. Kalilauge bis zur stark alkalischen Reaktion hinzugefügt; bei schwachem Erwärmen: Geruch nach Benzoesäureäthylester.

Äthyl-p-Nitrobenzoat (3, S. 170), bei Verwendung von p-Nitrobenzoylchlorid; Abscheidung in fester Form, falls erforderlich durch Ausäthern zu gewinnen. Fp. 57°.

Oxydation zu Acetaldehyd: Die Probe (Destillat) wird nach Zusatz von Kaliumpermanganat und Schwefelsäure destilliert, das Destillat in Wasser aufgefangen; Nachweis des Acetaldehyds in diesem.

Nachweis neben Aceton am besten als Benzoat oder Nitrobenzoat.

Acetaldehyd.

Riminis Reaktion (10, S. 170): Die Probe wird mit einigen Tropfen einer etwa 4proz. Nitroprussidnatriumlösung und einer etwa 3proz. Piperidinlösung versetzt: Blaufärbung, auf vorsichtigen Zusatz von Essigsäure in Violett übergehend. Gegenwart von Ammoniak verhindert die Reaktion[1]. Bei Zusatz von Alkali statt Piperidin: Kirschrote Färbung, mit Essigsäure allmählich verschwindend[2].

m-Nitrobenzol und Alkali: Violettrote Färbung, auf Essigsäurezusatz gelbrot.

m-Phenylendiamin (11, S. 170) in Salzsäure gelöst gibt Gelbfärbung, auf Alkalizusatz verschwindend, mit Salzsäure wiederkehrend; in konzentrierteren Lösungen dunkelbraunrote, harzige Masse; deren Lösung (in Wasser oder Alkohol) blutrot, grün fluorescierend.

Aceton.

Jodoformreaktion: Um Verwechslung mit Alkohol zu vermeiden, wird die Probe mit Ammoniak und einer Lösung von Jod in Ammoniumjodid versetzt[3].

Legalsche Probe: Zusatz von einigen Tropfen frisch bereiteter 10proz. Nitroprussidnatriumlösung und 1 ccm 15proz. Natronlauge gibt gelbrote bis rubinrote Färbung, auf Zusatz von Essigsäure in Weinrot bis Rotviolett übergehend. Steigerung der Empfindlichkeit[4], wenn die Probe (0,5 ccm) mit 1 ccm ammoniakalischer Ammonsulfatlösung und 1—2 Tropfen 20proz. Nitroprussidnatriumlösung versetzt wird: Carminrote Färbung (längstens im Laufe einer halben Stunde).

Zusatz primärer Amine gibt intensive Rotviolettfärbung, Zusatz sekundärer und tertiärer Amine orangerote Färbung[5].

Bromnitrosoreaktion (20, S. 170): Die neutrale Probe wird mit je einem Tropfen einer 10proz. Hydroxylaminchlorhydratlösung, 5proz. Natronlauge und Pyridin versetzt, mit Äther überschichtet und unter Umschütteln allmählich Bromwasser hinzugefügt bis zur Gelbfärbung des Äthers; Zusatz von Wasserstoffsuperoxyd bewirkt Blaufärbung unter Bildung von $(CH_3)_2 : C\begin{smallmatrix} \cdot NO \\ \cdot Br \end{smallmatrix}$.

Dibenzalaceton (23, S. 171): Die Probe wird mit Natronlauge und einer alkoholischen Lösung von Benzaldehyd versetzt: Krystallinische Fällung, eventuell in Äther aufnehmen, Fp. 112°.

Denigés' Reaktion (21, S. 170): Die Probe gibt mit schwefelsaurem Mercurisulfat beim Erwärmen eine weiße Fällung.

---

[1] LEBEDEW: B. **47**, 672 (Anm. 1.) (1914).
[2] v. BITTO: A. **267**, 376 (1892).   [3] GUNNING: Fr. **24**, 147 (1885).
[4] ROTHERA: C. **1909 I** 402.   [5] RIMINI: C. **1898 II** 133.

Tabelle 14.

	a	b	c
1. Alkohol C_2H_6O CH_2OH $\mid$ CH_3	Kp. 78,4°, mischbar mit W., Ae., Glycerin, Petroläther usw.	Jodoformreaktion[1], Essigester, Geruch, Äthylbenzoatprobe, Reaktion von TONINELLI[2].	Oxydation gibt Acetaldehyd und dann Essigsäure.
2. Acetaldehyd C_2H_4O CHO $\mid$ CH_3	Kp 20,8°, mischbar mit W., A., Ae., aus wäßriger Lösung mittels $CaCl_2$ abscheidbar.	RIMINIs Reaktion[10], Jodoformreaktion, m-Nitrobenzolreaktion, m-Phenylendiaminreaktion[11].	Wirkt reduzierend: Ag-Spiegel, FEHLING[12].
3. Aceton C_3H_6O CH_3 $\mid$ CO $\mid$ CH_3	Kp. 56,3°, mischbar mit W., A., Ae., aus wäßriger Lösung abscheidbar (z.B. mittels NaOH).	Jodoformreaktion, LEGALsche Probe, Indigoreaktion[19], Bromnitrosoreaktion[20], DENIGÈS' Reaktion[21].	Oxydation gibt Ameisensäure und Essigsäure.
4. Glycerin $C_3H_8O_3$ CH_2OH $\mid$ $CHOH$ $\mid$ CH_2OH	Fp. 20°, Kp. 290° (unter geringer Zersetzung), hygroskopisch, mischbar mit W. und A., schw. l. Ae. (1:500), unl. Petroläther, Benzol, Chloroform; mit Wasserdampf im Vakuum flüchtig.	Phenolreaktion[27], Rotfärbung mit p-Phenylhydrazinsulfosäure[28].	Umwandlung in Acrolein[29], Oxydation gibt Glycerose[30, 31].
5. Methylglyoxal $C_3H_4O_2$ CHO $\mid$ CO $\mid$ CH_3	Gelbe Flüssigkeit (in monomolekular. Zustand), Kp. 72° (grüner Dampf), polymerisiert sich bei gewöhnl. Temperatur.	Nitroprussid-Na-Reaktion[39] (NaOH: tiefrot, Piperidin: violett, mit Essigsäure: stahlblau).	FEHLINGsche Lösung wird nur schw. reduziert (infolge Umwandlung in Milchsäure durch Alkali), BARFOEDs Reagenz sowie OSTsche Sulfitlösung werden kräftig reduziert[40].

[1] LIEBEN: A. Spl. **7**, 218, 377 (1870). — HAGER: Fr. **9**, 492 (1870). [2] TONINELLI: C. **1914 II**, 85. — Siehe ROSENTHALER: 1, S. 158. [3] BUCHNER u. MEISENHEIMER: B. **38**, 624 (1905). [4] BLANKSMA: C. **1914 I**, 574. [5] REID: Am. Soc. **39**, 1251 (1917). [6] NICLAUX: C. r. Soc. Biol. (10) **3**, 841 — Bl. (3) **35**, 330 (1906) — siehe auch C. **1910 I**, 1273; **1917 I**, 818; **1918 I**, 379. [7] VILLEDIEN u. HEBERT: C. **1917 I**, 694. [8] STRITAR: H. **50**, 22 (1907). — REACH: Bio. Z. **3**, 328 (1907). — MIKRO, RIPPER u. WOHACK: C. **1917 II**, 83. [9] KOSTYTSCHEW u. HÜBBENET: H. **79**, 363 (1912) — Bio. Z. **64**, 249 (1914). — NEUBERG u. REINFURTH: Bio. Z. **89**, 397 (1918). — NEUBERG u. HIRSCH: Bio. Z. **98**, 150 (1919). [10] RIMINI: Fr. **43**, 517 (1904). [11] WINDISCH: Fr. **27**, 514 (1888). [12] TOLLENS: B. **15**, 1635 (1882). [13] Vgl. BRADY u. ELSNIE: Analyst **51**, 77 (1926). [14] NEUBERG u. REINFURTH: Bio. Z. **106**, 286 (1920). [15] BEHRENS: Ch. Ztg **26**, 1125 (1902). [16] RIPPER: M. **21**, 1079 (1880). — FÜRTH u. CHARNASS: Bio. Z. **26**, 207 (1911). [17] HÄGGLUND: Fr. **53**, 433 (1914). — HOEPNER: C. **1918 I**, 379. [18] PAUL: Fr. **35**, 648 (1896). [19] v. BAYER u. DREWSEN: B. **15**, 2860 (1882). — PENZOLDT: Fr. **24**, 149 (1885). [20] PILOTY: B. **35**, 3099 (1902). — BLUMENTHAL u. NEUBERG: D. med. Wschr. **1901**, 6, 79. [21] DENIGÈS: C. r. **127**, 963 (1898). — OPPENHEIMER: B. **32**, 986 (1899).

Tabelle 14 (Fortsetzung).

d	e	f	g
p-Nitro-benzoat, Fp. 57° [3], Phenylcarbaminsäureester (aus W. oder A.), Fp. 52°, 2,4-Dinitrophenetol, Fp. 85° [4], Phthalsäureäthylester, Fp. 80° [5].	—	Durch Oxydation mit Kaliumbichromat [6], durch Überführung in Jodoform [7] als Äthyljodid [8], neben Acetaldehyd [9].	—
Phenylhydrazon, Fp. 81° (aus W.), p-Nitrophenylhydrazon, Fp. 128,5°, 2,4-Dinitrophenylhydrazon, Fp. 164° (aus A.) [13], p-Bromphenylhydrazon, Fp. 87° (aus Ligroin), Acetaldomedon, F. 139—140° [14] (Anhydrid, Fp. 174°), Semicarbazon, Fp. 162° (aus W. oder A.).	Semicarbazon, Chinaldinreaktion [15].	Durch Titration in Sulfitlösung [16] neben Aceton und Alkohol [17], colorimetrisch (Fuchsinlösung) [18].	—
Oxim, Fp. 59—60°, p-Nitrophenylhydrazon, Fp. 148° (aus W.), p-Bromphenylhydrazon, Fp. 98—99°, Semicarbazon, Fp. 190—191° (Zersetzung) [22], Dibenzalaceton. Fp. 112° [23].	p-Nitrophenylhydrazon.	Als Jodoform (durch Zurücktitrieren) [24], mittels Mercurisulfat [25], colorimetrisch [26].	—
Tribenzoat, Fp. 76° [32], Glycerin-α-Naphthylurethan, Fp. 279° (Erweichen bei 264°).	Acrolein [33], Nitroglycerin [34].	Als Triacetat [35], als Isopropyljodid [36], als Tribenzoat [37], mittels $KMnO_4$ [38].	—
Phenylosazon, Fp. 145°, p-Nitrophenylosazon, Fp. 302—304° (Zersetzung), gibt mit NaOH-Alkohol tiefblaue Färbung, Bissemicarbazon, Fp. 257°.	—	Als Jodoform [41].	Aus Triosen [40], [42–45]

[22] CIAMICIAN u. SILBER: B. **48**, 186 (1915). [23] CLAISEN: A. **223**, 143 (1884). — VORLÄNDER u. HOBOHM: B. **29**, 1840 (1896). [24] ULLMANN: Enzyklopädie der techn. Chemie **1**. — Siehe LJUNGDAHL: Bio. Z. **83**, 103 (1917); **96**, 345 (1919). [25] DENIGÈS: C. r. **127**, 963 (1898). — HEIKEL: Ch. Ztg **32**, 75 (1908). [26] KIESEL: C. **1903 II** 516. [27] REICHEL: Dinglers Polytechn. J. **235**, 232. [28] WACKER: H. **71**, 145 (1911). [29] KOHN: Fr. **30**, 619 (1891). — GRÜNHUT: Fr. **38**, 41 (1899). [30] DENIGÈS: C. r. **148**, 570 (1909) — Bl. (4) **5**, 421 (1909) — A. ch. (8) **18**, 160 (1909). [31] MANDEL u. NEUBERG: Bio. Z. **71**, 214 (1916). [32] PILOTY, S.: B. **30**, 3167 (1807). [33] BEHRENS: Ch. Ztg **27**, 1105 (1903). [34] EMICH: Lehrb. d. Mikrochemie. [35] BENEDIKT u. CANTOR: M. **9**, 522 (1866). — HEHNER: Fr. **28**, 359 (1889). — LEWKOWITSCH: C. **1903 II** 397. [36] ZEISEL u. FANTO: C. **1901 II** 113; **1902 I** 1424. [37] DIETZ: H. **11**, 472 (1887). [38] GREIFENHAGEN, KÖNIG u. SCHOLL: Bio. Z. **35**, 185 (1911). [39] NEUBERG: Bio. Z. **71**, 150 (1915). [40] FISCHLER, HAUSS u. TÄUFEL: Bio. Z. **227**, 156 (1930). [41] FISCHLER u. BÖTTNER: Z. f. anal. Ch. **74**, 27 (1928). [42] SJOLLEMA u. KAM: Rec. **36**, 186 (1916). [43] BERNHAUER u. GÖRLICH: Bio. Z. **212**, 452 (1929). [44] NEUBERG u. HOFMANN: Bio. Z. **224**, 491 (1930). [45] FISCHER u. TAUBE: B. **57**, 1502 (1924); **62**, 864 (1929).

Glycerin.

Phenolreaktion (27, S. 171): Einige Tropfen der konzentrierten Probe werden mit je 2 Tropfen flüssigen Phenols und konz. Schwefelsäure auf etwa 120° erhitzt, nach dem Erkalten etwas Wasser und einige Tropfen Ammoniak hinzugefügt: Carminrote Färbung. Die Reaktion wird durch Anwesenheit geringer Zuckermengen verhindert. In diesem Falle wird die Probe nach Zusatz von Kalkhydrat und Seesand am Wasserbad bis zur teigigen Konsistenz verdampft. Aus dem gepulverten Rückstand wird durch eine Mischung gleicher Volumina absoluten Alkohols und Äthers das Glycerin extrahiert.

Umwandlung in Acrolein (29, S. 171): Die Probe wird mit $KHSO_4$ am Wasserbad zur Trockne verdampft und der Rückstand in einem Proberohr aus Kaliglas erhitzt. Die entweichenden Gase werden durch ein Glasrohr in Wasser geleitet und in diesem Acrolein nachgewiesen, und zwar:

Nitroprussidnatrium und Piperidin geben enzianblaue oder grünliche Färbung, die durch Ammoniak violett, durch Natronlauge erst rosaviolett, dann rostfarbig, durch Eisessig blaugrün wird (Acetaldehyd analog)[1].

VOISENETS Formaldehydreagens gibt grüne bis grünlichblaue Färbung, indem das Destillat mit 2—3 ccm Eiweißlösung (hergestellt durch Schlagen von einem Eiweiß mit 5—7 ccm destilliertem Wasser und Auspressen durch ein Koliertuch) und dem 3fachen Volumen Reagens (200 ccm Salzsäure und 0,1 ccm einer 3,6proz. Kaliumnitritlösung) versetzt wird[2].

Identifizierung des Acroleins als p-Nitrophenylhydrazon [auch mikrochemisch verwendbar (29, S. 171)].

Oxydation zu Glycerose (31, S. 171): 2—3 ccm der verdünnten Glycerinlösung (1 bis 0,1proz.) werden mit Natriumhypochloritlösung behandelt und sodann die Orcinreaktion vorgenommen (Durchführung wie bei den Hexonsäuren).

Oxydation zu Dioxyaceton (30, S. 171): Etwa 0,1 g Glycerin wird mit 10 ccm frisch bereiteten 0,3proz. Bromwassers 20 Minuten im siedenden Wasserbad erhitzt, der Bromüberschuß weggekocht und am besten die Kodeinreaktion auf Dioxyaceton vorgenommen: 0,4 ccm der oxydierten Probe und 0,1 ccm einer 5proz. alkoholischen Kodeinlösung werden mit 2 ccm konz. Schwefelsäure versetzt und 2 Minuten im siedenden Wasserbad belassen: Grünlichblaue Färbung. In analoger Weise gibt Resorcin (bereits bei gewöhnlicher Temperatur) blutrote Färbung, auf Zusatz von Eisessig in Rotgelb bis Gelb umschlagend, Thymol eine weinrote Färbung, β-Naphthol (2proz.) smaragdgrüne Färbung (Wasserbad). Identifizierung des Dioxyacetons als Glycerosazon (Fp. 132°), indem die oxydierte Lösung mit Phenylhydrazin-Essigsäure und Na-Acetat versetzt wird, oder als Methylglyoxylosazon, indem die oxydierte Lösung nach Zusatz von Schwefelsäure destilliert und das Destillat mit Phenylhydrazin-Essigsäure behandelt wird.

Tribenzoat (32, S. 171): Der zu prüfende Verdampfungsrückstand wird mit der sechsfachen Menge Benzoylchlorid und überschüssiger Natronlauge geschüttelt, das abgeschiedene Produkt aus Ligroin umkrystallisiert; lange Nadeln, Fp. 76°.

c) Beispiele.

Äthylalkohol.

(In Gäransätzen mit Brenztraubensäure[3].) Nachweis durch Jodoformreaktion des Destillates, bei negativer Aldehydreaktion. Destillat mit Na-Dichromat und konz. Schwefelsäure erhitzt, Destillat nach guter Kondensation (2 Spiralenkühler) unter Eiskühlung aufgefangen; gibt RIMINIS Reaktion. Identifizierung als Acetaldomedon.

[1] LEWIN: B. **32**, 3388 (1899).   [2] VOISENET: J. Pharm. Chim. (7) **2**, 214 (1910).
[3] WALKER u. COPPOCK: Soc. **1928**, 808.

Aceton.

(In Gäransätzen mit Citronensäure[1].) Nachweis durch Jodoformreaktion. Destillation der neutralisierten Lösung, Behandlung des Destillates mit DENIGÈS' Reagens (unter Rückfluß 40 Minuten gekocht); Niederschlag nach dem Waschen und Trocknen in Portionen von je 15 g mit 30 g Natriumjodid in 120 ccm Wasser destilliert; je 15 ccm Destillat gesammelt. 55 ccm Destillat mit 60 ccm acetonfreiem Alkohol, 3 ccm Benzaldehyd und 3 ccm 10proz. Natronlauge versetzt: Kondensationsprodukt aus Petroläther umkrystallisiert, Fp. 113°. Oder: Destillat mit p-Nitrophenylhydrazin-Essigsäure versetzt, Kondensationsprodukt aus Petroläther umkrystallisiert, Fp. 148,5°.

7. Einige Zuckerarten.

a) Allgemeine Übersicht (s. Tabelle 15).

b) Durchführung einzelner Reaktionen.

Allgemeine Zuckerreaktionen.

Umwandlung in Furanderivate: Dieselben entstehen aus Zuckerarten beim Erwärmen mit konz. Mineralsäuren (insbesondere Salz- und Schwefelsäure), wobei aus Pentosen Furfurol und aus Hexosen Oxymethylfurfurol gebildet wird, die mit Phenolen charakteristische Farbreaktionen geben.

α-Naphtholreaktion (MOLISCH-UDRANSKY): Die Probe (1 ccm) wird mit 2 Tropfen einer alkoholischen Lösung von α-Naphthol (15proz.) versetzt und mit konz. Schwefelsäure unterschichtet. In Gegenwart von Zuckerarten bildet sich ein violetter oder blauer Ring; beim Umschütteln findet Färbung der ganzen Flüssigkeit statt. Bei Verwendung von Thymol, Kresol oder Guajacol treten meist rote Färbungen ein.

Resorcinreaktion (auf Aldosen): 2 ccm der Probe werden mit etwa 0,2 g Resorcin versetzt und unter Kühlung mit Salzsäuregas gesättigt. Nach einer Stunde bzw. bei Spuren nach 12 Stunden wird mit Wasser verdünnt, mit Natronlauge übersättigt und mit einigen Tropfen FEHLINGscher Lösung erwärmt: Rotviolette Färbung (nicht beständig). Bei Ketosen findet die SELIWANOFFsche Reaktion statt.

Verhalten gegenüber Metalloxyden: Reduktion von Kupferlösungen unter Abscheidung von Kupferoxydul: FEHLINGsche Lösung, SOLDAINIS Reagens (Kupfercarbonat und Kaliumcarbonat), OSTsche Lösung (Kupfersulfat, Kaliumcarbonat und Kaliumbicarbonat), BARFOEDs Reagens (Kupferacetat und Essigsäure). Sonstige Metalloxydlösungen: BÖTTGERsche Probe (basisches Wismutnitrat und Natronlauge), NYLANDER-ALMENsche Lösung (Wismutsubnitrat, Seignettesalz und Natronlauge), SACHSsche Lösung (Quecksilberjodid, Jodkali und Kalilauge) usw.

Quantitative Bestimmungsmethoden: Mittels FEHLINGscher Lösung (z. B. nach BERTRAND) oder durch Reduktion von Ferricyanidlösung nach HAGEDORN-JENSEN. Bestimmung von Aldosen neben Ketosen nach WILLSTÄTTER und SCHUDEL.

Charakteristisch für die Zuckerarten im allgemeinen ist weiterhin die Bildung von Phenylhydrazonen und Osazonen, sowie die Gärungsproben, die auch für die quantitative Bestimmung der vergärbare Zuckerarten verwendet werden können.

Glycerinaldehyd.

Überführung in Methylglyoxal (ebenso bei Dioxyaceton) (3, S. 174): Aus einem mit Tropftrichter versehenen Destillierkolben wird die zu untersuchende Probe

---

[1] CHALLENGER, SUBRAMANIAM u. WALKER: Soc. **1927**, 206.

Tabelle 15.

	a	b	c
1. Glycerinaldehyd CHO | CHOH | CH$_2$OH	Fp. 138°, 1. l. W., 1. A., unl. Ae.	α-Naphtholreaktion, Orcinreaktion[1], Phloroglucinreaktion[2].	Reduziert FEHLINGsche Lösung in der Kälte. Umwandlung in Methylglyoxal durch Destillation mit verdünnter Schwefelsäure[3].
2. Dioxyaceton CH$_2$OH | CO | CH$_2$OH	Fp. 68—75°, 1. l. W., 1. A., unl. Ae.	α-Naphthol-, Orcin- und Phloroglucinreaktion[3], Resorcinreaktion[7].	Wie 1.
3. l-Arabinose CHO | H · C · OH | HO · C · H | HO · C · H | CH$_2$OH	Fp. 160°, 1. l. W., schw. l. in 90 proz. A., unl. abs. A. und Ae., $[\alpha]_D^{18} = +107{,}4°$.	Phloroglucinreaktion[10], Orcinreaktion[11].	Reduziert FEHLINGsche Lösung usw., Umwandlung in Furfurol.
4. l-Xylose CHO | H · C · OH | HO · C · H | H · C · OH | CH$_2$OH	Fp. 154°, 1. W. und A., unl. Ae. und kaltem abs. A. $[\alpha]_D^{10} = +18{,}97°$.	Wie 3.	Wie 3.
5. d-Glucose CHO | H · C · OH | HO · C · H | H · C · OH | H · C · OH | CH$_2$OH	Fp. 147—149°, 1. l. W., 1. A., unl. Ae., $[\alpha]_D = 52{,}5°$.	Kobaltnitrat und NaOH geben Blaufärbung, in Grün übergehend[12].	Reduziert FEHLINGsche Lösung usw., ebenfalls Farbstoffe zu Leukoverbindungen. Oxydation gibt Gluconsäure und weiter Zuckersäure.
6. d-Fructose CH$_2$OH | CO | HO · C · H | H · C · OH | H · C · OH | CH$_2$OH	Fp. 103°, 1. l. W. und A., 1. in Aceton, 1. in A.-Ae. $[\alpha]_D = 92°$.	Resorcinreaktion[14], Diphenylaminreaktion[15], Naphthoresorcinreaktion[16].	—

[1] NEUBERG: Bio. Z. **71**, 150 (1915).　　[2] WOHL u. NEUBERG: B. **33**, 3095 (1900).
[3] NEUBERG, FÄRBER, LEVITE u. SCHWENK: Bio. Z. **83**, 262 (1917).
[4] WOHL: B. **31**, 1796, 2394 (1898).　　[5] WITZEMANN: Am. Soc. **36**, 2223 (1914).
[6] NEUBERG: Bio. Z. **221**, 492 (1930).　　[7] NEUBERG: H. **31**, 564 (1900).
[8] VIRTANEN u. BÄRLUND: Bio. Z. **169**, 169 (1926).
[9] BERNHAUER u. SCHÖN: H. **177**, 109 (1928).　　[10] WHEELER u. TOLLENS: A. **254**, 329 (1889).

Tabelle 15 (Fortsetzung).

d	e	f	g
Phenylosazon, Fp. 132° (aus Benzol), p-Bromphenylosazon, Fp. 168°, p-Nitrophenylosazon, Fp. 315° (Zersetzung).	—	Mittels FEHLINGscher Lösung.	Aus Acrolein[4], durch Oxydation von Glycerin[5, 6].
Methylphenylosazon, Fp. 127—130° (Zersetzung), sonstige Osazone wie bei 1, Oxim Fp. 84°.	—	Mittels FEHLINGscher Lösung[8, 9].	Biologisch.
Phenylosazon, Fp. 160°, p-Bromphenylosazon, Fp. 196—200° (sintern).	—	—	—
Phenylosazon, Fp. 152 bis 155° (170°), p-Bromphenylosazon, Fp. 208°.	—	—	—
Phenylosazon, Fp. 215°, p-Bromphenylosazon, Fp. 215—216° (222°), p-Nitrophenylosazon, Fp. 252° (257°), mit NaOH in der Wärme Blaufärbung.	Phenylosazon, Diphenylhydrazon.	Mittels FEHLINGscher Lösung usw., durch Jodtitration[13].	—
Osazone wie bei 5., Methylphenylosazon, Fp. 158 bis 160°.	—	Mittels FEHLINGscher Lösung usw.	—

[11] ALLEN u. TOLLENS: B. **29**, 1204 (1894).   [12] REICH: Arch. d. Pharm. **50**, 293 (1847).
[13] WILLSTÄTTER u. SCHUDEL: B. **51**, 780 (1918). — AUERBACH u. BODLÄNDER: Z. f. anorg. Ch. **36**, 602 (1923). — Siehe auch BERNHAUER u. SCHÖN, H. **180**, 235, Anm. (1929).
[14] SELIWANOFF: B. **20**, 181 (1887).
[15] IHL-PECHMANN nach JOLLES: B. d. d. pharm. Ges. **19**, 484 (1909).
[16] TOLLENS und RORIVE: B. **41**, 1783 (1908).

nach Zusatz von konz. Schwefelsäure (2 g für 10 ccm Probe) destilliert, nach Abdestillieren von je 5 ccm Flüssigkeit wird diese durch Zusatz von Wasser ergänzt
und diese Behandlung fortgesetzt, bis das Destillat praktisch keine Jodoformreaktion oder mit Phenylhydrazin bzw. mit p-Nitrophenylhydrazin keine
Trübung mehr gibt. Aus dem Destillat wird das Methylglyoxal als Phenylosazon
oder p-Nitrophenylosazon abgeschieden und als solches identifiziert.

Phloroglucinreaktion (2, S. 174): Die Probe wird mit 0,5 ccm kalt gesättigter
Phloroglucinlösung und einer Spur Schwefelsäure kurze Zeit in heißem Wasser
erwärmt; es entsteht eine milchige Trübung bzw. ein flockiger Niederschlag.

Orcinreaktion (1, S. 174): Die konzentrierte Probe wird in 3 ccm Eisessig aufgenommen und Orcin sowie konz. Salzsäure zugesetzt: Rotfärbung der Lösung,
später dunkler Niederschlag.

Dioxyaceton.

Resorcinreaktion (7, S. 174): Die Probe wird mit Resorcin und Salzsäure (so
viel, daß die Lösung etwa 18proz. ist) erwärmt: Rote Färbung bzw. braunroter
Niederschlag, in Alkohol mit dunkelroter Farbe löslich.

Phloroglucinreaktion (11, S. 174): Die Lösung von wenig Dioxyaceton in 3 ccm
Eisessig gibt auf Zusatz von Phloroglucin und 3 Tropfen konz. Salzsäure kirschrote bis blaue Färbung.

Pentosen.

Phloroglucinreaktion (10, S. 174): Die Probe wird mit einer Mischung gleicher
Teile konz. Salzsäure (d = 1,19) und Wasser, die etwas mehr Phloroglucin ent-
hält als sich beim Schütteln löst, versetzt und fast zum Sieden erhitzt: Kirchrote
Färbung, die nach kurzer Zeit unter Bildung eines Niederschlages verschwindet.

Orcinreaktion (11, S. 174): Die Pentosenlösung wird mit dem Reagens ($^1/_2$ g Orcin
in 50 ccm einer Mischung gleicher Teile konz. Salzsäure und Wasser) erwärmt:
Rötliche Färbung, sodann violettblaue Trübung, schließlich Abscheidung blaugrüner Flocken. Diese können nach dem Filtrieren und Waschen mit Wasser
in Alkohol gelöst (grünblaue Lösung) oder mit Amylalkohol ausgeschüttelt werden.

Modifikation der Reaktion nach NEUMANN[1]: 10 Tropfen der zu prüfenden
Flüssigkeit werden mit 5 ccm Eisessig und einigen Tropfen einer 5proz. alkoho-
lischen Orcinlösung versetzt, zum Sieden erhitzt und dann tropfenweise konz.
Schwefelsäure hinzugefügt, bis die Farbe bestehen bleibt. Arabinose gibt violette,
Xylose violettblaue Färbung, die auf Zusatz von Wasser bestehen bleibt.
Glucuronsäure gibt gleichfalls Färbung, die aber auf Wasserzusatz in Rot
umschlägt.

Fructose.

Resorcinreaktion (SELIWANOFF) (14, S. 175): Ausführungsform nach TOLLENS[2]:
Die Probe wird mit dem gleichen Volumen rauchender Salzsäure versetzt und sodann
mit dem Reagens (Lösung von 0,5 g Resorcin in 60 ccm etwa 18proz. Salzsäure).
Nach vorsichtigem Erhitzen findet Rotfärbung statt, bei weiterem Erwärmen
Abscheidung eines roten Niederschlages, in Alkohol mit roter Farbe löslich.
Verschärfung der Reaktion nach ROSIN[3], indem nach Erkalten der Probe Natrium-
carbonat im Überschuß zugesetzt und mit Amylalkohol ausgeschüttelt wird,
der den roten Farbstoff aufnimmt.

Bei gleichzeitiger Anwesenheit von Glucose soll nach KÖNIGSFELD[4] die Salzsäure höchstens 12,5proz. sein, nur 20—30 Sekunden lang erhitzt werden und
nicht mehr als 2% Glucose vorhanden sein.

---

[1] NEUMANN: Berl. klin. Wschr. **1904**, Nr 41. — Siehe SACHS: Bio. Z. **1**, 394 (1906).
[2] TOLLENS: Z. d. V. f. Zuckerind. **41**, 895.
[3] ROSIN: H. **38**, 555 (1903).   [4] KÖNIGSFELD: B. **38**, 310 (1912).

Diphenylaminreaktion (IHL-PECHMANN) (15, S. 175): Dieselbe wird in gleicher Weise wie mit Resorcin durchgeführt: Dunkelblaue Färbung bzw. Niederschlag, in Alkohol löslich, mit Amylalkohol ausschüttelbar.

Naphthoresorcinreaktion (16, S. 175): Die Probe färbt sich beim Erwärmen mit Naphthoresorcin und Salzsäure purpur- bis violettrot.

8. Methoden zum Nachweis und zur Isolierung einiger Gärprodukte (insbesondere Säuren) bei Vorliegen von Gemischen.

Da bei der Vergärung von Zuckerarten usw. zumeist verschiedene Produkte gebildet werden, soll hier auf einige prinzipielle Wege zur Trennung der einzelnen Gärprodukte in Kürze eingegangen werden. Das Hauptaugenmerk wird dabei auf die Säuren gerichtet, die bei oxydativen Gärungsvorgängen entstehen können. Das Verhalten der verschiedenen Säuren gegenüber einigen allgemeinen Reagenzien wird dabei in übersichtlicher Weise zusammengestellt.

a) Verhalten der Säuren gegenüber bestimmten Reagenzien.

Aus der Tab. 16 geht hervor, welche Säuren bei positivem Ausfall der betreffenden Probe vorliegen können, auf die sodann mittels der bereits behandelten Spezialreagenzien geprüft werden kann. Sobald man auf Grund dieser Vorproben sich ein Bild über die Anwesenheit der einzelnen Säuren gemacht hat, kann an die Trennung derselben sowie ihre Isolierung und Identifizierung geschritten werden.

b) Die Trennung einiger Gärprodukte (insbesondere Säuren).

Bei der Untersuchung und Aufarbeitung wird im allgemeinen, falls nicht bereits das Vorliegen bestimmter Gärprodukte sichergestellt ist, die bereits in besonderer Weise isoliert werden können, folgender Weg eingeschlagen werden können:

1. Abtrennung der neutralen flüchtigen Bestandteile durch Destillation der neutralen Lösung (eventuell im Dampfstrom). Das Destillat kann insbesondere Äthylalkohol, Acetaldehyd und Aceton enthalten. Über die Anwesenheit dieser Produkte gibt zunächst die Jodoformreaktion Aufschluß. Auf Acetaldehyd kann sodann mittels RIMINIS Reaktion geprüft werden, auf Aceton mittels DENIGÈS' Reagens. Bei Abwesenheit von Acetaldehyd kann Alkohol durch Oxydation zu Acetaldehyd nachgewiesen werden; ansonsten am besten als p-Nitrobenzoat.

2. Zwecks Isolierung der flüchtigen Säuren wird der nach Abtrennen der neutralen flüchtigen Bestandteile verbleibende Destillationsrückstand mit Schwefelsäure angesäuert (bis Kongopapier gerade blau gefärbt wird) und der Dampfdestillation unterworfen; der Endpunkt wird am besten durch jeweiliges Auffangen von 1—2 ccm Probe und Titration derselben mit $^n/_{10}$ Lauge (Phenolphthalein) ermittelt. Sobald nur 2—3 Tropfen Lauge erforderlich sind, kann unterbrochen werden. Neben der eventuellen Anwesenheit von Ameisensäure, die am besten mittels Sublimat nachgewiesen wird, ist das Destillat insbesondere auf Essigsäure zu prüfen.

3. Der Dampfdestillationsrückstand wird sodann vor allem auf nichtflüchtige Säuren zu untersuchen sein. Dieselben können entweder aus der schwefelsauren wäßrigen Lösung durch Extraktion mit Äther in einem geeigneten Extraktionsapparat[1] isoliert oder nach dem Verdampfen der wäßrigen Lösung zur Trockne (am besten im Vakuum) im Soxhletapparat extrahiert werden. Die Extraktion

---

[1] KUTSCHER u. STEUDEL: H. **39**, 474 (1903). — KEMPF: H. **37**, 774 (1913). — LAQUER: H. **118**, 215 (1922).

Tabelle 16.

| | Zusatz von CaCl$_2$ | | Zusatz von Pb-Acetat | | Zusatz von FeCl$_3$ in neutraler Lösung | Nitroprussid-Na + Alkali | Resorcin + H$_2$SO$_4$ * | Diazoreagens |
| | in essigsaurer | in ammoniakalischer | in essigsaurer | in ammoniakalischer | | | | |
	Lösung		Lösung					
Essigsäure . . .	0	0	0	0	Rotfärbung	0	0	0
Glykolsäure . .	0	Niederschlag	0	Niederschlag				
Glyoxylsäure . .		desgl.	0	desgl.				
Oxalsäure . . .	Niederschlag	„	Niederschlag	„	Grünfärbung, braunroter Niederschlag beim Kochen		grüner bis blauer Ring	
Bernsteinsäure .	0	Niederschlag in konzentrierter Lösung	0	„	braunroter Niederschlag		nach Erwärmen usw.+NH$_3$: Rotfärbung mit grüner Fluorescenz	
Fumarsäure . .	Niederschlag	Niederschlag	Niederschlag	„				
Äpfelsäure . . .	0		0	„	Niederschlag aus konzentrierter Lösung beim Kochen			Violettfärbung
Weinsäure . . .	Niederschlag (in NaOH löslich)	Niederschlag	Niederschlag	„	gelber Niederschlag beim Kochen		beim Erwärmen Rotfärbung	
Citronensäure . .	0	Niederschlag beim Kochen	desgl.	„	desgl.	nach Behandlung mit H$_2$SO$_4$: Rotfärbung	0	allmählich rötliche Färbung
Acetondicarbonsäure					Violettfärbung	Rotfärbung		Rotfärbung bis Niederschlag
Acetessigsäure .	0	0			Rotviolettfärbung	+ NaOH Rotfärbung		
Milchsäure . . .	0	0			Gelbfärbung			
Brenztraubensäure	0					+ KOH: Violett NH$_3$: Violettblau		Rotfärbung bis Niederschlag desgl.
Malonsäure . . .	0	Niederschlag	0					
Ameisensäure . .	0	0		Niederschlag	Rotfärbung		orange	
Oxalessigsäure .	0					+NH$_3$: blau		

* Bei gleichzeitiger Anwesenheit von Oxal-, Wein- und Ameisensäure werden nach KRAUS und TAMPKE [Chem. Ztg. **45**, 521 (1921)] 5 ccm der zu untersuchenden Probe mit 0,2 ccm Resorcin und etwas Schwefelsäure versetzt, und mit 10 ccm konz. Schwefelsäure unterschichtet. Ameisensäure ergibt ein orangefarbiges, sich langsam verbreiterndes Band, Oxalsäure einen darunter befindlichen blauen Ring. Sehr vorsichtiges Erwärmen der Schwefelsäure ergibt sodann bei Anwesenheit von Weinsäure einen unteren tiefroten Ring.

kann nach je 5—6 Stunden abgebrochen und der Extrakt nach Abdestillieren des Äthers untersucht werden. Die ersten Extrakte können enthalten: Milchsäure, Bernsteinsäure, Fumarsäure, Oxalsäure; die weiteren Extrakte: Äpfelsäure, die letzten Extrakte: Äpfelsäure, Citronensäure, Weinsäure, bei lange dauernder Extraktion. Natürlicherweise sind gewisse Mengen der Produkte der ersten Extrakte auch noch in den späteren Extrakten enthalten.

4. Zur Trennung der nichtflüchtigen Säuren kann auch die Fällung mittels Bleiacetat verwendet werden, indem die ursprüngliche Lösung nach dem Abdestillieren der neutralen flüchtigen Bestandteile mit Bleiacetat und Essigsäure versetzt wird. Die entstehende Fällung (A) enthält die Bleisalze der Oxalsäure, Citronensäure, Fumarsäure und Weinsäure, das Filtrat wird sodann mit Ammoniak und eventuell Alkohol versetzt; es fallen (B) die Bleisalze der Bernsteinsäure, Äpfelsäure, Glykolsäure, Milchsäure und Malonsäure. Die Bleiniederschläge werden durch Behandlung mit Schwefelwasserstoff zerlegt und die Lösung der freien Säuren verdampft. Aus Anteil A krystallisiert zunächst Fumarsäure aus, die abgetrennt wird; die nach dem völligen Verdampfen zurückbleibende Oxal- und Citronensäure (eventuell Weinsäure) werden in üblicher Weise getrennt und identifiziert. Aus Anteil B krystallisiert zunächst die Bernsteinsäure aus. Aus dem Filtrat können sodann die sonstigen Säuren gewonnen werden, die durch jeweilige Spezialmethoden nachzuweisen und zu identifizieren sind.

5. Die Trennung der nichtflüchtigen Säuren kann auch mittels der Ca-Salze vorgenommen werden, indem die Lösung mit Ca-Acetat und Kalkwasser versetzt wird. Die Ca-Fällung enthält Oxalsäure, Fumarsäure und Weinsäure, die in analoger Weise wie zuvor getrennt werden können. Aus dem Filtrat wird Ca-Citrat durch längeres Kochen abgeschieden und heiß abfiltriert. Das nunmehr verbleibende Filtrat enthält die sonstigen, oben angeführten Säuren.

Für die Trennung der Gärprodukte ergibt sich demnach folgendes Schema:

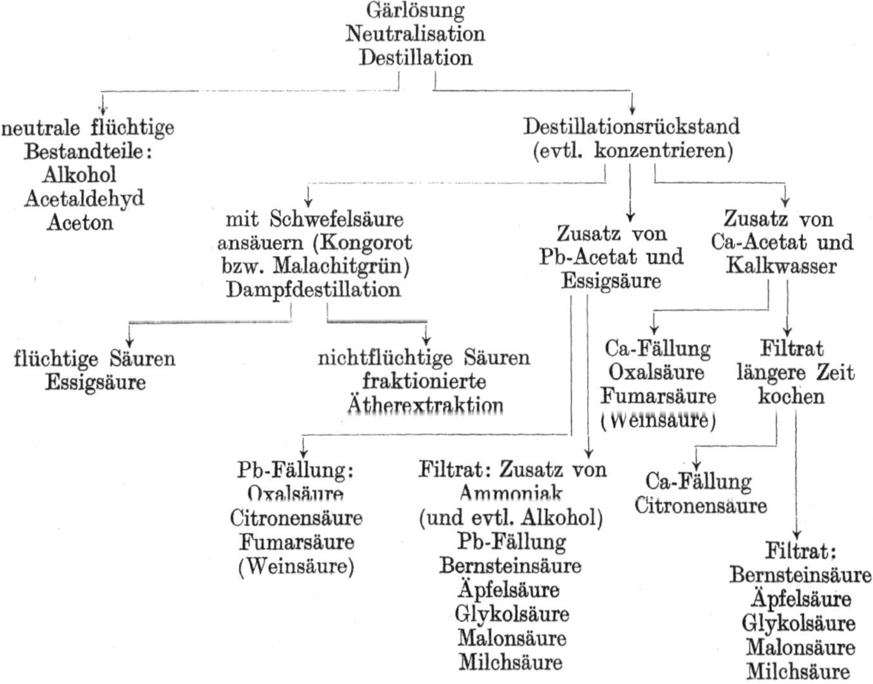

Sachverzeichnis.

Das Sachverzeichnis wurde nach einem bestimmten System angeordnet und in einzelne Abschnitte zerlegt, wodurch eine bessere Übersicht des behandelten Stoffes geschaffen werden soll. Im ersten Abschnitt sind die verschiedenen in der vorliegenden Monographie behandelten chemischen Substanzen alphabetisch geordnet und deren jeweilige Bildungsweisen sowie deren Abbau und Umwandlung ersichtlich gemacht. Im zweiten Abschnitt sind die einzelnen im voranstehenden behandelten Gärungsorganismen alphabetisch geordnet und auf deren chemische Wirkungen verwiesen. Der dritte Abschnitt beinhaltet das sonstige Sachverzeichnis. Durch diese Anordnung soll es ermöglicht werden, sich rasch über die Bildungsweise und Umwandlung der verschiedenen chemischen Stoffe durch die einzelnen Gärungsorganismen zu orientieren.

1. Bildung und Umwandlung verschiedener Substanzen durch Mikroorganismen.

Substanz	Bildung	Umwandlung (in) und Abbau (zu)	Sonstiges
Acetaldehyd	aus Brenztraubensäure 40, 41, 45 bei der alkoholischen Gärung 41, 46 bei der Bernsteinsäurebildung 69, 72 bei der Buttersäuregärung 42 bei der Citronensäuregärung 101f. bei der Essigsäuregärung 55 durch Mucoraceen 12, 69	Acetoin 45, 47 Acetaldol 45, 48 durch Dismutation mit Methylglyoxal 37, 45, 138; mit sich selbst 45, 46, 56, 57, 138 Essigsäure 56 Phenylacetylcarbinol 47 Resynthese zu Zucker 50	Eigenschaften 170 Nachweis 170f. Bestimmung 171
Acetaldol	bei der Acetongärung 48 „ „ Buttersäuregärung 42 bei der Butylalkoholgärung 44	Aceton 45, 48 Butylalkohol 45	Dismutation 45
Acetessigsäure	aus Buttersäure 59 „ Acetondicarbonsäure 105 aus Essigsäure 48	Aceton 48 Resynthese zu Zucker 50	Eigenschaften 162 Nachweis 162f., 178 Bestimmung 163
Acetoin	aus Acetaldehyd 47, 58 „ Butylenglykol 24, 119 aus Milchsäure 52 „ Alkohol 58 Darstellung 119		
Acetol	aus Propylenglykol 24 „ Methylglyoxal 38	Vergärbarkeit 34	
Aceton	aus Isopropylalkohol 56 „ Acetessigsäure 48, 59, 105 bei der Acetongärung 48 neben Butylalkohol 45	Brenztraubensäure 61, 105 Phoron 49	Eigenschaften 170 Nachweis 170f.

Substanz	Bildung	Umwandlung (in) und Abbau (zu)	Sonstiges
Acetondicarbon- säure	aus Citronensäure 103f.	Acetessigsäure 105 Malonsäure 105 Essigsäure 105	Eigenschaften 162 Nachweis 162f., 178
Aconitsäure	aus Citronensäure 67, 75, 104	Glutaminsäure 75	Eigenschaften 162 Nachweis 162f., 164
Acrylsäure		Milchsäure 74	
Adipinsäure		Citronensäure 97	
Äpfelsäure	durch Aspergillaceen 65, 73 durch Rhizopusarten 69 bei der Hefegärung 64 aus Fumarsäure 62, 74, 117 aus Oxalessigsäure 76, 117 aus Oxyglutaminsäure 68 aus Bernsteinsäure 73	Citronensäure 117 Fumarsäure 62, 75, 117 Milchsäure 76 Oxalsäure 112, 115 Oxalessigsäure 76, 117	Eigenschaften 158 Nachweis 158f., 162 Darstellung 159

Äthylalkohol	durch Aspergillaceen 9
	  ,, Mucoraceen 11f., 68
	durch Hefe 46
	aus Gluconsäure 22
	  ,, Acetaldehyd 41, 46, 117
	neben Butylalkohol 44
	aus Weinsäure 67
		durch Essigbakt. 2, 5, 53ff.
		durch Aspergillaceen 9, 91, 98, 102, 112
		durch Mucoraceen 12, 68, 71
		Bernsteinsäure 71
		Fumarsäure 71
		Citronensäure 98
		Oxalsäure 112
		Resynthese zu Zucker 50
			Eigenschaften 169
			Nachweis 169f.
			Bestimmung 170

Äthylbenzol		durch Bakterien 132	
Äthylenglykol		durch Essigbakterien 5 Oxalsäure 22, 112 Glykolsäure 22	

Ameisensäure	aus Brenztraubensäure 41, 42
	neben Buttersäure 43
	aus Diketoadipinsäure 70
	aus Glyoxylsäure 114, 117
	aus Gluconsäure 73
	  ,, Methylalkohol 57
	  ,, Milchsäure 40, 117
		Kohlendioxyd u. Wasserstoff 49, 117
		Kohlendioxyd und Wasser 61, 117
			Eigenschaften 166
			Nachweis 166f., 178

Anthracen		durch Bakterien 132, 133	
Arabinose		durch Essigbakterien 5 Arabonsäure 15 Oxalsäure 112 Arabinoketose 35	Eigenschaften 174 Nachweis 174f.
Arabit			
Arabonsäure	aus Arabinose 15		Eigenschaften 150 Nachweis 150f. Darstellung 151
Asparaginsäure	aus Fumarsäure 68, 75	Bernsteinsäure 64, 72 Fumarsäure 68, 75 Malonsäure 78	
Benzin		durch Bakterien 128	
Benzol		durch Bakterien 132 im Tierkörper 136	
Bernsteinsäure	durch Aspergillaceen 63, 65 durch Allescheria 9 ,, Mucoraceen 13, 63 bei der Coligärung 62, 64 ,, ,, Hefegärung 64	Ameisensäure 76 Aminosäuren 75 Äpfelsäure 112, 114, 115 Essigsäure 76 Fumarsäure 71, 73, 75, 117	Eigenschaften 157 Nachweis 157f., 178

Substanz	Bildung	Umwandlung (in) und Abbau (zu)	Sonstiges
Citraconsäure	aus Citronensäure 104		
Citrazinsäure.....	aus Citronensäure 105		
Citronensäure	durch Aspergillaceen 7, 9, 15, 64, 65, 78f.	Acetondicarbonsäure 103f.	Eigenschaften 162
	durch Mucoraceen 13	Aconitsäure 75, 104	Nachweis 162f., 164, 178
	bei der Aminosäuresynthese 75, 92, 93	Aminosäuren 93	Bestimmung 163,164
	technische Darstellung 124ff.	Bernsteinsäure 104	
	aus Alkohol 91, 98	Citrazinsäure 105	
	„ C$_3$-Verbindungen 95, 101f.	Essigsäure 67, 104	
		Itaconsäure[1]	
	aus Dicarbonsäuren mit 6 C-Atomen 22, 97	Malonsäure 105	
	aus Essigsäure 98, 103	Oxalsäure 111	
	„ Gluconsäure 22, 96, 98		
	aus Oxalessigsäure 99		
	„ Pepton 93		
	„ Zuckeralkoholen 95		
	„ Zuckerarten 64, 85, 94, 95, 96		
Crotonsäure......	aus Buttersäure 74	β-Oxybuttersäure 74	
Cumol..........	}	{ durch Bakterien 132	
Cymol..........			
Decan..........		durch Bakterien 129	
Dextrin		durch Essigbakterien 5 Alkohol 9	
Diacetyl........	aus Milchsäure 52		als Träger d. Butteraromas 52
	„ Acetoin 52, 117		
Dibenzyl		durch Bakterien 132	
Digallussäure		„ Pilze 8	
Di-iso-amyl......		„ Bakterien 129	
α-, δ-Diketoadipinsäure ...	aus Zuckersäure 22	Bernsteinsäure u. Ameisensäure 70	bei der Synthese von Aminosäuren 22
	„ Brenztraubensäure 53, 70		
α-, γ-Diketoadipinsäure ...	aus Zucker 72	Oxalsäure 113	
	„ Zuckersäure 99	Oxalessigsäure 72, 99	
β-, γ- Diketoadipinsäure (Ketipinsäure)....	aus Zuckersäure 22, 71, 100	Citronensäure 22	
Dioxyaceton	aus Gluconsäure 22, 34	Glycerinaldehyd 35	Eigenschaften 174
	„ Glycerin 23	Hexose 34	Nachweis 174ff.
	„ Zuckerarten 34, 117	Methylglyoxal 23	aus Glycerin 172
	präparative Darstellung 118	Vergärung 34	
	techn. Darstellung 120	durch Schardingerenzym 86	
Diphenyl		durch Bakterien 132	
Dulcit..........		Galaktose 21	
Erythrit.........		durch Essigbakterien 25	
		Erythrulose 25	
		Oxalsäure 112	
Essigsäure	durch Essigbakterien 2, 4, 53	Acetessigsäure 48	Eigenschaften 154
		Aceton 48	Nachweis 153f., 178
	aus Acetaldehyd:	Bernsteinsäure 62, 71, 72	Bestimmung 155
	durch Dismutation 46	Citronensäure 98, 103	
	„ Oxydation 56	Glykolsäure 62, 114	

[1] Kinoshita: Acta phytochim. 5, 271 (1931).

Substanz	Bildung	Umwandlung (in) und Abbau (zu)	Sonstiges
Glutaminsäure ...	aus Aconitsäure 75	Bernsteinsäure 68, 72 Ketoglutarsäure 68	
Glycerin.........	durch Allescheria 9 „ Mucoraceen 12, 69 bei der alkoholischen Gärung 38, 41 bei der zweiten Vergärungsform 38, 41 bei der dritten Vergärungsform 69 bei der Acetoingärung 38 aus Methylglyoxal 39, 46, 117 neben Fettsäuren 44	durch Essigbakterien 5 Citronensäure 95 Dioxyaceton 23, 117, 118 Fumarsäure 68 1, 2- und 1, 3-Propandiol 49, 117	Eigenschaften 170 Nachweis 170f. Bestimmung 171
Glycerinaldehyd ..	aus Glycerin 24 „ Dioxyaceton 35	Vergärung 34 Glycerin 39	Eigenschaften 174 Nachweis 173f. Darstellung 175
Glycerinsäure	bei der alkoholischen Gärung 35	Brenztraubensäure 37 Citronensäure 97 Vergärbarkeit 35, 38	
Glykol s. Äthylenglykol			
Glykolsäure......	aus Essigsäure 62, 114, 117 aus Glykol 22	Citronensäure 103 Glyoxylsäure 114 Oxalsäure 62, 113, 114	Eigenschaften 154 Nachweis 154f., 178 Darstellung 155 Vorkommen 115
Glyoxylsäure.....	aus Essigsäure 114 aus Glykolsäure 114, 117	Ameisensäure 114 Oxalsäure 113 durch Carboligase 48	Eigenschaften 154 Nachweis 154f., 178 Darstellung 155 Vorkommen 115
Hexadecan ...... Hexadecylen ..... Hexan .... Hydrochinon.....	aus Chinasäure 129, 131	} durch Bakterien 129	
Itaconsäure ...... (1, S. 183) Inulin..........	aus Zucker „ Citronensäure	Citronensäure 96 Oxalsäure 112	hydrolytische Spaltung 11, 18
Isobuttersäure ...		Oxalsäure 112	
Isobutyraldehyd..	aus Isobutylalkohol 56		
Isopropylalkohol .	aus Aceton 49	Aceton 56	
Isovaleraldehyd ..	äus Isoamylalkohol 56	Dismutation 47	
Isovaleriansäure ..		Aceton 60	
Ketipinsäure siehe β-, γ-Diketoadipinsäure			
5-Ketogluconsäure	aus Gluconsäure 19, 20, 117 Darstellung 120		Eigenschaften 150 Nachweis 151f. Darstellung 151
Kohlensäure	bei Gärungen 117	durch Bakterien 129	Bestimmung 143
Kojisäure........	durch Pilze 9, 13, 26f. Darstellung 121		Eigenschaften 150 Nachweis 150f.
Maleinsäure......	durch Asp. glaucus 64, 80 aus Fumarsäure 75	Bernsteinsäure 67	
Malonsäure	„ Äpfelsäure 77 „ Acetondicarbonsäure 105 aus Asparagin 78	Bernsteinsäure 106 Essigsäure 105, 106 Oxalsäure 112	Eigenschaften 166 Nachweis 165f., 178 Bestimmung 167

Substanz	Bildung	Umwandlung (in) und Abbau zu	Sonstiges
Oxalsäure		Oxalsäure und Essigsäure 78	
Oxalsäure........	aus aromatischen Substanzen 113, 135 durch Aspergillaceen 9, 64, 65, 80, 81, 107 durch Essigbakterien 107 durch Hefen 108 „ Mucoraceen 12, 68, 108 aus Zuckerarten u. a. Stoffen 112	Kohlensäure 115.	Eigenschaften 154 Nachweis 154f., 156, 178
6-Oxogluconsäure (l-Glucuronsäure)........	aus Glucose 20, 21 „ Gluconsäure 20, 21 Darstellung 120		
Oxyglutaminsäure		Äpfelsäure 64, 68	
Oxy-iso-buttersäure..........	aus Citronensäure 104	Oxalsäure 112	
2-Oxy-methyl-5-furan-carbonsäure..........	aus Glucose 29		
Oxy-oxo-bernsteinsäure	aus Glyoxylsäure 48		
β-Oxy-valeriansäure..........	aus Valeriansäure 59		
Paraffin		durch Bakterien 128	
Phenanthren.....		durch Bakterien 133	
Phenol		durch Bakterien 133,134	
Phloroglucin		durch Bakterien 133	
Phoron..........	aus Glycerin 49		
1, 2-Propandiol...	aus Glycerin 49, 117	Acetol 24	
1, 3-Propandiol...	aus Glycerin 49, 117		
Propionsäure	aus Milchsäure 39, 117 „ Zucker 39 neben Buttersäure 42,43	Milchsäure 58, 61, 117 Oxalsäure 112	
Propylaldehyd ...	aus Propylalkohol 56	Propionsäure 58 Propylaldehyd 56	
Propylalkohol ...	aus Milchsäure 40 aus α-Ketobuttersäure 49 beim Eiweißzerfall 49	durch Essigbakterien 5 Propionsäure 58	
Propylenglykol... siehe Propandiol			
Protocatechusäure	aus Chinasäure 130, 131	Brenzcatechin 131 durch P. glaucum 133	Vorkommen 129
Pseudocumol.....		durch Bakterien 132	
Raffinose		durch Essigbakterien 5 Citronensäure 95	hydrolyt. Spaltung 8, 11
Rhamnose		Kojisäure 28	
Rohrzucker		durch Essigbakterien 5 Citronensäure 94 Gluconsäure 15, 16 Oxalsäure 112	hydrolytische Spaltung 8, 9, 10, 11, 95 in Nährböden 140
Salicylsäure		Oxalsäure 113, 135 Glutisinsäure 134	
Sorbit..........		Sorbose 25, 118	
Sorbose	aus Sorbit 25 Darstellung 119		

Substanz	Bildung	Umwandlung (in) und Abbau (zu)	Sonstiges
Stärke		Vergärung 9 Citronensäure 96 Oxalsäure 112	Verzuckerung 8, 11
Stilben		durch Bakterien 132	
Tetratriakontan ..		„ „ 129	
Toluol..........		„ „ 132	
Triakontan		„ „ 129	
Valeriansäure	aus Milchsäure u. Hexosen 144 aus Amylalkohol 58	Methyl-äthylketon 59 β-Oxyvaleriansäure 59	
Weinsäure	durch Aspergillaceen 65, 80 durch Cytospora damnosa 64	Fumarsäure 67 Oxalsäure 112, 115	Eigenschaften 160 Nachweis 160f., 178
Xylol		durch Bakterien 132	
Xylonsäure	aus Xylose 15		Eigenschaften 160 Nachweis 150f. Darstellung 154
Xylose	aus Gluconsäure 22	Oxalsäure 112 Xylonsäure 15	Eigenschaften 174 Nachweis 174f.
Zuckersäure	aus Glucose u. Gluconsäure 20, 21, 82	Pyrrolderivaten 22 Bernsteinsäure u. Essigsäure 67 Citronensäure 82, 97, 99 Oxalsäure 97, 115	Eigenschaften 150 Nachweis 150f. Darstellung 151 Beziehung zu Diketoadipinsäure 22, 71

2. Chemische Wirkungen der einzelnen Gärungsorganismen.

Gärungsorganismus	Bildung von	Umwandlung und Abbau von	Sonstiges
Acetobacter melanogen	Dioxyaceton 23 Sorbose 25	Glycerin 23 Sorbit 25	
— suboxydans ...	5-Ketogluconsäure 20 Acetoin 24 Essigsäure 54	Gluconsäure 20 Alkohol 54 Butylenglykol 24	greift Essigsäure nicht an 54
— rancens		Essigsäure 54	
Allescheria Gayoni	Alkohol, Kohlensäure, Bernsteinsäure, Glycerin 9	Alkohol 9	hydrolytische Spaltungen 8
Amphiernia rubra	Zucksersäure 21	Glucose 21	
Amylomyces α, β, γ			hydrolytische Spaltungen 11
Anthomyces Reukaufii	Zuckersäure 21	Glucose 21	
Aspergillus albus .	Kojisäure 27		
— Awamori......	Gluconsäure 15 Kojisäure 27	Glucose 15	
— candidus......	Kojisäure 27		
— cinnamomeus ..	Gluconsäure 15	Glucose 15	
— clavatus	Kojisäure 27		
— flavus	Gluconsäure 15 Kojisäure 27, 120	Glucose 15	
— fumigatus	Kojisäure 27		hydrolytische Spaltungen 8
— fumaricus	Äpfelsäure 64 Citronensäure 64 Fumarsäure 63, 65 Gluconsäure 64	Rohrzucker 65	

Gärungsorganismus	Bildung von	Umwandlung und Abbau von	Sonstiges
Aspergillus fuscus.	Gluconsäure 15		
— giganteus	Kojisäure 27		
— glaucus	Alkohol 9	Alkohol 9	hydrolytische Spaltungen 8
	Kojisäure 27	Glucose, Rohrzucker 64	
	2-Oxymethyl-5-furancarbonsäure 29		
	Bernstein-, Fumar-, Malein-, Wein-, Citronen-, Oxalsäure 64, 80		
— gymnosardae ..	Gluconsäure 15		
— itaconicus (1, S. 183)	Citronensäure	Rohrzucker	
	Itaconsäure		
	Gluconsäure		
— nidulans	Kojisäure 27		
— niger	Gluconsäure 15, 17, 18, 120	Glucose 15, 17, 18	hydrolytische Spaltungen 8
	Aceton 59, 60, 105	Äpfelsäure 112	
	Äpfelsäure 73	Aminosäuren 108	
	Acetondicarbonsäure103	Bernsteinsäure 112	
	Brenztraubensäure 52, 61	Buttersäure 59	
		Chinasäure 130	
	Citronensäure 79	Citronensäure 103, 106	
	Malonsäure 106	Essigsäure 113	
	Milchsäure 61	Fumarsäure 112	
	Methyl-äthylketon 59	Gluconsäure 25	
	Oxalsäure 107, 108, 112, 113	Glycerin 25	
		Milchsäure 52	
	β-Oxybuttersäure 59	Isovaleriansäure 60	
	Triose 25	Propionsäure 61	
	Zuckersäure 21	Pepton 108	
		Valeriansäure 59	
		Zuckersäure 97	
— orycae	Alkohol 9	Rohrzucker 9	hydrolytische Spaltungen 8
	Kojisäure 27	Bernsteinsäure 112	
	Oxalsäure 112, 113	Essigsäure 113	
		Chinasäure 130	
ostianus .....⎫			⎧ bilden keine Glu-
— Soja........⎭			⎩ consäure 15
Bacillus aethacet-succinicus......	Alkohol, Essigsäure, Bernsteinsäure 47	Milchsäure, Zucker 47	
— butylicus......	Acetaldehyd 42	Brenztraubensäure 42	
	Äthylalkohol 44	Brenztraubensäurealdol 43	
	Ameisensäure 42, 44	Glycerin 43	
	Essigsäure 42, 44		
	Buttersäure 42, 44		
	Butylalkohol 44		
	Milchsäure 44		
	höhere Fettsäuren 44		
— fluorescens ...⎫		Phenol 133	
— helvolus .....⎭			
— lactis aerogenes	Essigsäure 106	Citronensäure 106	
— macerans......	Aceton, Alkohol 49		
— mesentericus...	Mannose 21	Mannit 21	
	Dioxyaceton 23	Glycerin 23	
	Acetoin 47		
—phenanthrenicus		Phenanthren 133	
— pyocyaneus....	Ameisensäure 76, 78	Asparagin 78	
	Brenztraubensäure 77	Bernsteinsäure 76	
	Essigsäure 76, 106	Citronensäure 106	
	Malonsäure 78, 106	Fumarsäure 77	
	Propionsäure 76		

Gärungsorganismus	Bildung von	Umwandlung und Abbau von	Sonstiges
Bacterium aceti ..	Dioxyaceton 24 Essigsäure 2, 53, 55 Erythrulose 25 Gluconsäure 13, 14 Glykolsäure 22 5-Ketogluconsäure 21 Oxalsäure 107	Alkohol 2, 5, 53, 55 Erythrit 25 Gluconsäure 21 Glucose 5, 13, 15 Glykol 5, 22 Glycerin 23, 24 Propylalkohol 5	
— acetigenum....	Essigsäure 2, 55 Gluconsäure 13, 14 Oxalsäure 107	Alkohol 2, 5, 55 Glucose 5, 13, 14 Glykol 5 Propylalkohol 5	
—acetoaethylicum	Aceton, Alkohol 49		
— acetosum......	Essigsäure 2, 55 Gluconsäure 14 5-Ketogluconsäure 21 Oxalsäure 107	Alkohol 2, 5, 55 Galaktose 5 Glucose 5 Glykol 5 Propylalkohol 5	
— aliphaticum ...		Paraffinkohlenwasser- stoffe 128, 129	
— ascendens	Acetaldehyd, Alkohol 56 Essigsäure 2, 56 Oxalsäure 107	Acetaldehyd 56 Alkohol 2, 5	Dismutationen 57
— coli	Alkohol 40, 67 Ameisensäure 40 Essigsäure 40, 67, 106 Bernsteinsäure 64, 67, 106 Milchsäure 36, 40	Ameisensäure 61 Gluconsäure, Glucuron- säure, Zuckersäure 67 Citronensäure, Malon- säure 106 Milchsäure 40	
— curvum	Essigsäure 2 Oxalsäure 107	Alkohol 2, 5 Zuckerarten 5 Alkohole 5	
— dioxyacetonic. .	Dioxyaceton 23	Glycerin 23	
— enteritides.....		Ameisensäure 61	
— Globigii	Acetoin 47		
— gluconicum....	Dioxyaceton 24 Erythrulose 25 Gluconsäure 14 5-Ketogluconsäure 20 Sorbose 25	Erythrit 25 Fructose 20 Gluconsäure 20 Glucose 14 Glycerin 25 Mannit 25 Sorbit 25	
— industrium	Acetaldehyd 25 Essigsäure 2, 55 Gluconsäure 14 5-Ketogluconsäure 21 6-Oxygluconsäur. 21,120 Oxalsäure 107	Alkohol 2, 5, 55 Gluconsäure 21 Zuckeralkohole 5 Zuckerarten 5	
— Kützingianum .	Essigsäure 2, 55 Gluconsäure 13, 14 Glykolsäure 22 Mannose 21 Oxalsäure 107	Alkohol 2, 5, 55 Glucose 5, 13, 14 Glykol 5, 22 Mannit 21 Propylalkohol 5	
— lactis acidi	Milchsäure 36		
— lactis aerogenes	Acetoin 24 Bernsteinsäure 67 Essigsäure 67	Butylenglykol 24 Gluconsäure, Glucuron- säure 67	
— liliensis		Ameisensäure 61	
— naphthalinicum		Naphthalin 132	
— orleanse.......	Dioxyaceton 24 Essigsäure 2, 54 Erythrulose 25	Alkohol 2, 5 Glycerin 24 Alkohole 5	Dismutationen 57

Gärungsorganismus	Bildung von	Umwandlung und Abbau von	Sonstiges
Bacterium orlearse	5-Ketogluconsäure 21	Gluconsäure 21 Zuckeralkohole 5, 25 Zuckerarten 5	
— oxydans	Essigsäure 2, 55 Fructose 25 Gluconsäure 13, 14 Oxalsäure 107	Alkohol 2, 5, 55 Zuckeralkohole 2, 25 Zuckerarten 5, 13, 14	
— Pasteurianum..	Essigsäure 2, 55 Gluconsäure 13, 14 Glykolsäure 22 Mannose 21 Oxalsäure 107	Alkohol 2, 5, 55 Glucose 5, 13, 14 Glykol 5, 23 Mannit 21 Propylalkohol 5	Dismutationen 57
— phenanthrenicum		Phenanthren 133	
— Plymouthensis.		Ameisensäure 61	
— propionicum...	Essigsäure 39 Propionsäure 39	Brenztraubensäure 39 Milchsäure 39	
— rancens	Essigsäure 2	Alkohol 2	
— Savastanoi	Gluconsäure 13	Glucose 13	
— Schützenbachii	Essigsäure 2, 55 Oxalsäure 107	Alkohol 2, 5, 55 Zuckerarten usw. 5	
— subtilis	Acetoin 47 Fructose 25 Gluconsäure 14	Glucose 14 Mannit 25 Methylglyoxal 35	
— suipestifer.....	Essigsäure 106	Citronensäure 106	
— toluolicum		Benzolkohlenwasserstoffen 132	
— tuberculosis ...	Oxalsäure 107		
— vini acetati	Essigsäure 2	Alkohol 2, 5 Zuckerarten 5	
— xylinoides.....	Dioxyaceton 24 Erythrulose 25 Essigsäure 2, 54 5-Ketogluconsäure 21	Alkohol 2, 5 Zuckerarten 5 Gluconsäure 21 Zuckeralkohole 5, 24, 25	
— xylinum	Dioxyaceton 23, 24, 118 Erythrulose 25 Essigsäure 2, 54 Fruktose 25 Gluconsäure 13, 14, 120 5-Ketogluconsäure 20, 21, 120 Milchsäure 36 Oxalsäure 107 Sorbose 27, 119	Äthylalkohol 2 Alkohole 5 Gluconsäure 20 Zuckeralkohole 5, 23, 24, 25 Zuckerarten 5, 13, 14	Dismutationen 56
Benzolbacterium .		Benzol, Toluol, Xylol 132	
Citromyces glaber	Citronensäure 79 Gluconsäure 15 Oxalsäure 108	Glucose 15 Chinasäure 130	morpholog. Eigenschaften 6
— Pfefferianus ...	Citronensäure 79 Gluconsäure 15		morpholog. Eigenschaften 6
Cytospora damnosa	Glucuronsäure 22 Bernsteinsäure 64	Glucose 22	
Dematium pullulans..........	Alkohol, Acetaldehyd, Essigsäure, Milchsäure, Bernsteinsäure 64 Gluconsäure 15 Benzolderivate 130 Oxalsäure 108	Glucose 15, 64 Chinasäure 130	

Gärungsorganismus	Bildung von	Umwandlung und Abbau von	Sonstiges
Endomyces vernalis	Fett 43	Zucker, Glycerin, Brenztraubensäure 43 Acetaldehyd, Alkohol Milchsäure 44	
Fussarium aquaeductuum	Benzolderivate 130 Oxalsäure 108	Chinasäure 130	
Methanbacillus		Methan 128	
Microanthomyces septentrionalis	Gluconsäure 16 Oxalsäure 16		
Micrococcus oblongus	Gluconsäure 13 5-Ketogluconsäure 20	Glucose 13, 20 Gluconsäure 20	
Mucor alternans	Alkohol 11	Zucker 11	hydrolytische Spaltungen 11
— circinelloides	Acetaldehyd 12 Alkohol 11, 12 Bernsteinsäure 69 Glycerin 12, 69	Zucker 11	hydrolytische Spaltungen 11
— cormybifer			keine alkohol. Gärung 11
— erectus	Alkohol 11, 12		
— fragilis	} Alkohol 11	} Zucker 11	
— hiemalis			
— javanicus	Alkohol 11, 12		hydrolytische Spaltungen 10, 11
— Mucedo	Alkohol 11, 12		
— piriformis	Alkohol 11 Citronensäure 13	Zucker 11, 13	
— plumbens (spinosus)	Alkohol 11	Zucker 11	
— pusillus			keine alkohol. Gärung 11
— racemosus	Acetaldehyd 69 Alkohol 11, 12	Zucker 11	hydrolytische Spaltungen 10, 11
— Rouxii	Alkohol 11 Bernsteinsäure 62 Oxalsäure 108	Zucker 11	hydrolytische Spaltungen 11
— stolonifer siehe Rhizopus nigricans			
— tenuis	Alkohol 11	Zucker 11	
Mycoderma aceti	Acetol 24 Acetoin 24, 52 Essigsäure 53 Gluconsäure 13	Alkohol 53 2, 3-Butylenglykol 24 Glucose 13 Milchsäure 52 1, 2-Propandiol 24	greift Dulcit u. Sorbit nicht an 25
Paraffinbacterium		Paraffin 128	
Penicillium africanum	Gluconsäure 15	Glucose 15	
— arenarium	Citronensäure 80		
— brevicaule	Alkohol 9	Zucker 9	Arsennachweis 7
— citricum	Gluconsäure 15	Glucose 15	
— divaricatum	Gluconsäure 15	Glucose 15	
— glaucum	Alkohol 9 Citronensäure 79 Gluconsäure 15, 18 Methylketone 16 Oxalsäure 107	Zucker 9 Glucose 15 Chinasäure 130 Oxyfettsäuren 50 Salicylsäure 134 Zimtsäure 132	hydrolytische Spaltungen 8
— italicum	Gluconsäure 15	Glucose 15	hydrolytische Spaltungen 8

Gärungsorganismus	Bildung von	Umwandlung und Abbau von	Sonstiges
Penicillium luteum	Gluconsäure 15, 16, 17 Mannonsäure 19	Glucose 15 Mannose 19	hydrolytische Spaltungen 8
— oxalicum......	Oxalsäure 108		
— purpurogenum.	Gluconsäure 15		
— rubrum			hydrolytische Spaltungen 8
Peziza sklerotiorum.........	Oxalsäure 108		
Pneumobacterium		Ameisensäure 61	
Rauschbrandbacillus...........	Buttersäure, Essigsäure, Propionsäure 43		
Rhizopus chinensis	Alkohol 11	Zucker 11	
— japonicus	Alkohol 11, 63 Fumarsäure, neben Äpfelsäure, Ameisen-, Essigsäure, Milchsäure 63	Zucker 11, 63	hydrolytische Spaltungen 11
— nigricans......	Alkohol 11, 12, 68 Bernsteinsäure, Fumarsäure 13, 54, 63, 71 Essigsäure 54, 69 Gluconsäure 69, 73 Oxalsäure 108, 112	Alkohol 54, 69 Zucker 63 Bernsteinsäure 112 Brenztraubensäure 69, 70 Essigsäure 71	hydrolytische Spaltungen 10, 11
— nodosus	Fumarsäure neben Äpfelsäure, Ameisensäure, Alkohol, Essigsäure, Milchsäure 63		
— Tamari	Alkohol 11	Zucker 11	hydrolytische Spaltungen 11
— tonkinensis....	Alkohol 11, 12	Zucker 11	hydrolytische Spaltungen 11
— tritici........	Alkohol 11 Fumarsäure 62	Zucker 11, 63	hydrolytische Spaltungen 11
Saccharomyces Hansen........	Benzolderivate 130 Oxalsäure 108	Chinasäure 130 Zuckerarten 112	
— Ludwigii......		Dioxyaceton 34	
Sakèhefe	Essigsäure 54 Propionsäure 58	Alkohol 54 Propylalkohol 58	
Sorbosebacterium siehe Bact. xylinum			
Thermobacterium aceti.........	Gluconsäure 14 Oxalsäure 107		
Torulahefe	Benzolderivate 130 Oxalsäure 108	Chinasäure 130	
Typhusbacillus ...	Ameisensäure 42		
Tyrothrix tenuis .	Acetoin 24 Dioxyaceton aus Glycerin 24 aus Zuckerarten 34 Essigsäure u. Formaldehyd 35 Mannose 21 Methylglyoxal 35 Sorbose 25	Ameisensäure 61 Dioxyaceton 35 Glycerin 23 Mannit 21 Propylenglykol 24 Sorbit 25	

Gärungsorganismus	Bildung von	Umwandlung und Abbau von	Sonstiges
Ustilago vulgaris .	Äpfelsäure, Bernsteinsäure, Citronensäure, Glucuronsäure, Milchsäure, Oxalsäure 64		
Willia anomala...	Ameisensäure, Essigsäure, Valeriansäure 58	Methylalkohol, Äthylalkohol, Amylalkohol 58	

3. Sonstiges Sachverzeichnis.